21世纪本科院校电气信息类创新型应用人才培养规划教材

模拟电子与数字逻辑

主　编　邬春明

副主编　雷宇凌　邢晓敏　朱剑锋

北京大学出版社

PEKING UNIVERSITY PRESS

内容简介

本书参照非电类模拟电子与数字逻辑课程教学大纲编写，包括模拟电子和数字逻辑两大部分。模拟电子部分以基本概念、基本方法为主；数字逻辑部分以电路功能、分析设计方法和应用为主。全书共8章，分别为绪论，常用半导体器件，放大电路基础，集成运算放大电路及应用，数字逻辑基础，组合逻辑电路，时序逻辑电路，信息存储与信号产生、变换电路。各章最后以“阅读材料”的形式对本章主要内容进行 Multisim 仿真分析，以便巩固和理解相关知识。书后提供了部分习题的参考答案。

本书注重对基本概念、基本原理的介绍，强调实际应用，内容叙述力求简明扼要、通俗易懂，可作为普通高等院校非电类各专业、计算机专业以及其他相近专业的电子技术基础等课程的教材，也可供相关工程技术人员参考。

图书在版编目(CIP)数据

模拟电子与数字逻辑/邬春明主编. —北京：北京大学出版社，2013.1
(21世纪本科院校电气信息类创新型应用人才培养规划教材)
ISBN 978-7-301-21450-3

Ⅰ.①模… Ⅱ.①邬… Ⅲ.①模拟电路—电子技术—高等学校—教材 ②数字逻辑—高等学校—教材
Ⅳ.①TN710 ②TP302.2

中国版本图书馆 CIP 数据核字（2012）第246398号

书　　名：**模拟电子与数字逻辑**
著作责任者：邬春明　主编
策 划 编 辑：郑　双　程志强
责 任 编 辑：郑　双
标 准 书 号：ISBN 978-7-301-21450-3/TP・1255
出 版 发 行：北京大学出版社
地　　址：北京市海淀区成府路205号　100871
网　　址：http://www.pup.cn　新浪官方微博:@北京大学出版社
电 子 信 箱：pup_6@163.com
电　　话：邮购部 010-62752015　发行部 010-62750672　编辑部 010-62750667
印　刷　者：北京虎彩文化传播有限公司
经　销　者：新华书店
787毫米×1092毫米　16开本　20.5印张　477千字
2013年1月第1版　2022年7月第4次印刷
定　　价：48.00元

前　言

本书是根据国家教委高等学校工科《电子技术基础课程教学基本要求》，参照非电类模拟电子与数字逻辑课程教学大纲编写的。为适应当前电子技术的发展及教学改革的要求，本书将原来的“模拟电子”和“数字逻辑”两门课程的内容有机地整合起来，形成新的课程体系，可在一个学期内完成原来两个学期的教学内容。针对非电类专业的特点，本书压缩了一些过于高深的内容及一些繁杂的推导运算，突出基本概念、基本技能的训练。每章增加了“导入案例”和“阅读材料”，以激发学生学习的兴趣和拓展知识内容。

本书针对非电类的教学要求，力求叙述简明扼要、通俗易懂，增加了“知识要点提醒”等内容，便于学生学习。本书突出学科基础课程的特点，强调基础和应用、简化分析，避免繁杂公式的推导，使学生能逐步养成理论联系实际的好习惯。

在结构安排上，本书注重内容的系统性、完整性和连贯性，从电子系统出发，使学生对于模拟电路和数字电路形成完整不可分割的概念，又能区分二者的使用场合，掌握电子技术的基本理论，能进行初步的分析设计，为今后深入学习及应用奠定基础。

在内容的取舍上，根据技术发展的特点和趋势，较大幅度地压缩了模拟电子的内容，尽量保留数字逻辑内容的完整性。

本书包括模拟电子和数字逻辑两大部分。模拟电子部分以基本概念、基本方法为主；数字逻辑部分以电路功能、分析设计方法和应用为主。全书共 8 章，分别为绪论，常用半导体器件，放大电路基础，集成运算放大电路及应用，数字逻辑基础，组合逻辑电路，时序逻辑电路，信息存储与信号产生、变换电路。各章最后以“阅读材料”的形式对本章主要内容进行 Multisim 仿真分析，以便巩固和理解相关知识。书后提供了部分习题的参考答案。

本书大约需要 60～80 学时，书中标注“*”的内容可供教师根据专业特点取舍。

本书由邬春明担任主编，雷宇凌、邢晓敏和朱剑锋担任副主编。其中邬春明编写了第 1、3、5(除 5.3 节)、6 章；雷宇凌编写了第 7、8 章和 5.3 节；邢晓敏编写了第 2、4 章。朱剑锋等对本书中的仿真内容进行了验证。全书由邬春明统稿。

本书可作为普通高等院校非电类各专业、计算机专业以及其他相近专业的电子技术基础等课程的教材，也可供相关工程技术人员参考。

限于作者的水平，书中疏漏之处在所难免，敬请广大读者批评指正。

编　者

2012 年 7 月

目　　录

第1章 绪论

学习目标

了解电信号的种类及特点；

了解电子器件的发展历史；

了解电子电路的种类及特点；

了解电子信息系统的组成和种类。

导入案例

在日常生产、生活中有很多电子产品。尽管这些产品五花八门、种类繁多，但它们都是由电子元器件组成的电子电路构成的。图1.1(a)是最普通的家电产品——收音机的图片。收音机能把从天线接收到的高频信号经检波(解调)还原成音频信号，送到耳机或喇叭变成音波。为了收听到所需要的节目，必须把所需的信号(电台)挑选出来，并把不要的信号“滤掉”，以免产生干扰。同时，还需要有各级放大电路来把微弱的信号放大等。总之，收音机的正常工作必须有相应的电路支撑，要有相应的信号转换过程。图1.1(b)是数字调频收音机的组成框图。

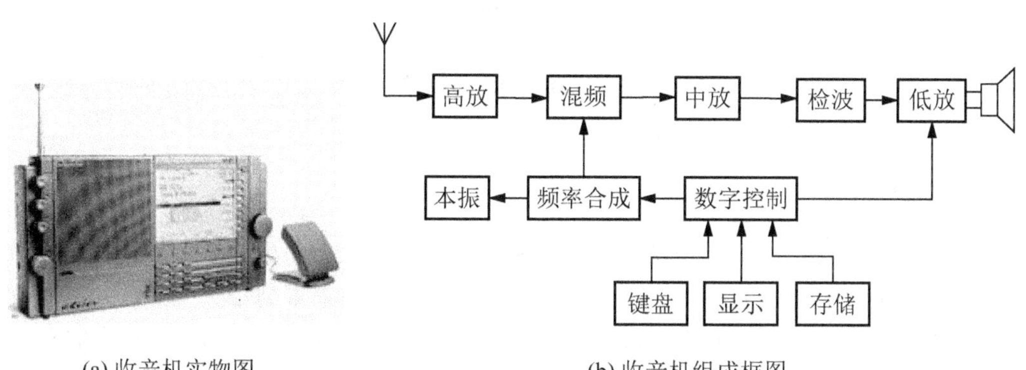

(a) 收音机实物图　　(b) 收音机组成框图

图1.1　收音机及其组成框图

前面已经对一个小电子产品有了初步认识，但对上述提到的“信号”、“电子元器件”和“电路”等名词还有待进一步了解。这些有关“电子技术”方面的内容将在后面详细讲述。

电子技术是根据电子学的原理，运用电子器件设计和制造某种特定功能的电路以解决实际问题的科学，它包括信息电子技术和电力电子技术两大分支。本书讲述信息电子技术，它包括模拟电子技术和数字电子技术。

目前，电子技术已渗透到工业、农业、科技和国防等各个领域。在人们日常生产生活中，电子技术无处不在，如卫星、通信、广播电视、航天航空、计算机以及家用电器等。尤其是进入21世纪以来，人类迈入了信息时代，作为信息技术基础的电子技术飞速发展，应用领域更加广泛。

电子技术是对电子信号进行处理的技术，本章主要介绍有关信号和电路的基本概念以及电子信息系统的基本组成和种类，为学好后续内容奠定基础。

知识结构

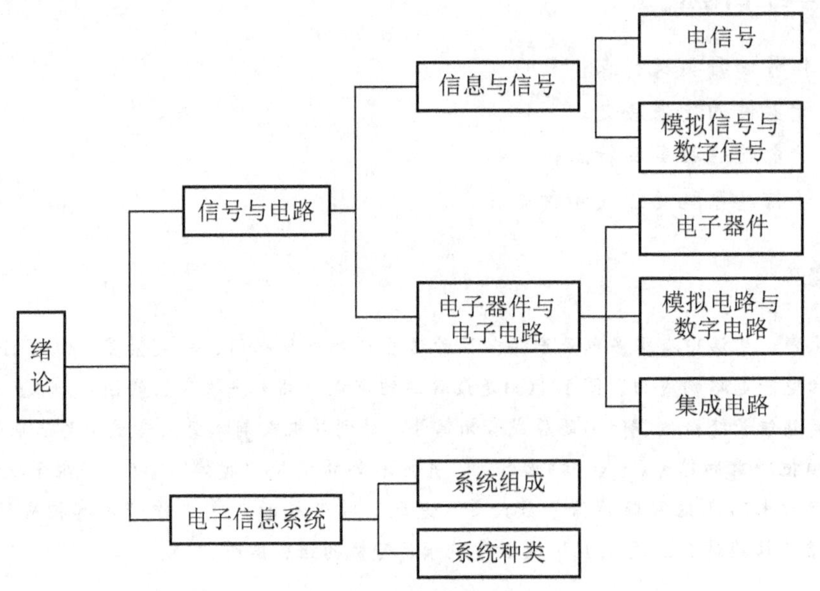

1.1 信号与电路

1.1.1 信息与信号

人类从产生的那天起，就生活在信息的海洋里。人类社会的生存和发展，每时每刻都离不开接收信息、传递信息、处理信息和利用信息。从结绳记事到烽火告警，从语言文字到电报电话，以及后来的电子计算机到互联网等，信息无处不在，由此可见信息的重要性。

所谓消息，是用文字、符号、数据、语言、图片、图像等能够被人们感官所感知的形式，把客观事物运动和主观思维活动的状态表达出来。消息是信息的载体及表现形式，信息是实质。信号是承载消息的物理量，是消息的运载工具。自然界中存在着电、声、光、磁等各种形式的信号。

1. 电信号

由于非电的物理量可以通过相应的传感器很容易转换成电信号，而电信号的控制和传送比较容易，同时电信号的处理技术也已经比较成熟，所以电信号的应用最广泛。电子技术所处理的对象是载有信息的电信号。

电信号(以下称为信号)的基本形式是随时间变化的电压或电流，信号可以表示为时间的函数，也可用图形，即所谓的“波形”表示，所以“信号”与“函数”两词常相互通用。

信号的种类很多，可从不同的角度对其进行分类。

可用确定时间函数来表示的信号，称为确定信号或规则信号，如正弦信号。若信号不能用确切的函数描述，它在任意时刻的取值都具有不确定性，这类信号称为随机信号或不确定信号。电子系统中的起伏热噪声、雷电干扰信号就是两种典型的随机信号。

在连续的时间范围内有定义的信号称为连续时间信号，简称连续信号。仅在一些离散的瞬间才有定义的信号称为离散时间信号，简称离散信号。

每隔一定时间，按相同规律重复变化的信号称为周期信号，否则为非周期信号。

2. 模拟信号与数字信号

电子技术中的电信号按其不同特点可分为两大类，即模拟信号和数字信号。

在时间和幅值上都连续的信号叫做模拟信号。其特点是幅值可在一定动态范围内任意取值。自然界中的许多物理量均可通过相应的传感器转换为时间连续、数值连续的电压或电流，例如声音、温度等。模拟广播电视传送和处理的音频信号和视频信号是模拟信号。图 1.2(a)所示为一随时间变化的模拟电压信号。

数字信号和模拟信号不同，它是在时间和幅值上均离散的信号，如电子表给出的时间信号、生产流水线上记录零件个数的计数信号等。数字信号的特点是幅值只可以取有限个值。计算机、局域网与城域网中均使用二进制数字信号，目前在计算机广域网中实际传送的则既有二进制数字信号，也有由数字信号转换而来的模拟信号。但是更具应用发展前景的是数字信号。图 1.2(b)所示为数字信号。

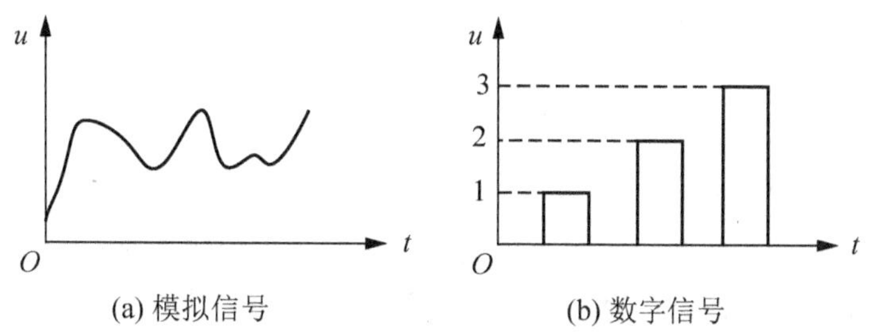

(a) 模拟信号　　(b) 数字信号

图 1.2　模拟信号和数字信号

模拟信号与数字信号之间可以相互转换。模/数(A/D)转换器将模拟信号转换为数字信号；数/模(D/A)转换器将数字信号转换为模拟信号。

1.1.2 电子器件与电子电路

电子电路是构成电子信息系统的基本单元，而电子电路主要是由电子器件组成的。

1. 电子器件

电子器件是电子技术的核心，电子技术的发展与电子器件的发展密不可分。电子器件的更新换代引起了电子电路极大的变化，出现了很多新的电路和应用，可以说电子器件的发展史就是电子技术的发展史。电子器件的发展经历了电子管、晶体管和集成电路 3 个阶段。

第一代电子器件以电子管为核心。1904 年，世界上第一只电子管在英国物理学家弗莱明的实验室中诞生了。弗莱明为此获得了这项发明的专利权。人类第一只电子管的诞生，标志着世界从此进入了电子时代。

1947 年 12 月，美国贝尔实验室的肖克利、巴丁和布拉顿组成的研究小组，研制出一种点接触型的锗晶体管。晶体管的问世，是 20 世纪的一项重大发明，是微电子革命的先声。晶体管出现后，人们就能用一个小巧的、消耗功率低的电子器件，来代替体积大、功率消耗大的电子管了。晶体管的发明又为后来集成电路的诞生吹响了号角。

20 世纪 50 年代末期，世界上出现了第一块集成电路，它把许多晶体管等电子元器件集成在一块硅芯片上，使电子产品向更小型化发展。集成电路从小规模集成电路迅速发展到大规模集成电路和超大规模集成电路，从而使电子产品向着高效能低消耗、高精度、高稳定、智能化的方向发展。

图 1.3 所示的是电子器件发展 3 个阶段中的产品。

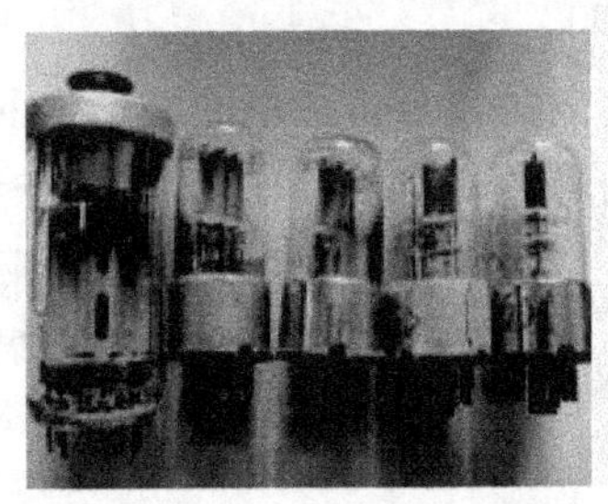

(a)电子管

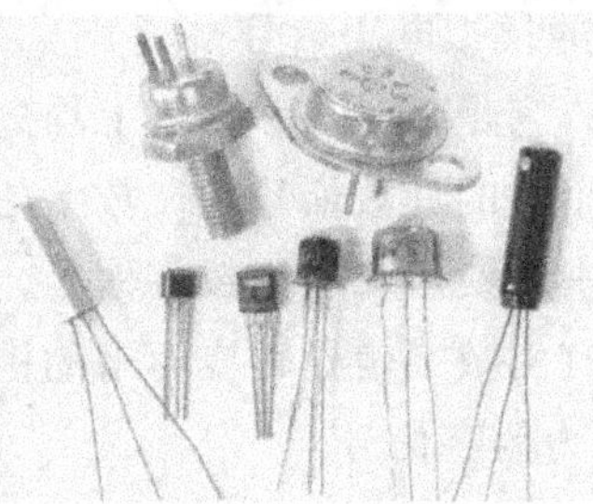

(b)晶体管

(c)集成电路

图 1.3 电子器件

2. 模拟电路与数字电路

根据电路所处理的信号不同。电子电路可分为模拟电路和数字电路两大类。

具有对模拟信号进行放大、滤波、调制、解调、传输等处理能力的电子电路叫做模拟电路。模拟电路主要采用电路分析的方法来分析。

能对数字信号进行产生、存储、传输、变换、运算及处理的电子电路叫做数字电路。数字电路主要是研究输出与输入信号之间的对应逻辑关系，其分析的主要工具是逻辑代数，因此数字电路又称为“逻辑电路”。

知识要点提醒

“数字逻辑”是数字电路逻辑设计的简称，其内容是应用数字电路进行数字系统逻辑设计。

与模拟电路相比，数字电路具有如下几个特点。

(1) 便于高度集成化。由于数字电路采用二进制数据，凡具有两个状态的电路都可用来表示0和1两个数。电路对元器件的参数和精度要求不高，允许有较大的分散性，因此基本单元电路的结构简化对实现数字电路的集成化十分有利。

(2) 工作可靠性高、抗干扰能力强。数字信号用1和0来表示信号的有和无，数字电路辨别信号的有和无是很容易做到的，从而大大提高了电路的工作可靠性。抗干扰能力强，只要外界干扰在电路的噪声容限范围内，电路都能正常工作。

(3) 便于长期保存。比如可将数字信息存入磁盘、光盘等长期保存。

(4) 产品系列多、通用性强且成本低。数字电路可采用标准的逻辑部件和可编程逻辑器件来实现各种各样的数字电路和系统，使用灵活。

(5) 保密性好。数字电路可以采用多种编码技术加密数字信息，使其不易被窃取。

(6) 具有“逻辑思维”能力。数字电路不仅具有算术运算能力，而且还能按人们设计的规则进行逻辑推理和逻辑判断。

由于数字电路具有上述特点，使其发展十分迅速，因而在电子计算机、数控技术、通信技术、数字仪表等领域都得到了越来越广泛的应用。

3. 集成电路

集成电路采用一定工艺，把电路中所需的晶体管、二极管、电阻、电容和电感等元件及布线互连在一起，制作在一小块或几小块半导体晶片或介质基片上，然后封装在一个管壳内，成为具有所需电路功能的微型结构；其中所有元件在结构上已组成一个整体，使电子元件向着微小型化、低功耗和高可靠性方面迈进了一大步。它在电路中用字母IC表示。集成电路发明者为杰克·基尔比(基于硅的集成电路)和罗伯特·诺伊思(基于锗的集成电路)。当今半导体工业大多数应用的是基于硅的集成电路。

集成电路具有体积小、重量轻、引出线和焊接点少、寿命长、可靠性高、性能好等优点，同时成本低，便于大规模生产。它不仅在工业和民用电子设备如收录机、电视机、计算机等方面得到广泛的应用，同时在军事、通信、遥控等方面也得到广泛的应用。用集成电路来装配电子设备，其装配密度比晶体管可提高几十倍至几千倍，设备的稳定工作时间也可大大提高。

集成电路按其功能、结构的不同，可以分为模拟集成电路、数字集成电路和数/模混合集成电路三大类。

按制造工艺的不同，集成电路又可分为单极型集成电路和双极型集成电路。

根据集成度的不同把集成电路分为4类，见表1-1。这里的集成度是指组成集成电路的逻辑门或元器件个数。

表 1-1 集成电路分类

类 型	集成度	电路规模与范围
小规模集成电路(SSI)	1～10 个门/片或 10～100 个元件/片	逻辑单元电路、逻辑门电路及集成触发器等
中规模集成电路(MSI)	10～100 个门/片或 100～1000 个元件/片	逻辑部件、译码器、计数器及比较器等
大规模集成电路(LSI)	100～1000 个门/片或 1000～10000 个元件/片	数字逻辑系统、控制器、存储器及接口电路等
超大规模集成电路(VSI)	大于 1000 个门/片或 大于 1 万个元件/片	高集成度数字逻辑系统及单片机等

1.2 电子信息系统

电子信息系统简称电子系统，它有大有小，大到宇宙飞船的测控系统，小到收音机，它们都是电子系统。概括地讲，凡是可以完成一个特定功能的完整电子装置都可称为电子系统。

1. 电子信息系统的组成

一个电子系统(如导入案例中的收音机)一般包括模拟系统和数字系统，如图 1.4 所示。模拟系统包括信号提取、信号预处理、信号加工以及信号驱动与执行等。信号提取主要是利用传感器将非电物理量转换为电信号或利用接收器接收微弱的电信号；信号预处理包括信号的隔离、滤波、放大等，目的是去除干扰、增强有用信号的幅度；信号加工包括信号的运算、比较、转换等；最后对信号进行功率放大以驱动负载。数/模转换与模/数转换部分是模拟数字混合的电路，起到数字信号与模拟信号相互转换以适应不同电路需要的作用。

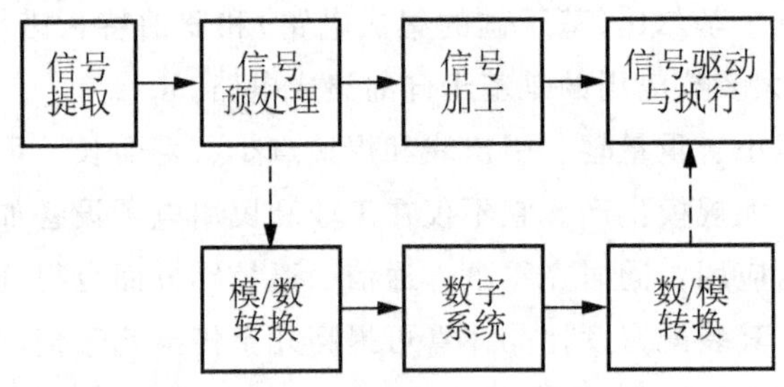

图 1.4 电子信息系统的组成框图

2. 电子信息系统的种类

电子信息系统从功能来看，大概有以下几种。

(1) 测控系统，如宇宙飞船的飞行轨道控制系统、工业生产控制系统等；

(2) 测量系统，用于电量及非电量的精密测量；

(3) 数据处理系统，如语音、图像、雷达信息处理等；

(4) 通信系统，如数字通信、微波通信等；

(5) 计算机系统，可以单台工作也可以多台联网；

(6) 家电系统，如多媒体彩电、数字式视频光盘机等。

本章小结

本章介绍了信号与电路以及电子信息系统的相关知识。主要讲述了以下几项内容。

(1) 信号是承载消息的物理量，电信号的基本形式是随时间变化的电压或电流，电子技术中电信号可分为模拟信号和数字信号。在时间和幅值上都连续的信号叫做模拟信号；在时间和幅值上均离散的信号叫做数字信号。

(2) 电子电路主要是由电子器件组成的，是构成电子信息系统的基本单元，具有对模拟信号进行放大、滤波、调制、解调、传输等处理能力的电子电路叫做模拟电路；能对数字信号进行产生、存储、传输、变换、运算及处理的电子电路叫做数字电路。

(3) 集成电路是完成所需电路功能的微型结构，具有体积小、重量轻、引出线和焊接点少、寿命长、可靠性高、性能好等优点，同时它的成本低，便于大规模生产。

(4) 可以完成一个特定功能的完整的电子装置都可称为电子系统，一个电子系统一般包括模拟系统和数字系统。

阅读材料

电子电路的仿真平台——*Multisim* 软件

随着计算机技术飞速发展，电路分析与设计可以通过计算机辅助分析和仿真技术来完成。*Multisim* 是 *Interactive Image Technologies* 公司在 *20* 世纪末推出的电路仿真软件；是一个专门用于电子电路仿真与设计的 *EDA* 工具软件，是广泛应用的 *EWB*(*Electronics Workbench*，电子工作台)的升级版。作为 *Windows* 下运行的个人桌面电子设计工具，*Multisim* 是一个完整的集成化设计环境。

相对于其他 *EDA* 软件，*Multisim* 具有更加形象、直观的人机交互界面，特别是操作其仪器仪表库中的各仪器仪表与真实实验中的完全相同，而且对模数电路的混合仿真功能也毫不逊色，几乎能够 *100%* 地仿真出真实电路的结果。*Multisim* 在仪器仪表库中不仅提供了万用表、信号发生器、瓦特表、双踪示波器、波特仪(相当实际中的扫频仪)、字信号发生器、逻辑分析仪、逻辑转换仪、失真度分析仪、频谱分析仪、网络分析仪和电压表及电流表等仪器仪表，还提供了常见的各种建模元器件，如电阻、电容、电感、三极管、二极管、继电器、可控硅、数码管等。模拟集成电路方面有各种运算放大器及其他常用集成电路，数字电路方面则有 *74* 系列集成电路、*4000* 系列集成电路等，除此之外还支持自制元器件。

习 题

一、填空题

1. __________是承载消息的物理量，它携带消息，是消息的运载工具。

2. 在时间和幅值上都连续的信号叫做__________，在时间和幅值上均离散的信号叫做__________。

3. 电子器件的发展经历了__________、__________和__________ 3 个阶段。

4. 集成电路按其功能、结构的不同，可以分为__________、__________和__________三大类。

二、选择题

1. 下列信号不属于模拟信号的是(　　)。

A. 温度　　B. 电压　　C. 电流　　D. 电子表显示的时间

2. 下列不属于电子器件的是(　　)。

A. 晶体管　　B. 电子管　　C. 万用表　　D. 集成电路

3. 能对数字信号进行产生、存储、传输、变换、运算及处理的电子电路叫做(　　)。

A. 模拟电路　　B. 数字电路　　C. 整流电路　　D. 放大电路

4. 模拟系统包括(　　)以及信号驱动与执行等。

A. 信号提取　　B. 信号预处理　　C. 信号加工　　D. 数/模转换

三、问答题

1. 模拟信号和数字信号有何区别?

2. 数字电路有哪些特点?

3. 集成电路按规模划分成哪些种类? 如何界定?

4. 电子信息系统由哪些部分构成?

第2章

常用半导体器件

学习目标

了解半导体的导电机理；

理解本征半导体和杂质半导体的概念；

熟练掌握PN结的形成及其外特性；

掌握半导体二极管、稳压二极管、晶体三极管和场效应管的工作原理、特性和主要参数。

导入案例

1947年12月23日清晨，威廉·肖克利(William Shockley)焦虑不安地驾车穿越纽瓦克境内布满严霜的西部山区。在通往贝尔实验室的那段拥挤不堪的大道上，肖克利对周围的机动车辆几乎全然不顾。他的心思已经不在这里了。这天下午，他所在的研究小组要为上司现场演示一种全新的、颇有前途的电子器件，他要提前做好准备。他深知这种基于半导体的放大器有可能引发一场革命。

第二次世界大战结束后，贝尔实验室开始研制新一代的固体器件，具体由肖克利负责。前两天的一个中午，肖克利的两位同事，理论物理学家约翰·巴丁(John Bardeen)和出生于中国厦门的实验物理学家沃尔特·布拉顿(Walter Brattain)，在一个三角形石英晶体底座上将金箔片压到一块锗半导体材料表面制成两个接触点，当一个接触点为正偏(即相对于第三点加正电压)，而另一个接触点为反偏时，可以观察到输入信号被晶体管放大了。他们把这一发明称为"点接触晶体管放大器"(Point Contact Transistor Amplifier)。它可以传导、放大和开关电流。图2.1是历史上第一只晶体管的照片。

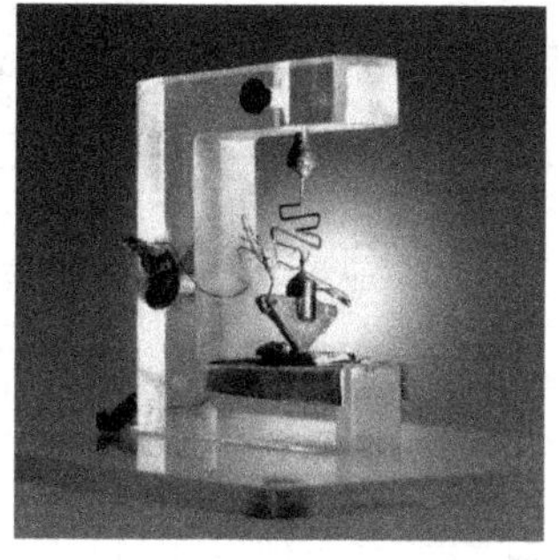

图2.1 历史上第一只晶体管

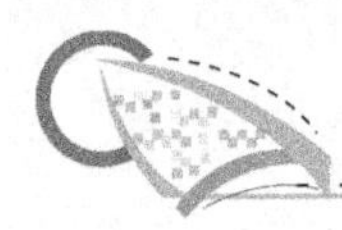

1949年肖克利发表了关于PN结理论及一种性能更好的双极型晶体管(BJT)的经典论文，通过控制中间一层很薄的基极上的电流，实现放大作用，次年制成具有PN结的锗晶体管。双极型晶体管是通过控制固体中的电子运动实现电信号的放大和传输功能，比当时的主流产品真空电子管性能可靠、耗电省；更为突出的是体积小得多，因此在应用上受到广泛重视。它很快取代真空管作为电子信号放大组件，成为电子工业的强大引擎，由此引发了一场电子革命，把人类文明带进现代电子时代，所以它被媒体和科学界称为“20世纪最重要的发明”。他们3人因此分享了1956年度的诺贝尔物理学奖。自第一个晶体管被发明以来，各式各样的新型半导体器件凭借更先进的技术，更新的材料和更深入的理论被陆续发明。

知识结构

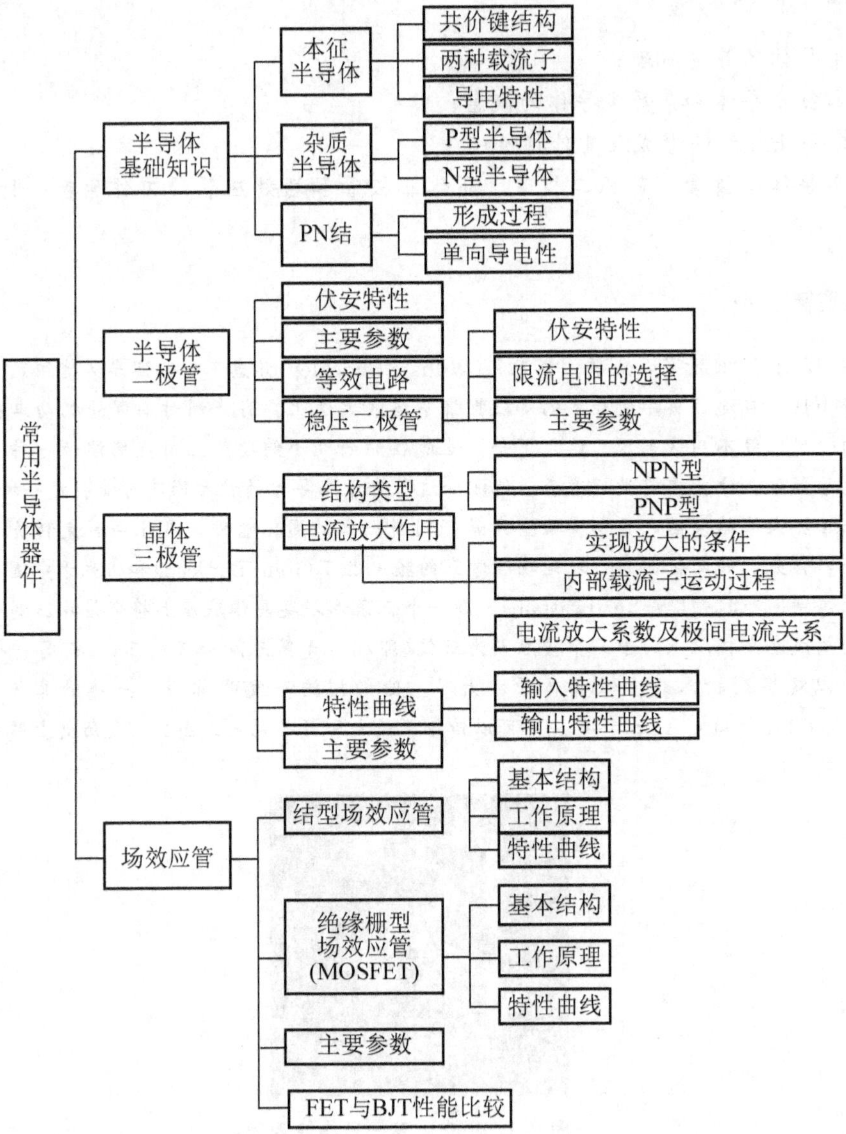

- 常用半导体器件
  - 半导体基础知识
    - 本征半导体
      - 共价键结构
      - 两种载流子
      - 导电特性
    - 杂质半导体
      - P型半导体
      - N型半导体
    - PN结
      - 形成过程
      - 单向导电性
  - 半导体二极管
    - 伏安特性
    - 主要参数
    - 等效电路
    - 稳压二极管
      - 伏安特性
      - 限流电阻的选择
      - 主要参数
  - 晶体三极管
    - 结构类型
      - NPN型
      - PNP型
    - 电流放大作用
      - 实现放大的条件
      - 内部载流子运动过程
      - 电流放大系数及极间电流关系
    - 特性曲线
      - 输入特性曲线
      - 输出特性曲线
    - 主要参数
  - 场效应管
    - 结型场效应管
      - 基本结构
      - 工作原理
      - 特性曲线
    - 绝缘栅型场效应管(MOSFET)
      - 基本结构
      - 工作原理
      - 特性曲线
    - 主要参数
    - FET与BJT性能比较

2.1 半导体基础知识

自然界中的物质按导电能力由强到弱可以划分为导体、半导体和绝缘体三大类。所谓导体指的是导电性能良好的一类物质，常见的如金、银、铜、铁、锡、铝、铅等金属。所谓绝缘体指的是导电能力非常差或完全没有导电能力的一类物质，常见的如橡胶、塑料、人工晶体、琥珀、金刚石、云母、木材、陶瓷等。而半导体则是指导电能力介于导体和绝缘体之间的一大类物质，常见的如硅、锗、砷化镓和一些硫化物、氧化物等。

半导体之所以被用来制造电子元器件，不是在于它的导电能力处于导体和绝缘体之间，而是在于它的导电能力在外界某种因素作用下会发生显著变化。这种特点主要表现如下所示。

(1) 电阻率小到约 $4\times10^{-3}\Omega\cdot m$，导电能力增加了数十万倍，各种半导体器件的制作，正是利用了掺杂技术以改变和控制半导体的导电率。

(2) 温度的变化也会使半导体的导电能力发生显著的变化，如钴、锰、镍等的氧化物，在环境温度升高时，它们的导电能力要增强很多。人们利用这种热敏效应制作出了热敏元件。但另一方面，热敏效应会使半导体元器件的热稳定性下降。

(3) 光照不仅可以改变半导体的电导率，而且可以产生电动势，这就是半导体的光电效应。利用光电效应可以制成光敏电阻、光敏二极管、光电三极管、光耦合器和光电池等。

(4) 有些半导体还具有压敏、磁敏、气敏等特性。

利用半导体的以上特征可以制造出种类繁多的半导体元器件。

2.1.1 本征半导体

本征半导体指纯净的、不含任何杂质的半导体。这类物质体现了半导体最原始的本质特征，故称本征半导体。

1. 本征半导体的内部原子结构——共价键结构

硅和锗是两种最常用的制造半导体器件的半导体材料，它们同是+4价元素。在它们原子的最外层都有4个电子，称为价电子。由于原子呈中性，故离子芯用带圆圈的+4符号表示，称其为正离子核。图2.2所示的是硅和锗原子结构的简化模型。物质的化学性质是由价电子决定的，半导体的导电性质也与价电子有关。

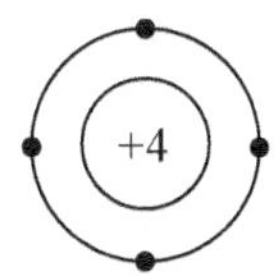

图2.2 硅和锗原子结构简化模型

绝大多数半导体的原子排列与金属导体和绝缘体一样，呈晶体结构，它们的原子形成有序的排列。其中每个原子最外层的价电子不仅受到自身原子核的束缚，同时还受到相邻原子核的吸引。因此，价电子不仅围绕自身的原子核运动，同时也出现在围绕相邻原子核的轨道上。于是，两个相邻的原子共有一对价电子，这一对价电子就组成了所谓的共价键结构。共价键束缚的一对价电子也被称为共用电子对。半导体共价键结构如图 2.3 所示。图 2.3 中表示的是二维结构，实际上半导体晶体结构是三维立体的。正因为如此，由半导体构成的管件也称晶体管。

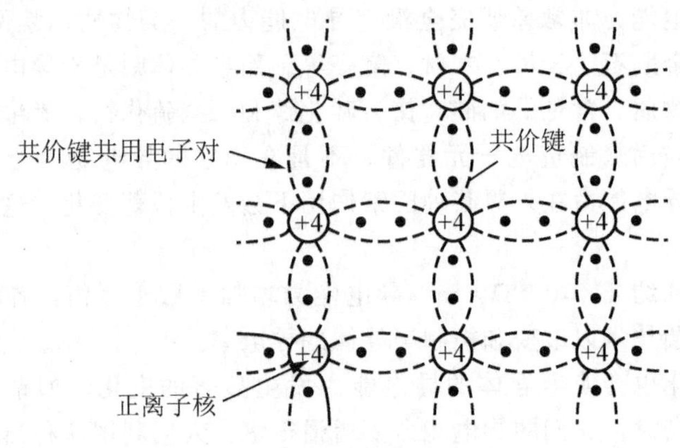

图 2.3　半导体的共价键结构

2. 本征半导体中的两种载流子

对于本征半导体来说，在热力学温度 $T=0\text{K}$(相当于 -273℃)时，所有价电子都被共价键紧紧束缚其中，故晶体中没有自由电子。因此，在 $T=0\text{K}$ 时，本征半导体的导电能力非常弱，接近于绝缘体。

随着温度的升高，被共价键束缚着的价电子获得能量也越来越大。例如温度升高至室温($T=300\text{K}$)下，其中一些比较活跃的价电子因获得了足够的随机热振动能量而挣脱共价键的束缚成为自由电子。自由电子可以在晶体结构内自由地到处运动。与此同时，在共价键相应位置上会留下一个空位，这个空位被称为空穴。原子因失去一个价电子而带正电，因此可以把空穴视为一种带正电的粒子。在本征半导体中，自由电子和空穴总是成对出现的，称为电子—空穴对。这种由于随机热振动致使共价键被打破而产生电子—空穴对的过程被称为本征激发现象。因产生这一现象的最根本原因是温度的升高，故该现象也称为热激发现象。

物质的运动是绝对的。本征半导体中电子—空穴对不断地产生，同时一些自由电子在运动过程中遇到空穴并填补空穴，从而使两者同时消失，这种现象恰巧是与本征激发相反的运动过程，被称为复合现象。在一定温度下，本征激发与复合二者产生的电子—空穴对数目相等，达到一种动态的平衡。

运载电荷的粒子称为载流子。在本征半导体中存在两种不同极性的载流子，即带负电的自由电子和带正电的空穴，其平面结构如图 2.4 所示。

知识要点提醒

空穴的出现是半导体区别于导体的一个重要特点。

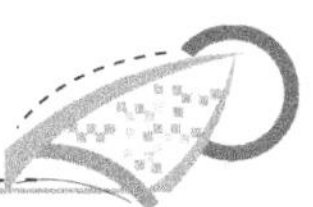

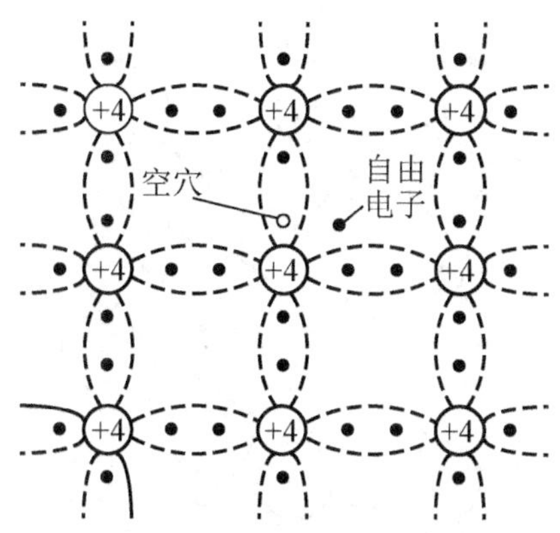

图 2.4　本征半导体中的自由电子和空穴

实验证明，本征半导体中载流子的浓度，除与半导体材料本身的性质有关以外，还与温度密切相关，而且随着温度的升高，基本上按指数规律增加。因此，本征半导体中载流子的浓度对温度十分敏感。例如硅材料，温度每升高 8℃，本征半导体中自由电子浓度大约增加一倍；对于锗材料，温度每升高 12℃，本征半导体中自由电子浓度大约增加一倍。这使得半导体器件温度稳定性较差，但也同样可以利用这一特性制作半导体热敏器件。

知识要点提醒

只要温度适宜，任何类型的半导体中本征激发现象和复合现象都是始终存在的，即自由电子和空穴总是成对出现或消失，故在任何时候，本征半导体中的自由电子和空穴数目总是相等的，但不会很多。

3. 本征半导体的导电特性

在没有外加电场时，虽然本征半导体中由于本征激发现象会产生少量的自由电子和空穴，存在着两种不同极性的载流子，具备导电的部分条件，但此时半导体并不带电，对外呈电中性。

只有在本征半导体上外加电场 E，才能使电子和空穴移动，如图 2.5 所示。图 2.5 中空心圆圈表示空穴，实心圆点表示电子。假设外加电场的方向如图 2.5 所示。本征激发产生出的自由电子受到外电场正极性的吸引必然向右侧运动，同时在 A 点处留下一个空位。同样是受到外电场正极性的吸引，B 处的电子便可以填补到 A 点的空位，从而使空位由 A 移到 B。如果接着 C 处电子又填补到 B 处的空位，这样空位又由 B 移动到了 C。可见被束缚电子的移动过程最终是以空穴的相对运动来体现的，即电子的运动方向与空穴的运动方向相反，并且此时的电子仍处于束缚状态。因此可以用空穴移动产生的电流来代表束缚电子移动产生的电流，即图 2.5 中所示的空穴流，方向如图所示。本征半导体导电电流还有另外一部分，即自由电子受到外电场正极性吸引产生移动形成的电流，即图 2.5 所示的电子流。

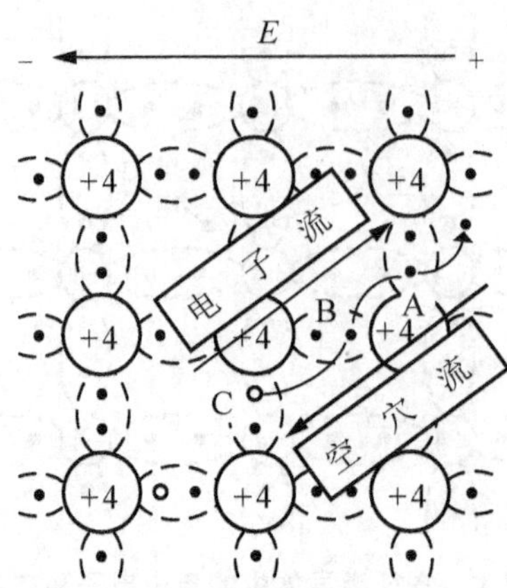

图 2.5　本征半导体的导电特性

知识要点提醒

半导体的导电电流等于电子流和空穴流之和，其中电子流是自由电子受到外电场正极性吸引产生的电流，而空穴流是受束缚电子不断填补空穴过程中产生的电流。这是半导体和导体导电特性的最本质区别。

2.1.2　杂质半导体

半导体的导电能力由其纯度决定。前面介绍的本征半导体导电能力很弱，因为它们只能由本征激发产生很少的载流子。适当的掺入杂质元素可以大大增加可用载流子的数目。掺入杂质后的半导体被称为杂质半导体。这类半导体的导电性可接近于金属。实际的半导体器件几乎毫无例外的都是杂质半导体制作出来的。

1. P型半导体

在＋4 价的硅(或锗)元素中掺入＋3 价元素(如硼等)就得到 P 型半导体，其结构如图 2.6(a)所示。

＋3 价元素进入晶格中原本由＋4 价元素占据的位子，力图与周围的 4 个原子共用价电子。但因为它本身只有 3 个价电子，无法形成第四个键，这个电子空缺处就形成了一个空穴。可见，每掺杂进去一个＋3 价元素，半导体中就会多出一个这样的空穴，使得半导体中的自由电子和空穴数不再相等。空穴数居多，称为多数载流子(简称多子)；自由电子数很少，称为少数载流子(简称少子)。由于这个原因，P 型半导体也称为空穴型半导体。

因为掺杂进去的＋3 价元素处会多余出一个空穴，该空穴能够接受电子产生复合现象，故这种＋3 价元素又被称为受主原子。

2. N型半导体

在＋4 价的硅元素中掺入＋5 价元素(如磷等)就得到 N 型半导体，其结构如图 2.6(b)所示。

＋5 价元素进入晶格中原本由＋4 价元素占据的位子，它的最外层有 5 个价电子，

和周围 4 个原子的价电子分别形成共价键结构后还多余出一个电子。该电子由于无法和其他原子的价电子结合形成共价键，就成了可以到处移动的自由电子。而且，每掺杂进去一个 +5 价元素就会多出一个这样的电子，使得半导体中的自由电子数明显多于空穴数。这种情况下自由电子被称为多子，空穴被称为少子。因此，N 型半导体也称为电子型半导体。

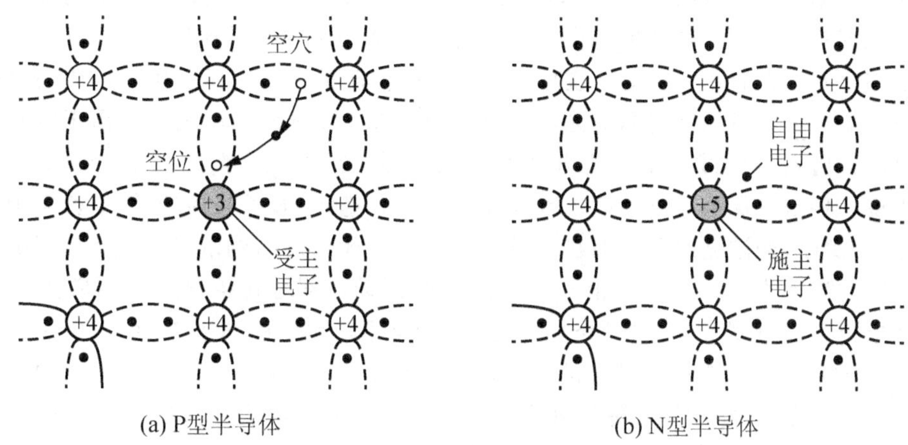

图 2.6　杂质半导体结构

因为掺杂进去的 +5 价元素会提供出一个自由电子，故这种 +5 价元素又被称为施主原子。

3. 杂质半导体的示意图

对于杂质半导体来说，无论是 N 型半导体还是 P 型半导体，从总体上看，对外仍然保持电中性。以后，为表示上方便起见，通常只画出其中的负离子和等量的空穴来表示 P 型半导体；同样，只画出其中的正离子和等量的自由电子来表示 N 型半导体，分别如图 2.7(a)、图 2.7(b)所示。

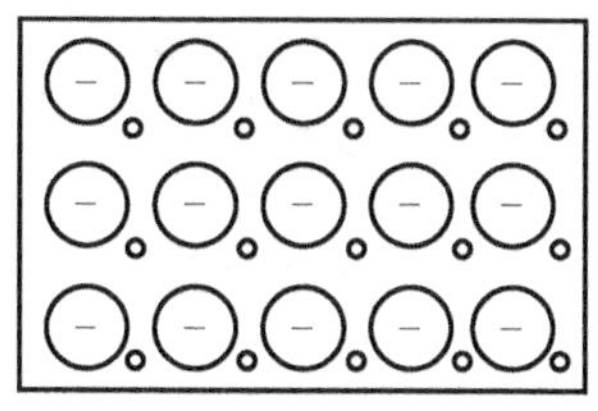

(a) P型半导体

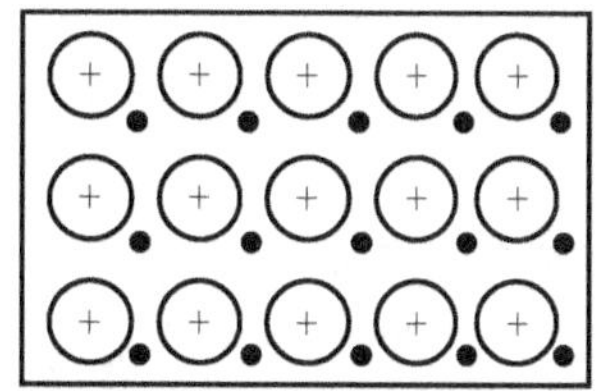

(b) N型半导体

图 2.7　杂质半导体的示意图

知识要点提醒

杂质半导体因掺入杂质后导致导电性能提高，两种载流子数量不再相等，有多数载流子和少数载流子之分。其中多数载流子是由掺入杂质元素和本征激发产生的。少数载流子只由本征激发产生。故多子浓度主要受掺杂浓度的影响，而少子只与温度有关。

2.1.3　PN 结

1. PN 结的形成

将一块本征半导体一侧掺杂成 P 型半导体，另一侧掺杂成 N 型半导体，则在二者的交界面两侧，电子和空穴的浓度相差会很悬殊。由于浓度差的存在，N 区中的多子自由电子要向 P 区扩散；同时，P 区中的多子空穴也要向 N 区扩散，如图 2.8(a)所示。当一些自由电子和空穴相遇时，将因复合现象而同时消失。于是，在交界面两侧形成一个由不能移动的正、负离子组成的空间电荷区，也就是 PN 结，如图 2.8(b)所示。由于空间电荷区内缺少可以自由运动的载流子，所以又称为耗尽层。在扩散之前，无论 P 区还是 N 区，从整体来说，各自都保持着电中性。因为在 P 区中，空穴(多子)的浓度等于负离子的浓度与自由电子(少子)的浓度之和；而在 N 区中，自由电子(多子)的浓度等于正离子的浓度与空穴(少子)的浓度之和。但是，由于多子的扩散运动，部分自由电子和空穴因复合而消失，空间电荷区中只剩下不能参加导电的正、负离子，因而破坏了 P 区和 N 区原来的电中性。在图 2.8(a)中，空间电荷区的左侧(P 区)带负电，右侧(N 区)带正电，因此，在二者之间产生了一个电位差 U_D，称为电位势垒。它的电场方向是由 N 区指向 P 区，这个电场称为内电场。因为空穴带正电，而电子带负电，所以内电场的作用将阻止多子扩散，故这个空间电荷区又称为阻挡层。但是，这个内电场却有利于少子的运动。通常，将少子在内电场作用下的定向运动称为漂移运动。

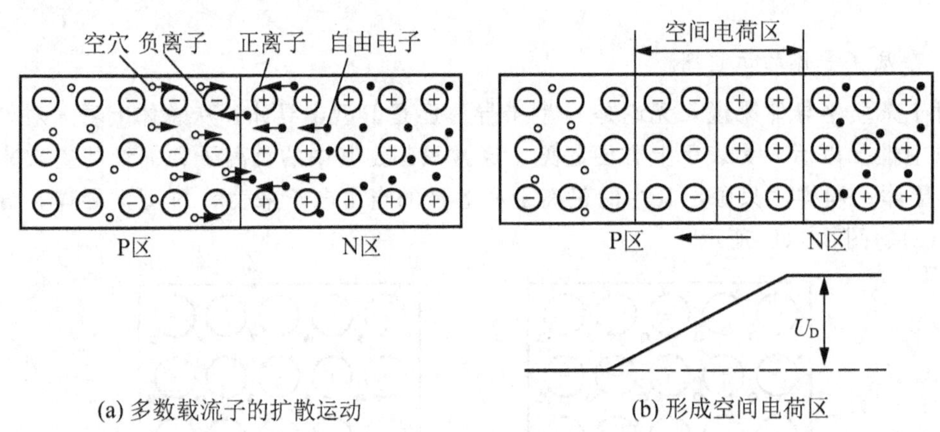

(a) 多数载流子的扩散运动　　(b) 形成空间电荷区

图 2.8　PN 结的形成

综上可知，PN 结中进行着两种载流子的运动：多子的扩散运动和少子的漂移运动。扩散运动产生的电流称为扩散电流，漂移运动产生的电流称为漂移电流。随着扩散运动的进行，空间电荷区的宽度将逐渐增大；而随着漂移运动的进行，空间电荷区的宽度将逐渐减小。达到平衡时，无论电子或空穴，它们各自产生的扩散电流和漂移电流都达到相等，则 PN 结中总的电流等于零，空间电荷区的宽度也达到稳定。一般，空间电荷区很薄，其宽度约为几微米～几十微米。对不同材料，电位势垒 U_D 也不同，硅材料约为 0.6V～0.8V，锗材料约为 0.2V～0.3V。

知识要点提醒

*PN*结形成过程中(*PN*结两端无外加电压时)，扩散运动使空间电荷区变宽，而漂移运动使空间电荷区变窄。二者最终达到一种动态的平衡状态，对外仍然呈现电中性。

2. PN结的单向导电性

讨论PN结单向导电性的前提是必须给PN结两端外加电源电压。当PN结两端加上外电压后，原来的动态平衡状态将被打破。加到PN结两端的电压称为偏置电压。当电源的正极接P区，负极接N区时，称PN结处于正向接法或正向偏置状态(简称正偏)。反之，当电源的正极接N区，负极接P区时，称PN结处于反向接法或反向偏置状态(简称反偏)。

1) PN结的正向偏置特性

PN结正偏的接法如图2.9所示。在该状态下，P区的空穴和N区的电子被推向空间电荷区，使空间电荷的数量减少，PN结变薄，PN结内电场U_D被削弱，有利于多子的通过，从而使扩散运动得到了加强。在外电场的作用下，N区的多子电子流入P区，P区的多子空穴流入N区，它们的运动在外电路形成了电流，电流方向在半导体内部是由P区指向N区。因为在外电压的作用下，PN结中有电流流过，此时称PN结处于正向导通状态。PN结正向导通时，由于PN结电阻率很低，其两端电压降很小，只有零点几伏，在电路分析时，有时可以近似看作为零。

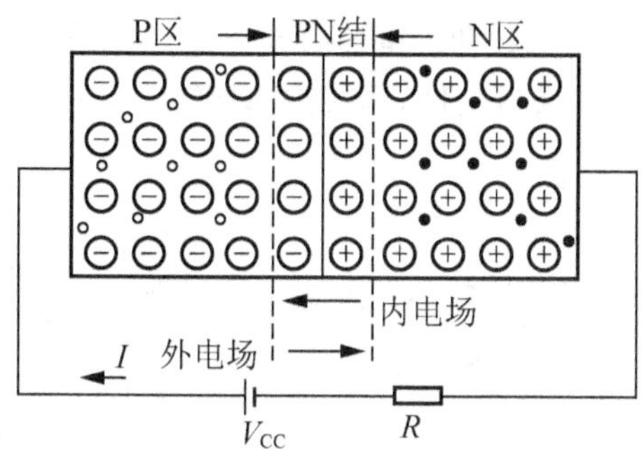

图2.9 PN结正向偏置时

2) PN结的反向偏置特性

PN结反偏的接法如图2.10所示。在反偏电压的作用下，PN结空间电荷的数量增加，加强了内电场，PN结变厚。由于内电场得到了加强，载流子的运动以漂移运动为主，漂移运动在外电路产生了由N区指向P区的反向电流。漂移电流由少子形成。由于少子的浓度很低，即使所有的少子都参与漂移运动，反向电流也很小，在电路分析时常忽略不计。在反向偏置下，可以认为PN结处于截止状态。

由于PN结在正向偏置时导通，反向偏置时截止，即电流只能从一个方向(P区流向N区)流过PN结，这个特性称为PN结的单向导电性。

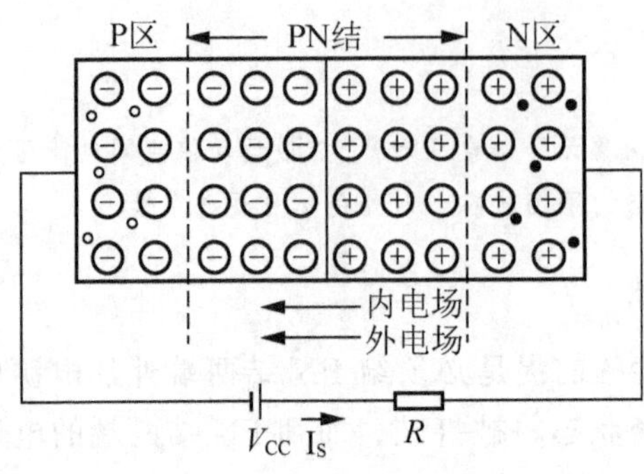

图 2.10　PN 结反向偏置时

2.2　半导体二极管

2.2.1　半导体二极管的结构

半导体二极管的核心部分是一个 PN 结。在 PN 结的两端加上电极，用管壳封装，就成为半导体二极管，简称二极管。

按制造的材料分，有硅二极管和锗二极管；按 PN 结的结构分，有点接触型和面接触型两类。点接触型二极管(一般为锗管)PN 结面积小，不能通过大的电流，一般用于高频和小功率的场合，其结构如图 2.11(a)所示。面接触型二极管(一般为硅管)PN 结面积大，可以通过较大的电流，一般用于低频和大电流整流电路，其结构如图 2.11(b)所示。二极管电路符号如图 2.11(c)所示。a 点为阳极，k 点为阴极。

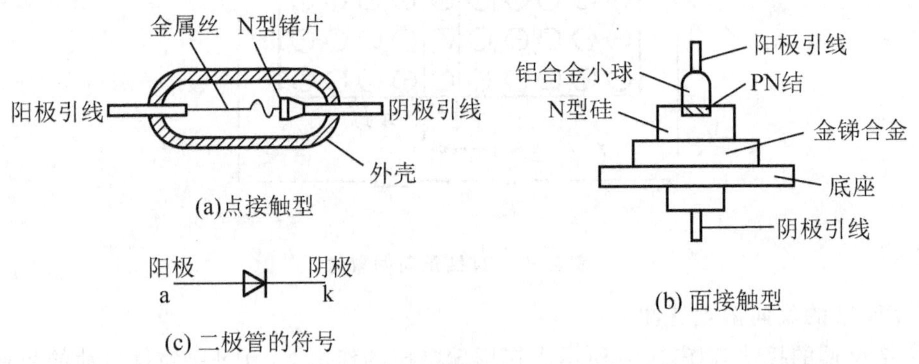

图 2.11　二极管的结构及符号

2.2.2　半导体二极管的伏安特性

二极管两端的电压与流过二极管的电流间的关系曲线称为二极管的伏安特性，如图 2.12 所示。它可以通过实验测出。

二极管两端的电压大于 0V 时的曲线称为二极管的正向特性。由图 2.12 可以看出，当二极管两端的正向电压很小时，其外电场不足以克服内电场对多子扩散运动的阻挡，故电

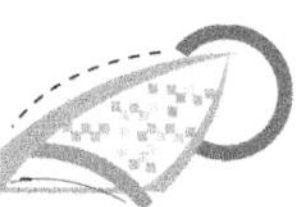

流接近为0，这一段称为死区，对应的电压称为死区电压U_T。硅管的死区电压约为0.5V，锗管的死区电压约为0.1V。当正向电压大于死区电压时，内电场大大削弱，电流随着电压的上升变化很快，二极管进入导通状态。二极管导通后，由于特性曲线很陡，当电流在允许的范围内变化时，其两端的电压变化很小，所以认为二极管的导通管压降近似为常数，硅管约为0.6V～0.7V，锗管约为0.2V～0.3V。

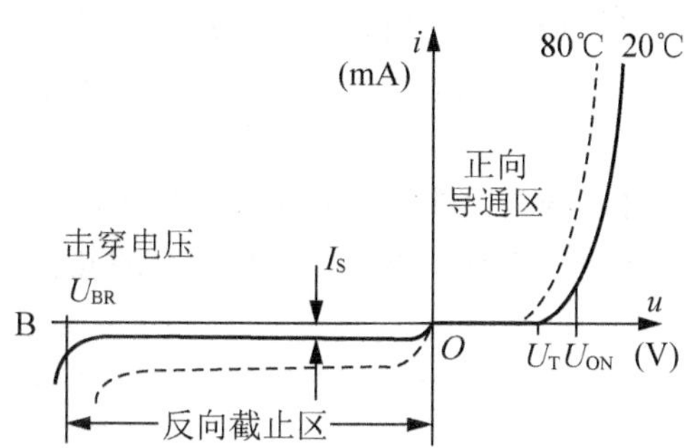

图2.12　半导体二极管伏安特性曲线

图2.12中20℃和80℃曲线对比可知，当温度增加时，二极管的特性曲线相应地要向左移，即在相同电压的情况下，电流增大。

二极管两端的电压小于0V时的曲线称为二极管的反向特性。反向特性中，在一定电压范围内，随着反向电压的增加，二极管的反向电流基本不变，且数值很小。硅二极管的反向电流比锗二极管要小得多。该反向电流I_S称为反向漏电流。当二极管两端电压增大到一定数值(B点对应电压)时，反向电流会突然急剧增加，这种现象称为反向击穿，此时的电压称为反向击穿电压U_{BR}。普通二极管被击穿后，一般不能恢复原来的性能，使用时应加以避免。

当温度增加时，二极管的反向饱和电流显著增加，反向击穿电压下降。锗管的反应尤其敏感。

2.2.3　半导体二极管的主要参数

二极管的伏安特性除用特性曲线表示外，还可以用一些参数来说明。这些参数是正确选择和使用二极管的依据。二极管的主要参数如下所示。

1. 最大整流电流I_F

最大整流电流是二极管长时间工作时允许通过的最大正向平均电流。电流通过二极管会发热，电流过大，发热量超过限度，就会使二极管损坏。

2. 反向击穿电压U_{BR}

二极管反向击穿时的电压值。击穿时反向电流剧增，二极管的单向导电性被破坏，甚至因过热而烧坏。一般手册上给出的最高工作电压约为击穿电压的一半，以确保二极管正常安全运行。

3. 反向电流I_R

指二极管未击穿时的反向电流。其值大，说明二极管的单向导电性差，且受温度影响大。硅管的反向电流一般在几个微安以下，而锗管的反向电流是硅管的几倍到几十倍，应用时应特别注意。当温度升高时，反向电流会显著增加。

2.2.4 半导体二极管的等效电路

由前可知，二极管伏安特性具有非线性特性，这给二极管应用电路的分析带来一定的困难。为便于分析，常在一定的条件下，用线性元件所构成的电路来近似模拟二极管的特性，并用其来代替电路中的二极管。能够模拟二极管特性的电路称为二极管的等效电路，也称为二极管的等效模型。

根据二极管的伏安特性可以构造出多种等效电路，对于不同的应用场合、不同的分析要求(特别是误差要求)，应选择其中某一种使用。此处介绍几种最常用的二极管等效模型形式。

1. 理想模型

图 2.13(a)所示为二极管理想模型。模型中的伏安特性表明，二极管导通时正向压降为零，截止时反向电流为零，称为理想二极管，用二极管的符号去掉中间横线表示。

2. 恒压降模型

图 2.13(b)所示为二极管的恒压降模型。模型中的伏安特性表明，二极管导通时正向压降为一个常量 U_{on}，截止时反向电流为零。因而等效电路是理想二极管串联电压源 U_{on}。对于硅二极管来说，其 U_{on} 通常取 0.6V～0.7V；而对于锗二极管来说，其 U_{on} 通常取 0.2V～0.3V。

3. 折线化模型

图 2.13(c)所示为二极管的折线化模型。模型中的伏安特性表明，当二极管正向电压 u 大于 U_{on} 后其电流 i 与 u 成线性关系，直线斜率为 $1/r_D$。二极管截止时反向电流为零。因此等效电路是理想二极管串联电压源 U_{on} 和电阻 r_D，且 $r_D = \Delta U/\Delta I$。

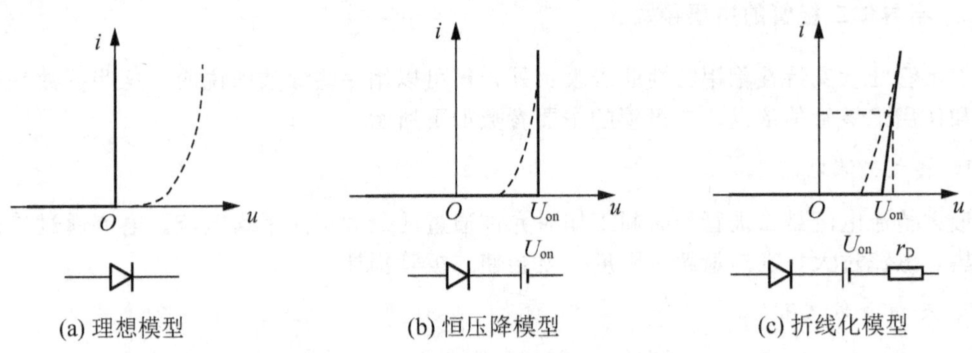

图 2.13 二极管的几种常用等效模型

另外，二极管还有一种常用的微变等效电路模型，读者可以参考相关资料，此处不再赘述。

【例 2.1】 试用二极管恒压降模型分析图 2.14 所示的二极管双向限幅电路，设二极管正向导通压降 $U_{on} = 0.7V$，输入信号 $u_i = 5\sin\omega t(V)$，画出 u_o 与 u_i 的对应波形。

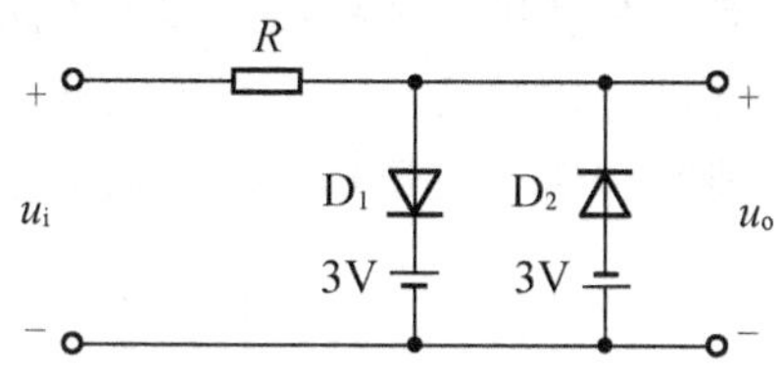

图 2.14　二极管双向限幅电路

解：本题分析的关键有 3 点：第一，二极管导通后的电压起“钳位”作用；第二，二极管截止后被视为“开路”；第三，将输入电压 u_i 分成 3 个范围来分析二极管导通、截止的状态。

(1) 当 $u_i \geqslant 3.7V$ 时，D_1 导通，D_2 截止，$u_o = 3 + U_{on} = 3.7V$，电路将输出电压钳位在 3.7V，不随输入电压的变化而变化；

(2) 当 $3.7V > u_i > -3.7V$ 时，D_1、D_2 均截止，$u_o = u_i$，电路的输出电压与输入电压相同；

(3) 当 $u_i \leqslant -3.7V$ 时，D_1 截止，D_2 导通，$u_o = -(3 + U_{on}) = -3.7V$，电路将输出电压钳位在 −3.7V，亦随输入电压的变化而变化。

由上分析可画出 u_o 与 u_i 的对应波形如图 2.15 所示。

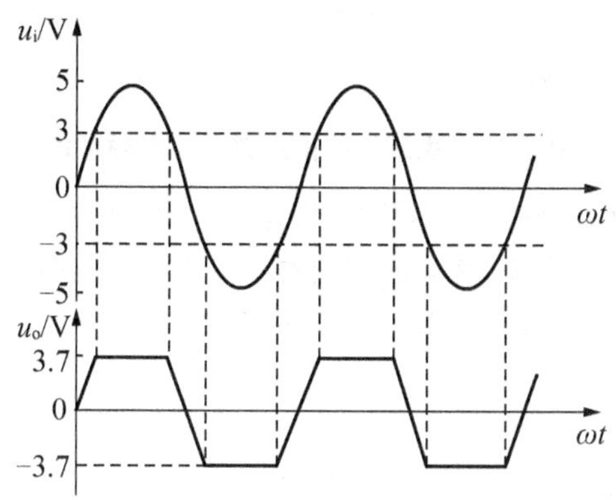

图 2.15　例 2.1 电压波形图

2.2.5　稳压二极管

1. 稳压二极管的伏安特性及图形符号

稳压二极管是利用特殊工艺制成的面接触型硅二极管，简称稳压管，被广泛应用于稳压电源及限幅电路中。稳压管的外形和普通二极管相似，其伏安特性曲线和普通二极管的也非常相似，如图 2.16 所示。图 2.17(a)是稳压管的图形符号。稳压二极管和普通二极管的主要区别在于反向击穿区的构造不同，普通二极管反向电流过大而进入击穿区，会造成热击穿而损毁，所以，普通二极管通常工作在正向导通区和反向截止区，一般用作整流；稳压管被反向击穿后，只要控制反向电流在一定范围内，这个击穿是允许的。击穿后的稳压管，其两端电压 U_Z 几乎不随流过稳压管电流的变化而变化(在图 2.16 中平行于纵轴)，表现出很好的稳压特性。稳压管正是利用这个特性来实现电路当中两点的电压稳定，所以稳压管正常应该工作在反向击穿区。此时的反向击穿区也称为稳压区。当稳压管处于正向导通区和反向截止区时，其功能和普通二极管相同。等效电路如图 2.17(b)所示。

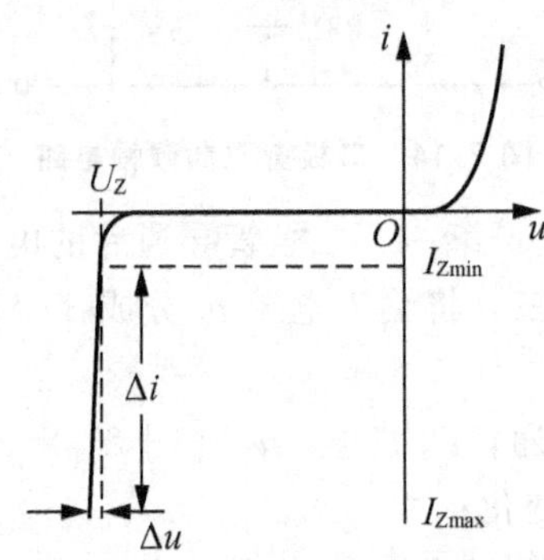

图 2.16　稳压管的伏安特性曲线

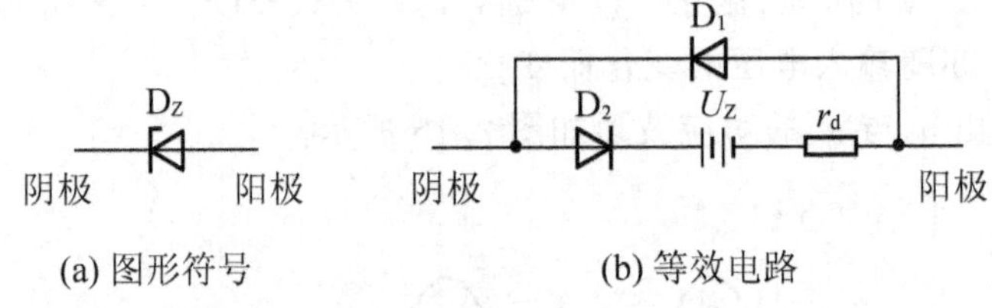

图 2.17　稳压管的图形符号及等效电路

在使用稳压管时，要保证流过稳压管的电流 I_{DZ} 满足 $I_Z \leqslant I_{DZ} \leqslant I_{ZM}$。$I_Z$ 是使稳压管进入稳压区的最小电流，而 I_{ZM} 是保证稳压管不会被热击穿而烧毁时允许流过稳压管的最大电流。为满足以上条件，在使用稳压管构成稳压电路时，稳压管要串联一个限流电阻 R，具体电路如图 2.18 所示。

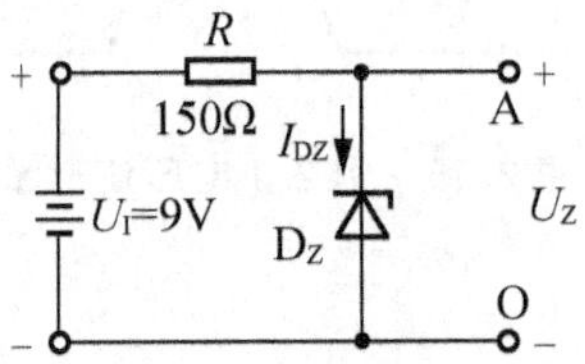

图 2.18　稳压管稳压电路

2. 限流电阻 R 的选择

设计电路时应合理选择限流电阻 R，从而保证稳压管工作在稳压区。图 2.18 电路中，若稳压管的参数为 $U_Z=6\text{V}$，$I_Z=5\text{mA}$，$I_{ZM}=30\text{mA}$。设稳压管工作在稳压区，因此电路中 A、O 两点间电压就等于稳压管的稳压值 U_Z。流过稳压管的电流 I_{DZ} 为

$$I_{DZ}=\frac{U_I-U_Z}{R}$$

即 $R=\dfrac{U_I-U_Z}{I_{DZ}}$，于是可选电阻 R 为 100Ω～600Ω。

3. 稳压二极管的主要参数

1）稳定电压 U_Z

稳定电压就是稳压二极管在正常工作时，管子两端的电压值。这个数值随工作电流和温度的不同略有改变，即使是同一型号的稳压二极管，由于工艺方面的原因，稳定电压值也有一定的分散性。例如 2CW14 硅稳压二极管在 $I_{DZ}=10mA$ 时的稳定电压 U_Z 为 6～7.5V。

2）最大耗散功率 P_{ZM}

反向电流通过稳压二极管的 PN 结时，要产生一定的功率损耗，PN 结的温度也将升高。根据允许的 PN 结工作温度决定出管子的耗散功率。通常小功率管约为几百毫瓦至几瓦。

最大耗散功率 P_{ZM} 是稳压管的最大功率损耗，其值取决于 PN 结的面积和散热等条件。反向工作时，PN 结的功率损耗为：$P_Z=U_Z I_{DZ}$，故由 P_{ZM} 和 U_Z 可以决定 I_{ZM}。

3）稳定电流 I_Z、最大稳定电流 I_{ZM}

稳定电流是指工作电压等于稳定电压时的最小参考电流，常记为 I_Z。电流低于此值时，其稳压效果变差，甚至未完全击穿而根本不能稳压。最大稳定电流 I_{ZM} 是指稳压管允许通过的最大反向电流。使用稳压管时，工作电流不能超过 I_{ZM}，否则稳压管将可能发生热击穿而烧坏。所以，在稳压电路中应采取限流措施，以保证稳压管既工作在稳压区，又不会因热击穿而烧坏。

4）动态电阻 r_Z

r_Z 是稳压管在击穿状态下，两端电压变化量与其电流变化量之间的比值，即 $r_Z=\Delta U_Z/\Delta I_Z$。其概念与一般二极管的动态电阻相同，只不过稳压二极管的动态电阻是从它的反向特性上求取的。r_Z 越小，反映稳压管的击穿特性越陡，稳压效果越好。

2.3 晶体三极管

2.3.1 晶体三极管的结构和类型

晶体三极管又称为双极结型半导体三极管，简称 BJT。BJT 的种类很多，按照功率分有小、中、大功率管；按照工作频率分，有高频管和低频管；按照内部结构分，有 NPN 管和 PNP 管；按照构成材料分，有硅管、锗管等。但从它们的外形看，BJT 封装上都有 3 个金属引出电极，因此称为三极管。常用的 BJT 外形如图 2.19 所示。

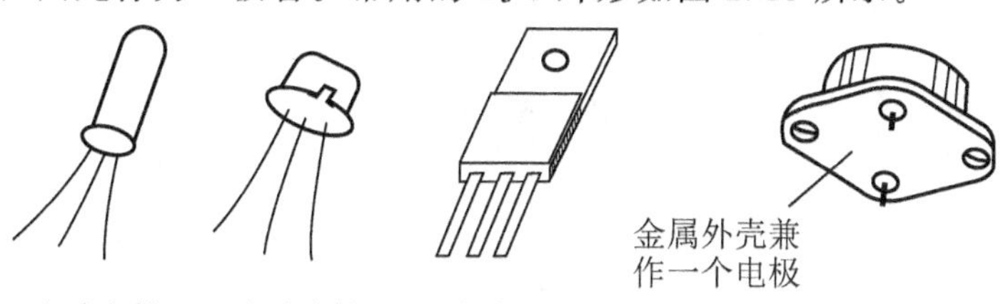

图 2.19 常用 BJT 的外形图

1. NPN 型 BJT

图 2.20(a)是 NPN 型 BJT 结构图。NPN 型 BJT 是由包含两个 PN 结的三层半导体制成的。中间是一块很薄的 P 型半导体(几微米～几十微米)，两边各为一块 N 型半导体。从三块半导体上各自接出的一根金属引线就是 BJT 的三个电极，分别叫做基极 b、集电极 c 和发射极 e。与三个电极各自连接的半导体对应地称为基区、集电区和发射区。虽然发射区和集电区都是 N 型半导体，但是发射区比集电区掺的杂质多，即自由电子的浓度大。在几何尺寸上，集电区的面积比发射区的大，因此它们并不是对称的。

当两块不同类型的半导体结合在一起时，它们的交界处就会形成 PN 结，这在前面已经讨论过，因此 BJT 有两个 PN 结。发射区与基区交界处的 PN 结称为发射结，记做 J_e；集电区与基区交界处的 PN 结称为集电结，记做 J_c；两个 PN 结通过很薄的基区联系着。

NPN 型 BJT 的符号如图 2.20(b)所示，这种类型的 BJT 多采用硅材料制成。

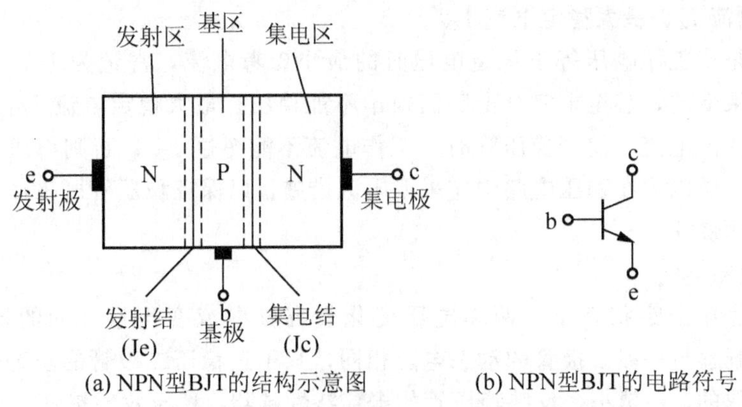

(a) NPN型BJT的结构示意图　　(b) NPN型BJT的电路符号

图 2.20　NPN 型 BJT 的结构图和电路符号

2. PNP 型 BJT

与 NPN 型 BJT 相同，PNP 型 BJT 也是由两个 PN 结的三层半导体制成的。不过此时中间是 N 型半导体，两边是 P 型半导体，如图 2.21(a)所示。NPN 和 PNP 型 BJT 具有几乎等同的特性，只不过各电极的电压极性和电流流向不同而已。图 2.21(b)是 PNP 型 BJT 的电路符号。这类管子多采用锗材料制成。

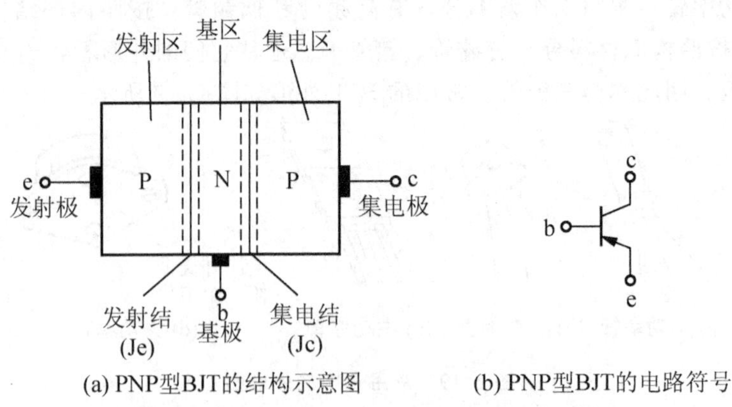

(a) PNP型BJT的结构示意图　　(b) PNP型BJT的电路符号

图 2.21　PNP 型 BJT 的结构图和电路符号

2.3.2　晶体三极管的电流放大作用

放大是对模拟信号最基本的处理。在生产实际和科学实验中，从传感器获得的电信号都很微弱，只有经过放大后才能作进一步处理，或者使之具有足够的能量来推动执行机构。三极管是放大电路的核心元件，它能够控制能量的转换，将输入的任何微小变化不失真地放大输出。下面以 NPN 型三极管为例，来讨论三极管的放大作用。

1. 三极管实现放大的条件

通过图 2.20(a)所示的 NPN 型三极管结构可以看出，由于其内部存在两个 PN 结，直观看来似乎相当于两个二极管背靠背串联放置在一起，但是从二极管本身的特性上分析，若将两个单独的二极管连接在一起，电路并不具有放大作用。可见，三极管要实现放大功能，还需要满足一些特定的条件。为了使三极管实现放大，必须由三极管的内部结构和外部条件来同时保证。

1）三极管实现放大的内部结构要求

第一，发射区要进行高浓度的掺杂，保证其中的多数载流子浓度很高；第二，基区要做得很薄，通常只有几微米～几十微米，而且掺杂浓度要低，使基区中多子的浓度较低；第三，集电区与发射区是同种类型的杂质半导体，但要求集电区的掺杂浓度要较发射区低很多，而且截面积要大。当然，这些内部结构要求在制作三极管的过程中已经充分考虑进去，对于使用者来说只需关注其外部条件即可。

2）三极管实现放大需满足的外部条件

三极管实现放大时必须外加电源，而且要求外加电源能够使得其发射结处于正向偏置状态，集电结处于反向偏置状态。

当满足上述内部和外部条件的情况下，三极管内部载流子的运动就可以完成放大功能。

2. 三极管内部载流子的运动过程

下面以共发射极组态的基本放大电路形式为例来分析一下三极管内部载流子的运动过程。图 2.22 是用电路符号绘制的基本共射极放大电路结构图。为了便于讨论内部载流子的运动过程，将图 2.22 中三极管电路符号用其结构示意图形式替换，得到了图 2.23 的电路形式。根据图 2.23 进行分析，过程如下所示。

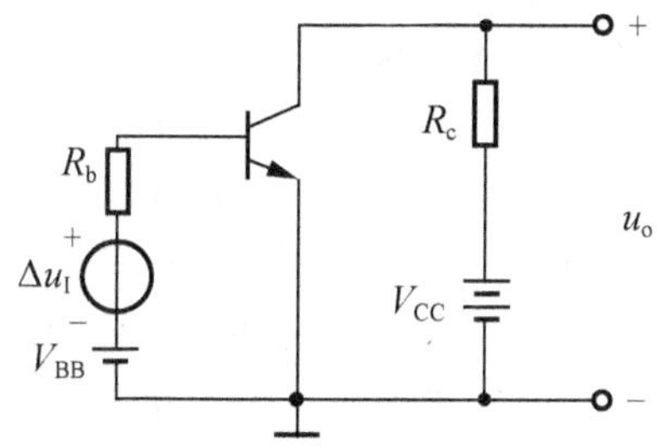

图 2.22　基本共射极放大电路

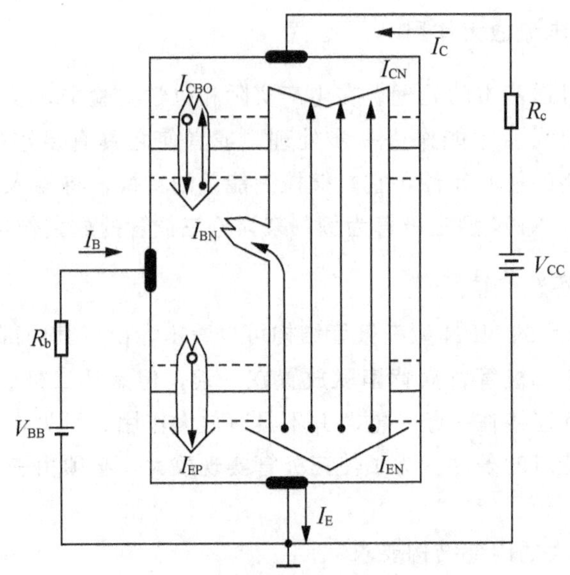

图 2.23 BJT 内部载流子运动与外部电流

(1) 发射区向基区注入电子，形成发射极电流 I_E。

由于发射结外加正向电压，PN 结处于正向偏置而导通。这时发射区的多子电子不断通过发射结扩散到基区，形成发射极电流 I_{EN}，其方向与内部电子扩散方向相反。与此同时，基区的多子空穴也要向发射区扩散，形成空穴扩散电流 I_{EP}。但是，因为基区掺杂浓度很低，所以空穴电流 I_{EP} 比电子电流 I_{EN} 小得多，可以忽略不计。

(2) 扩散到基区的自由电子与空穴少量复合，形成基极电流 I_B。

发射区注入基区的电子到达基区后成为基区内的少子。为了将这部分少子和基区内部原有的在一定温度下本征激发产生出来处于平衡状态的平衡少子(电子)相区别，常把发射区注入到基区的电子称为非平衡少子。

由发射区发射的非平衡少子——电子进入基区后，就在基区靠近发射结的边界积累起来，在基区中形成了一定的浓度梯度，靠近发射结附近浓度最高，离发射结越远浓度越低，因此，电子就要向集电结的方向扩散。在扩散过程中又会与基区中的空穴复合，同时接在基区的电源 V_{BB} 正极则不断从基区拉走电子，好像不断供给基区空穴一样。电子复合的数目与电源从基区拉走的电子数目相等，使基区的空穴浓度基本维持不变。这样就形成了基极复合电流 I_{BN}，故基极电流就是电子在基区与空穴复合的电流。也就是说，注入基区的电子有一部分未到达集电结而在基区与空穴复合。由于基区很薄，掺入杂质的浓度很低，因而电子在扩散过程中实际与空穴复合的数量很少，大部分都能到达集电结。

(3) 集电区收集扩散过来的大量自由电子，形成集电极电流 I_C。

集电结所加的是反向电压，即集电结 J_c 反偏，使得集电结内电场很高，集电区的电子和基区的空穴很难通过集电结，但这个内电场对基区扩散到集电结边缘的电子却有很强的吸引力，可使电子很快地漂移过集电结被集电区所收集，从而形成集电极电流 I_{CN}。同时，基区中由本征激发产生的少子电子和集电区的少子空穴漂移过集电结而形成漂移电流，称为集电极和基极间的反向饱和电流 I_{CBO}。I_{CBO} 的数值很小，硅管在 1μA 以下，锗管在十几微安以上，且受温度影响较大。

在 BJT 管制造时，到达集电区的电子数量和在基区与空穴复合的电子数量比例已确定。这个比例系数称为 BJT 管的电流放大系数 β。β 值主要取决于基区、集电区和发射区的杂质浓度以及器件的几何结构。

知识要点提醒

归纳 BJT 内部载流子的运动过程，从发射区发射的电子分成两部分，一部分在基区与空穴复合，剩余部分则穿过集电结被集电区所收集。因此，在基区复合的电子加上被集电区收集的电子总和，等于发射区发射的电子。

3. BJT 电流分配关系

综上所述，三极管各极电流与内部载流子定向移动所形成的电流满足如下关系：

$$I_E = I_{EN} + I_{EP} = I_{CN} + I_{BN} + I_{EP} \tag{2-1}$$

$$I_C = I_{CN} + I_{CBO} \tag{2-2}$$

$$I_B = I_{BN} + I_{EP} - I_{CBO} \tag{2-3}$$

由式(2-1)～式(2-3)推导可知

$$I_E = I_C + I_B \tag{2-4}$$

从式(2-4)关系观察发现，可将三极管看作为一个广义的节点，流进三极管的基极电流 I_B 与集电极电流 I_C 之和等于流出发射极的电流 I_E。

4. BJT 的电流放大系数和极间电流关系

在共射放大电路中，基极作为输入端，集电极作为输出端，发射极作为公共端。三极管电流放大的实质是基极电流对集电极电流的控制作用，反映这种电流控制作用的参数是三极管共射电流放大系数。根据工作状态的不同，在直流和交流两种情况下，三极管共射电流放大系数可分为直流电流放大系数和交流电流放大系数。但考虑到在三极管正常工作范围内，两者相差很小，故不加区分，都用 β 表示。同时考虑到 I_{CBO} 很小，故可忽略不计。β 近似定义为

$$\beta \approx \frac{I_C}{I_B}(\text{直流电流放大系数}) \approx \frac{\Delta i_C}{\Delta i_B}(\text{交流电流放大系数}) \tag{2-5}$$

将式(2-5)变换后，有

$$I_C = \beta I_B \quad \text{或} \quad \Delta i_C = \beta \Delta i_B \tag{2-6}$$

$$I_E = I_C + I_B = (1+\beta) I_B \quad \text{或} \quad \Delta i_E = (1+\beta)\Delta i_B \tag{2-7}$$

β 的正常值为几十至一二百左右，因此，I_C 远大于 I_B，Δi_C 远大于 Δi_B。如果在放大电路中，将基极电流作为输入电流、集电极电流作为输出电流，就实现了用很小的基极输入电流去控制较大的集电极输出电流，这是三极管电流放大的实质。

2.3.3　晶体三极管的共射特性曲线

由于 BJT 和二极管一样也是非线性元件，所以通常用它的特性曲线进行描述。BJT 的特性曲线是指其各电极外加电压与电流的关系曲线，属于 BJT 对外体现出来的一种电压、

电流间特性关系。从BJT应用的角度来看，深入理解其外特性是非常重要的。工程上最常用到的是输入特性和输出特性。

1. BJT的输入特性曲线

当u_{CE}不变时，输入回路中的电流i_B和电压u_{BE}之间的关系曲线称为输入特性曲线，用函数关系可以表示为

$$i_B = f(u_{BE})\big|_{U_{CE}=常数} \tag{2-8}$$

由图2.24输入特性曲线看，它与二极管的正向伏安特性曲线很相似。这是因为当U_{CE}不变时，输入特性就是加到发射结上的电压和流过发射结电流的关系。对图2.24所示曲线具体分析如下所示。

(1) 当$U_{CE}=0$V时，从三极管的输入回路看，基极和发射极之间相当于两个PN结(发射结和集电结)并联。所以，当b、e之间加上正向电压时，三极管的输入特性应该为两个二极管并联后的正向伏安特性，如图2.24中最左边$U_{CE}=0$的一条特性。

(2) 当$U_{CE}>0$V时，这个电压的极性将有利于发射区扩散到基区的电子被收集到集电极。如果$U_{CE}>U_{BE}$，则三极管的发射结正向偏置，集电结反向偏置，三极管处于放大状态。此时发射区发射的电子只有一小部分在基区与空穴复合，成为I_B，大部分被集电极收集，成为I_C。所以，与$U_{CE}=0$V时相比，在同样的u_{BE}之下，基极电流I_B将大大减小，结果输入特性将右移，如图2.24中中间一条特性(图中以$U_{CE}=0.5$V为例)。

(3) 当U_{CE}继续增大时，严格地说，此时输入特性曲线应该右移。但是，当U_{CE}大于某一数值(通常为1V)后，在一定的u_{BE}之下，集电结的反向偏置电压已足以将注入基区的电子基本上都收集到集电极，即使U_{CE}再增大，I_B也不会减少很多。因此，U_{CE}大于某一数值后，不同U_{CE}的各条输入特性十分密集，几乎重叠在一起，所以常常用$U_{CE}\geqslant 1$V时的一条输入特性来代表U_{CE}更高的情况，如图2.24中最右边一条特性所示。

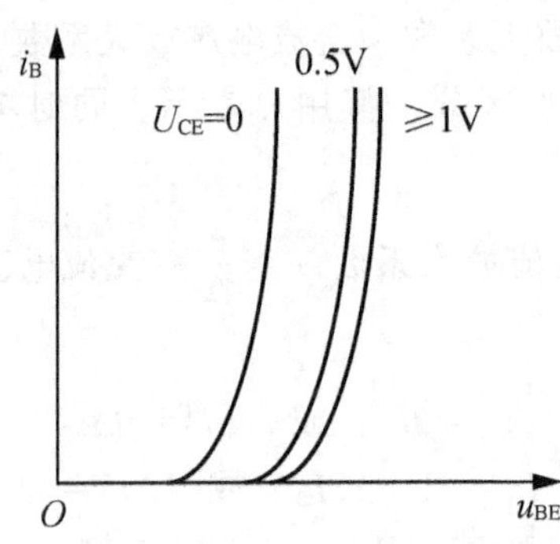

图2.24 晶体管输入特性曲线

2. BJT输出特性曲线

当I_B不变时，输出回路中的电流i_C与电压u_{CE}之间的关系曲线称为输出特性，用函数关系式可表示为

$$i_C = f(u_{CE})\big|_{I_B=常数} \tag{2-9}$$

NPN 型 BJT 管的共射极输出特性曲线如图 2.25 所示。其特点是：当 u_{CE}值较小时(≤1V)，i_C随 u_{CE}的增加而快速增加；当 u_{CE}值大于 1V 后，i_C基本上不随 u_{CE}的变化而变化。

根据性质不同，将 BJT 的输出特性曲线划分为 3 个区域：饱和区、截止区和放大区。

1) 截止区

输出特性曲线上 $i_B=0$ 以下的区域称为截止区。截止区的特点是发射结和集电结均反偏，即 $u_{BE}<0$，$u_{CB}>0$；$i_B=0$，$i_C\approx0$；BJT 集射极之间相当于开路。

2) 饱和区

在图 2.25 所示的特性曲线中，虚线和纵坐标轴之间的区域称为饱和区。饱和区的特点是发射结和集电结均正偏；管子集射极之间饱和管压降 u_{CE}很小(临界饱和时 $u_{CE}=u_{BE}$；深度饱和时，硅管 u_{CE}约为 0.2V～0.3V，锗管 u_{CE}约为 0.1V～0.2V)，近似于短路；集电极电流 i_C的大小取决于外电路，且满足 $\beta i_B>i_C$，基极电流 i_B失去了对集电极电流 i_C的控制作用。

3) 放大区

在图 2.25 所示的特性曲线中，截止区和饱和区之间的广大区域称为放大区(也叫线性区)。BJT 处于放大区的特点是发射结正偏，集电结反偏；i_C与 u_{CE}基本无关，满足 $i_C=\beta i_B$的关系。BJT 集电极电流 i_C表现为受控于 i_B的恒流特性，也正是这一恒流特性才使得 BJT 可作为放大元件。

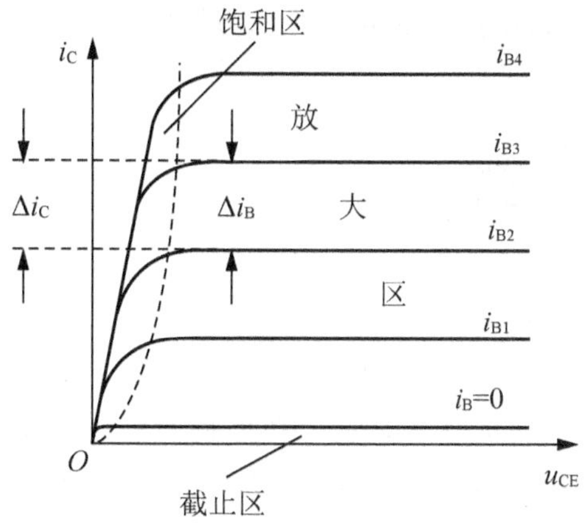

图 2.25 晶体管输出特性曲线

知识要点提醒

在模拟放大电路中，*BJT* 应工作在放大区，作为放大元件；在数字电路中，*BJT* 管应工作在饱和区和截止区，作为开关元件。

2.3.4 晶体三极管的主要参数

在半导体手册和计算机辅助分析与设计时，BJT 有几十个参数，这里给出它的几个最主要参数。

1. 共射电流放大系数 β

BJT 在共发射极接法并工作在放大区时，其集电极电流和基极电流之比记作 β(忽略集电极与发射极之间的穿透电流 I_{CEO})，称为共射电流放大系数。严格讲，它分为直流电流放大系数 $\bar{\beta}$ 和交流放大系数 β。

直流电流放大系数
$$\bar{\beta}=\frac{I_C}{I_B} \tag{2-10}$$

交流电流放大系数
$$\beta=\frac{\Delta i_C}{\Delta i_B} \tag{2-11}$$

β 代表两个电流变化量之比，但是，在一定电流变化范围内，BJT 的交流放大系数与直流放大系数差别不大，即 $\beta\approx\bar{\beta}$。因此，本书在后续章节中，对两者不予区别。

BJT 的 β 值通常在 10～100 范围内。

2. 极间反向电流 I_{CBO}、I_{CEO}

I_{CBO} 为发射极开路时，集电极—基极之间的反向饱和电流。I_{CBO} 实际是 PN 结的反向电流。在未被击穿前，这个电流数值很小且基本是一个常数。

I_{CEO} 为基极开路时，集电极—发射极之间的穿透电流。I_{CEO} 与 I_{CBO} 之间满足
$$I_{CEO}=(1+\beta)I_{CBO} \tag{2-12}$$

极间反向饱和电流数值很小，但受温度的影响很大。选择时其值越小越好。

3. 极限参数

1）集电极最大允许电流 I_{CM}

当集电极电流过大时，三极管的 β 值就要减小。当 $I_C=I_{CM}$ 时，管子的 β 值下降到额定值的 2/3。

2）集电极最大允许耗散功率 P_{TM}

当给 PN 结外加电压，就有电流流过，因此在 PN 结上会消耗功率，其大小等于流过 PN 结的电流与 PN 结上电压降的乘积。这个功率将使集电结温度上升，当结温超过一定值后，BJT 性能下降，甚至会烧毁。为此，把这个值定义为 BJT 的集电极最大允许耗散功率 P_{TM}。当 BJT 工作时，其集电结消耗的功率 $P_C\approx i_C u_{CE}$，要小于 P_{TM}。

对于给定型号的 BJT，其 P_{TM} 是一个确定值(但在使用时和散热方式及工作环境温度有关)，即 $P_{TM}=i_C u_{CE}$，是一个常数，据此，可以在输出特性中画出一条双曲线，称为最大功率损耗线，如图 2.26 所示。曲线上各点均满足 $P_{CM}=i_C u_{CE}$，曲线右上方为过损耗区。

4. 极间反向击穿电压 $U_{(BR)CEO}$

基极开路时，集电极—发射极间的反向击穿电压，一般为十几伏～几十伏左右，BJT 工作时，集射电压不要超过此值。手册中给出的 U_{CEO} 一般是常温(常温 25℃)时测量的值。BJT 在高温下，其 U_{CEO} 数值要降低，使用时应特别注意。

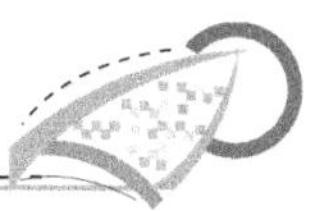

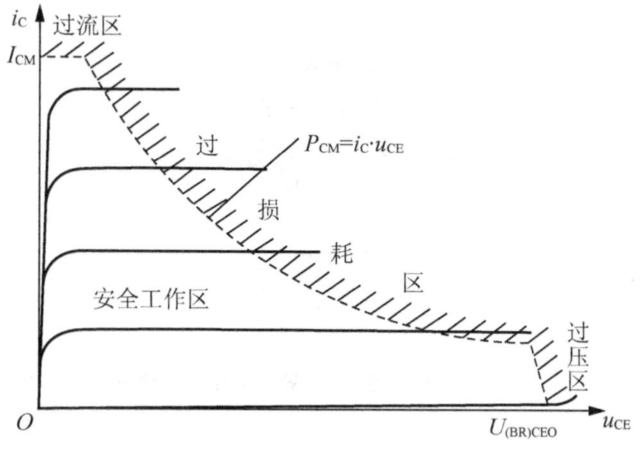

图 2.26 晶体管的极限参数

知识要点提醒

在上面讨论的几个主要参数中，β、I_{CBO}和I_{CEO}是表明 *BJT* 性能的主要指标；I_{CM}、P_{TM}和$U_{(BR)CEO}$是极限参数，用来说明使用时的限制。

2.4 场效应管

场效应管(以下简称 FET 管)相对于 BJT 是另外一类半导体元件。从原理上讲，BJT 是用输入回路电流 i_B控制输出回路电流 i_C，是一种电流控制电流的元件。而 FET 是由输入回路电压 u_{GS}控制其输出回路电流 i_D，是一种电压控制电流的元件。这种元件具有输入阻抗高、功耗及噪声低、抗干扰能力强等优点，而且制造工艺简单。因此 FET 构成的放大电路应用越来越普遍。

场效应管通常分为两大类：结型场效应管(JFET)和绝缘栅型场效应管(也称金属—氧化物—半导体场效应管，简称 MOSFET)。

2.4.1 结型场效应管

1. JFET 的基本结构

JFET 根据制造所用半导体基片材料的不同，分为 N 沟道和 P 沟道两种类型。图 2.27 是以 N 沟道为例的 JFET 内部结构示意图。图 2.28(a)、图 2.28(b)分别是 N 沟道、P 沟道 JFET 管的电路符号。

从图 2.27 可以看出，N 沟道 JFET 是在一块 N 型半导体上基片上，制作了两个 P 型区，这样在管子内部形成了两个 PN 结，也称耗尽层。将两个 P 型区在内部连起来并引出一个电极，称为栅极，用 g 表示；N 型区的上下两端分别各引出一个电极，上端电极称为漏极，用 d 表示；下端称为源极，用 s 表示。

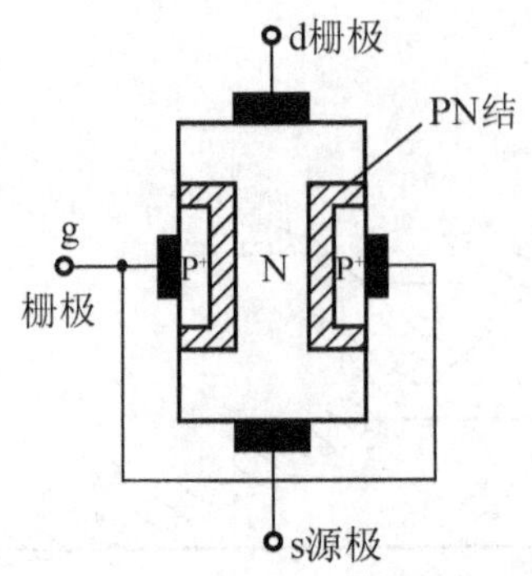

图 2.27　N 沟道 JFET 的内部结构示意图

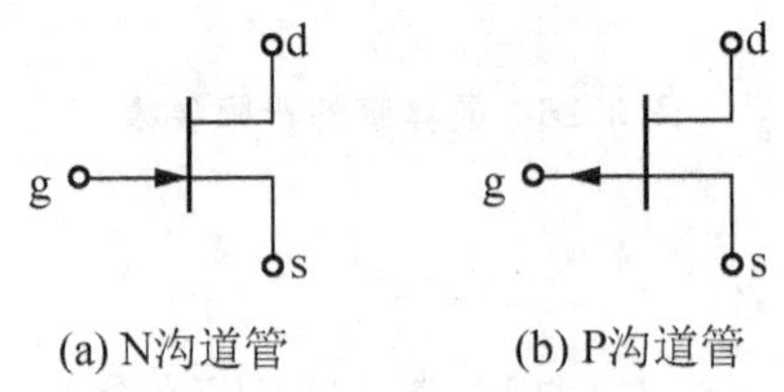

(a) N沟道管　　(b) P沟道管

图 2.28　JFET 的电路符号

P 沟道的 JFET 结构只需将图 2.27 中的 N 和 P 调换位置即可。从结构上看，N 沟道 JFET 和 P 沟道 JFET 是互补对称的。

知识要点提醒

结型场效应管电路符号记忆方法：*JFET* 的符号有 3 条引出线，分别为 *g*、*d*、*s*。栅极 *g* 独立在一侧；图中一条短竖线代表的含义是导电沟道；箭头在 *g* 上，方向永远是由 *P* 指向 *N*。

2. JFET 的工作原理

下面以 N 沟道 JFET 为例介绍其工作原理。当 N 沟道 JFET 实现放大功能时，需要满足以下两方面要求：

(1) 在其栅极和源极之间加一个负向栅源电压 u_{GS}，即 $u_{GS}<0$，使栅极与 N 沟道间的 PN 结反偏，此时场效应管呈现出很高的输入电阻，R_i 可达 $10^7\Omega$ 以上。

(2) 在漏极和源极之间加一个正向的漏源电压 u_{DS}，即 $u_{DS}>0$，使 N 沟道中的电子在外电场作用下由源极向漏极运动，形成漏极电源 i_D。同时 i_D 的大小还受 u_{GS}的控制。

对 N 沟道 JFET 工作原理的分析实际上就是分析 u_{GS}对 i_D 的控制作用和 u_{DS}对 i_D 的影响。

1) 栅源电压 u_{GS}对漏极电流 i_D 的控制作用

为便于讨论，先令 $u_{DS}=0$。

(1) 如图 2.29(a)所示。当 $u_{GS}=0$ 时，N 型半导体和 P 型半导体的接触面形成 PN 结，即耗尽层。在制造时，N 区半导体掺杂浓度小于 P 区，所以 P 区用 P^+ 表示。形成 PN 结时，耗尽层基本上是向 N 区延伸。在两侧耗尽层的中间部分，留下了一条以自由电子为

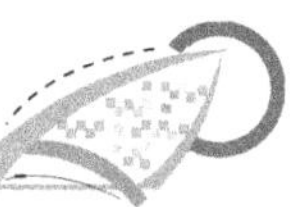

载流子的导电沟道，因为是N型半导体结构，所以称为N沟道。但由于$u_{DS}=0$，N沟道上没有加电压，所以没有电流i_D流过。

(2) 当$|u_{GS}|$增大时，u_{GS}使PN结上的反向偏置电压增加，耗尽层将因此而向N区延伸，使导电沟道变窄，漏极和源极之间的电阻率增大，如图2.29(b)所示。

(3) 当$|u_{GS}|$继续增大到某一固定值时，两侧耗尽层在N区中间合拢，沟道全部消失，如图2.29(c)所示。这种情况下，漏源之间的电阻将趋于无穷大，称JFET的漏极和源极被夹断，此时$u_{GS}=U_P$。U_P称为夹断电压，是使导电沟道完全消失(或合拢)所需要的栅源电压值。

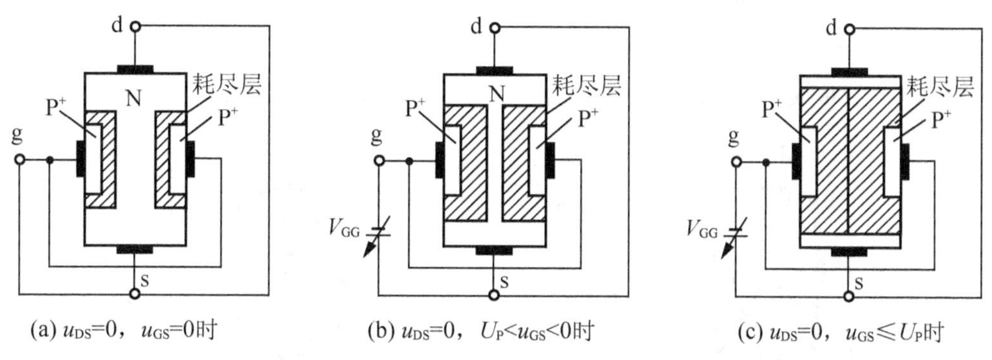

图2.29 u_{GS}对导电沟道的控制作用

通过以上分析可得，在$u_{DS}=0$时，改变栅源电压u_{GS}可以控制导电沟道的宽度，在$u_{GS}=0$时，导电沟道最宽；随着$|u_{GS}|$的增加导电沟道逐渐变窄；当$u_{GS}=U_P$时，导电沟道完全被夹断。

此时因为$u_{DS}=0$，所以漏极电流i_D总是等于0。若u_{DS}为一个固定正值，则导电沟道上必然有i_D产生，且i_D将受u_{GS}的控制。当$|u_{GS}|$增大时，沟道电阻增加，漏极电流i_D会随之减小。

2) 漏源电压u_{DS}对漏极电流i_D的影响

为便于讨论，先令$u_{GS}=0$，此时导电沟道最宽。

(1) 当$u_{DS}=0$时，FET处于自然平衡状态，此时N沟道中的多子电子不能做定向运动，所以$i_D=0$，如图2.30(a)所示。

(2) 当u_{DS}逐渐增加(保证$u_{GD}=u_{GS}-u_{DS}=-u_{DS}>U_P$)时，漏源电压$u_{DS}$在N型半导体区域中，产生了一个沿沟道的电位梯度，电位差从源极的零电位逐渐升高到漏极的u_D，所以从源极到漏极的不同位置上，栅极与沟道之间的电位差是不相等的，离源极越远，电位差越大，PN结的反向电压也越大，耗尽层向N区的扩展也越大，使得靠近漏极的导电沟道比靠近源极要窄，导电沟道呈楔形分布，如图2.30(b)所示。此时随着u_{DS}的增大，漏极电流i_D也逐渐增加，二者基本呈线性变化关系。

(3) 当u_{DS}继续增大，使$u_{GD}=-u_{DS}=U_P$时，漏栅间电位差使得两侧耗尽层在沟道上部顶点首先相遇，如图2.30(c)所示。导电沟道开始消失，称为预夹断。此时i_D也达到饱和状态，将不再随着u_{DS}的增大而增加。该点的漏极电流常用I_{DSS}表示，称为饱和漏电流。

若u_{GS}为某一固定负值时，$U_P=u_{GD}=u_{GS}-u_{DS}$。

(4) 当 u_{DS} 再增大，沟道在顶点夹断后，继续增加 u_{DS}，夹断区的长度会随之增加，即由顶点向下延伸直至完全合拢，如图 2.30(d)所示。

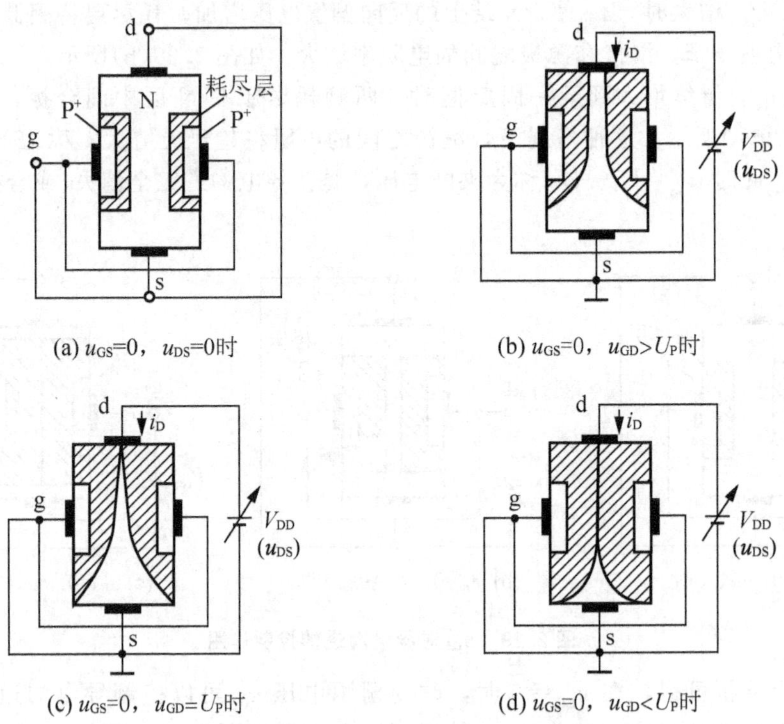

图 2.30　u_{DS} 对 JFET 管导电性能的影响

通过以上分析，在 $u_{GS}=0$ 时，改变漏源电压 u_{DS}，也可以控制导电沟道的宽度。随着 u_{DS} 的增加，导电沟道由宽变窄；当 $u_{DS}=|U_P|$ 时，导电沟道在靠近漏极处被预夹断；预夹断后，u_{DS} 的增加会使夹断区域由漏极向源极延伸，直至完全合拢。

知识要点提醒

N 沟道 JFET 的夹断电压 U_P 一定小于 0。

3. JFET 的特性曲线

1）N 沟道 JFET 输出特性曲线

N 沟道 JFET 输出特性曲线如图 2.31 所示。改变栅源电压 u_{GS} 使其取不同值可得一族曲线，称为 N 沟道 JFET 的输出特性曲线。曲线描述的是当栅源电压 u_{GS} 一定时，漏极电流 i_D 随漏源电压 u_{DS} 的变化关系，即

$$i_D = f(u_{DS})\big|_{u_{GS}=\text{常数}}$$

根据特性曲线的各部分特征，将其分为 4 个区域。

(1) 夹断区(也称截止区)。当 $u_{GS} \leqslant U_P$ 时，沟道被完全夹断，漏源之间呈现电阻趋于无穷大(实际达十几兆欧～几十兆欧)，故 $i_D=0$，此时的工作区域为夹断区(也称截止区)。若利用 JFET 作为开关，工作在该区域时漏源之间相当于一个断开的开关。

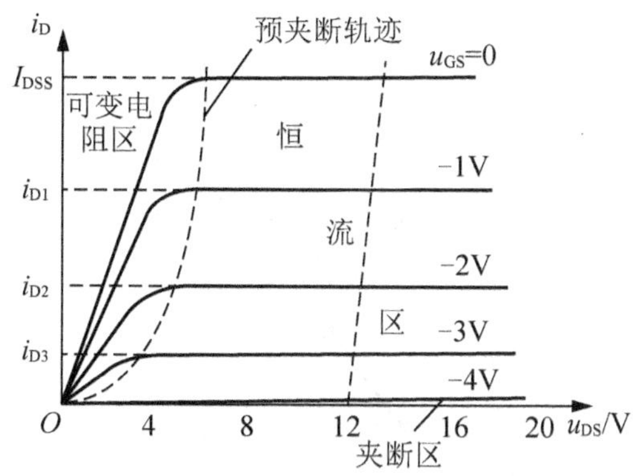

图 2.31 N 沟道 JFET 的输出特性曲线

(2) 可变电阻区。当 u_{DS}很小，$u_{GD}=u_{GS}-u_{DS}>U_P$ 时，沟道还没有出现预夹断，此时，u_{DS}的变化直接影响整个沟道的电场强度，从而影响 i_D 的大小。该区域中 u_{DS}增加会引起漏极电流 i_D 显著增加。与 BJT 管不同，在 JFET 中，栅源电压 u_{GS}对 i_D 上升的斜率影响较大；随$|u_{GS}|$增大，曲线斜率变小，说明 JFET 漏极和源极之间的电阻变大。图 2.31 所示的预夹断轨迹虚线左边区域，在此区域可通过改变 u_{GS}的值来改变漏—源之间电阻的大小，故称这个区域为可变电阻区。

(3) 恒流区(也称饱和区)。图 2.31 所示预夹断轨迹虚线右边区域，对应 $u_{GD}=u_{GS}-u_{DS}<U_P$，$u_{GS}>U_P$。该区域 i_D 基本上不随 u_{DS}而变化，i_D 的值主要决定于 u_{GS}。各条特性曲线近似为水平的直线，故称为恒流区，也称为饱和区。当组成场效应管放大电路时，为了防止出现非线性失真，应将工作点设置在此区域内。

(4) 击穿区。图 2.31 所示的最右侧部分，当 u_{DS}升高到一定程度时，反向偏置的 PN 结被击穿，i_D 将突然增大。如果电流过大，将使管子损坏。为了保证器件的安全，场效应管的工作点不应进入到击穿区内。

知识要点提醒

为便于理解，读者可以将 JFET 输出特性曲线的 3 个区域分别与 BJT 对照学习。具体对应关系为：夹断区对应 BJT 的截止区；可变电阻区对应 BJT 的饱和区；恒流区对应 BJT 的放大区。

2) N 沟道 JFET 的转移特性

由于 JFET 的输入级栅极基本上没有电流，所以讨论它的输入特性没有意义。讨论的重点应该是输入回路栅源电压 u_{GS} 对输出回路漏极电流 i_D 的控制特性，即 $i_D=f(u_{GS})|_{u_{DS}=\text{常数}}$，这个特性叫做转移特性。N 沟道 JFET 的转移特性如图 2.32 所示。

其实，FET 的转移特性曲线可以根据输出特性曲线利用作图的方法得到。因为转移特性表示 u_{DS}不变时，i_D 与 u_{GS}之间的关系，所以只要在输出特性曲线上对应于 u_{DS}等于某一固定电压(如取 u_{DS}=12V)处做一条垂直的直线，如图 2.31 所示，该直线与 u_{GS}为不同值的各条输出特性曲线有一系列的交点，从图 2.31 中分别对应取 u_{GS}=0V、−1V、−2V、−3V、−4V。根据这些交点，可以得到不同 u_{GS}时的 i_D 值，由此即可在图 2.32 中画出相应的转移特性曲线。

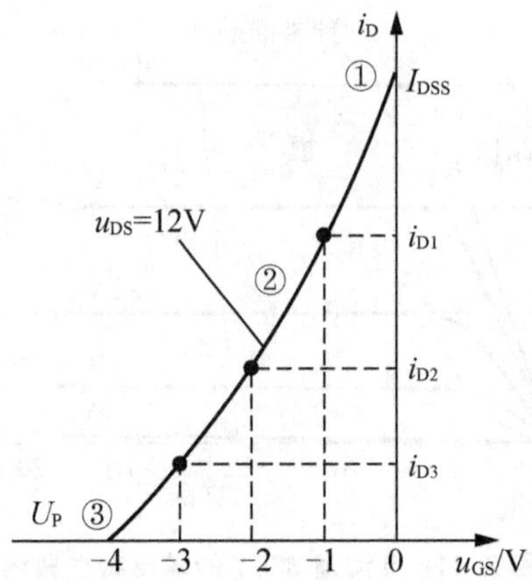

图 2.32 N 沟道 JFET 的转移特性曲线

JFET 的转移特性曲线反映了栅源电压 u_{GS} 对漏极电流 i_D 的控制作用，这与前面的分析是一致的。当 $u_{GS}=0$ 时，i_D 达到最大，有 $i_D=I_{DSS}$，如图中①点；u_{GS} 越负，则 i_D 越小，如图 2.32 中②段。当 u_{GS} 等于夹断电压 U_P 时，$i_D\approx 0$，如图中③点。由此看出，JFET 放大时的工作区域是在特性曲线的②段。工作时可以通过控制 JFET 的栅源电压 u_{GS} 来改变漏极电流 i_D。

在 $U_P\leqslant u_{GS}\leqslant 0$ 范围内，i_D 随 u_{GS} 的变化可近似表示为

$$i_D=I_{DSS}\left(1-\frac{u_{GS}}{U_P}\right)^2 \tag{2-13}$$

知识要点提醒

JFET 的 u_{GS} 和 u_{DS} 极性必相反。当 $u_{GS}<0$ 时，$u_{DS}>0$，必为 N 沟道 JFET；当 $u_{GS}>0$ 时，$u_{DS}<0$，必为 P 沟道 JFET；这是判断 JFET 类型的方法。

2.4.2 绝缘栅型场效应管

绝缘栅型场效应管从导电沟道来分，有 N 沟道和 P 沟道两种类型。无论 N 沟道或 P 沟道，又都可以分为增强型和耗尽型两种。本节将以 N 沟道增强型 MOSFET 为例介绍它们的结构、工作原理和特性曲线。

所谓“增强型”指 $u_{GS}=0$ 时，没有导电沟道，此时无论 u_{DS} 是否为 0，均有 $i_D=0$，这类 FET 管必须依靠栅源电压 u_{GS} 的作用，才形成感生沟道，故称其为增强型 FET。

所谓“耗尽型”指 $u_{GS}=0$ 时，也会存在导电沟道，此时若 $u_{DS}\neq 0$，则 $i_D\neq 0$。这类 FET 管的导电沟道是否存在与 u_{GS} 无关，称其为耗尽型 FET。根据这一定义，上一节介绍的 JFET 即属于耗尽型。

1. N 沟道增强型 MOSFET

1）内部结构

图 2.33(a)为 N 沟道增强型 MOSFET 的内部结构示意图。图 2.33(b)分别为 N 沟道和 P 沟道增强型 MOSFET 电路符号。

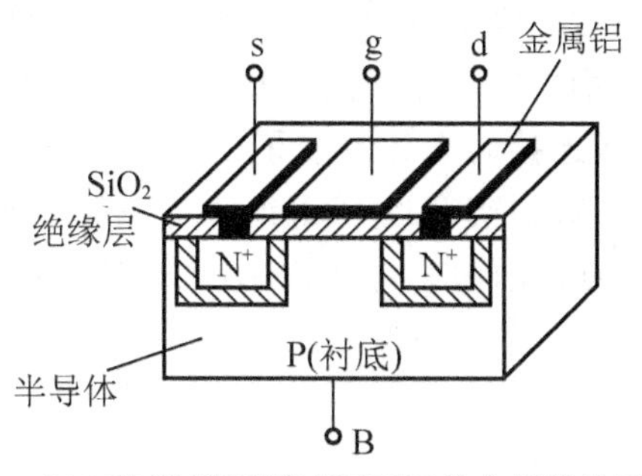

(a) N沟道增强型MOSFET的内部结构示意图

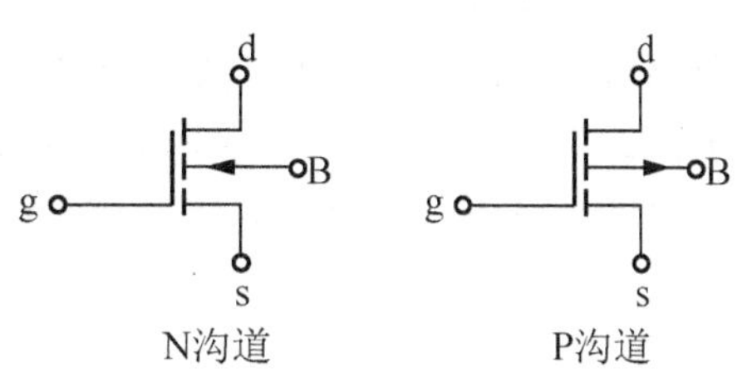

(b) 增强型MOSFET的电路符号

图 2.33　MOSFET 的内部结构示意图及电路符号

N 沟道增强型 MOSFET 是以一块 P 型硅半导体作为衬底，利用扩散的方法在 P 型硅中形成两个高掺杂的 N 区，用 N^+表示。然后在 P 型硅表面生长一层很薄的二氧化硅绝缘层。分别在两个 N 型区上引出两个金属电极作为漏极 d 和源极 s，在两个 N 型区中间二氧化硅绝缘层的上面引出一个金属电极作为栅极 g。从结构上看，MOSFET 分为 3 层，即金属电极(Metal)，氧化物(Oxide)，P 型半导体(Semiconductor)，由此把这种器件称为金属—氧化物—半导体场效应管，简称 MOSFET。

由于栅极被安置在 SiO_2绝缘层表面上，与源极、漏极均无电接触，故其栅极是绝缘的，因此这种类型的 FET 又叫做绝缘栅型场效应管。

2）工作原理

绝缘栅型场效应管的工作原理与结型场效应管有所不同。结型场效应管是利用 u_{GS}来控制 PN 结耗尽层的宽窄，从而改变导电沟道的宽度，以控制漏极电流 i_D。而绝缘栅型场效应管则是利用 u_{GS}来控制"感应电荷"的多少，以改变由这些"感应电荷"形成的导电沟道的状况，然后达到控制漏极电流 i_D 的目的。

对于 N 沟道增强型 MOSFET 来说，当把栅—源极短接(即栅源电压 $u_{GS}=0$)时，在漏极和源极的两个 N^+ 区之间是 P 型衬底，如图 2.34(a)所示，因此漏源之间相当于形成了两个背靠背的 PN 结，无论漏源之间加上何种极性的电压，总是不能导电，如图 2.34(b)所示。

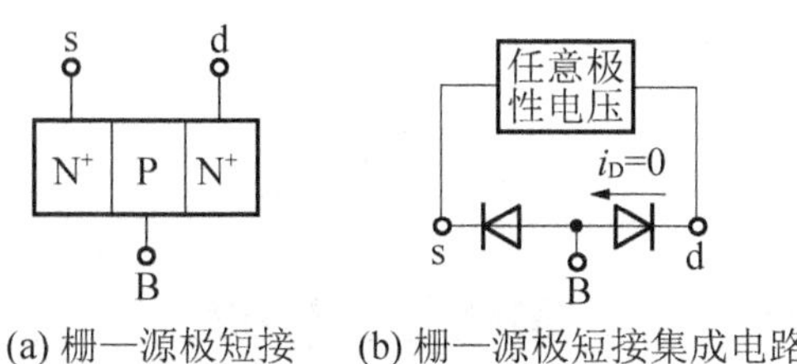

(a) 栅—源极短接　(b) 栅—源极短接集成电路

图 2.34　两个背靠背的 PN 结

为便于分析，先令场效应管的 $u_{DS}=0$，同时 $u_{GS}>0$，如图 2.35 所示。在这样的偏置电压作用下，栅极和 P 型半导体相当于形成了一个以 SiO_2绝缘层为介质的平板电容器。在正的栅源电压 u_{GS}的作用下，介质中产生了一个垂直于半导体表面的电场，电场方向是由栅极指向 P 型半导体。由于二氧化硅绝缘层很薄，即使有几伏的栅源电压，也可以产生很强的电场。这个电场会排斥P型半导体中的多子空穴而吸引其中的少子电子。当栅源电压u_{GS}达到一定数值以后，这些电子在SiO_2绝缘层下面的P型硅表面形成了一个N型薄层，称之为反型层。反型层将漏极和源极这两个N型区连接起来，形成了N沟道。显然，栅源电压u_{GS}越大，作用于半导体表面的电场就越强，吸引到靠近SiO_2绝缘层一侧P型半导体表面的电子就越多，反型层越厚，导电沟道将越宽。因为此时$u_{DS}=0$，所以漏极电流i_D总等于零。

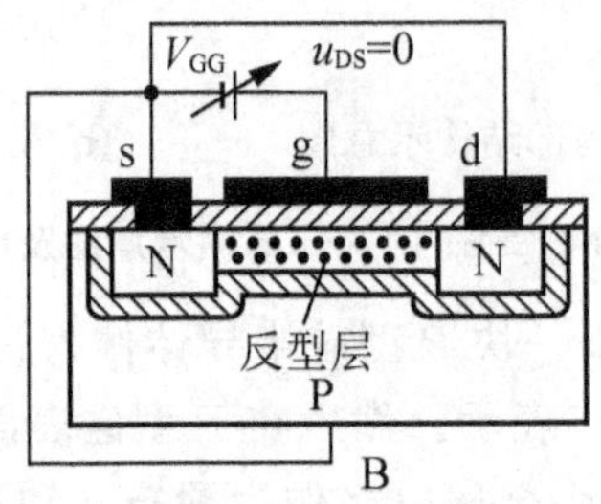

图 2.35　由栅源电压u_{GS}形成导电沟道

这种在$u_{GS}=0$时没有导电沟道，在栅源电压u_{GS}的作用下，才形成了导电沟道的MOSFET属于增强型。导电沟道刚刚形成时所需要的栅源电压u_{GS}称为增强型MOSFET的开启电压，用U_T表示。

令u_{GS}为某一个固定正值，且$u_{GS}>U_T$。在漏源之间加上正电压u_{DS}，且$(u_{DS}<u_{GS}-U_T)$，即$(u_{GD}=u_{GS}-u_{DS})>U_T$。此时由于漏源之间存在导电沟道，所以产生漏极电流$i_D$。但是，因为$i_D$流过导电沟道时，栅极电场产生了一个沿导电沟道的电位梯度，从源极到漏极的不同位置上，栅极与沟道之间的电位差是不相等的，离源极越远，电位差越小，导电沟道也趋向变窄，导电沟道开始呈楔形分布，如图2.36(a)所示。

当继续增大u_{DS}，i_D将随之而增大。但与此同时，导电沟道宽度的不均匀性也愈加剧烈。当u_{DS}增大到$u_{DS}=u_{GS}-U_T$，即$u_{GD}=u_{GS}-u_{DS}=U_T$时，靠近漏极处的沟道达到临界开启时的状态，被称为预夹断，如图2.36(b)所示。

沟道在靠近漏极处产生预夹断后，若继续增加u_{DS}，夹断区的长度会随之增加，即由漏极向源极延伸，此时增加的u_{DS}几乎都降落在夹断区上，而导电沟道两端的电压几乎没有增大，即基本保持不变，因而漏极电流i_D也基本不变，如图2.36(c)所示。

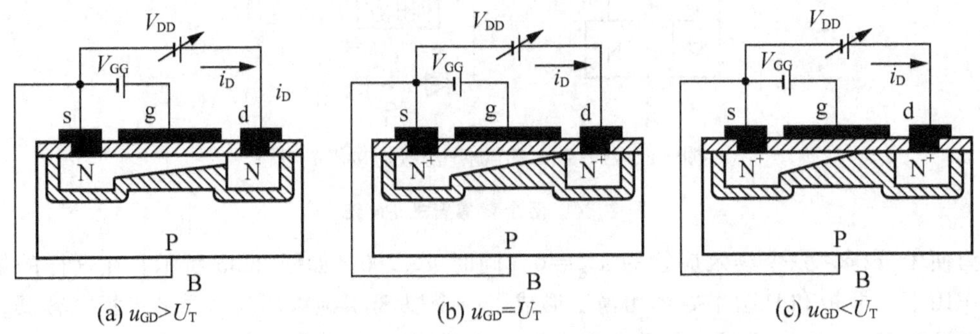

图 2.36　u_{DS}对导电沟道的影响

3）输出特性曲线和转移特性曲线

N 沟道增强型 MOSFET 的转移特性和输出特性分别如图 2.37(a)和图 2.37(b)所示。

由图 2.37(a)的转移特性可见，当 $u_{GD}<U_T$时，由于尚未形成导电沟道，因此漏极电流 i_D 基本为零。当 $u_{GD}\geqslant U_T$时，形成了导电沟道，而且随着 u_{GS} 的增大，导电沟道变宽，沟道电阻减小，于是 i_D 也随之增大。该曲线可以用近似表示为

$$i_D=I_{DO}\left(\frac{u_{GS}}{U_T}-1\right)^2 \qquad (\text{当 } u_{GS}>U_T \text{ 时}) \tag{2-14}$$

式中 I_{DO}是 $u_{GS}=2U_T$时的 i_D 值。

N 沟道增强型 MOSFET 在正常工作时的输出特性同样可以分为夹断区、可变电阻区和恒流区 3 个区域，如图 2.37(b)所示。

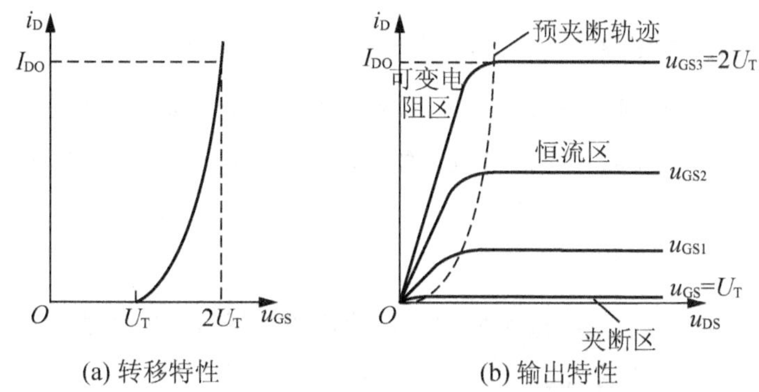

(a) 转移特性 (b) 输出特性

图 2.37 N 沟道增强型 MOSFET 的特性曲线

2. N 沟道耗尽型 MOSFET

耗尽型 MOSFET 是在制造过程中预先在 SiO_2 绝缘层中掺入了大量的正离子，因此，即使 $u_{GS}=0$，这些正离子产生的电场也能在 P 型衬底中“感应”出足够多的负电荷，形成“反型层”，从而产生 N 型的导电沟道，如图 2.38 所示。所以当 $u_{DS}>0$ 时，将有一个较大的漏极电流 i_D。

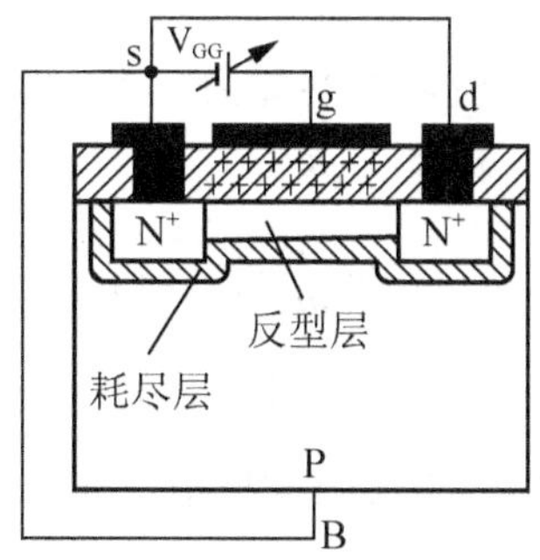

图 2.38 N 沟道耗尽型 MOSFET 的内部结构示意图

如果使这种场效应管的 $u_{GS}<0$，则由于栅极接电源的负极，其电场将削弱原来 SiO_2 绝缘层中正离子产生的电场使感应负电荷减少，N 型的沟道变窄，从而使 i_D 减小。当 u_{GS} 负

得更多而达到某一值时，感应电荷被“耗尽”，导电沟道消失，于是 $i_D \approx 0$。使$i_D \approx 0$ 时的 u_{GS}称为夹断电压，用 U_P 表示，与结型场效应管相似。耗尽型 MOSFET 的电路符号如图 2.39 所示。

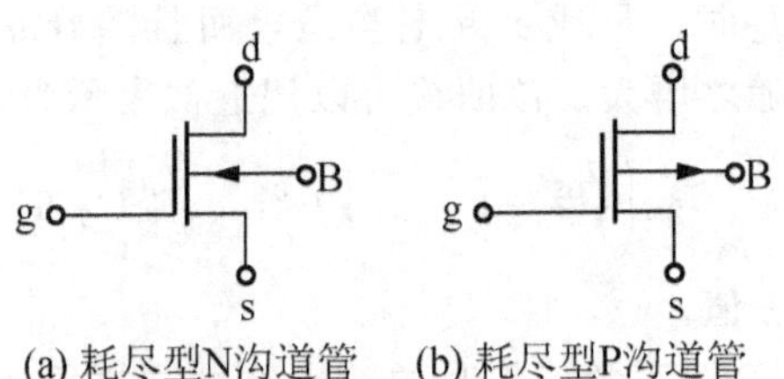

图 2.39　耗尽型 MOSFET 的电路符号

2.4.3　场效应管的主要参数

场效应管的主要参数是选择和使用 FET 的依据。由于 FET 有不同的分类，使得不同的 FET 具有不同的性能参数和极限参数，使用时要加以注意。下面简要归纳 FET 的主要参数。

1. 开启电压 U_T

是增强型 FET 的参数。当 u_{DS}为常数时，使增强型场效应管导通的最小电压定义为开启电压。$u_{GS} > U_T$后，FET 导通。

2. 夹断电压 U_P

是耗尽型 FET 的参数。当 u_{DS}为常数时，使耗尽型场效应管夹断的最小栅源电压定义为夹断电压。$u_{GS} > U_P$ 后，FET 导通。

3. 饱和漏极电流 I_{DSS}

是耗尽型 FET 的参数，指 $u_{GS}=0$ 时管子的漏极电流。

4. 低频跨导 g_m

该参数表明栅源电压对漏极电流的控制能力。当 u_{DS}为常数时，栅源电压的变化量与相应的漏极电流的变化量之比称为跨导。即

$$g_m = \frac{\Delta i_D}{\Delta u_{GS}}\Big|_{u_{DS}=\text{常数}} \qquad (2-15)$$

5. 漏源击穿电压 $U_{(BR)DS}$和栅源击穿电压 $U_{(BR)GS}$

在 FET 的输出特性曲线上，u_{DS}增大的过程中，使 i_D 急剧增大时的漏源电压 u_{DS}称为漏源击穿电压 $U_{(BR)DS}$。FET 正常工作时的栅源电压的允许最大值称为栅源击穿电压 $U_{(BR)GS}$。正常工作时不能超过这些值。

6. 最大漏极电流 I_{DM}

管子正常工作时允许的最大漏极电流。

7. 漏极最大允许耗散功率 P_{DM}

FET 工作时，漏极耗散功率 $P_D = I_D u_{DS}$，也即漏极电流与漏源之间电压的乘积。P_{DM} 为漏极允许耗散功率的最大值，使用时应保证 $P_D < P_{DM}$。

2.4.4 场效应管与晶体三极管的性能比较

(1) FET 的栅极 g、源极 s、漏极 d 对应于 BJT 的基极 b、发射极 e、集电极 c。

(2) BJT 属于电流控制电流器件，而 FET 属于电压控制电流器件。

(3) FET 用栅源电压 u_{GS} 控制漏极电流 i_D，栅极基本不取电流；而 BJT 工作时基极总索取一定的电流。因此，要求输入电阻高的电路应选用 FET；而若信号源可以提供一定的电流，则可选用 BJT。

(4) FET 比 BJT 的温度稳定性好、抗辐射能力强。所在环境条件变化很大的情况下应选用 FET。

(5) FET 的噪声系数很小，所以低噪声放大器的输入级和要求信噪比较高的电路应选用 FET。

(6) 若出厂时 FET 的漏极与衬底没有连在一起，那么漏极与源极可以互换使用，互换后特性变化不大；而 BJT 的发射极与集电极互换后特性差异很大，因此只在特殊需要时才互换。

(7) 由于 FET 制造工艺更简单，且具有耗电省、工作电源电压范围宽等优点，因此场效应管越来越多地应用于大规模和超大规模数字集成电路之中。

本章小结

本章首先介绍了半导体的基础知识，然后阐述了二极管、晶体三极管、场效应管等常用半导体器件的原理、特性和主要参数。主要简述了以下几项内容。

(1) 电子电路中常用的半导体器件有二极管、稳压管、晶体三极管和场效应管等。制造这些器件的主要材料是半导体。现在主流产品是硅材料构成的，也有些根据性能需要制造成锗材料的器件。

(2) 本章介绍了半导体的相关基础知识：本征半导体、杂质半导体、PN 结的形成过程以及 PN 结的单向导电性。这其中有许多基本概念需要读者认真理解，如：两种载流子、本征半导体、本征激发现象、杂质半导体、P 型半导体、N 型半导体、多数载流子、少数载流子、PN 结的形成、正向偏置、反向偏置以及 PN 结的单向导电性等。

(3) 半导体二极管是利用一个 PN 结加上外壳，引出两个电极而制成的。它的主要特点是具有单向导电性。在电路中可以起限幅、整流和检波等作用。二极管中的一种特殊情况——稳压二极管工作在反向击穿区时，即使流过管子的电流变化很大，管子两端的电压变化也很小，具有稳定电压的作用。

(4) 晶体三极管有 NPN 和 PNP 两种类型。无论何种类型，内部均包含发射结和集电结两个 PN 结，引出发射极(e)、基极(b)和集电极(c)3 个电极。而且利用三极管的电流控制作用可以实现对交流信号的放大功能。

(5) 场效应管利用栅源之间电压的电场效应来控制漏极电流，是一种电压控制电流的器件。场效应管分为结型和绝缘栅型两大类，后者又称为金属一氧化物一半导体场效应管。无论结型还是绝缘栅型场效应管，都有 N 沟道和 P 沟道之分。对于绝缘栅型场效应管，又有增强型和耗尽型两种类型，但结型场效应管只有耗尽型。场效应管的输入电阻很高，而且易于大规模集成，故近年来发展很快。

阅读材料

Multisim 应用——晶体三极管的输出特性分析

BJT 的输出特性曲线是指在基极电流 i_B 一定的条件下，集电极与发射极间的电压 u_{CE} 和集电极电流 i_C 之间的关系曲线，用函数关系式可表示为

$$i_C = f(u_{CE})\big|_{i_B=\text{常数}}$$

在用 *Multisim 10.0* 进行仿真时，可以采用传统的逐点测量法进行测量。但这种方法相当复杂。如果采用直接扫描分析方法进行测量，仿真过程会变得非常简单。

图 *2.40* 中的电路为 *BJT* 输出特性的测试电路，图中晶体管选用 *2N2924*，为得到测试结果，输入回路加直流电流源，输出回路加直流电压源。

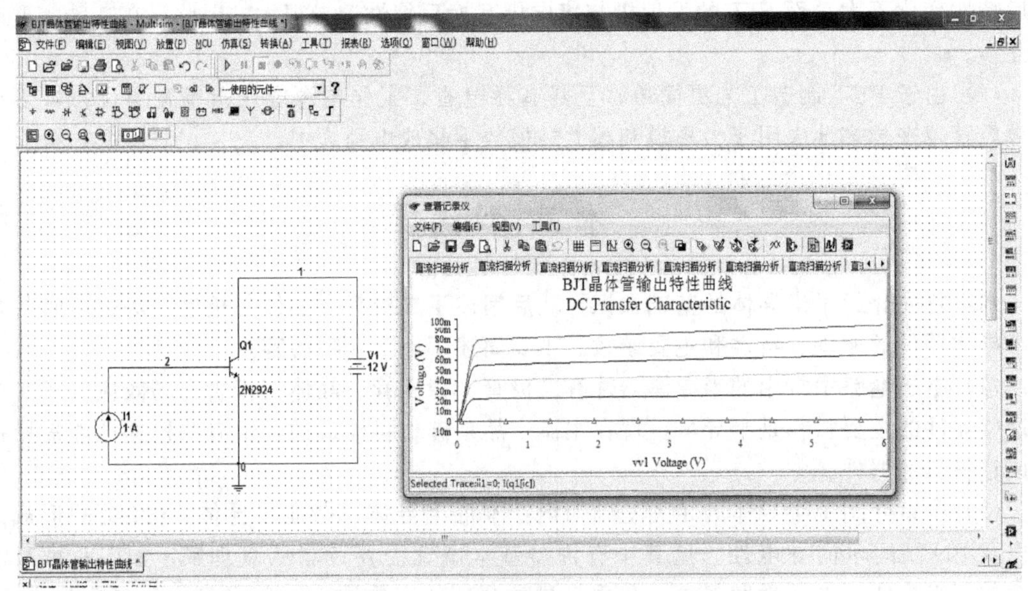

图 2.40　BJT 输出特性的测试电路

测试电路连接好之后，设置直流扫描参数如下。

(1) 选择 *Simulate*→*Analysis*→*DC Sweep* 命令，弹出对话框，在 *Analysis Parameters* 选项卡下设置 *Source 1*，选中 *Use source 2* 复选框，选择使用 *Source 2*。有关参数设置如图 2.41 所示。

(2) 切换到 *Output* 选项卡，单击左下角的 *More* 按钮，得到扩大的输出变量页，单击扩大部分中的 *Add device/model Parameter* 按钮，出现一个新的对话框 *Add device/model parameter*，如图 2.42 所示。单击 *Parameter* 选项的下三角按钮，从众多选项中选中 *ic* 选项。单击 *OK* 按钮，返回输出选项卡对话窗口界面。

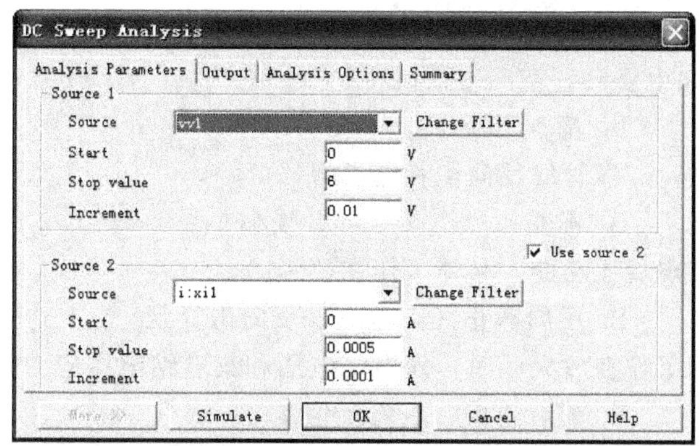

图 2.41 BJT 输出特性直流扫描分析参数设置对话窗口

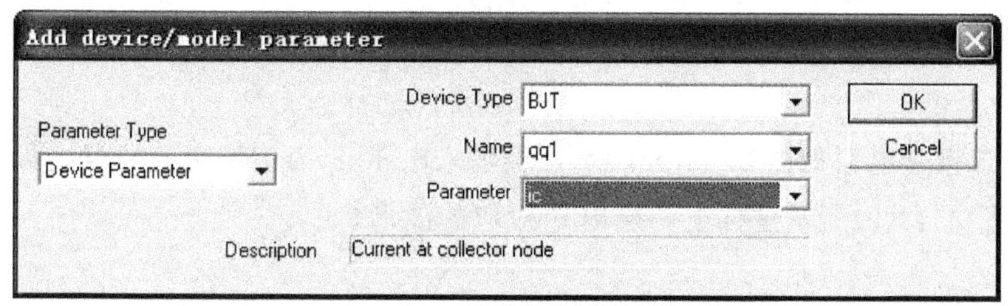

图 2.42 增加器件/模型参数对话窗口

（3）在输出选项卡上将 *Variables in circuit* 列表框中的“@qq1[ic]”通过 *Add* 按钮选择到 *Selected variables for* 列表框中，选择“@qq1[ic]”作为输出变量，即 *BJT* 的集电极电流 i_C。单击 *Simulate* 图标，可得到如图 2.40 所示的 *BJT* 的输出特性曲线。

从仿真结果中清楚地看到，曲线与前面讲到的 *BJT* 输出特性曲线基本一致，各区的特性也体现的非常明显。这一仿真实例对于初学者理解 *BJT* 的输出特性曲线会有很大的帮助。

习 题

一、填空题

1. 二极管的最主要特性是__________，它的两个主要参数是反映正向特性的__________和反映反向特性的__________。

2. 利用硅 PN 结在某种掺杂条件下反向击穿特性非常陡直的特点而制造出的特殊二极管，称为__________二极管。

3. 晶体三极管从结构上可以分成__________和__________两种类型，它们工作时有__________和__________两种载流子参与导电。场效应管从结构上分成__________和__________两大类型，它们的导电过程仅仅取决于__________载流子的流动。

4. 场效应管属于__________控制型器件，而晶体三极管可以认为是__________控制型器件。

5. 晶体三极管穿透电流 I_{CEO} 是集电极—基极反向饱和电流 I_{CBO} 的__________倍。在选用管子时，一般希望 I_{CEO} 尽量__________。

二、选择题

1. PN 结外加反向电压时，空间电荷区将(　　)。

A. 变窄　　B. 基本不变　　C. 变宽

2. 当温度升高时，二极管的反向饱和电流将(　　)。

A. 增大　　B. 不变　　C. 减小

3. 稳压管要想实现稳压功能，必须工作在(　　)。

A. 正向导通区　　B. 反向截止区　　C. 反向击穿区

4. 当晶体三极管工作在放大区时，发射结电压和集电结电压应为(　　)。

A. 二者均反偏　　B. 前者正偏、后者反偏

C. 二者均正偏

5. $u_{GS}=0$ 时，能够工作在恒流区的场效应管有(　　)。

A. 结型管　　B. 增强型 MOS 管　　C. 耗尽型 MOS 管

三、综合题

1. 理想二极管电路如图 2.43(a)所示，设输入电压 u_i 为正弦交流信号，如图 2.43(b)所示，试在图 2.43(c)所示坐标上，绘出 u_o对应的波形。

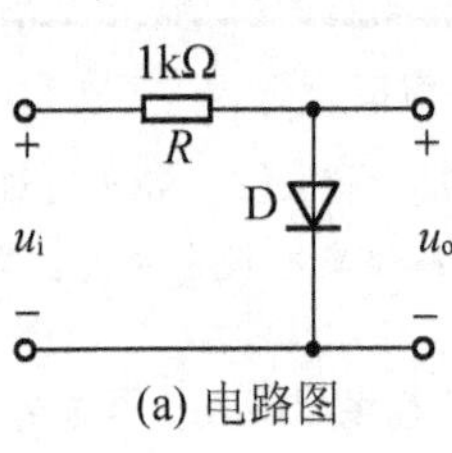

(a) 电路图

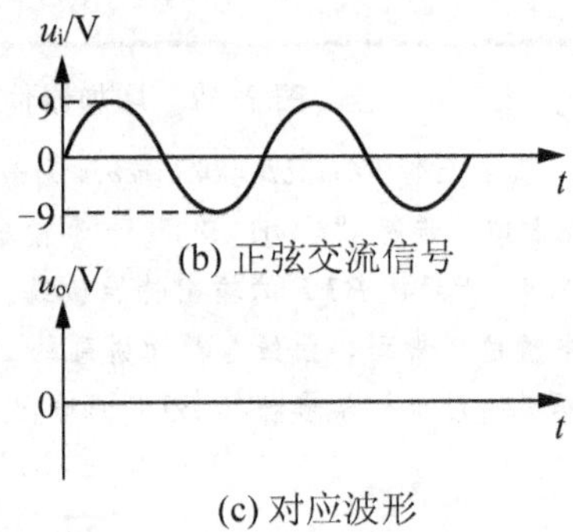

(b) 正弦交流信号

(c) 对应波形

图 2.43　题 1 图

2. 理想二极管电路如图 2.44(a)所示，设输入电压 u_i 为方波，如图 2.44(b)所示，试在图 2.44(c)所示坐标上，绘出 u_o对应的波形。

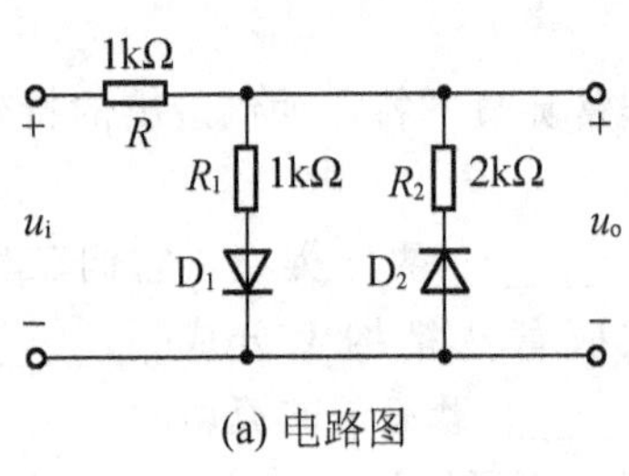

(a) 电路图

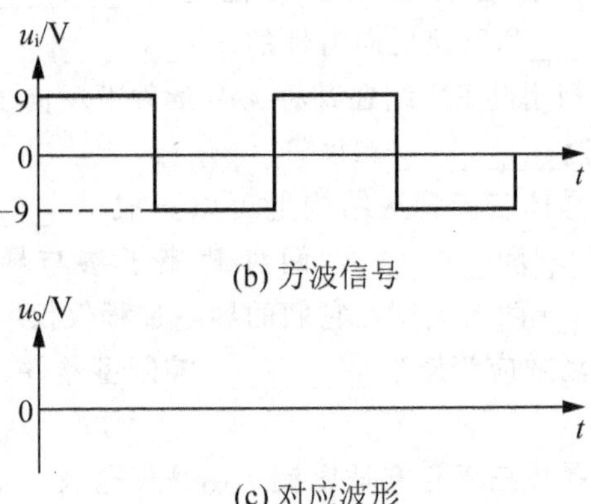

(b) 方波信号

(c) 对应波形

图 2.44　题 2 图

3. 稳压管电路如图 2.45 所示，已知电源电压 $U=10V$，$R=200\Omega$，$R_L=1k\Omega$，稳压管的 $U_Z=6V$，试求：

(1) 稳压管中的电流 I_{DZ} 等于多少。

(2) 当电源电压 U 升高到 12V 时，I_{DZ} 将变为多少？

(3) 当 U 仍为 10V，但 R_L 改为 2 kΩ 时，I_{DZ} 将变为多少？

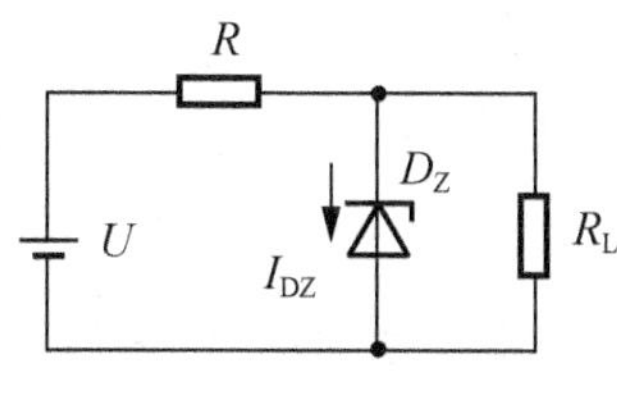

图 2.45　题 3 图

4. 测得某放大电路中 BJT 3 个电极的对地电位如图 2.46 所示。试判断各 BJT 管的类型(是 PNP 管还是 NPN 管，是硅管还是锗管)，并区分 b、e、c 这 3 个电极。

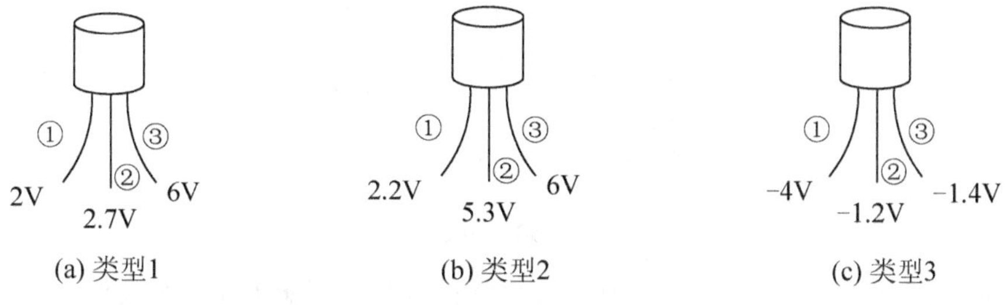

图 2.46　题 4 图

5. 已知两只晶体管的电流放大系数 β 分别为 50 和 100，现测得放大电路中这两只管子两个电极的电流如图 2.47 所示。分别求另一电极的电流，标出其实际方向，并在圆圈中画出管子。

6. 已知场效应管的输出特性曲线如图 2.48 所示，画出当 $u_{DS}=15V$ 时在恒流区的转移特性曲线。

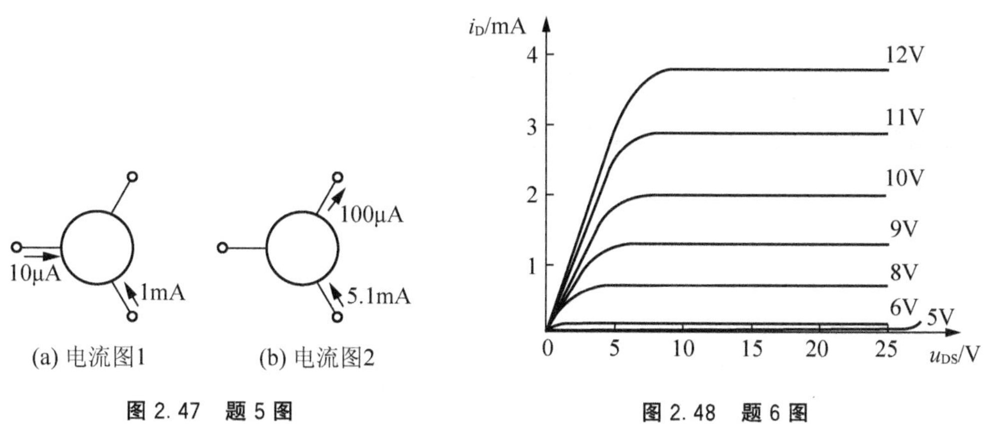

图 2.47　题 5 图　　图 2.48　题 6 图

7. 分别判断图 2.49 所示各电路中晶体管是否有可能工作在放大状态。

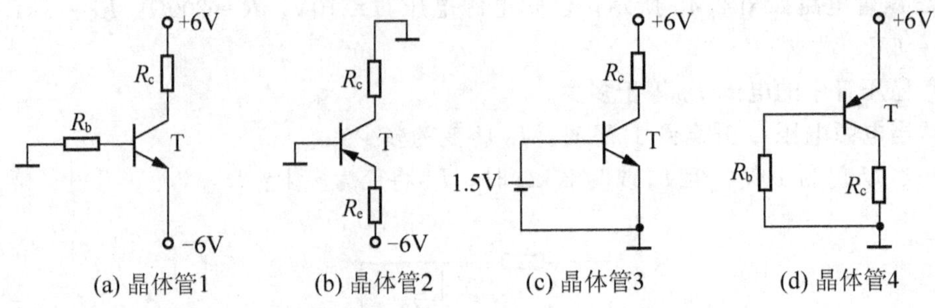

图 2.49　题 7 图

8. 电路如图 2.50 所示，T 的输出特性如图 2.48 所示，分析当 $u_I=4V$、8V、12V 这 3 种情况下场效应管分别工作在什么区域。

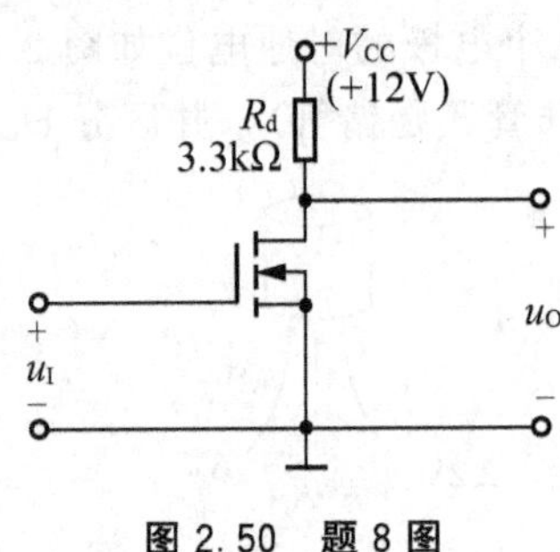

图 2.50　题 8 图

9. 分别判断图 2.51 所示各电路中的场效应管是否有可能工作在恒流区。

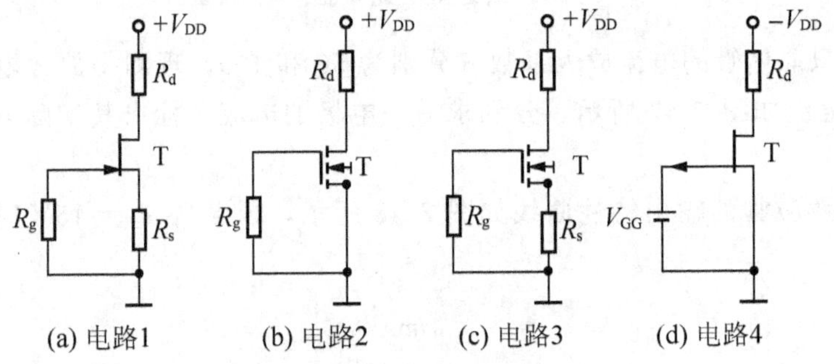

图 2.51　题 9 图

10. 试比较 BJT 管和 FET 管两种器件的性能差别。

第3章

放大电路基础

学习目标

理解放大电路的结构和主要性能指标的意义；

掌握共射电路的组成和工作原理；

掌握共射电路的分析方法，会分析分压式工作点稳定电路；

了解共集、共基和场效应管放大电路的分析方法；

掌握零点漂移的概念，了解多级放大电路的分析方法；

熟悉差分电路的组成和分析方法；

了解放大电路的频率响应，会画波特图；

了解放大电路中的反馈概念，会判断反馈；

理解功放电路的组成，会分析其性能指标。

导入案例

日常生活中的放大现象

日常生活中有很多放大现象，它们可以出现在各种场合。图 3.1 所示的图片是常见的几种放大现象。

(a) 显微镜　(b) 杠杆　(c) 变压器　(d) 扩音器

图 3.1　日常生活中的放大现象

显微镜能放大极小的物体，这是光学中的放大；利用杠杆可以移动较重的物体，这是力学中的放大；变压器能把较低的电压变成较高的电压，这是电工学中的放大。比较这些放大现象可发现，显微镜放大后的图像亮度降低了；虽然用较小的力量移动了较重的物体，但杠杆另一端移动的距离增大了；变压器副边的电压变高了，但电流却变小了。总而言之，这些放大现象的共同点是放大前后能量守恒。

图 3.1(d)所示的扩音器能放大声音，这是电子学中的放大。这种放大实质上是一种能量的控制和转换，即利用扩音机中的放大电路，在原声的控制下将电源的能量转移到扬声器中，这样才能听到比原声大的声音。可见，电子电路中所说的放大，其对象是变化量，其特征是功率的放大。另外，放大只有在信号不失真的情况下才有意义，这是放大电路设计的前提。

知识结构

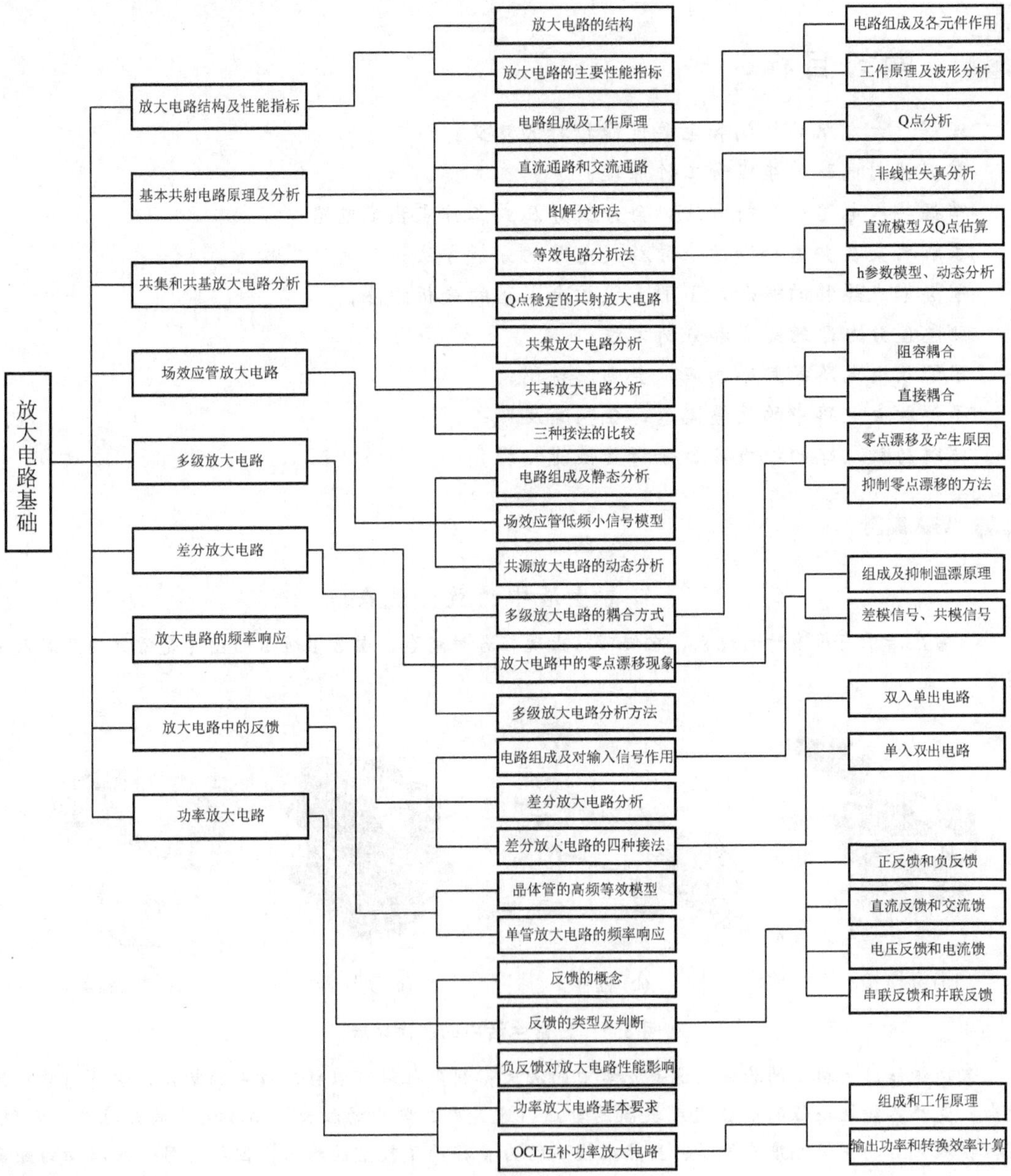

- 放大电路基础
  - 放大电路结构及性能指标
    - 放大电路的结构
    - 放大电路的主要性能指标
  - 基本共射电路原理及分析
    - 电路组成及工作原理
      - 电路组成及各元件作用
      - 工作原理及波形分析
    - 直流通路和交流通路
    - 图解分析法
      - Q点分析
      - 非线性失真分析
    - 等效电路分析法
      - 直流模型及Q点估算
      - h参数模型、动态分析
    - Q点稳定的共射放大电路
  - 共集和共基放大电路分析
    - 共集放大电路分析
    - 共基放大电路分析
    - 三种接法的比较
  - 场效应管放大电路
    - 电路组成及静态分析
    - 场效应管低频小信号模型
    - 共源放大电路的动态分析
  - 多级放大电路
    - 多级放大电路的耦合方式
      - 阻容耦合
      - 直接耦合
    - 放大电路中的零点漂移现象
      - 零点漂移及产生原因
      - 抑制零点漂移的方法
    - 多级放大电路分析方法
  - 差分放大电路
    - 电路组成及对输入信号作用
      - 组成及抑制温漂原理
      - 差模信号、共模信号
    - 差分放大电路分析
    - 差分放大电路的四种接法
      - 双入单出电路
      - 单入双出电路
  - 放大电路的频率响应
    - 晶体管的高频等效模型
    - 单管放大电路的频率响应
  - 放大电路中的反馈
    - 反馈的概念
    - 反馈的类型及判断
      - 正反馈和负反馈
      - 直流反馈和交流馈
      - 电压反馈和电流馈
      - 串联反馈和并联反馈
    - 负反馈对放大电路性能影响
  - 功率放大电路
    - 功率放大电路基本要求
    - OCL互补功率放大电路
      - 组成和工作原理
      - 输出功率和转换效率计算

在模拟电路中，把微弱的电信号增强至需要的程度，这种技术称为放大，实现放大的电路称为放大电路。在实际生产生活中，放大电路的应用非常广泛，这是由于实际信号往往非常微弱，必须经过放大才能进行观察或驱动执行机构。无论是简单的扩音器、收音机，还是复杂的、精密的各种电子设备，常常都包含放大电路这一基本的功能电路。本章主要讲述放大电路的组成、工作原理以及基本分析方法。

3.1　放大电路的结构及主要性能指标

3.1.1　放大电路的结构

图3.2所示为放大电路的结构框图。当信号源(内阻为R_S)作用于输入端口时，放大电路得到输入电压$\dot{U}_i$，产生输入电流$\dot{I}_i$；在输出端口输出电压$\dot{U}_o$，产生输出电流$\dot{I}_o$，电阻R_L为放大电路的负载。$\dot{U}'_o$为空载时的输出电压。

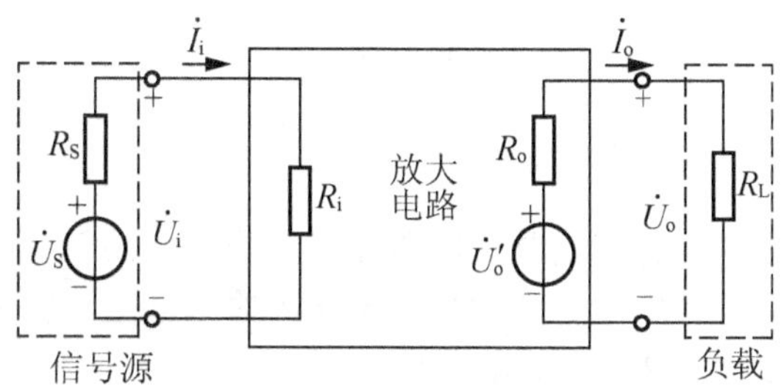

图3.2　放大电路框图

知识要点提醒

由于分析和测试放大电路时常用正弦信号作输入，因此电路中电压和电流均采用相量表示。

放大电路可以是单级的，也可以是多级的。基本放大电路一般是指由单个晶体管(场效应管)组成的放大电路，它是构成各种复杂(多级)放大电路的基本单元。按照放大电路中晶体管(场效应管)的不同接法，将基本放大电路分为3种，即共发射极(源极)电路、共基极(栅极)电路和共集电极(漏极)电路。

放大电路的种类繁多，按其输入输出信号的不同，可分为电压放大电路、电流放大电路、互导放大电路和互阻放大电路；按频率不同，可分为低频放大电路和高频放大电路；按工艺不同，可分为分立元件放大电路和集成放大电路。

3.1.2　放大电路的主要性能指标

不同的放大电路具有不同的性能，通常用性能指标来衡量，常用的性能指标有放大倍数、输入电阻、输出电阻、通频带、最大输出功率及效率等。

1. 放大倍数

放大倍数反映了放大电路的放大能力，是输出量与输入量之比，又称为增益。按照输出和输入电量的不同，放大倍数有电压放大倍数、电流放大倍数、互导放大倍数和互阻放大倍数之分。

电压放大倍数是输出电压与输入电压之比，无量纲，用 $\dot{A}_{uu}$ 表示为

$$\dot{A}_{uu}=\dot{A}_{u}=\frac{\dot{U}_{o}}{\dot{U}_{i}} \tag{3-1}$$

电流放大倍数是输出电流与输入电流之比，无量纲，用 $\dot{A}_{ii}$ 表示为

$$\dot{A}_{ii}=\dot{A}_{i}=\frac{\dot{I}_{o}}{\dot{I}_{i}} \tag{3-2}$$

互导放大倍数是输出电流与输入电压之比，电导量纲，用 $\dot{A}_{iu}$ 表示为

$$\dot{A}_{iu}=\frac{\dot{I}_{o}}{\dot{U}_{i}} \tag{3-3}$$

互阻放大倍数是输出电压与输入电流之比，电阻量纲，用 $\dot{A}_{ui}$ 表示为

$$\dot{A}_{ui}=\frac{\dot{U}_{o}}{\dot{I}_{i}} \tag{3-4}$$

2. 输入电阻

信号源与放大电路输入端相连，放大电路相当于信号源的负载。其负载电阻就是从放大电路的输入端看进去的等效电阻，称为放大电路的输入电阻。输入电阻定义为放大电路的输入电压与输入电流之比，用 R_i 表示，即

$$R_{i}=\frac{\dot{U}_{i}}{\dot{I}_{i}} \tag{3-5}$$

显然，输入电阻的大小反映了放大电路从信号源索取电流的大小，即输入电阻越大，从信号源索取的电流越小，输入电压越接近信号源电压。

3. 输出电阻

从输出端看，放大电路相当于为负载提供信号的有内阻的信号源，这个内阻就是放大电路的输出电阻，用 R_o 表示。由图 3.2 可知，放大电路空载时的输出电压与带载时的输出电压有如下关系存在：

$$\dot{U}_{o}=\frac{R_{L}}{R_{o}+R_{L}}\cdot\dot{U}_{o}'$$

可导出输出电阻

$$R_{o}=\left(\frac{\dot{U}_{o}'}{\dot{U}_{o}}-1\right)R_{L} \tag{3-6}$$

输出电阻的大小反映了放大电路的带负载能力。对于电压源而言，内阻越小，其上的分压越小，则输出电压能够大部分加到负载上，电路的带负载能力就强。

4. 通频带

通频带用来衡量放大电路对不同频率信号的放大能力。由于放大电路中存在电容、电

感及半导体器件结电容等电抗器件，当输入信号的频率偏低或偏高时，放大倍数的数值会下降并产生相移。一般情况下，放大电路只适用于某一个特定频率范围内的信号，这一特定的频率范围就称为通频带。

知识要点提醒

放大电路的性能指标是在输出信号不失真的情况下求得的。

3.2 基本共射放大电路原理及分析

本章以 NPN 型晶体管组成的单管共射放大电路为例，讲述放大电路的组成、工作原理及分析方法。

3.2.1 电路组成及工作原理

1. 电路组成及各元件作用

图 3.3 所示为基本共射放大电路。电路中的晶体管是核心元件，起电流放大作用，输入信号 u_i 是正弦波电压。由于输入回路与输出回路以发射极为公共端(公共端也称为“地”)。所以称这种电路为共射放大电路。

在图 3.3(a)中，输入回路中的电阻 R_b 称为基极偏置电阻，与基极电源 V_{BB} 配合，为发射结提供正向偏置，同时给基极提供合适的基极电流。输出回路中的 V_{CC} 是集电极电源，其作用是使集电结反向偏置，保证晶体管工作在放大状态，并为输出提供所需能量；R_c 是集电极负载电阻，其作用是将集电极电流的变化转变为电压的变化，使晶体管 c-e 间的电压发生变化，从而得到输出电压，实现电压放大。电路中信号源与放大电路直接相连，故称为直接耦合共射放大电路。

在实际放大电路中，为了简化电路，防止干扰，往往将电路中的基极电源与集电极电源合二而为一。用电容 C_1 连接信号源与放大电路，用电容 C_2 连接放大电路与负载。电容 C_1、C_2 称为耦合电容，它们在电路中的作用是使输入信号和输出信号中的交流成分基本无衰减地通过，而直流成分则被隔离，于是得到图 3.3(b)所示的共射放大电路，称为阻容耦合共射放大电路。

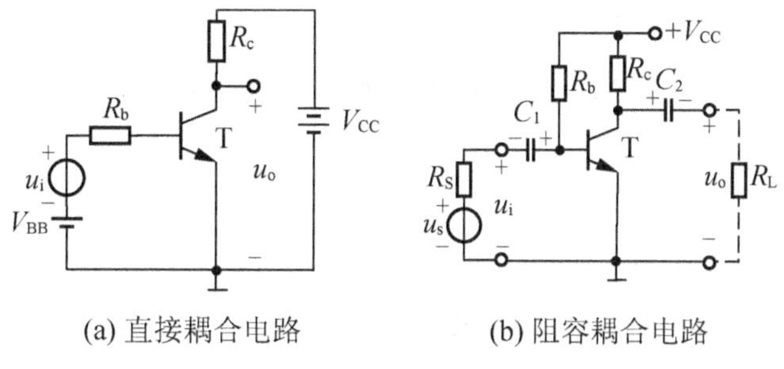

(a) 直接耦合电路　(b) 阻容耦合电路

图 3.3 基本共射放大电路

2. 电路工作原理及波形分析

当输入信号为零时，称放大电路处于直流工作状态或静止状态，简称静态。此时，在直流电源作用下，电路中的电压、电流都是不变的直流量。这些直流量在三极管的输入、输出特性曲线上各自对应一个点，称为静态工作点(Q 点)。Q 点处的基极电流、b-e 之间的电压、集电极电流和 c-e 之间的电压分别用符号 I_{BQ}、I_{CQ}、U_{BEQ}、U_{CEQ}表示。放大电路设置静态工作点的目的是使交流信号驮载在直流分量之上，使晶体管在信号的整个周期内始终工作在放大状态，这样输出信号才不会产生失真。下面以图 3.3(a)为例阐述其工作原理。

当有输入电压时，电路将处在交流工作状态，简称动态。此时，三极管各极电流及电压都将在静态值的基础上随输入信号作相应的变化。输入端的交流电压 u_i 加到晶体管 T 的发射结，基极电流 i_B 会产生相应的变化 Δi_B。由于三极管的电流放大作用，集电极电流 i_C 随之变化 $\Delta i_C=\beta\Delta i_B$，$\Delta i_C$ 在电阻 R_c上产生压降 $\Delta i_C \cdot R_c$。于是输出电压 $u_o=u_{CE}=V_{CC}-i_C \cdot R_c$，当 i_c 的瞬时值增加时，u_o 就要减小。如果电路参数选择适当，u_o 的幅度将比 u_i 大得多，从而达到放大的目的。电路中电压、电流波形如图 3.4 所示。

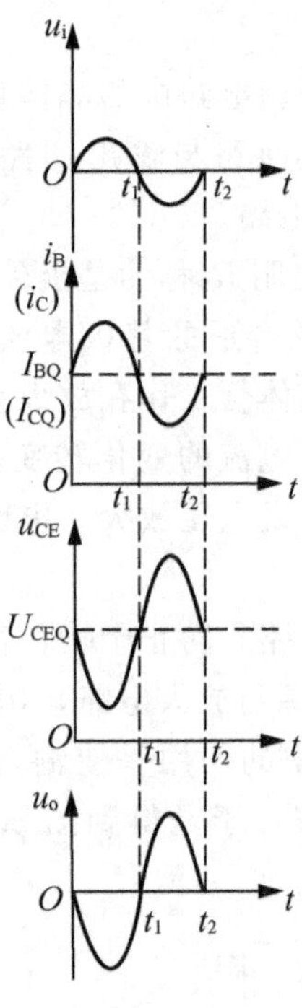

图 3.4　基本共射放大电路的波形分析

知识要点提醒

输出电压 u_o 与输入电压 u_i 相位相反。

由以上分析可知，组成放大电路应遵从以下原则。

(1) 设置合适的静态工作点，保证晶体管工作在放大区。

(2) 信号应能有效传输，即有输入信号作用时，应有不失真的输出电压输出。

3.2.2　直流通路和交流通路

在放大电路中，交流小信号都是叠加在合适的直流量之上被放大传送出去的。电路中电压和电流是交、直流的混合量，为了分析问题的方便，往往将电路分为静态和动态分别来研究，即把直流电源对电路的作用和交流信号对电路的作用区分开来，分成直流通路和交流通路。

直流通路是在直流电源作用下直流电流(静态电流)流经的通路。直流电源通过直流通路为放大电路提供直流偏置，用于建立合适的静态工作点。在画电路的直流通路时，电容视为开路，电感视为短路，信号源视为短路(内阻应保留)。

交流通路是输入信号作用下交流信号流经的通路，利用交流通路可以分析电路的动态参数。在画交流通路时，耦合电容等大容量电容视为短路，无内阻的直流电源视为短路。

按照上述原则，可以画出图 3.3(b)所示的阻容耦合基本共射放大电路的直流通路和交流通路，如图 3.5 所示。

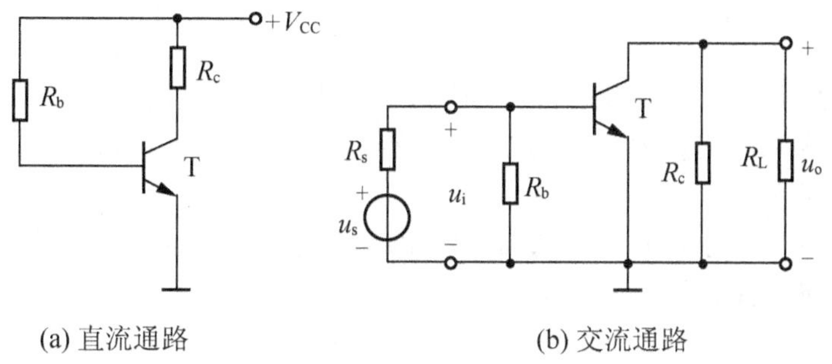

图 3.5　阻容耦合共射放大电路的直流通路和交流通路

对于直流量，C_1、C_2 相当于开路，所以直流通路包含电阻 R_c、R_b和直流电源 V_{CC}。对于交流信号，C_1、C_2 相当于短路，直流电源 V_{CC}短路，所以在交流通路中，可将直流电源和耦合电容除去。

知识要点提醒

在放大电路分析时，对于简单的电路，可以不画出直流通路。

3.2.3　图解分析法

图解分析法就是利用三极管的特性曲线及管外电路的特性，通过作图对放大电路的静态及动态进行分析的方法。

1. 静态工作点分析

图解法分析静态工作点的步骤是：利用直流通路，分别写出输入、输出回路的方程，在输入、输出特性曲线上作图来确定静态工作点。

将图 3.3(a)所示电路稍作变换，用虚线将晶体管与外电路分开，如图 3.6 所示。两条虚线之间为具有非线性特性的晶体管，虚线之外分别是输入回路和输出回路的管外线性电

路。可见，放大电路输入回路和输出回路都是由非线性部分和线性部分构成的电路整体，静态特性既要符合晶体管特性 $i_B=f(u_{BE})|_{u_{CE}=U_{CE}}$ 和 $i_C=f(u_{CE})|_{i_B=I_B}$，又要满足放大电路的管外电路中电压与电流之间的线性关系。所以，静态工作点应为电路非线性部分的伏安关系曲线与线性部分的伏安关系曲线(直流负载线)的交点。

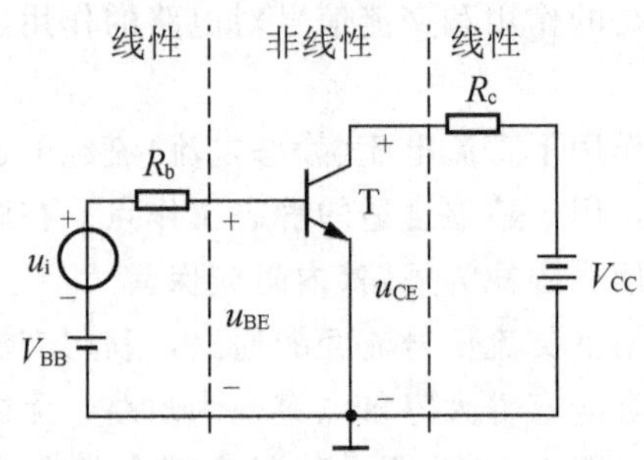

图 3.6　直接耦合共射放大电路

静态时，输入信号 $u_i=0$ 时，输入回路管外电路的回路方程为

$$u_{BE}=V_{BB}-i_BR_b \tag{3-7}$$

在输入特性坐标系中，画出式(3-7)所确定的输入回路直流负载线，它与横轴的交点为(V_{BB}，0)，与纵轴的交点为(0，V_{BB}/R_b)，直线与曲线的交点就是静态工作点 $Q(U_{BEQ}$，$I_{BQ})$如图 3.7(a)所示。

在输出回路中，静态工作点应在 $I_B=I_{BQ}$的那条输出特性曲线上，满足管外电路的回路方程，即输出回路直流负载线方程为

$$u_{CE}=V_{CC}-i_CR_c \tag{3-8}$$

在输出特性坐标系中，画出式(3-8)所确定的直线，它与横轴的交点为(V_{CC}，0)，与纵轴的交点为(0，V_{CC}/R_c)，与 $I_B=I_{BQ}$ 的那条输出特性曲线的交点就是静态工作点 Q (I_{CQ}，U_{CEQ})，如图 3.7(b)所示。

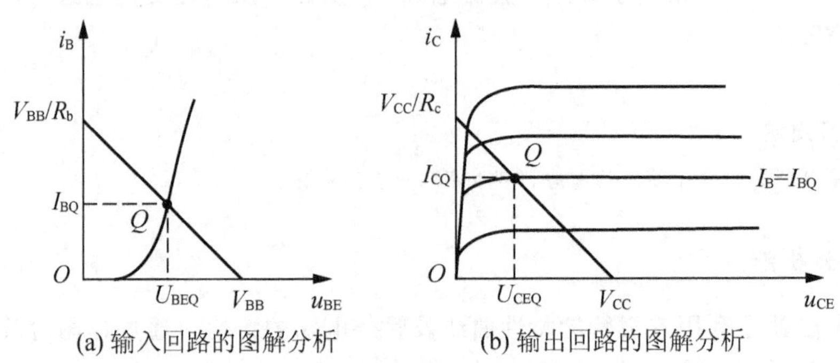

(a) 输入回路的图解分析　　(b) 输出回路的图解分析

图 3.7　图解求静态工作点

知识要点提醒

图解法确定 Q 点的关键在于正确地作出直流负载线。当外电路元件参数变化时，直流负载线也相应地发生变化，从而 Q 点也随之变化。

2. 非线性失真的分析

设计放大电路时，总希望输出电压在不失真情况下尽可能大。事实上，晶体管是非线性器件，若信号过大或者工作点选择不适合，输出电压波形将产生失真。由于这种失真是晶体管非线性引起的，故称为非线性失真。

当输入电压为正弦波时，若静态工作点合适(位于放大区)且输入信号幅值较小，则信号波形不会失真。

如果Q点过低，在输入信号的负半周，工作状态进入截止区，即晶体管b、e间电压总量u_{BE}小于其开启电压U_{on}，造成输出电压u_o波形的顶部被部分切掉而产生失真，称为截止失真，如图3.8(a)所示。

如果工作点设置过高，在输入信号的正半周，晶体管工作状态进入饱和区，将导致u_o波形产生底部失真，称为饱和失真，如图3.8(b)所示。

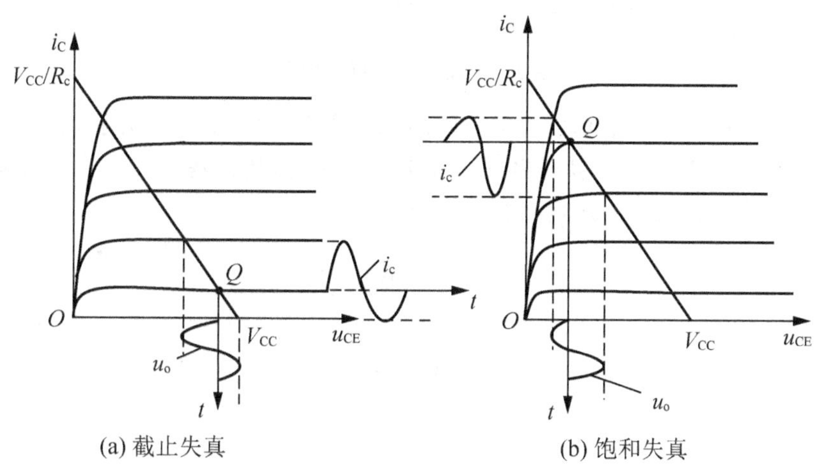

图3.8　基本共射放大电路的非线性失真

知识要点提醒

因为输入特性和输出特性的非线性，即使晶体管工作在放大区域，也会使输出波形产生失真，只不过当输入信号幅值较小时，这种失真非常小，可忽略不计而已。

3.2.4　等效电路分析法

晶体管的非线性特性使放大电路的分析变得复杂，不能直接采用线性电路原理来分析计算。如果能在一定条件下用线性电路来描述晶体管的非线性特性，建立线性模型，就可以应用线性电路的分析方法来分析晶体管放大电路了。

在输入信号电压幅值比较小的条件下，可以把晶体管在静态工作点附近小范围内的特性曲线近似地用直线代替，这时可把晶体管用小信号线性模型代替，从而将由晶体管组成的放大电路当成线性电路来处理。针对不同的应用场合和所分析的问题，同一只晶体管有不同的等效模型。

1. 晶体管直流模型及静态工作点估算

晶体管的输入特性与二极管的伏安特性相似，可以采用折线化的方法，用开关等效电路等效晶体管的输入特性，即认为 b、e 间等效为直流恒压源 U_{on}。由于晶体管的输出特性曲线近似为横轴的平行线，说明集电极电流 I_{CQ} 仅决定于基极电流 I_{BQ} 而与 U_{CEQ} 无关，即 $I_{CQ}=\beta I_{BQ}$，所以可以用受控电流源等效晶体管的输出特性。晶体管的直流模型如图 3.9 所示，图中理想二极管限定了电流方向。

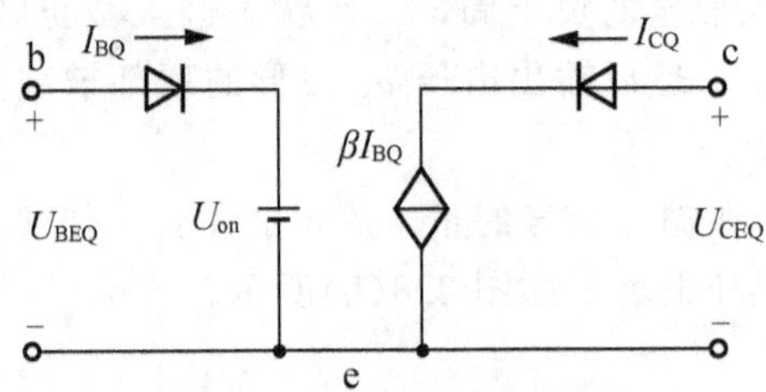

图 3.9　晶体管的直流模型

晶体管的直流模型用于估算放大电路的静态工作点，例如，利用晶体管的直流模型取代图 3.5(a)中的晶体管 T，可以得出图 3.3(b)所示阻容耦合基本共射放大电路的静态工作点的计算式(3-9)、式(3-10)、式(3-11)。

$$I_{BQ}=\frac{V_{CC}-U_{BEQ}}{R_b} \tag{3-9}$$

$$I_{CQ}=\beta I_{BQ} \tag{3-10}$$

$$U_{CEQ}=V_{CC}-I_{CQ}R_c \tag{3-11}$$

知识要点提醒

晶体管的直流模型是晶体管在静态时工作在放大状态的模型，其使用条件是发射结正偏、集电结反偏，并认为 $\bar{\beta}=\beta$。

2. 晶体管共射 h 参数等效模型

在低频小信号作用下，将共射接法的晶体管看成一个线性有源双端口网络，如图 3.10(a)所示。利用网络的 h 参数来表示输入、输出的电压与电流的关系，进而来研究网络的特性，便可得出共射 h 参数等效模型。由晶体管的输入输出特性可写出

$$u_{BE}=f(i_B,\ u_{CE}) \tag{3-12}$$

$$i_C=f(i_B,\ u_{CE}) \tag{3-13}$$

式中各量均为瞬时总量，而小信号模型是晶体管在交流低频小信号工作状态下的模型，所以应对上边两式求全微分，得出交流量之间的关系为

$$du_{BE}=\left.\frac{\partial u_{BE}}{\partial i_B}\right|_{U_{CE}}di_B+\left.\frac{\partial u_{BE}}{\partial u_{CE}}\right|_{I_B}du_{CE} \tag{3-14}$$

$$di_C=\left.\frac{\partial i_C}{\partial i_B}\right|_{U_{CE}}di_B+\left.\frac{\partial i_C}{\partial u_{CE}}\right|_{I_B}du_{CE} \tag{3-15}$$

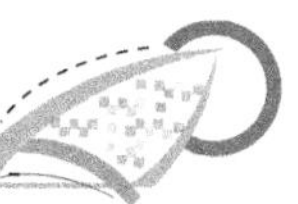

式中：du_{BE}、di_B、di_C 和 du_{CE}表示变化量(交流量)，分别用 $\dot{U}_{be}$、$\dot{I}_b$、$\dot{I}_c$ 和 $\dot{U}_{ce}$表示。则由式(3-14)和式(3-15)可写出 h 参数方程为

$$\dot{U}_{be}=h_{11e}\dot{I}_b+h_{12e}\dot{U}_{ce} \tag{3-16}$$

$$\dot{I}_c=h_{21e}\dot{I}_b+h_{22e}\dot{U}_{ce} \tag{3-17}$$

式中：h_{11e}、h_{12e}、h_{21e}、h_{22e}称为晶体管共射 h 参数；下标 e 表示共射接法；其中 $h_{11e}=\left.\frac{\partial u_{BE}}{\partial i_B}\right|_{U_{CE}}$ 为输出端交流短路时的输入电阻，Ω；$h_{12e}=\left.\frac{\partial u_{BE}}{\partial u_{CE}}\right|_{I_B}$ 为输出端交流短路时的正向电流传输比或电流放大系数，无量纲；$h_{21e}=\left.\frac{\partial i_C}{\partial i_B}\right|_{U_{CE}}$ 为输入端交流开路时的反向电压传输系数，无量纲；$h_{22e}=\left.\frac{\partial i_C}{\partial u_{CE}}\right|_{I_B}$ 为输入端交流开路时的输出电导，S。

这 4 个参数的量纲各不相同，故又称为混合参数，得到的等效电路称为 h 参数等效模型，如图 3.10(b)所示。

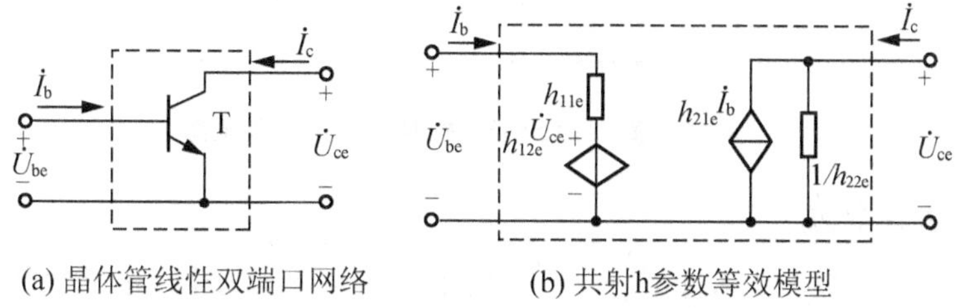

(a) 晶体管线性双端口网络　　(b) 共射h参数等效模型

图 3.10　晶体管的双端口网络和共射 h 参数等效模型

由于 h_{12e}和 h_{22e}相对而言很小，近似分析中可以忽略不计，故晶体管的输入回路可等效为一个动态电阻 $r_{be}(h_{11e})$；输出回路可等效为只有一个受控电流源 $\dot{I}_c=\beta\dot{I}_b$；因此，简化的 h 参数等效模型如图 3.11 所示。

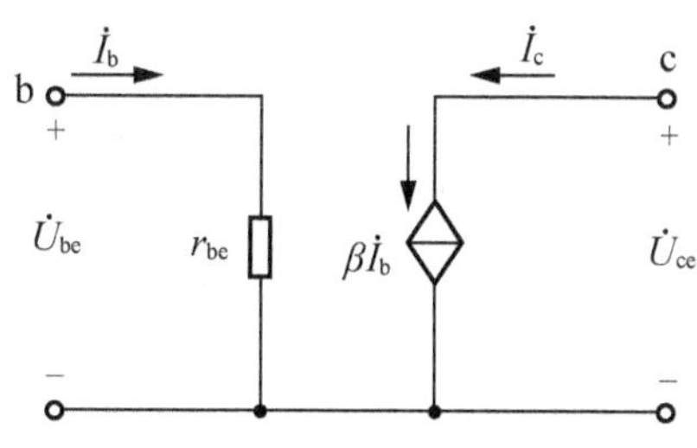

图 3.11　简化的 h 参数等效模型

h 参数值可以从特性曲线上求得，也可用 h 参数测试仪或晶体管特性图示仪测量。对于低频小功率管，r_{be}通常采用式(3-18)估算。

$$r_{be}\approx r_{bb'}+(1+\beta)\frac{U_T}{I_{EQ}} \tag{3-18}$$

式中：$r_{bb'}$是基区体电阻；I_{EQ}是发射极静态电流；U_T 为温度电压当量，常温下 $U_T=26mV$。

知识要点提醒

h 参数等效模型用于分析放大电路的动态参数，适用于输入信号幅度较小时，由于没有考虑电容的作用，只适用低频信号的情况，故称为低频小信号模型。

3. 共射放大电路动态参数分析

利用简化的 h 参数等效模型可分析放大电路的动态参数，即电压放大倍数 A_u、输入电阻 R_i 和输出电阻 R_o。分析放大电路的动态参数时，应首先画出放大电路的交流通路，然后将晶体管用 h 参数等效模型代换，便可得到放大电路的交流等效电路。图 3.3(b)所示阻容耦合基本共射放大电路的交流等效电路如图 3.12 所示。

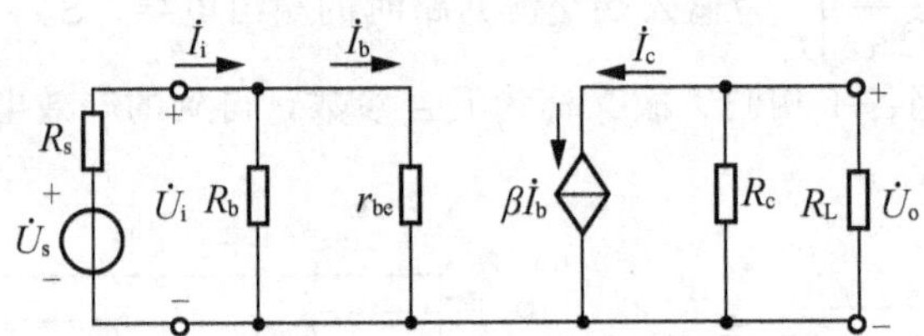

图 3.12　图 3.3(b)所示电路的交流等效电路

1）电压放大倍数 $\dot{A}_u$

由图 3.12 可见，$\dot{U}_i=\dot{I}_b r_{be}$，$\dot{U}_o=-\dot{I}_c(R_c\parallel R_L)=-\beta\dot{I}_b R_L'$，根据电压放大倍数的定义，电压放大倍数的表达式为

$$\dot{A}_u=\frac{\dot{U}_o}{\dot{U}_i}=-\frac{\beta R_L'}{r_{be}} \tag{3-19}$$

知识要点提醒

式中负号表示输出电压与输入电压相位相反。

当放大电路输出端开路(即 $R_L=\infty$)时，式(3-19)变为

$$\dot{A}_u=\frac{\dot{U}_o}{\dot{U}_i}=-\frac{\beta R_c}{r_{be}} \tag{3-20}$$

2）输入电阻 R_i

输入电阻是从放大电路输入端看进去的等效电阻。由输入电阻的定义可得

$$R_i=\frac{\dot{U}_i}{\dot{I}_i}=R_b\parallel r_{be} \tag{3-21}$$

3）输出电阻 R_o

根据诺顿定理将放大电路输出回路进行等效变换，使之成为一个有内阻的电压源，电压源电压为 $\beta\dot{I}_b R_c$，内阻为 R_c，即输出电阻为

$$R_o=R_c \tag{3-22}$$

分析输出电阻时，还可令信号源电压 $\dot{U}_s=0$，但保留内阻 R_s，在外加电压 $\dot{U}_o(R_L=\infty)$作用下，必然产生动态电流 $\dot{I}_o$，则输出电阻

$$R_o=\left.\frac{\dot{U}_o}{\dot{I}_o}\right|_{\dot{U}_s=0}$$

由图 3.12 可知，当 $\dot{U}_s=0$ 时，$\dot{I}_b=0$，当然 $\dot{I}_c=0$，则

$$R_o=\frac{\dot{U}_o}{\dot{I}_o}=\frac{\dot{U}_o}{\dot{U}_o/R_c}=R_c$$

4）源电压放大倍数 $\dot{A}_{us}$

源电压放大倍数 $\dot{A}_{us}$定义为输出电压与信号源电压之比，由图 3.12 可知

$$\dot{A}_{us}=\frac{\dot{U}_o}{\dot{U}_s}=\frac{\dot{U}_o}{\dot{U}_i}\cdot\frac{\dot{U}_i}{\dot{U}_s}=\dot{A}_u\cdot\frac{R_i}{R_s+R_i}=-\frac{\beta R_L'}{r_{be}}\cdot\frac{R_b\parallel r_{be}}{R_s+R_b\parallel r_{be}} \tag{3-23}$$

知识要点提醒

$|\dot{A}_{us}|$总是小于$|\dot{A}_u|$，输入电阻越大，$\dot{U}_i$ 越接近 $\dot{U}_s$。

【例 3.1】 在图 3.3(a)所示电路中，已知 $V_{BB}=1V$，$R_b=24k\Omega$，$V_{CC}=12V$，$R_c=5.1k\Omega$；晶体管的 $r_{bb'}=100\Omega$，$\beta=100$，导通时的 $U_{BEQ}=0.7V$。求静态工作点及 $\dot{A}_u$、R_i 和 R_o。

解： 利用式(3-9)～式(3-11)求出 Q 点。

$$I_{BQ}=\frac{V_{BB}-U_{BEQ}}{R_b}=\frac{1-0.7}{24}mA=12.5\times10^{-3}mA=12.5\mu A$$

$$I_{CQ}=\beta I_{BQ}=100\times12.5\times10^{-3}mA=1.25mA$$

$$U_{CEQ}=V_{CC}-I_{CQ}R_c=12-1.25\times5.1V\approx5.63V$$

U_{CEQ}大于U_{BEQ}，集电结反偏，说明晶体管工作在放大区。图 3.3(a)所示电路的交流等效电路如图 3.13 所示，由交流等效电路计算动态参数。

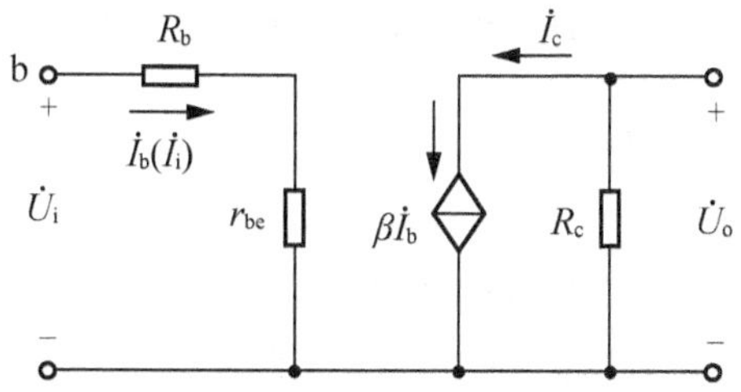

图 3.13　图 3.3(a)所示电路的交流等效电路

$$r_{be}=r_{bb'}+(1+\beta)\frac{U_T}{I_{EQ}}=r_{bb'}+\frac{U_T}{I_{BQ}}\approx(100+\frac{26}{12.5\times10^{-3}})\Omega\approx2200\Omega=2.2k\Omega$$

$$\dot{A}_u=\frac{\dot{U}_o}{\dot{U}_i}=-\frac{\beta R_c}{R_b+r_{be}}\approx-\frac{100\times5.1}{24+2.2}\approx-19.5$$

$$R_i = R_b + r_{be} \approx (24 + 2.2)\text{k}\Omega = 26.2\text{k}\Omega$$

$$R_o = R_c = 5.1\text{k}\Omega$$

3.2.5 静态工作点稳定的共射放大电路

静态工作点Q不但决定了放大电路是否会产生非线性失真，而且还影响到电路的电压放大倍数、输入电阻等动态参数，所以必须设置合适的静态工作点。但选定的Q点会随外界条件变化而移动，如电源电压的波动、元件的老化以及温度变化都会造成静态工作点的不稳定，从而使动态参数不稳定，使电路无法正常工作。为此必须设计能够自动调整工作点位置的偏置电路，以使工作点能稳定在合适的位置。

在影响工作点稳定的诸多因素中，环境温度的变化影响最大。下面首先讨论温度对工作点的影响，接着研究稳定工作点的分压式偏置电路。

1. 温度对晶体管参数的影响

在图3.14所示的晶体管输出特性曲线中，实线为晶体管某一温度时的输出特性曲线，虚线为温度升高时的输出特性曲线。由图3.14可知，当温度升高时，晶体管的输出特性曲线上移，β值增大，穿透电流I_{CEO}增大，从而使I_{CQ}增大，管压降U_{CEQ}将减小，Q点沿直流负载线上移到Q′，移近饱和区，有可能使放大电路输出波形产生饱和失真；相反，温度降低使Q点移近截止区，有可能使输出波形产生截止失真。要想使Q回到原来位置，必须调整基极电流I_{BQ}，从而抵消I_{CQ}和U_{CEQ}的变化。

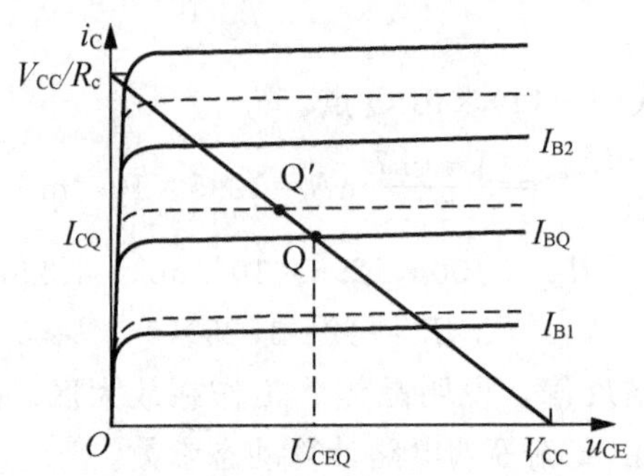

图3.14 晶体管在不同环境温度下的输出特性曲线

2. 分压式静态工作点稳定电路

1）电路组成和工作原理

图3.15(a)是典型的静态工作点稳定电路，称为分压式静态工作点稳定电路。该电路与前面所述的基本共射电路在结构上的主要区别为发射极接有电阻R_e(称为射极电阻)和电容C_e(称为旁路电容)，直流电源通过两个电阻R_{b1}和R_{b2}分压接到晶体管的基极。

分压式静态工作点稳定电路的直流通路如图3.15(b)所示，由图可得

$$I_2 = I_1 + I_{BQ} \tag{3-24}$$

适当选择R_{b1}、R_{b2}的阻值，使电流满足

$$I_1 \gg I_{BQ} \tag{3-25}$$

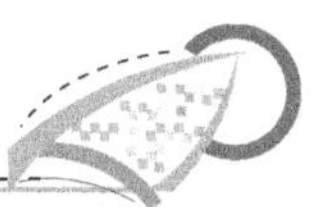

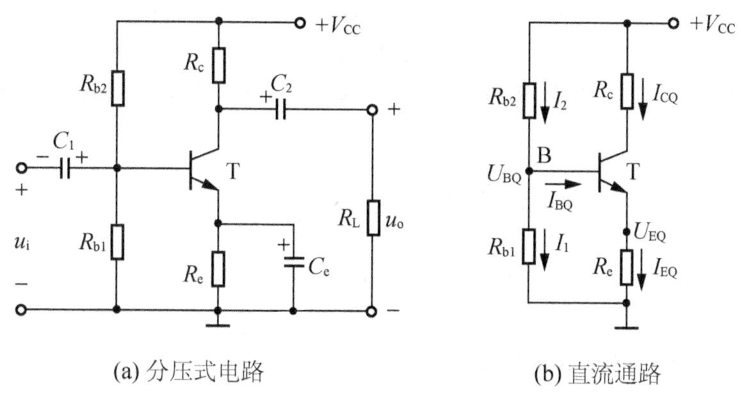

图 3.15 分压式静态工作点稳定电路

则有

$$I_2 \approx I_1 = \frac{V_{CC}}{R_{b1}+R_{b2}} \tag{3-26}$$

于是可认为基极电位基本上是固定值，即

$$U_{BQ} \approx \frac{R_{b1}}{R_{b1}+R_{b2}} \cdot V_{CC} \tag{3-27}$$

分压式静态工作点稳定电路稳定工作点的过程为：当温度升高时，集电极电流 I_{CQ} 增大，I_{EQ} 增大，在电阻 R_e 上产生的压降 $I_{EQ} \cdot R_e$ 也要增大，使发射极电位 U_{EQ} 升高，此时晶体管的发射结电压 $U_{BEQ}=U_{BQ}-U_{EQ}$ 势必减小，从而导致基极电流 I_{BQ} 减小，I_{CQ} 随之相应减小。这样 I_{CQ} 就基本保持恒定。温度降低时其作用过程正好相反。

2）静态分析

由直流通路可得

$$U_{BQ} \approx \frac{R_{b1}}{R_{b1}+R_{b2}} \cdot V_{CC}$$

$$I_{CQ} \approx I_{EQ} = \frac{U_{BQ}-U_{BEQ}}{R_e} \tag{3-28}$$

$$I_{BQ} = \frac{I_{EQ}}{1+\beta} \tag{3-29}$$

$$U_{CEQ} \approx V_{CC} - I_{CQ}(R_c + R_e) \tag{3-30}$$

知识要点提醒

对于分压式静态工作点稳定电路，也可采用戴维南定理对静态工作点进行精确计算。

3）动态分析

图 3.15(a)所示电路的交流等效电路如图 3.16(a)所示，旁路电容 C_e 容量很大，对交流信号可视为短路。由图 3.15(a)可得动态参数

$$\dot{A}_u = \frac{\dot{U}_o}{\dot{U}_i} = -\frac{\beta(R_c \parallel R_L)}{r_{be}} = -\frac{\beta R_L'}{r_{be}} \tag{3-31}$$

$$R_i = R_{b1} \parallel R_{b2} \parallel r_{be} \tag{3-32}$$

$$R_o = R_c \tag{3-33}$$

若不加旁路电容 C_e，则交流等效电路如图 3.16(b)所示，此时射极电阻存在。由图 3.16(b)可知

$$\dot{A}_u = \frac{\dot{U}_o}{\dot{U}_i} = -\frac{\beta R'_L}{r_{be} + (1+\beta)R_e} \tag{3-34}$$

$$R_i = R_{b1} \parallel R_{b2} \parallel [r_{be} + (1+\beta)R_e] \tag{3-35}$$

$$R_o = R_c \tag{3-36}$$

可见，R_e 的存在使电压放大倍数减小了。

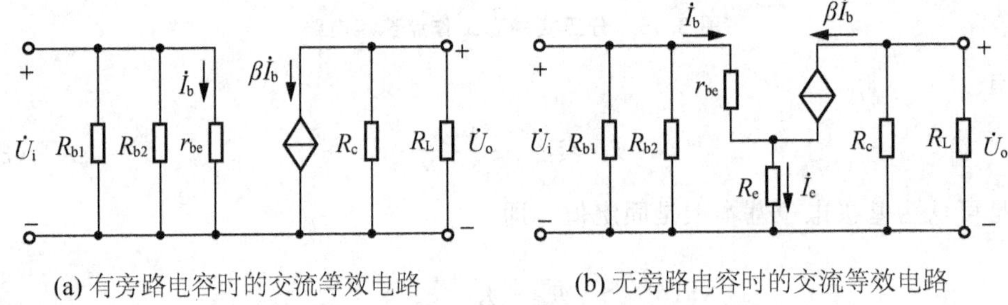

(a) 有旁路电容时的交流等效电路　　(b) 无旁路电容时的交流等效电路

图 3.16　分压式静态工作点稳定电路的交流等效电路

【例 3.2】电路如图 3.17 所示，晶体管的 $\beta=100$，$r_{bb'}=100\Omega$，$U_{BEQ}=0.7\text{V}$。求电路的 Q 点、$\dot{A}_u$、R_i、R_o 和 $\dot{A}_{us}$。

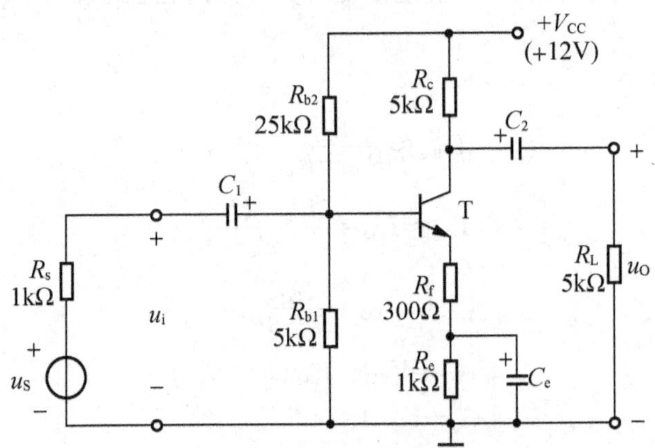

图 3.17　例 3.2 的电路图

解： 首先进行静态分析，电路为分压式静态工作点稳定电路，可得

$$U_{BQ} \approx \frac{R_{b1}}{R_{b1}+R_{b2}} \cdot V_{CC} = 2\text{V}$$

$$I_{EQ} \approx I_{CQ} = \frac{U_{BQ} - U_{BEQ}}{R_f + R_e} \approx 1\text{mA}$$

$$I_{BQ} = \frac{I_{CQ}}{1+\beta} \approx 10\mu\text{A}$$

$$U_{CEQ} \approx V_{CC} - I_{EQ}(R_c + R_f + R_e) = 5.7\text{V}$$

再进行动态分析，由于旁路电容的作用，电阻 R_e 短路，交流等效电路中存在电阻 R_f，如图 3.18 所示。此时可得

$$r_{be} = r_{bb'} + (1+\beta)\frac{26\text{mV}}{I_{EQ}} \approx 2.73\text{k}\Omega$$

$$\dot{A}_u = -\frac{\beta R'_L}{r_{be} + (1+\beta)R_f} \approx -7.7$$

$$R_i = R_{b1} \parallel R_{b2} \parallel [r_{be} + (1+\beta)R_f] \approx 3.7\text{k}\Omega$$

$$R_o = R_c = 5\text{k}\Omega$$

$$\dot{A}_{us} = \frac{\dot{U}_o}{\dot{U}_i} = \dot{A}_u \cdot \frac{R_i}{R_s + R_i} \approx -6$$

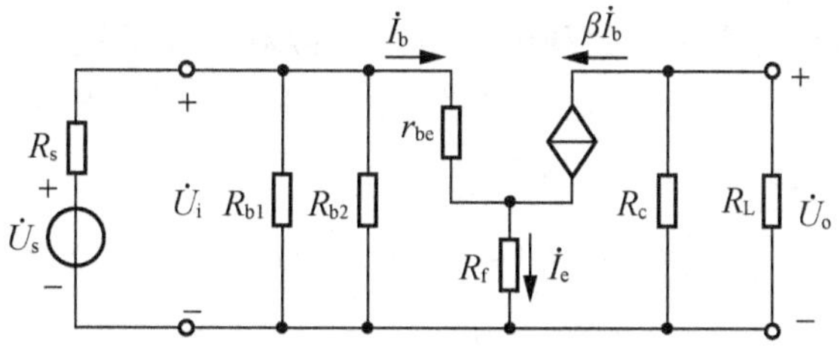

图 3.18　图 3.17 的交流等效电路

3.3　共集电极和共基极接法的放大电路分析

前已述及，根据输入和输出回路共同端的不同，晶体管放大电路有 3 种基本接法(组态)，3.2 节以共发射极接法电路为例讨论了放大电路的基本原理和分析方法。本节将分析另外两种基本接法的放大电路——共集电极放大电路和共基极放大电路。

3.3.1　共集电极放大电路分析

基本共集电极放大电路如图 3.19(a)所示，图 3.19(b)、图 3.19(c)分别给出了它的直流通路和交流通路。由交流通路可见，输入电压 $\dot{U}_i$ 加在基极和集电极之间，而输出电压 $\dot{U}_o$ 从发射极和集电极之间取出。集电极是输入、输出回路的共同端，所以称其为共集电极放大电路，又称为射极输出器。

1. 静态分析

由图 3.19(b)所示的直流通路便可得到静态工作点 Q 的以下 3 个参数。

$$I_{BQ} = \frac{V_{CC} - U_{BEQ}}{R_b + (1+\beta)R_e} \tag{3-37}$$

$$I_{CQ} \approx I_{EQ} = \beta I_{BQ} \tag{3-38}$$

$$U_{CEQ} = V_{CC} - I_{EQ}R_e \tag{3-39}$$

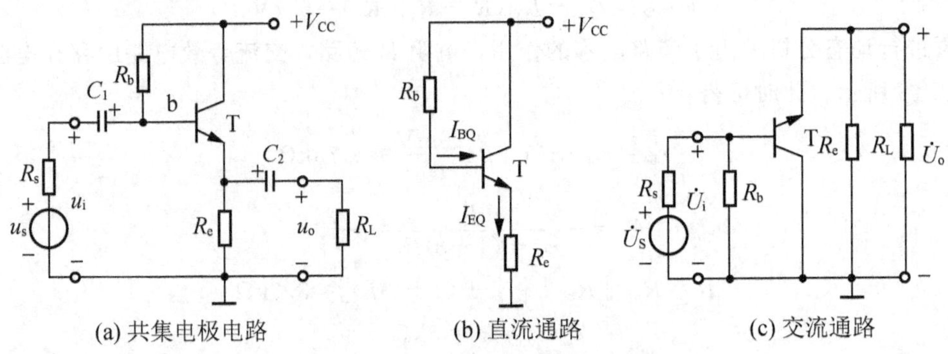

图 3.19 共集电极放大电路

2. 动态分析

将图 3.19(c)所示交流通路中的晶体管用其 h 参数等效模型取代便得到共集电极放大电路的交流等效电路，如图 3.20 所示。由图 3.20 可得电压放大倍数为

$$A_u=\frac{\dot{U}_o}{\dot{U}_i}=\frac{(1+\beta)\dot{I}_b(R_e \parallel R_L)}{\dot{I}_b r_{be}+(1+\beta)\dot{I}_b(R_e \parallel R_L)}=\frac{(1+\beta)R_L'}{r_{be}+(1+\beta)R_L'} \tag{3-40}$$

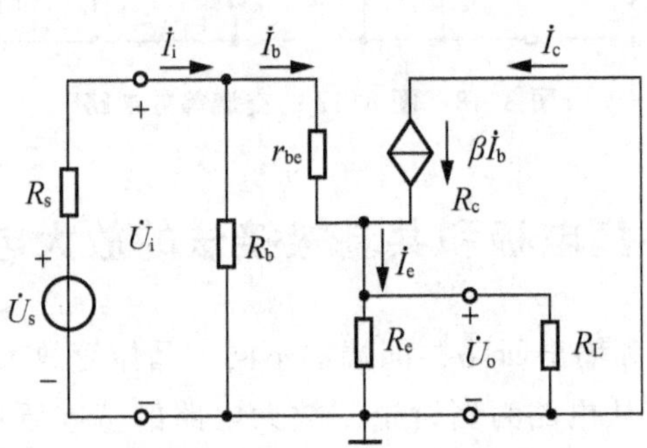

图 3.20 共集电极放大电路的交流等效电路

知识要点提醒

共集电极放大电路的 $A_u<1$，没有电压放大作用。当 $(1+\beta)R_L' \gg r_{be}$ 时，$A_u \approx 1$，即 $\dot{U}_o \approx \dot{U}_i$，故常称共集放大电路为射极跟随器。

根据输入电阻 R_i 的定义得

$$R_i=\frac{\dot{U}_i}{\dot{I}_i}=\frac{\dot{U}_i}{\frac{\dot{U}_i}{R_b}+\frac{\dot{U}_i}{r_{be}+(1+\beta)R_L'}}=R_b \parallel [r_{be}+(1+\beta)R_L'] \tag{3-41}$$

知识要点提醒

共集电极放大电路的输入电阻较大，而且和负载有关。

计算输出电阻的电路如图 3.21 所示。令输入信号为零，在输出端加测试电压 $\dot{U}_o$，相应的测试电流为

$$\dot{I}_o=\dot{I}_b+\beta\dot{I}_b+\dot{I}_{R_e}=\dot{U}_o\left(\frac{1+\beta}{R_s \parallel R_b+r_{be}}+\frac{1}{R_e}\right)$$

由此可得输出电阻

$$R_o=R_e \parallel \frac{R_s \parallel R_b+r_{be}}{1+\beta} \tag{3-42}$$

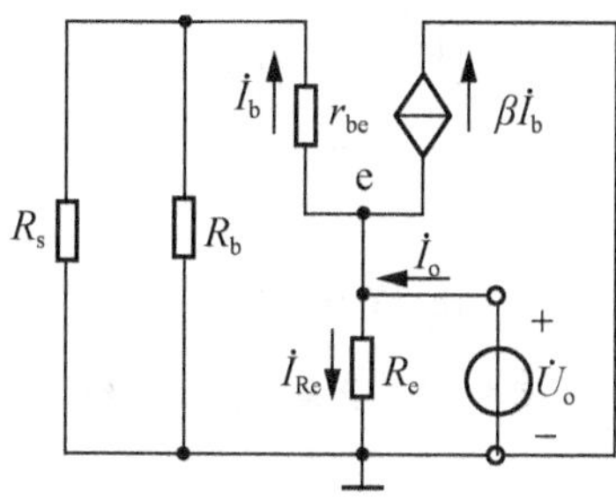

图 3.21　计算共集电极放大电路输出电阻的等效电路

知识要点提醒

共集电极放大电路的输出电阻较小，而且和信号源内阻有关。

共集电极放大电路具有电压跟随的特点，同时输入电阻大，输出电阻小。正因为这些特点的存在，使得它在电子电路中的应用极为广泛，常作为多级放大电路的输入级、输出级。

3.3.2　共基极放大电路分析

图 3.22(a)所示为基本共基放大电路，由图 3.22(c)所示的交流通路可以看出，输入信号 $\dot{U}_i$ 加在发射极和基极之间，输出信号 $\dot{U}_o$ 由集电极和基极之间取出，输入回路与输出回路的公共端为基极。

1. 静态分析

电路的直流通路如图 3.22(b)所示。显然，它与分压式静态工作点稳定电路的直流通路一样，因而 Q 点的求法相同，这里不再给出。

2. 动态分析

用晶体管的 h 参数等效模型取代图 3.22(c)所示交流通路中的晶体管，便可得到图 3.23 所示的交流等效电路，进而求得动态参数。

$$\dot{A}_u=\frac{\dot{U}_o}{\dot{U}_i}=\frac{\beta(R_c \parallel R_L)}{r_{be}}=\frac{\beta R_L'}{r_{be}} \tag{3-43}$$

$$R_i=\frac{\dot{U}_i}{\dot{I}_i}=\frac{\dot{U}_i}{\left[\frac{\dot{U}_i}{R_e}-(1+\beta)\frac{-\dot{U}_i}{r_{be}}\right]}=R_e \parallel \frac{r_{be}}{1+\beta} \tag{3-44}$$

$$R_o \approx R_c \tag{3-45}$$

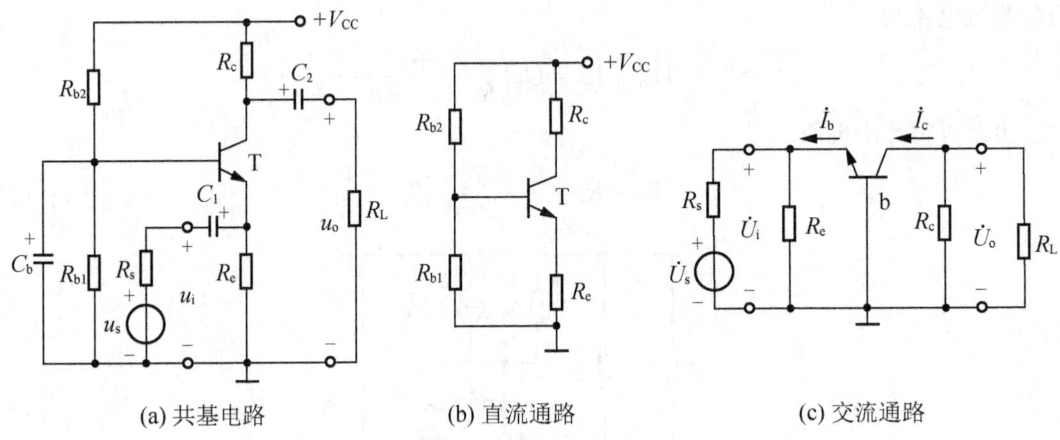

(a) 共基电路　　(b) 直流通路　　(c) 交流通路

图 3.22　共基极放大电路

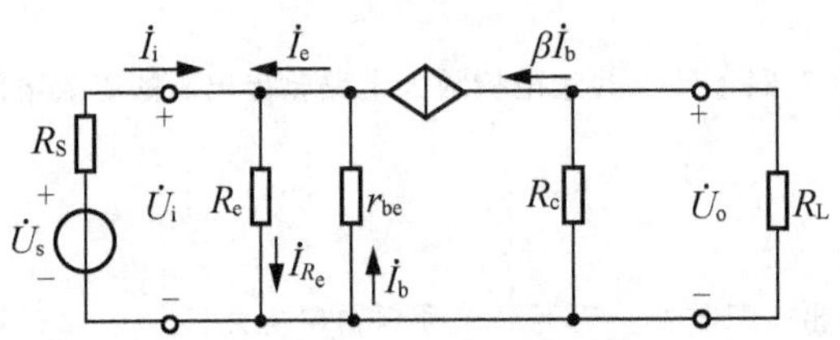

图 3.23　共基放大电路的交流等效电路

知识要点提醒

共基极放大电路的输入电阻远小于共射极放大电路的输入电阻。

3.3.3　三种接法的比较

晶体管基本放大电路的 3 种接法比较如下。

(1) 共射极电路既能放大电流又能放大电压，放大倍数比较大。在对性能参数无特殊要求的情况下，均可采用，主要用作低频电压放大电路的单元电路。

(2) 共集电极电路只能放大电流不能放大电压，输入电阻最大、输出电阻小，并具有电压跟随的特点，常用于电压放大电路的输入级和输出级。

(3) 共基极电路只能放大电压不能放大电流，频率特性是 3 种接法中最好的电路，常用于宽频带放大电路。

3.4　场效应管放大电路

场效应管通过栅源之间的电压来控制漏极电流，因此，它和晶体管一样可以实现能量的控制，构成放大电路。场效应管的源极、栅极和漏极与晶体管的发射极、基极和集电极相对应，因此在组成放大电路时也有 3 种接法，即共源放大电路、共漏放大电路和共栅放

大电路。本节以 N 沟道增强型 MOS 管组成的共源放大电路为例，讨论场效应管放大电路的组成及其分析方法。

3.4.1 电路组成及静态分析

与晶体管放大电路一样，为了使电路正常放大，必须设置合适的静态工作点，以保证在信号的整个周期内场效应管均工作在恒流区。

图 3.24 所示的场效应管共源电路为分压式偏置电路，在栅极接上两个电阻 R_{g1} 和 R_{g2} 对电源 V_{DD} 分压来设置偏压。静态时，由于 R_{g3} 上没有电流，栅极电位由 R_{g2} 与 R_{g1} 对电源 V_{DD} 分压得到

$$U_{GQ}=\frac{R_{g1}}{R_{g1}+R_{g2}}\cdot V_{DD} \tag{3-46}$$

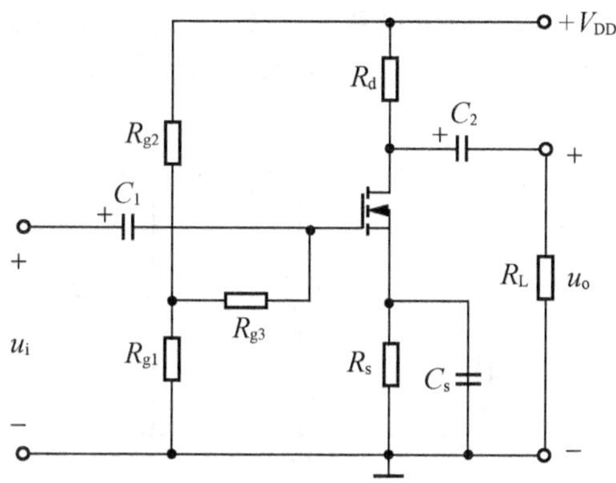

图 3.24 分压式偏置电路

漏极电流在源极电阻 R_s 上产生的压降为 $I_{DQ}R_s$，则栅源电压

$$U_{GSQ}=U_{GQ}-I_{DQ}R_s=\frac{R_{g1}}{R_{g1}+R_{g2}}\cdot V_{DD}-I_{DQ}R_s \tag{3-47}$$

与式 $I_{DQ}=I_{DO}\left(\frac{U_{GSQ}}{U_{GS(th)}}-1\right)^2$ 联立可得出 I_{DQ} 和 U_{GSQ}，最后求得管压降为

$$U_{DSQ}=V_{DD}-I_{DQ}(R_d+R_s) \tag{3-48}$$

3.4.2 场效应管的低频小信号等效模型

场效应管也是非线性器件，在输入信号电压很小的条件下，也可将其用小信号模型等效。与建立晶体三极管小信号模型相似，将场效应管也看成一个两端口网络，栅极与源极之间为输入端口，漏极与源极之间为输出端口。场效应管的低频小信号等效模型如图 3.25(a)所示，栅源之间等效为电阻 r_{gs}，其阻值很高。漏源之间可用一个压控电流源 $g_m\dot{U}_{gs}$ 和输出电阻 r_{ds} 的并联网络等效。

无论是哪种类型的场效应管，均可以认为栅极电流为零，输入端口视为开路，即视 $r_{gs}=\infty$，栅源极间只有电压存在。r_{ds} 表示电流源电阻，通常为几百千欧的数量级，若负载电阻比该电阻小很多时可视其为开路，于是得到简化的等效模型如图 3.25(b)所示。

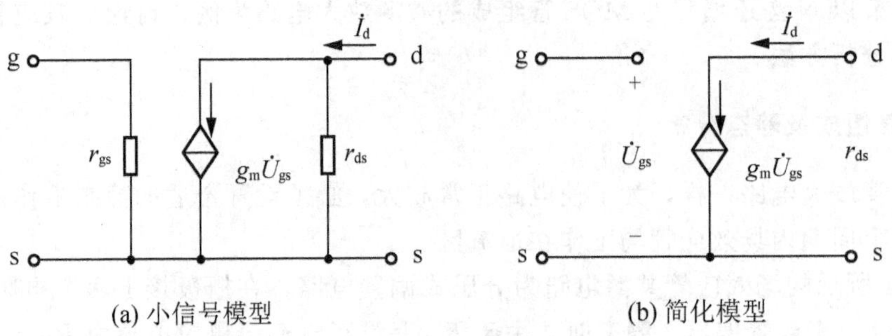

图 3.25　MOS 管的低频小信号等效模型

3.4.3　共源放大电路的动态分析

用场效应管小信号模型分析其放大电路的步骤，与晶体管放大电路的等效电路分析法的步骤相同。图 3.24 所示共源放大电路的交流等效电路如图 3.26 所示。

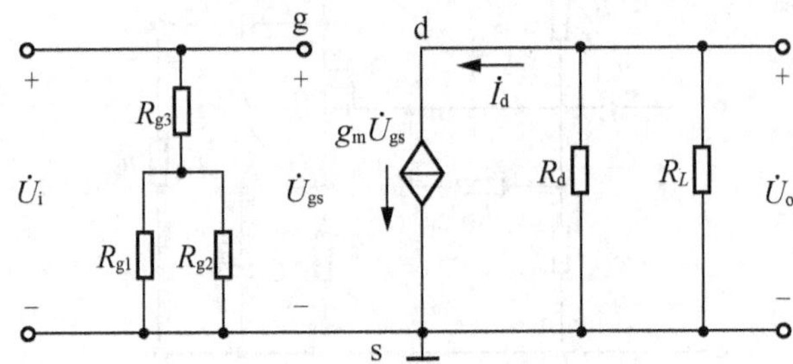

图 3.26　共源放大电路的交流等效电路

1. 电压放大倍数

由图 3.26 可以得出

$$\dot{U}_i=\dot{U}_{gs}$$

$$\dot{U}_o=-g_m\dot{U}_{gs}R'_L$$

式中：$R'_L=R_d \parallel R_L$。

$$\dot{A}_u=\frac{\dot{U}_o}{\dot{U}_i}=\frac{\dot{U}_{gs}}{-g_m\dot{U}_{gs}R'_L}=-g_mR'_L \tag{3-49}$$

知识要点提醒

共源极放大电路的输出电压与输入电压相位相反。

2. 输入电阻

由于场效应管栅源极间的交流电阻为无穷大，则输入电阻为

$$R_i=\frac{\dot{U}_i}{\dot{I}_i}=R_{g3}+R_{g1} \parallel R_{g2} \tag{3-50}$$

3. 输出电阻

应用前面介绍过的求放大电路输出电阻的方法，可求得输出电阻为

$$R_o = R_d \tag{3-51}$$

知识要点提醒

共源极放大电路具有一定的电压放大能力，且输出电压与输入电压反相。输入电阻很高，输出电阻主要由漏极电阻 R_d 决定。

【例 3.3】 图 3.27(a)所示电路中，$V_{GG}=6V$，$V_{DD}=12V$，$R_d=3k\Omega$；场效应管的开启电压 $U_{GS(th)}=4V$，$I_{DO}=10mA$。此时交流等效电路如图 3.27(b)所示。试估算电路的 Q 点、$\dot{A}_u$ 和 R_o。

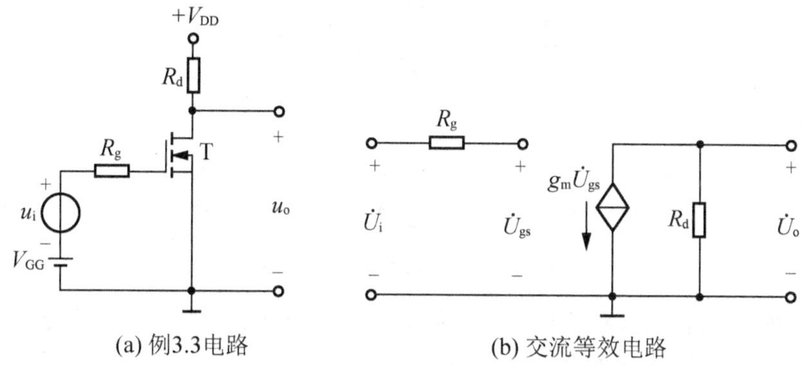

(a) 例3.3电路　(b) 交流等效电路

图 3.27　例 3.3 电路及其等效电路

解： (1) 估算静态工作点。

$$I_{DQ}=I_{DO}\left(\frac{V_{GG}}{U_{GS(th)}}-1\right)^2=10\times\left(\frac{6}{4}-1\right)^2 mA=2.5mA$$

$$U_{DSQ}=V_{DD}-I_{DQ}R_d=(12-2.5\times3)V=4.5V$$

(2) 由交流等效电路，估算 $\dot{A}_u$ 和 R_o。

$$g_m=\frac{2}{U_{GS(th)}}\sqrt{I_{DO}I_{DQ}}=\frac{2}{4}\sqrt{10\times2.5}mS=2.5mS$$

$$\dot{A}_u=\frac{\dot{U}_o}{\dot{U}_i}=-g_mR_c=-2.5\times3=-7.5$$

$$R_o=R_d=3k\Omega$$

3.5　多级放大电路

在实际应用中，常选择多个基本放大电路合理连接构成多级放大电路以实现对放大电路性能方面的需求。

3.5.1　多级放大电路的耦合方式

组成多级放大电路的每一个基本放大电路之间的连接称为级间耦合。常见的耦合方式有阻容耦合、直接耦合等。

1. 阻容耦合

放大电路的前后级之间通过电容连接的方式称为阻容耦合方式，图 3.28 所示为两级阻容耦合放大电路，第一级为共射放大电路，第二级为共集放大电路。由于电容有隔直作用，阻容耦合放大电路前后级间的直流工作状况不互相影响，也即各级放大电路的静态工作点不会互相影响，所以电路的分析、设计和调试简单易行。

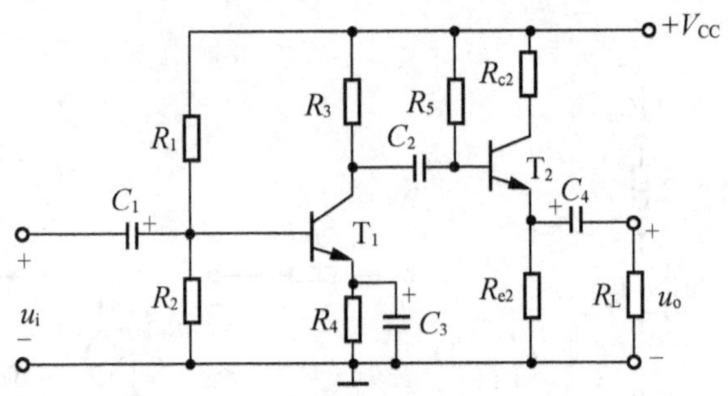

图 3.28　两级阻容耦合放大电路

阻容耦合放大电路的低频特性差，不能放大变化缓慢的信号。由于集成电路中很难制造大容量的电容，所以这种耦合方式不便于集成化。

2. 直接耦合

将前一级的输出端直接或用电阻连接到后一级的输入端，称为直接耦合，图 3.29(a) 所示电路为直接耦合两级放大电路。电路中 R_{c1} 既作为第一级的集电极电阻，又作为第二级的基极电阻，只要 R_{c1} 取值合适，就可以为 T_2 管提供合适的基极电流。

为使各级晶体管都工作在放大区，必然要求 T_2 管的集电极静态电位高于其基极电位，也就是要高于 T_1 管的集电极静态电位。如果级数增多，集电极电位逐级升高而接近电源电压，会使后级的静态工作点不合适。因此，直接耦合多级放大电路常采用 NPN 型和 PNP 型管混合使用的方法解决上述问题，如图 3.29(b)所示。

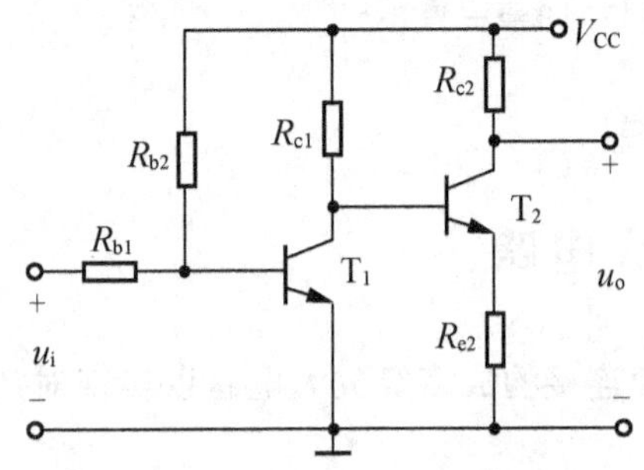

(a) 第一级电路与第二级电路直接连接

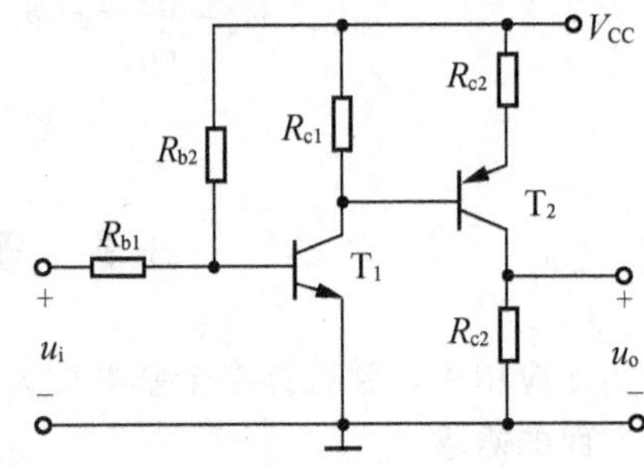

(b) NPN型管和PNP型管混合使用

图 3.29　直接耦合放大电路

直接耦合放大电路具有良好的低频特性，可以放大变化缓慢的信号；由于电路中没有大容量电容，所以易于构成集成放大电路。直接耦合方式使多级放大电路各级之间的直流通路相连，静态工作点相互影响，会产生零点漂移现象，给电路的分析、设计和调试带来困难。

3.5.2　放大电路的零点漂移现象

1. 零点漂移现象及其产生的原因

所谓零点漂移，是指放大电路没有外加信号时，输出端仍有缓慢变化的电压输出。其实质是工作点随时间变化而逐渐偏离原有静态值。图 3.30 所示为零点漂移现象的测试电路，当输入电压(u_1)为零时，用高灵敏度的直流电压表测量发现输出电压(u_o)不为零且缓慢变化。

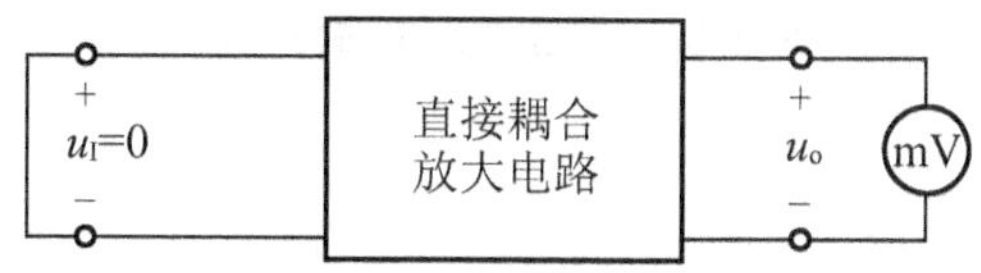

图 3.30　零点漂移现象的测试电路

零点漂移的存在，使得放大电路的输出电压既有有用信号的成分，又有漂移电压的成分，如果漂移量过大，放大电路就不能正常工作。因此必须分析产生零点漂移的原因，并采取相应措施抑制零点漂移。

产生零点漂移的原因很多，如电源电压的波动、元件的老化、半导体器件参数随温度变化而产生的变化等，其中温度变化引起的半导体器件参数的变化是主要原因，因而也称零点漂移为温度漂移，简称温漂。在阻容耦合放大电路中，缓慢变化的漂移电压被电容等隔直元件阻隔，不会被逐级放大，因此影响不大；但在直接耦合放大电路中，各级的漂移电压被后级电路逐级放大，以至影响到整个电路的工作，显然第一级的零点漂移影响最为严重。

2. 抑制零点漂移的方法

对于直接耦合放大电路，如果不采取措施抑制零点漂移，其他方面的性能再优良，也不能成为实用电路。抑制零点漂移一般有下面一些具体措施。

(1) 选用高稳定性的元器件。

(2) 元器件要经过老化处理再使用，以确保参数的稳定性。

(3) 采用稳定性高的稳压电源，减少电源电压波动的影响。

(4) 采用温度补偿电路，利用热敏元件来抵消放大管的变化。

(5) 在电路中引入直流负反馈，例如静态工作点稳定电路中 R_e 所起的作用。

(6) 采用差分放大电路，这是目前应用最广的电路，它常用作集成运放的输入级。

3.5.3　多级放大电路分析方法

多级电路的分析也有静态分析和动态分析，是在单级电路基础上进行的。静态分析时要考察前后级的静态参数是否相互影响；动态分析时要考虑到前后级的联系，如图 3.31 所示。由图 3.31 可知，电路中前级的输出电压就是后级的输入电压，多级放大电路的电压放大倍数为

$$\dot{A}_u=\frac{\dot{U}_{o1}}{\dot{U}_i}\cdot\frac{\dot{U}_{o2}}{\dot{U}_{i2}}\cdot\cdots\cdot\frac{\dot{U}_o}{\dot{U}_{in}}=\dot{A}_{u1}\cdot\dot{A}_{u2}\cdots\dot{A}_{un}$$

即

$$\dot{A}_u=\prod_{j=1}^{n}\dot{A}_{uj} \tag{3-52}$$

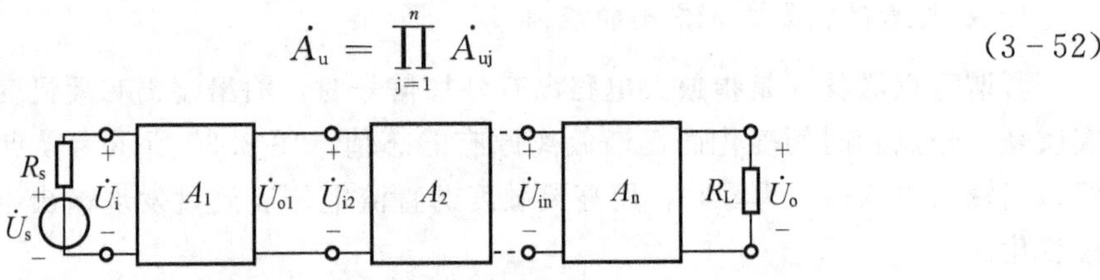

图 3.31　多级放大电路方框图

知识要点提醒

多级放大电路的电压放大倍数等于组成它的各级放大电路电压放大倍数之积。计算单级放大倍数时应将后级输入电阻作为前级的负载。

根据输入电阻的定义，多级放大电路的输入电阻就是其第一级的输入电阻，即

$$R_i=R_{i1} \tag{3-53}$$

根据输出电阻的定义，多级放大电路的输出电阻等于最后一级的输出电阻，即

$$R_o=R_{on} \tag{3-54}$$

【例 3.4】 在图 3.32 所示的两级阻容耦合放大电路中，已知 $V_{CC}=12V$，$R_{b11}=30k\Omega$，$R_{b12}=15k\Omega$，$R_{c1}=3k\Omega$，$R_{c2}=2.5k\Omega$，$R_{b21}=20k\Omega$，$R_{b22}=10k\Omega$，$R_{e1}=3k\Omega$，$R_{e2}=2k\Omega$，$R_L=5k\Omega$，$\beta_1=\beta_2=40$，$r_{be1}=1.17k\Omega$，$r_{be2}=850\Omega$。试求电路的电压放大倍数、输入电阻和输出电阻。

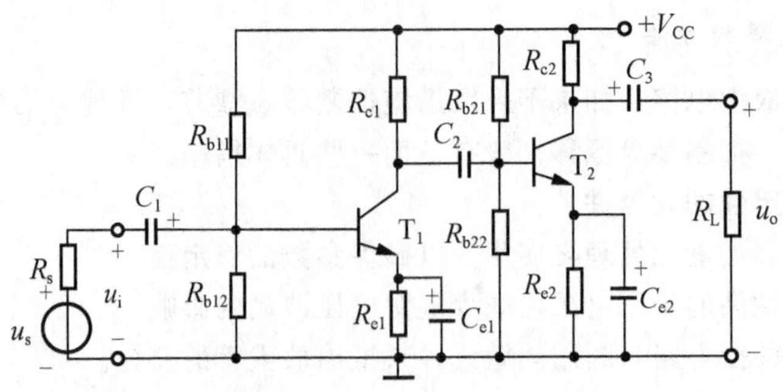

图 3.32　例 3.4 电路图

解： 画出图 3.32 的交流等效电路，如图 3.33 所示。

第二级的输入电阻

$$R_{i2}=R_{b21}\parallel R_{b22}\parallel r_{be2}\approx 0.75k\Omega$$

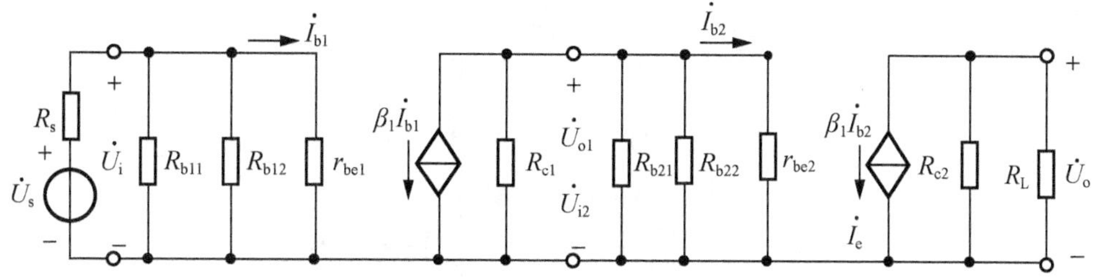

图 3.33 例 3.4 的交流等效电路

第一级的等效负载

$$R_{L1}=R_{c1}\parallel R_{i2}=0.6\text{k}\Omega$$

第一级的电压放大倍数

$$\dot{A}_{u1}=\frac{\dot{U}_{o1}}{\dot{U}_i}=-\beta_1\frac{R_{L1}}{r_{be1}}\approx-20.5$$

第二级的等效负载

$$R_{L2}=R_{c2}\parallel R_L\approx1.67\text{k}\Omega$$

第二级的电压放大倍数

$$\dot{A}_{u2}=\frac{\dot{U}_o}{\dot{U}_{i2}}=\frac{\dot{U}_o}{\dot{U}_{o1}}=-\beta_2\frac{R_{L2}}{r_{be2}}\approx-75.8$$

总的电压放大倍数

$$\dot{A}_u=\dot{A}_{u1}\dot{A}_{u2}\approx1553.9$$

多级放大电路的输入电阻就是第一级的输出电阻，即

$$R_i=R_{b11}\parallel R_{b12}\parallel r_{be1}\approx1.05\text{k}\Omega$$

多级放大电路的输出电阻就是最后一级的输出电阻，即

$$R_o=R_{o2}=R_{c2}=2.5\text{k}\Omega$$

3.6 差分放大电路

差分放大电路又称差动放大电路，是构成多级直接耦合放大电路的基本单元电路。它具有温漂小、便于集成等特点，常用作为集成运算放大电路的输入级。

3.6.1 差分放大电路组成及对输入信号的作用

1. 电路组成及抑制温漂原理

图 3.34 所示是由两个相同的单管放大电路组成的基本差分放大电路。假设电路中两个晶体管的参数及温度特性完全相同，相应的电阻元件也相同，即两边电路是完全对称。电路的输入信号由两个管的基极输入，输出信号从两管的集电极之间取出，即 $u_O=u_{C1}-u_{C2}$。这种连接方式称为双端输入双端输出。

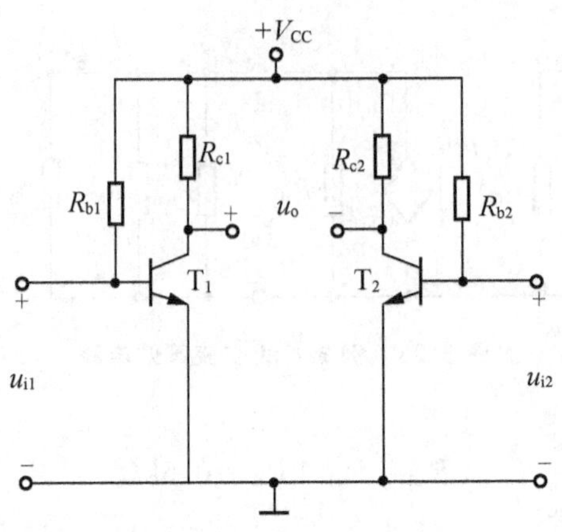

图 3.34 基本差分放大电路

当电源波动或温度变化时，两个晶体管集电极电位同时发生变化。例如温度上升使两管集电极电流同时增加，则两管的集电极电位同时下降，由于电路是对称的，则电流和电压的变化量均相等。即 $\Delta i_{C1}=\Delta i_{C2}$、$\Delta u_{C1}=\Delta u_{C2}$，而输出电压是从两管的集电极取出的，即

$$u_O=u_{C1}-u_{C2}=(U_{CQ1}+\Delta u_{C1})-(U_{CQ2}+\Delta u_{C2})=0 \tag{3-55}$$

所以集电极电压的变化是相互抵消的。因此，在电路完全对称的情况下，由于温度变化所引起的零点漂移对输出电压几乎没有影响。

知识要点提醒

差分放大电路两边结构的对称程度将直接影响输出温漂的大小。上面假设电路完全对称，这是一种理想情况，实际电路不可能完全对称，不过为了减少温漂，应尽可能地提高电路的对称程度。

2. 对输入信号的作用

差分放大电路对不同输入信号的作用不同，下面予以说明和分析。

(1) 当差分放大电路两个输入端输入的信号电压大小相等而极性相反时，即 $u_{i1}=-u_{i2}$，称为差模输入信号。如图 3.35 所示，输入信号 u_i 加在两管的基极之间，通过电阻 R 的分压作用，使每管的输入电压为 u_i 的 1/2。由于两管基极电位对地而言极性是相反的，所以对每个晶体管来说，输入信号恰好大小相等而极性相反，即

$$u_{i1}=\frac{1}{2}u_i,\quad u_{i2}=-\frac{1}{2}u_i \tag{3-56}$$

两个输入信号之差 $u_i=u_{i1}-u_{i2}$，称为差模输入或差动输入。

由于电路结构对称，差分放大电路中的每一边单管放大倍数是相同的，即

$$A_{u1}=A_{u2}=A \tag{3-57}$$

则两管集电极对地的电压为

$$u_{c1}=A_{u1}u_{i1}=Au_{i1}=\frac{1}{2}Au_i \tag{3-58}$$

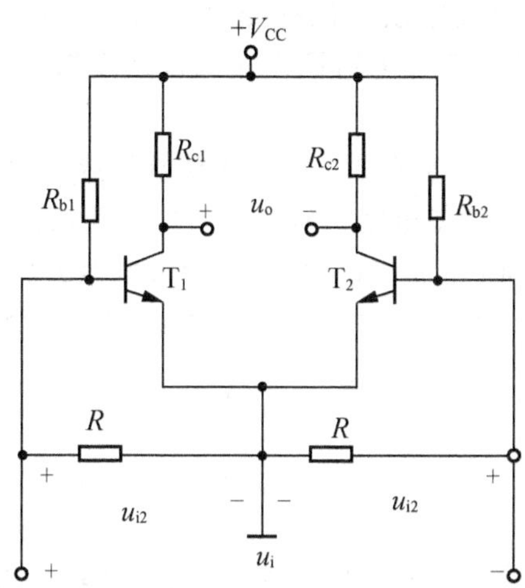

图 3.35　差模输入的差分放大电路

$$u_{c2}=A_{u2}u_{i2}=Au_{i2}=-\frac{1}{2}Au_i \tag{3-59}$$

两管集电极之间的输出电压为

$$u_o=u_{c1}-u_{c2}=\frac{1}{2}Au_i-(-\frac{1}{2}Au_i)=Au_i \tag{3-60}$$

知识要点提醒

用两个晶体管组成的差分放大电路对差模信号的电压放大倍数(称差模放大倍数 A_d)与单管放大电路的电压放大倍数相同。实际上这种电路是牺牲一个管子的放大作用来换取对温移的抑制。

(2) 当差分放大电路两个输入端输入的信号电压大小相等而极性相同时，即 $u_{i1}=u_{i2}=u_{ic}$，称为共模输入信号。如图 3.36 所示，对于输入的共模信号 u_{ic}，通过电路放大，自然会产生一个共模输出信号 u_{oc}，二者之比称为共模电压放大倍数 A_c，即

$$A_c=\frac{u_{oc}}{u_{ic}} \tag{3-61}$$

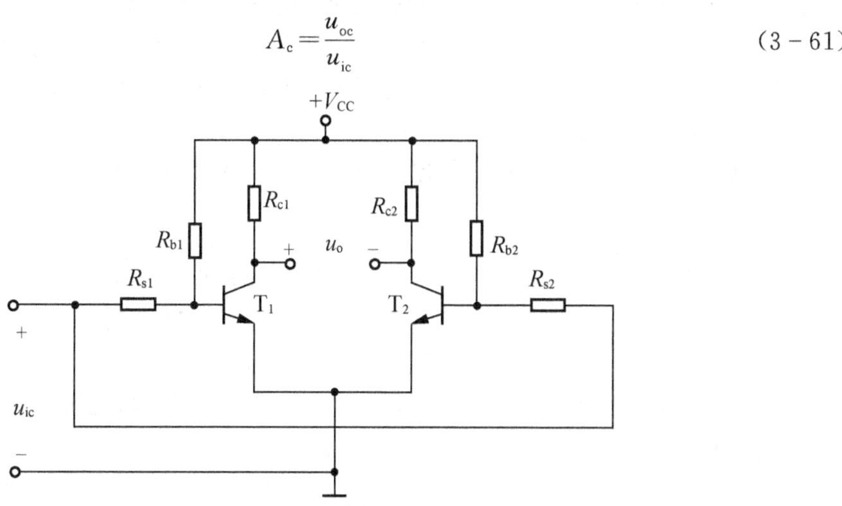

图 3.36　共模输入的差分放大电路

由于电路结构对称使两管集电极电位的变化量相等且方向相同，因而双端输出电压$u_{oc}=0$。温度对电路的影响相当于在电路输入端加入共模信号，所以差分放大电路对温度的影响有很强的抑制能力。

在理想情况下，差分放大电路双端输出时共模电压放大倍数A_c等于零，即差分放大电路对共模信号无放大作用。如果电路的对称性不好，则在输出端会有输出电压，使共模电压放大倍数不为零，即$u_o\neq0$，$A_c\neq0$。为了综合考察差分放大电路对差模信号的放大能力和对共模信号的抑制能力，引入了共模抑制比K_{CMR}这样一个指标参数，定义为

$$K_{CMR}=\left|\frac{A_d}{A_c}\right| \tag{3-62}$$

知识要点提醒

差分放大电路的差模电压放大倍数A_d越大，共模电压放大倍数A_c越小，抑制温漂能力就越强。在电路参数理想对称情况下，$K_{CMR}=\infty$。

(3) 在差分放大电路的两个输入端输入任意的信号u_{i1}、u_{i2}，称为任意输入。当$u_{i1}\neq u_{i2}$时差分放大电路的输入端输入了差模信号的同时，还可能输入了共模信号。

在任意信号输入下两管的集电极输出分别为

$$u_{c1}=Au_{i1}；\ u_{c2}=Au_{i2} \tag{3-63}$$

而输出电压为

$$u_o=u_{c1}-u_{c2}=A(u_{i1}-u_{i2}) \tag{3-64}$$

由此可见，输出电压与输入信号之差成正比，这也是差分放大电路名称的由来。

3.6.2 长尾式差分放大电路

在实际应用中，为了更好地抑制温漂，稳定静态工作点，构成基本差分放大电路的两个单管共射放大电路往往采用带射极电阻的工作点稳定电路。研究差模输入信号作用时T_1管和T_2管发射极电流的变化，不难发现，它们与基极电流一样，变化量的大小相等方向相反。若将两个管发射极连在一起，将两个射极电阻合并成一个电阻R_e，则在差模信号作用下，R_e中的电流变化为零，即R_e对差模信号无反馈作用，也就是说此电阻对差模信号相当于短路，因此大大提高了对差模信号的放大能力。为了简化电路，便于调节工作点，使电源与信号源能够“共地”，故将原接地端改为负电源$-V_{EE}$，电路如图3.37所示。由于R_e接负电源$-V_{EE}$，拖一个尾巴，故称为长尾式差分放大电路。

1. 静态分析

电路在静态时，输入信号$u_{i1}=u_{i2}=0$，由于电路两边参数对称，故电阻R_e中的电流是两管发射极电流之和，即$I_{Re}=I_{EQ1}+I_{EQ2}=2I_{EQ}$，列基极回路的方程为

$$I_{BQ}R_b+U_{BEQ}+2I_{EQ}R_e=V_{EE} \tag{3-65}$$

解方程可求出基极或发射极的静态电流。由于电阻R_b和电流I_{BQ}通常情况下较小，因此R_b上的电压可以忽略不计，故发射极的静态电流

$$I_{EQ}\approx\frac{V_{EE}-U_{BEQ}}{2R_e} \tag{3-66}$$

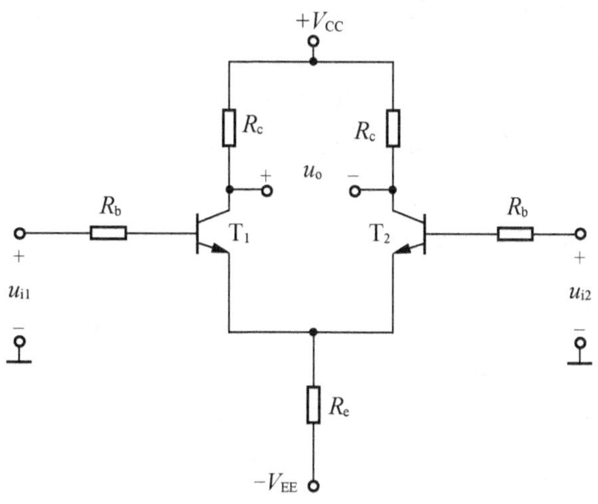

图 3.37　长尾式差分放大电路

配合电源 V_{EE} 合理选择电阻 R_e 的阻值，即可设置合适的静态工作点。基极静态电流和静态管压降为

$$I_{BQ}=\frac{I_{EQ}}{(1+\beta)} \tag{3-67}$$

$$U_{CEQ}\approx V_{CC}-I_{CQ}R_c+U_{BEQ} \tag{3-68}$$

由于静态时两管集电极电位相同，所以

$$u_o=U_{CQ1}-U_{CQ2}=0 \tag{3-69}$$

2. 动态分析

当电路输入共模信号时，即 $u_{i1}=u_{i2}=u_{ic}$，由于电路参数理想对称，故输出电压 $u_o=u_{oc}=0$，即

$$A_c=\frac{u_{oc}}{u_{ic}}=0 \tag{3-70}$$

知识要点提醒

温度变化时管子的电流变化完全相同，可将温度漂移等效成共模信号，差分放大电路对温漂(共模信号)有很强的抑制作用。

当电路输入差模信号 u_{id} 时，由于电路参数对称，u_{id} 经分压后，加在两管上的电压分别是 $+\frac{u_{id}}{2}$ 和 $-\frac{u_{id}}{2}$，如图 3.38(a)所示。由于射极电位在差模信号作用下不变，相当于接"地"，故其差模等效电路如图 3.38(b)所示，差模电压放大倍数为

$$A_d=\frac{u_{od}}{u_{id}}=-\frac{\beta R_c}{R_b+r_{be}} \tag{3-71}$$

根据输入电阻的定义，差模输入电阻为

$$R_i=2(R_b+r_{be}) \tag{3-72}$$

是单管共射放大电路输入电阻的两倍。

电路的输出电阻为

$$R_o = 2R_c \tag{3-73}$$

也是单管共射放大电路输出电阻的两倍。

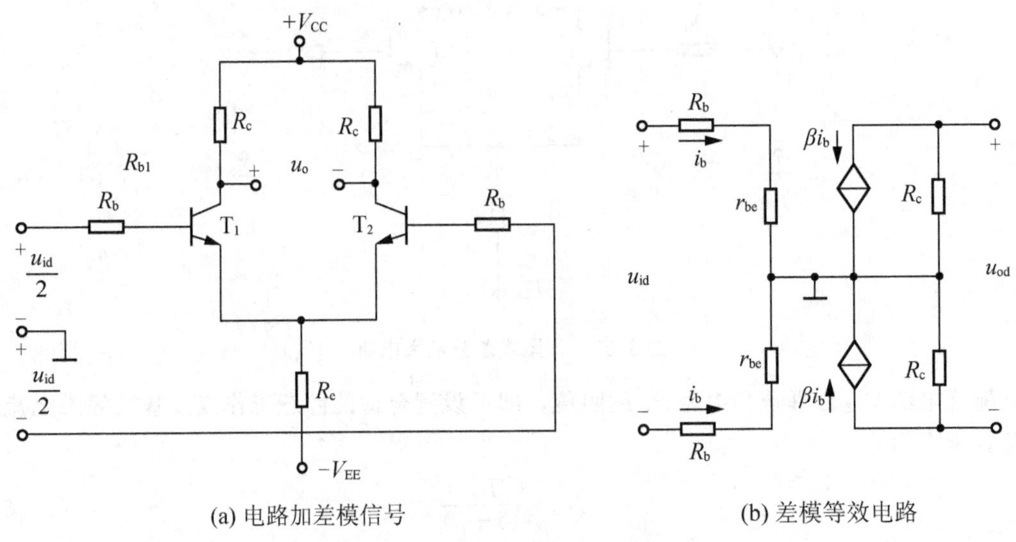

(a) 电路加差模信号　　(b) 差模等效电路

图 3.38　差分放大电路的差模分析

小思考

如果输出端接负载电阻 R_L，则以上求得的参数如何变化？

3.6.3　具有恒流源的差分放大电路

长尾式差分放大电路是利用发射极公共电阻 R_e 的稳流作用抑制温漂的，电阻 R_e 越大，对温漂的抑制能力越强。若 R_e 增大，则 R_e 上的直流压降增大。为了保证管子正常工作，必须提高 V_{EE} 值，这样就很不合算。为了解决这一矛盾，将长尾式差分放大电路中的发射极公共电阻 R_e 用恒流源代替，即得恒流源式差动放大电路，如图 3.39(a) 所示。

图 3.39(a)中由 R_1、R_2、R_3 和 T_3 所构成的恒流源电路是射极接电阻的共射极放大电路，解决了在较低的 V_{EE} 下获得较大的等效电阻 R_e 的问题。图 3.39(b)是简化的恒流源式差分放大电路。

分析恒流源差分放大电路的静态参数时，先计算出恒流源的电流，然后一分为二，即为晶体管射极静态电流。其他静态值的计算方法与长尾式差分放大电路相同。

由于恒流源差分放大电路相当于在射极接入一个数值很大的电阻 R_e，所以它对差模信号无影响，而对共模信号有负反馈作用。该电路的差模电压放大倍数、共模电压放大倍数、输入电阻、输出电阻与长尾式差分放大电路完全一样。

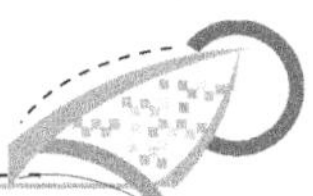

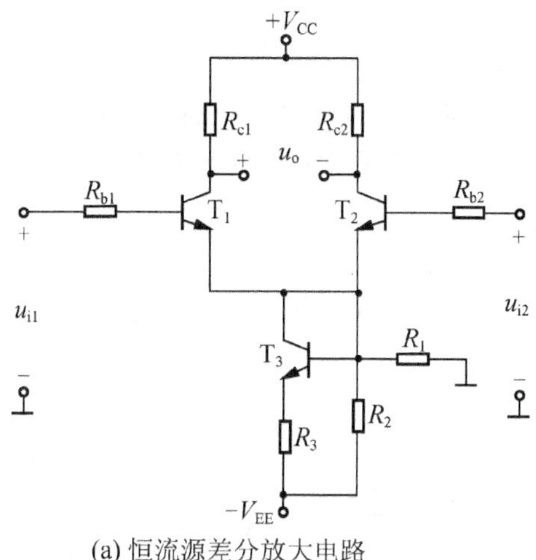

(a) 恒流源差分放大电路

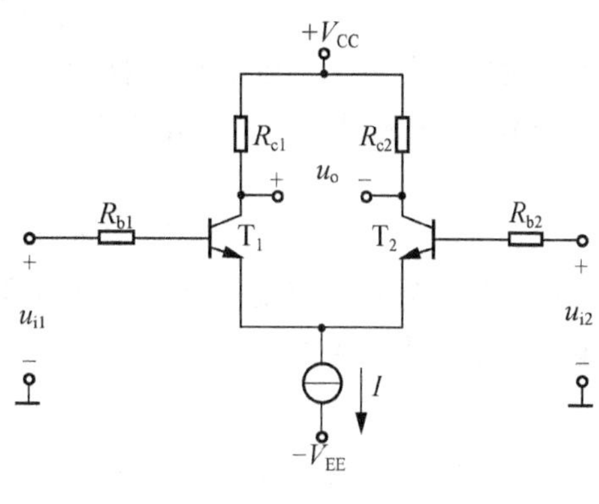

(b) 简化的恒流源差分放大电路

图 3.39　恒流源差分放大电路

3.6.4　差分放大电路的四种接法

前面介绍的长尾式电路采用的是双端输入双端输出的接法，其特点是放大倍数大小与单管放大电路相同。依靠电路的对称性和对共模信号负反馈共同作用，抑制零点漂移。适用于输入、输出都不需要接地，对称输入、对称输出的场合。

在实际应用中，为了防止干扰，常将信号源的一端接地，或者将负载电阻的一端接地。根据输入端和输出端接地情况不同，除双端输入、双端输出电路外，还有双端输入、单端输出电路；单端输入、双端输出电路和单端输入、单端输出电路等接法。下面分别介绍单端输出与单端输入电路的特点。

1. 双端输入、单端输出电路

图 3.40(a)所示为双端输入、单端输出差分放大电路，适用于负载电阻的一端需要接地的应用场合，与双端输入、双端输出电路相比有如下 3 点差别。

(1) 静态时输出端的直流电位不为零。

电路在静态时，由于输入回路对称，基极、发射极和集电极的静态电流与双端输入、双端输出时相同，但集电极电位发生了变化，可以用戴维南定理画出输出回路的等效电路，从而求得集电极静态电位。也可以通过基尔霍夫电流定律列节点电流方程求得集电极静态电位，这里采用后者进行分析。

设 T_1 管集电极电位为 U_{CQ1}，流过电阻 R_L 的电流为 I_L，流过电阻 R_c 的电流为 I_{R_c}，则

$$I_{CQ}+I_L=I_{R_c}$$

即

$$I_{CQ}+\frac{U_{CQ1}}{R_L}=\frac{V_{CC}-U_{CQ1}}{R_c}$$

解得

$$U_{CQ1}=\frac{R_L}{R_L+R_c}V_{CC}-I_{CQ}(R_c\parallel R_L) \tag{3-74}$$

T_2管集电极电位

$$U_{CQ2}=V_{CC}-I_{CQ}R_c \tag{3-75}$$

(2) 输出信号只从一管的集电极取出，所以电压放大倍数仅为双端输出电路的一半。图 3.40(a)所示电路的差模等效电路如图 3.40(b)所示，可写出差模放大倍数为

$$A_d=\frac{u_{od}}{u_{id}}=-\frac{1}{2}\frac{\beta(R_c/\!/R_L)}{R_b+r_{be}} \tag{3-76}$$

电路的输入回路没有变，所以输入电阻仍为 $2(R_b+r_{be})$。电路的输出电阻为 R_c，是双端输出电路输出电阻的一半。

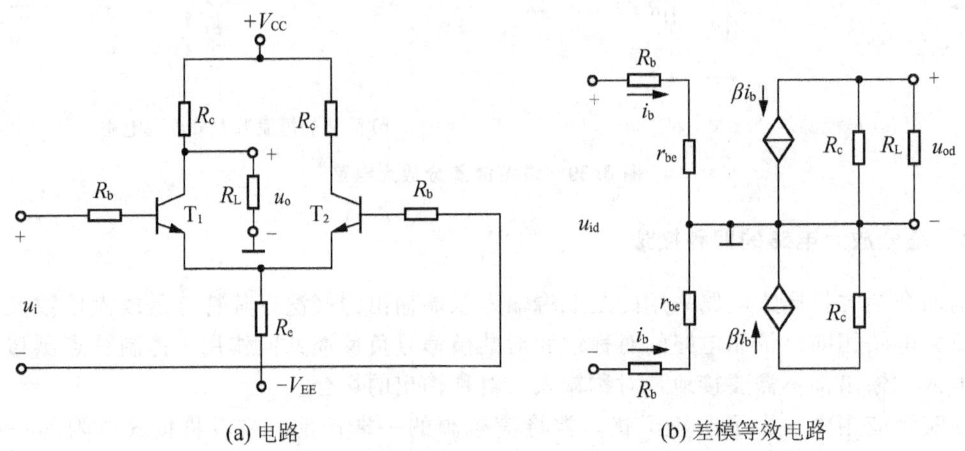

图 3.40 双端输入、单端输出差分放大电路

小思考

如果输入差模信号极性不变，而输出信号取自 T_2 管的集电极，则输出与输入还是反相吗？

(3) 由于信号从单端输出，没有利用差分电路两边对称、两个输出端的共模电压和零点漂移互相抵消这一特点，只有靠 R_e 的负反馈作用来抑制共模信号和零点漂移，因此这种电路的零点漂移和共模抑制比 K_{CMR} 指标要低于双端输出电路。

当有共模信号输入时，发射极电阻 R_e 上的电流变化量是单管射极电流的 2 倍，对于每只管子而言，可以认为是 1 倍的电流流过阻值为$2R_e$ 的射极电阻，如图 3.41(a)所示。T_1 管一边电路的共模等效电路如图 3.41(b)所示。共模电压放大倍数为

$$A_c=\frac{u_{oc}}{u_{ic}}=-\frac{\beta(R_c/\!/R_L)}{R_b+r_{be}+2(1+\beta)R_e} \tag{3-77}$$

共模抑制比

$$K_{CMR}=\left|\frac{A_d}{A_c}\right|=\frac{R_b+r_{be}+2(1+\beta)R_e}{2(R_b+r_{be})} \tag{3-78}$$

可以看出，R_e 愈大，A_c 的值愈小，K_{CMR}愈大，电路的性能也就愈好。因此，增大 R_e 是改善共模抑制比的基本措施。

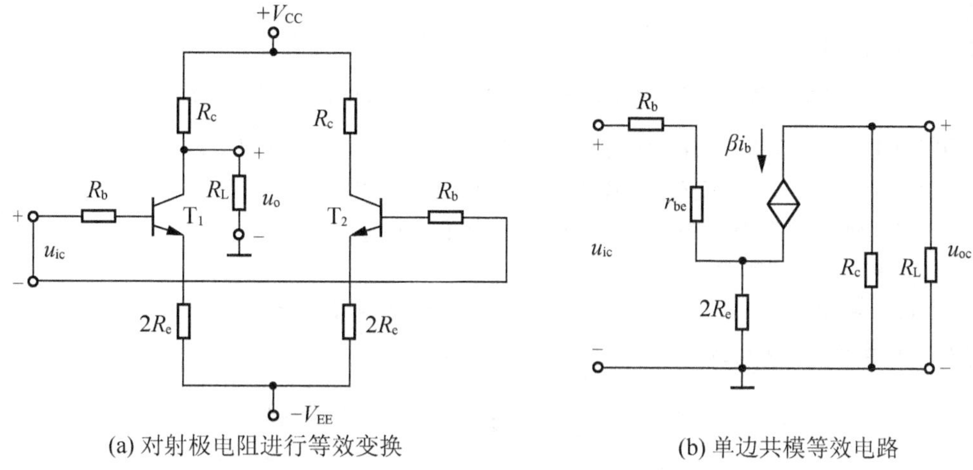

图 3.41　双端输入、单端输出电路对共模信号的等效电路

2. 单端输入、双端输出电路

当差分放大电路的输入信号由一个输入端与地之间加入，另一个输入端接地时，叫做“单端输入”，如图 3.42(a)所示。

为了说明这种输入方式的特点，不妨将输入信号进行如图 3.42(b)的等效变换，可以看出，输入中既有差模信号 $u_i=\frac{u_i}{2}-\left(-\frac{u_i}{2}\right)$，又有共模信号$\frac{u_i}{2}$。在共模放大倍数 A_c 不为零时，输出端不仅有差模信号作用而得到的差模输出电压，而且还有共模信号作用而得到的共模输出电压。输出电压为

$$u_o=A_d u_i+A_c\frac{u_i}{2} \tag{3-79}$$

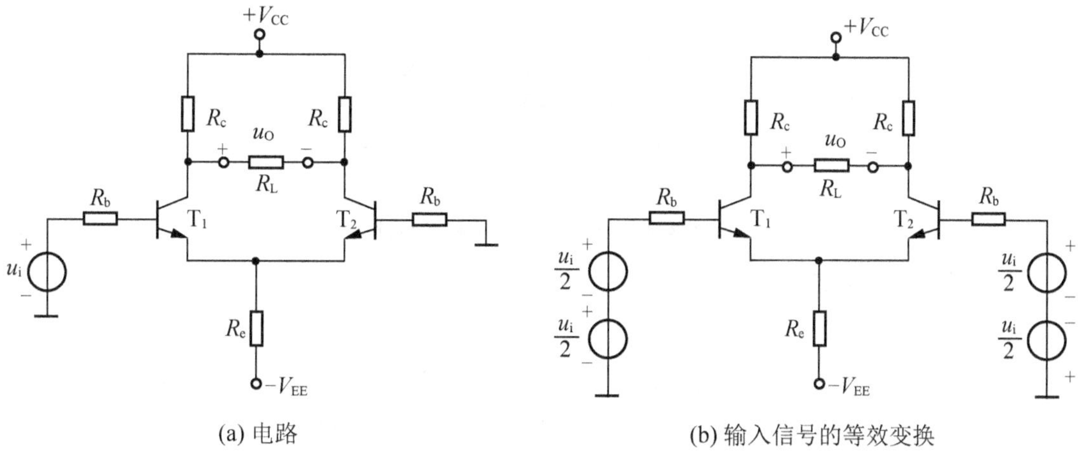

图 3.42　单端输入、双端输出电路

单端输入、单端输出电路既有单端输出电路的特点，又具有单端输入电路的特点，这里就不再重复分析。

知识要点提醒

在同样的电路参数情况下，双端输出比单端输出抑制零点漂移和抗共模干扰能力强。

【例 3.5】 长尾式差分放大电路如图 3.38(a)所示，$R_b=1k\Omega$，$R_c=10k\Omega$，$R_e=5.3k\Omega$，$V_{CC}=12V$，$V_{EE}=6V$；晶体管的 $\beta=100$，$r_{be}=2k\Omega$。

(1) 求晶体管发射极静态电流 I_{EQ} 和静态管压降 U_{CEQ}。

(2) 计算 A_d、R_i 和 R_o。

(3) 将负载电阻 $R_L=5.1k\Omega$ 接于输出端，计算(2)中各参数。

解：(1)由图 3.37 可求出

$$I_{EQ}\approx\frac{V_{EE}-U_{BEQ}}{2R_e}=\frac{6-0.7}{2\times5.3}mA=0.5mA$$

$$U_{CEQ}\approx V_{CC}-I_{CQ}R_c+U_{BEQ}=12-0.5\times10+0.7V=7.7V$$

(2) 由图 3.38(b)的差模等效电路可计算出动态参数

$$A_d=-\frac{\beta R_c}{R_b+r_{be}}=-\frac{100\times10}{1+2}\approx-333$$

$$R_i=2(R_b+r_{be})=2\times(1+2)k\Omega=6k\Omega$$

$$R_o=2R_c=2\times10k\Omega=20k\Omega$$

(3) 由于负载电阻的中点电位在差模信号作用下不变，相当于接地，所以 R_L 被分成相等的两部分，分别接在 T_1 管和 T_2 管的 c-e 之间，其差模等效电路如图 3.43 所示。

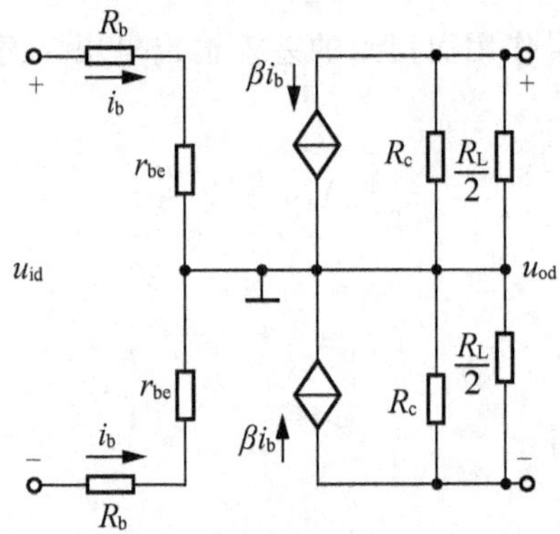

图 3.43 带负载的差模等效电路

由差模等效电路可得

$$A_d=-\frac{\beta\left(R_c\parallel\frac{R_L}{2}\right)}{R_b+r_{be}}=-\frac{100\times\frac{10\times2.55}{10+2.55}}{1+2}\approx-68$$

$$R_i=2(R_b+r_{be})=2\times(1+2)k\Omega=6k\Omega$$

$$R_o=2R_c=2\times10k\Omega=20k\Omega$$

【例 3.6】 在图 3.44(a)所示电路中，已知 $V_{CC}=V_{EE}=9V$，$R_c=10k\Omega$，$R_b=R_w=100\Omega$，$I=1.2mA$，R_w的滑动端位于中点，晶体管 $\beta=50$，$r_{be}=2.5k\Omega$，求静态工作电流和差模电压放大倍数。

解：电路为恒流源差分放大电路，晶体管射极电流之和为 $I=1.2\text{mA}$，故

$$I_{EQ}=I_{CQ}=\frac{I}{2}=0.6\text{mA}$$

$$I_{BQ}=\frac{I_{EQ}}{1+\beta}\approx 12\mu\text{A}$$

R_w的中点在差模信号作用下相当于接地，等效电路如图 3.44(b)所示，从图 3.44(b)中可求得差模电压放大倍数

$$A_d=\frac{u_{od}}{u_{id}}=\frac{u_{od}/2}{u_{id}/2}=\frac{-\beta R_c}{R_b+r_{be}+(1+\beta)\frac{R_w}{2}}\approx -97$$

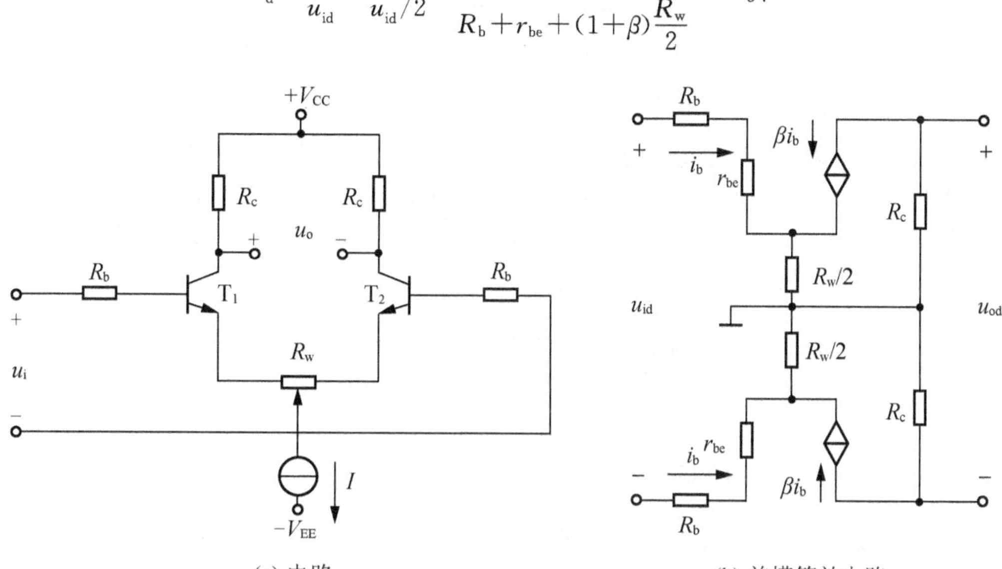

(a) 电路　　　(b) 差模等效电路

图 3.44　例 3.6 的电路及其差模等效电路

*3.7　放大电路的频率响应

在前面对放大电路的分析中，没有考虑电路中的电容等电抗元件对电路性能的影响，认为放大倍数与频率无关。实际上，当信号频率变化时，因为耦合电容、晶体管极间电容等电抗元件的存在，使放大倍数成为信号频率的函数，即放大倍数的幅度和相位随频率的变化而变化，将这种函数关系称为频率响应。在研究频率响应时，前面介绍的晶体管 h 参数等效模型不再适用，要使用晶体管的高频等效模型。

3.7.1　晶体管的高频等效模型

在信号频率较高时，要考虑晶体管的结电容效应。图 3.45 所示为晶体管的高频等效模型，模型是在晶体管的低频小信号等效模型基础上，考虑了发射结电容 C_π 和集电结电容 C_μ 得到的，由于结构像字母“Π”，所以称其为混合 π 模型。图 3.45 中 $r_{bb'}$是基区的体电阻，$r_{b'e}$是发射结电阻，$r_{b'c}$是集电结电阻，r_{ce}是集电极和发射极之间的电阻。因为 β 本

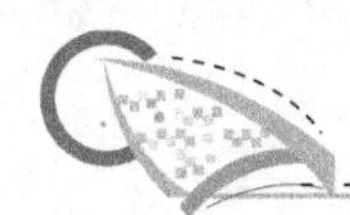

身与频率有关，所以用与频率无关低频跨导与发射结电压的乘积 $g_m\dot{U}_{b'e}$ 来替代模型中的受控电流源。

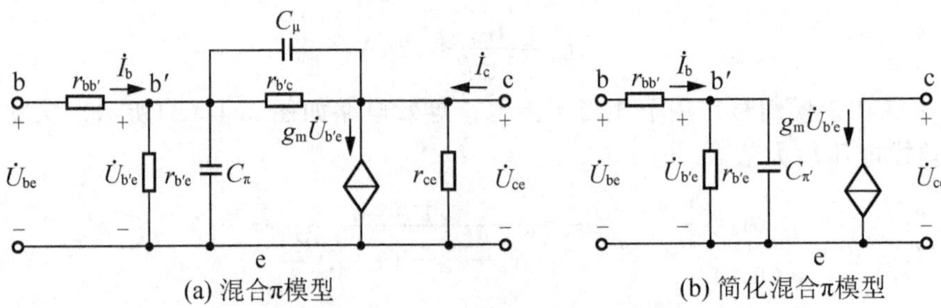

(a) 混合π模型　　(b) 简化混合π模型

图 3.45　晶体管的高频等效(混合 π)模型

在高频时，电阻 $r_{b'c}$ 的数值很大，可忽略不计；而与负载并联的电阻 r_{ce} 的阻值往往远大于负载电阻，故也可省略。另外，电容 C_μ 接在输入回路与输出回路之间，不便于电路分析，应将其单向化处理，等效到输入回路和输出回路。因为晶体管 c-e 间的总等效电容的容抗远大于负载，故可省略，得到的简化混合 π 模型如图 3.45(b)所示。图中 $C_{\pi'}$ 是发射结的总等效电容，其值为 $C_{\pi'}=C_\pi+C_{\mu'}\approx C_\pi+(1+|\dot{K}|)C_\mu$，其中 $\dot{K}=\dfrac{\dot{U}_{ce}}{\dot{U}_{b'e}}$，为中频时的放大倍数。

3.7.2　单管共射放大电路的频率响应

本节以共射放大电路为例分析放大电路的频率响应。电路如图 3.46(a)所示，为简单起见，电路中只接有与负载相连的耦合电容，其全频段交流等效电路如图 3.46(b)所示。

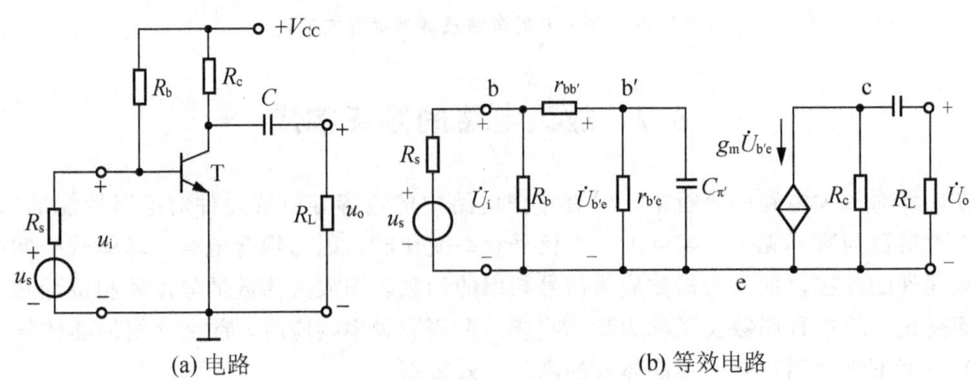

(a) 电路　　(b) 等效电路

图 3.46　单管共射放大电路及其等效电路

为分析方便，将输入信号的频率范围分为中频、低频和高频 3 个频段。

在中频段，等效电路中耦合电容的容抗小视为交流短路，晶体管极间电容的容抗大，可以视为交流开路。即中频段可以忽视容抗的影响，得到与前述分析结果一致的中频等效电路。

$$\dot{A}_{usm}=\frac{\dot{U}_o}{\dot{U}_s}=\frac{\dot{U}_o}{\dot{U}_{b'e}}\cdot\frac{\dot{U}_{b'e}}{\dot{U}_i}\cdot\frac{\dot{U}_i}{\dot{U}_s}=-\frac{R_i}{R_i+R_s}\cdot\frac{r_{b'e}}{r_{be}}\cdot g_m R_{L'} \tag{3-80}$$

在低频段，等效电路中晶体管极间电容 $C_{\pi'}$ 开路，只考虑耦合电容 C 的影响。

$$\dot{A}_{usl}=\frac{\dot{U}_o}{\dot{U}_s}=\dot{A}_{usm}\cdot\frac{R_L}{R_c+R_L+\frac{1}{j\omega C}}=\dot{A}_{usm}\cdot\frac{j\frac{f}{f_L}}{1+j\frac{f}{f_L}} \tag{3-81}$$

式中 $f_L=\frac{1}{2\pi(R_c+R_L)C}$，为下限截止频率，该频率下，放大倍数的幅值下降到为最大值的 0.707。$\dot{A}_{usl}$ 的对数幅频特性和相频特性为

$$\left.\begin{aligned}&20\lg|\dot{A}_{usl}|=20\lg|\dot{A}_{usm}|+20\lg\frac{\frac{f}{f_L}}{\sqrt{1+\left(\frac{f}{f_L}\right)^2}}\\&\varphi=-90°-\arctan\frac{f}{f_L}\end{aligned}\right\} \tag{3-82}$$

在高频段，等效电路中的耦合电容 C 短路，只考虑极间电容 $C_{\pi'}$ 的影响。

$$\dot{A}_{ush}=\frac{\dot{U}_o}{\dot{U}_s}=\dot{A}_{usm}\cdot\frac{\frac{1}{j\omega RC_{\pi'}}}{1+\frac{1}{j\omega RC_{\pi'}}}=\dot{A}_{usm}\cdot\frac{1}{1+j\omega RC_{\pi'}}=\dot{A}_{usm}\cdot\frac{1}{1+j\frac{f_H}{f}} \tag{3-83}$$

式中：$f_H=\frac{1}{2\pi R_C C_{\pi'}}$，为上限截止频率，该频率下，放大倍数的幅值下降到为最大值的 0.707；$R=r_{b'e}\parallel(r_{bb'}+R_s\parallel R_b)$。

$\dot{A}_{ush}$ 的对数幅频特性和相频特性为

$$\left.\begin{aligned}&20\lg|\dot{A}_{ush}|=20\lg|\dot{A}_{usm}|-20\lg\sqrt{1+\left(\frac{f}{f_H}\right)^2}\\&\varphi=-180°-\arctan\frac{f}{f_H}\end{aligned}\right\} \tag{3-84}$$

综合 3 个频段的幅频特性和相频特性，可以绘出如图 3.47 所示的单管共射放大电路的幅频特性和相频特性，即波特图。

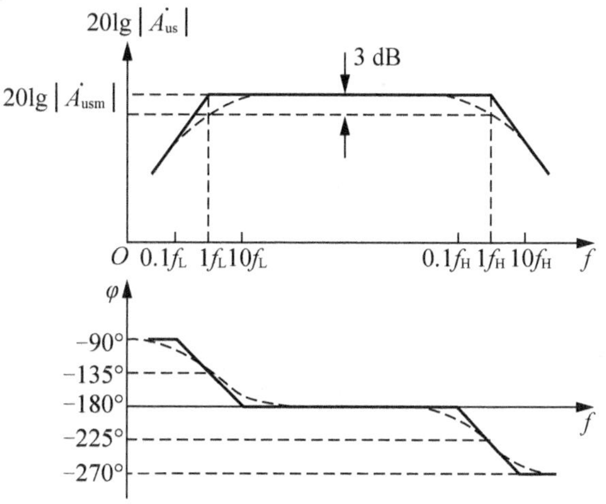

图 3.47 单管共射放大电路的波特图

由图 3.47 可见，放大电路的通频带为

$$f_{BW}=f_H-f_L \tag{3-85}$$

知识要点提醒

当频率等于上限截止频率和下限截止频率时，放大倍数幅值下降 3dB，且产生$+45°$或$-45°$相移。

*3.8 放大电路中的反馈

自然界中反馈现象普遍存在，但其理论首先诞生在电子领域。在电子电路中，常常采用反馈的方法稳定放大电路，改善放大电路的性能指标。

3.8.1 反馈的概念

电子电路中的反馈，是指将放大电路输出量(电压或电流)的一部分或全部，通过一定网络(称为反馈网络)，以一定方式(与输入信号串联或并联)反送到输入回路，来影响电路性能的技术。放大电路无反馈称为开环，有反馈称为闭环。回顾一下分压式静态工作点稳定电路稳定工作点的物理过程，其实射极电阻 R_e就起到反馈的作用。

知识要点提醒

几乎所有的实用放大电路中都有反馈。

反馈放大电路方块图如图 3.48 所示，图中基本放大电路是前面学过的放大电路，其输入信号称为净输入量 $\dot{X}_i'$；基本放大电路的输出信号称为输出量 $\dot{X}_o$；反馈网络采样的信号是 $\dot{X}_o$，输出的是反馈量 $\dot{X}_f$；$\dot{X}_f$ 与输入量 $\dot{X}_i$ 叠加后得到 $\dot{X}_i'$。图 3.48 中定义开环放大倍数为

$$\dot{A}=\frac{\dot{X}_o}{\dot{X}_i'} \tag{3-86}$$

反馈系数为

$$\dot{F}=\frac{\dot{X}_f}{\dot{X}_o} \tag{3-87}$$

闭环放大倍数为

$$\dot{A}_f=\frac{\dot{X}_o}{\dot{X}_i} \tag{3-88}$$

由式(3-86)和式(3-87)可得

$$\dot{A}\dot{F}=\frac{\dot{X}_f}{\dot{X}_i'} \tag{3-89}$$

式中：$\dot{A}\dot{F}$ 称为环路增益(放大倍数)。

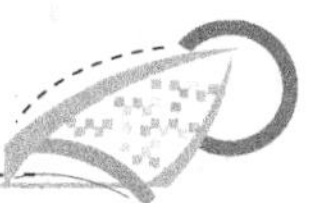

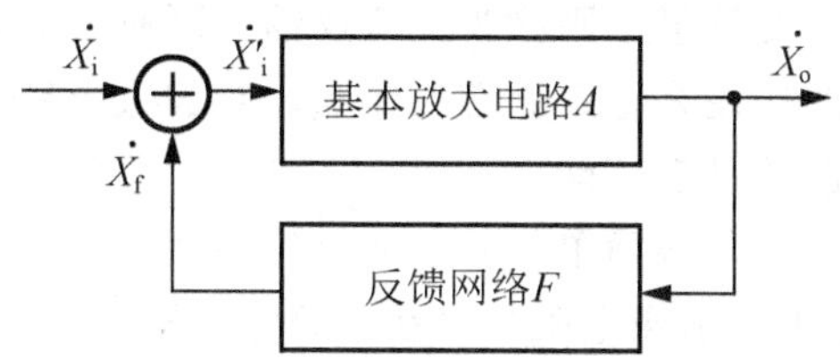

图 3.48 反馈放大电路方块图

3.8.2 反馈的类型及判断

在实际的放大电路中，可以根据不同的要求引入不同的反馈类型，按照考虑问题的不同角度，反馈有不同的分类方法。

1. 正反馈和负反馈

按极性的不同，可以将反馈分为正反馈和负反馈。反馈极性可从反馈的结果来判断，凡反馈的结果使输出量 $\dot{X}_o$ 减小的为负反馈，否则为正反馈；或者，凡反馈的结果使净输入量 $\dot{X}'_i$ 减小的为负反馈，否则为正反馈。

反馈极性的判断通常采用瞬时极性法。即在放大电路的输入端，假设一个输入信号某一时刻的对地瞬时极性，可用"⊕"、"⊖"表示。按信号传输方向依次判断相关点的极性，直至判断出反馈信号的瞬时极性。如果反馈信号的瞬时极性使净输入减小，则为负反馈；反之为正反馈。

在图 3.49 的电路中，设输入电压 u_i 某时刻对地极性为正，则晶体管集电极电位的瞬时极性为负，发射极电位的瞬时极性为正，即反馈信号的瞬时极性为正，晶体管发射结电压(净输入量)减小，所以由射极电阻 R_e 引起的反馈为负反馈。

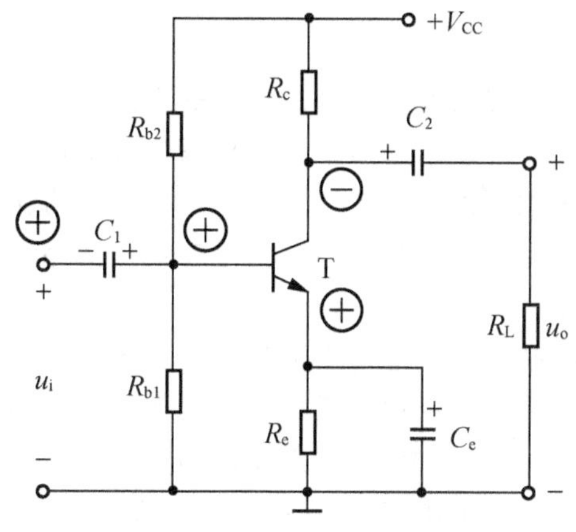

图 3.49 反馈极性的判断

2. 直流反馈和交流反馈

根据反馈信号中包含的交、直流成分来分，可将反馈分为直流反馈和交流反馈。在放大电路的输出量中通常是交、直流混合量。若反馈回来的信号只有直流量，称为直流反

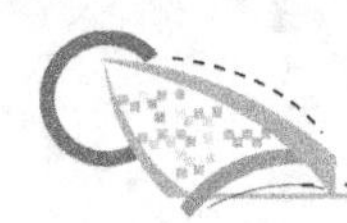

馈；若反馈回来的信号只有交流量，则称为交流反馈。既有交流量又有直流量的反馈称为交直流反馈。直流负反馈的作用是稳定静态工作点，对放大电路的动态性能没有影响；交流负反馈用于改善放大电路的动态性能。

直流反馈和交流反馈的判断很简单，可以通过反馈存在于直流通路中还是交流通路中来判断。在图 3.49 的电路中，射极电阻只存在于直流通路中，是直流反馈。

3. 电压反馈和电流反馈

根据反馈信号与放大电路输出信号的采样关系，即放大电路和反馈网络在输出端的连接方式，可将反馈分为电压反馈和电流反馈。如果反馈信号取自输出电压，即将输出电压的一部分或全部引回到输入回路来影响净输入量的为电压反馈，如图 3.50(a)中输出端的连接方式；如果反馈信号取自输出电流，即将输出电流的一部分或全部引回到输入回路来影响净输入量的为电流反馈，如图 3.50(b)中输出端的连接方式。

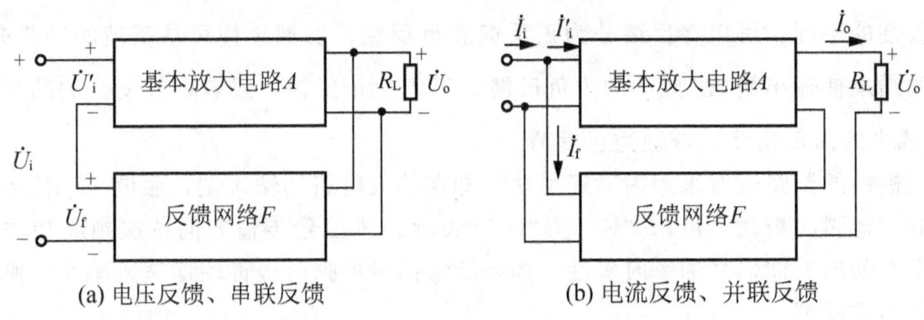

图 3.50 反馈放大电路输入端、输出端的连接方式

判别电压反馈与电流反馈的常用方法是“输出短路法”，即把输出端交流短路(输出电压 $\dot{U}_o$ 为 0)，若反馈信号不存在，则为电压反馈；若反馈信号存在，则为电流反馈。

4. 串联反馈和并联反馈

根据反馈信号与输入信号在放大电路输入回路的连接方式，可将反馈分为串联反馈和并联反馈。在输入回路中，若反馈信号与输入信号以电压的形式相叠加，即反馈信号与输入信号二者串联，则称为串联反馈，如图 3.50(a)中输入端的连接方式；若反馈信号与输入信号以电流形式相叠加，即反馈信号与输入信号在输入回路并联，则称为并联反馈，如图 3.50(b)中输入端的连接方式。

判别串联反馈与并联反馈的方法是看反馈信号与输入信号是否接在输入回路的同一个电极，若接在同一电极，则为并联反馈；反之，若接在两个电极，则为串联反馈。

【例 3.7】判断图 3.51 电路中电阻 R_f 引入反馈的类型。

解：根据瞬时极性法判断，电阻 R_f 引入的反馈加在了晶体管 T_1 发射极上，反馈回来的瞬时极性为“⊕”，与输入电压极性相同，使净输入量减小，故为负反馈；反馈只存在于交流通路中，故为交流反馈；反馈回来的信号与输入信号加在输入回路的两个电极，故为串联负反馈。将输出短路，反馈不存在，故为电压反馈。

综上分析，电阻 R_f 引入的反馈是交流电压串联负反馈。

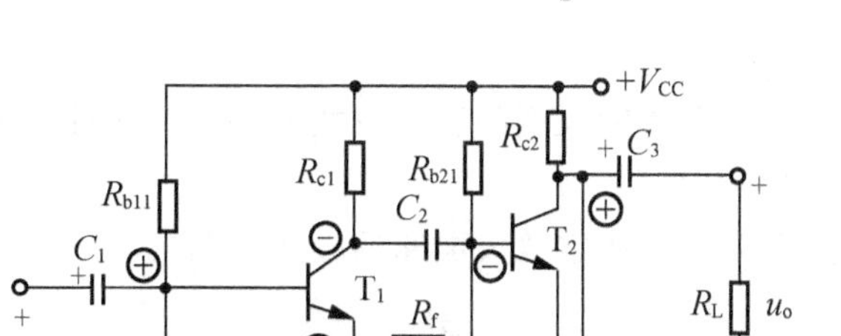

图 3.51 例 3.7 电路

3.8.3 负反馈对放大电路性能的影响

负反馈放大电路的方块图是在图 3.48 基础上，将反馈量取负得到的，则净输入量

$$\dot{X}_i'=\dot{X}_i-\dot{X}_f \tag{3-90}$$

闭环放大倍数为

$$\dot{A}_f=\frac{\dot{X}_o}{\dot{X}_i}=\frac{\dot{A}}{1+\dot{A}\dot{F}} \tag{3-91}$$

对负反馈来说，闭环放大倍数小于开环放大倍数。显然，放大电路是以牺牲放大倍数为代价，换来其性能的改善。本节将讨论负反馈对放大电路性能的影响。

1. 负反馈对放大倍数稳定性的影响

很多原因会导致放大电路放大倍数不稳定，在引入负反馈后，能显著提高其稳定性。在一般情况下，若不考虑放大电路的附加相移，则开环放大倍数 A 和反馈系数 F 都是实数，可以从数量上表示增益的变化情况，即

$$A_f=\frac{A}{1+AF} \tag{3-92}$$

上式对 A 求导数得

$$\frac{dA_f}{dA}=\frac{(1+AF)-AF}{(1+AF)^2}=\frac{1}{(1+AF)^2}$$

即

$$dA_f=\frac{dA}{(1+AF)^2}$$

用式(3-92)来除上式，得

$$\frac{dA_f}{A_f}=\frac{1}{1+AF}\cdot\frac{dA}{A} \tag{3-93}$$

式(3-93)表明，引入负反馈后，闭环增益的相对变化是开环增益相对变化的$\frac{1}{1+AF}$。可见，引入负反馈后，放大倍数减小了，但却极大地提高了其稳定度。

2. 负反馈对放大电路输入、输出电阻的影响

负反馈可以改变放大电路的输入、输出电阻，不同类型的负反馈对输入、输出电阻的

影响不同。

输入电阻只与反馈放大电路输入端的连接方式有关，讨论输入电阻时，可以不考虑放大电路在输出端的连接方式。

在串联负反馈放大电路中，基本放大电路的输入电阻为

$$R_i=\frac{U_i'}{I_i}$$

反馈放大电路的输入电阻为

$$R_{if}=\frac{U_i}{I_i}=\frac{U_i'+U_f}{I_i}=\frac{U_i'}{I_i}\left(1+\frac{U_f}{U_i'}\right)=R_i(1+AF) \tag{3-94}$$

并联负反馈放大电路的输入电阻为

$$R_{if}=\frac{U_i}{I_i}=\frac{U_i}{I_i'+I_f}=\frac{U_i}{I'}\cdot\frac{1}{1+AF}=\frac{R_i}{1+AF} \tag{3-95}$$

知识要点提醒

串联负反馈使输入电阻增大为基本放大电路的$(1+AF)$倍。并联负反馈使输入电阻仅为基本放大电路的$\frac{1}{1+AF}$。

负反馈对输出电阻的影响取决于基本放大电路与反馈网络在输出端的连接方式，即取决于电路引入的是电压反馈还是电流反馈。

采用推导输入电阻的方法同样可得出电压负反馈放大电路的闭环输出电阻是开环输出电阻的$\frac{1}{1+AF}$。电流负反馈放大电路的闭环输出电阻为开环输出电阻的$(1+AF)$倍。

负反馈对放大电路性能的改善还体现在减小非线性失真、展宽通频带等方面，这里不再深入讨论。

3.9 功率放大电路

在一些电子设备中，常常要求放大电路能够带动某种负载，例如驱动扩音机的扬声器，使之发出声音；驱动马达使之转动等，因而要求放大电路要有足够大的输出功率。通常称这种放大电路为功率放大电路，简称功放。

3.9.1 对功率放大电路的基本要求

功率放大电路与其他放大电路没有本质的区别，都是实现能量的控制和转换，但设计和应用功率放大电路时，对其有特殊要求。

(1) 输出功率要大。定义放大电路的输出功率为输出电压和输出电流有效值的乘积，因此要求它们要有足够大的变化量。最大输出功率指在正弦波输入信号下，输出波形基本不失真时，放大电路负载上能够得到的最大功率。

(2) 转换效率要高。放大电路负载上得到的功率是由直流电源提供的，这部分功率与直流电源提供的功率之比称为转换效率。如果功率放大电路的效率不高，将造成能量的浪

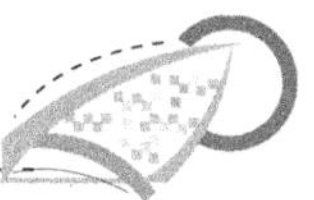

费，同时消耗在电路内部的电能将转换成为热量，使元器件温度升高，因而提高了对元器件的要求，增加了电路成本。

(3) 非线性失真要小。由于功率放大电路中的电压和电流变化很大，使晶体管特性曲线的非线性问题更突出，造成输出波形的非线性失真更加严重。所以在实际的功率放大电路中，应根据负载的要求来规定允许的失真度范围。

3.9.2　OCL 互补功率放大电路

无输出电容(OCL)互补功率放大电路是较常用的功放电路之一，本节以其为例，介绍功放电路的最大输出功率和转换效率的计算方法。

1. 电路的组成和工作原理

图 3.52(a)所示为基本的 OCL 乙类互补功率放大电路。T_1 为 NPN 型晶体管，T_2 为 PNP 型晶体管，两管的特性对称，采用双电源供电。静态时，两管均处于截止状态，输出电压为零。当输入的正弦电压信号 $u_i>0$ 时(忽略晶体管发射结的开启电压 U_{on})，T_1 由于发射结正偏而导通，T_2 由于发射结反偏而截止。此时有如图 3.52 中实线所示的电流流过负载 R_L，且 $u_o \approx u_i$，即输出波形与输入波形正半周近似相等。而当 $u_i<0$ 时，T_1 截止、T_2 导通，此时有如图 3.52 中虚线所示的电流流过负载 R_L，且 $u_o \approx u_i$，即输出波形与输入波形负半周近似相等。可见，在正弦波的一个完整周期中，两个管子交替工作，在负载上合成完整的输出电压(电流)波形。

如果考虑晶体管发射结的开启电压 U_{on}，则当 $u_i<U_{on}$时，两管均处于截止状态。所以只有当$|u_i|>U_{on}$时，输出电压才近似等于输入电压。故输出电压的波形会产生失真，如图 3.52(b)所示，称为交越失真。

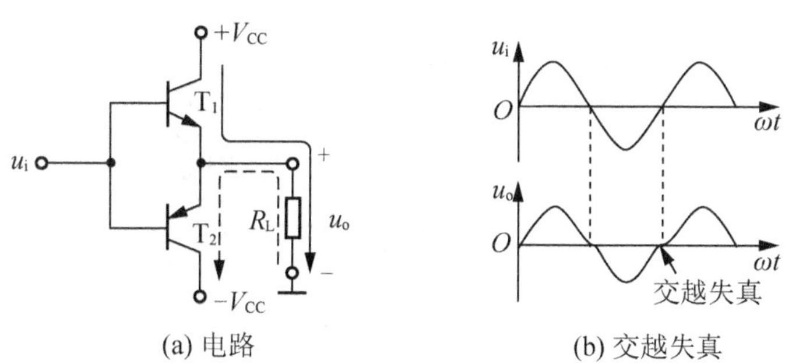

图 3.52　基本 OCL 乙类互补功放电路及其交越失真

在基本电路中设置合适的静态工作点，即增加两只与晶体管相同材料的二极管以抵消开启电压，使两管均工作在临界导通状态，就能克服交越失真，电路如图 3.53 所示。图 3.53 中 R_2 是微调电阻，可以弥补开启电压之间的微小差异。

静态时，直流电流由正电源经 R_1、R_2、D_1、D_2和 R_3到负电源，电流在两管基极之间产生的压降为

$$U_{BB}=U_{R_2}+U_{D_1}+U_{D_2}$$

此压降略大于两管开启电压之和，即可使晶体管处于临界导通状态。

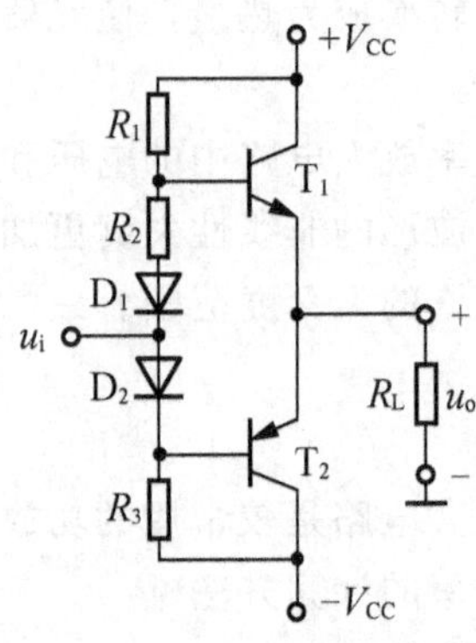

图 3.53 克服交越失真的 OCL 电路

2. 输出功率和转换效率的计算

功放电路的主要性能指标是最大输出功率 P_{om} 和转换效率 η。

画出三极管 T_1、T_2 的合成输出特性曲线，然后用图解法进行分析，如图 3.54 所示。由于静态时 $u_{CE1}=+V_{CC}$，$u_{CE2}=-V_{CC}$，因此，负载线与横坐标轴的交点处应为 V_{CC}。从图 3.54 可以看出，最大输出电压的幅值为 $V_{CC}-U_{CES}$，有效值为 $U_{om}=\dfrac{(V_{CC}-U_{CES})}{\sqrt{2}}$。

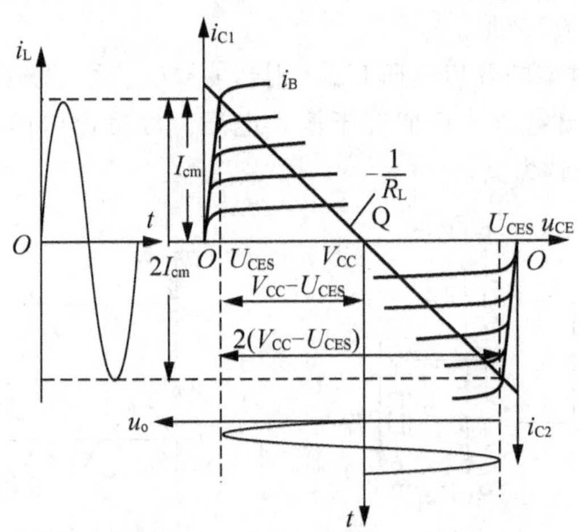

图 3.54 OCL 电路图解分析

于是可求得 OCL 电路的最大功率为

$$P_{om}=\frac{U_{om}^2}{R_L}=\frac{(V_{CC}-U_{CES})^2}{2R_L} \tag{3-96}$$

当 $U_{CES}\gg V_{CC}$ 时，上式可简化为

$$P_{om}\approx\frac{V_{CC}^2}{2R_L} \tag{3-97}$$

当输出最大功率时，OCL 电路中直流电源 V_{CC} 所消耗的功率为

$$P_V = V_{CC} \times \frac{1}{\pi}\int_0^{\pi} \frac{V_{CC} - U_{CES}}{R_L}\sin\omega t\, d\omega t = \frac{2V_{CC}(V_{CC} - U_{CES})}{\pi R_L} \approx \frac{2V_{CC}^2}{\pi R_L} \tag{3-98}$$

转换效率为

$$\eta = \frac{P_{om}}{P_V} = \frac{\pi}{4} \cdot \frac{V_{CC} - U_{CES}}{V_{CC}} \approx 78.5\% \tag{3-99}$$

知识要点提醒

OCL 电路无输出电容，既改善了低频响应，又有利于实现集成化，因而得到了更为广泛的应用。

【例 3.8】 设 OCL 功率放大电路如图 3.53 所示，已知 $V_{CC}=12V$，$R_L=16\Omega$，晶体管的饱和管压降 $|U_{CES}|=3V$。

(1) 求负载上可能得到的最大输出功率和转换效率。

(2) 若电阻 R_1 短路，会产生什么现象？

解： (1)由式(3-96)得最大输出功率为

$$P_{om} = \frac{(V_{CC} - U_{CES})^2}{2R_L} = \frac{(12-3)^2}{2\times 16}W = 2.25W$$

由式(3-99)得转换效率为

$$\eta = \frac{\pi}{4} \cdot \frac{V_{CC} - U_{CES}}{V_{CC}} = \frac{\pi}{4} \cdot \frac{12-3}{12} \approx 58.9\%$$

(2) 若电阻 R_1 短路，则有很大的电流流过晶体管 T_1 的发射结，可能烧坏晶体管。

本章小结

本章介绍放大电路的基本知识。主要讲述了以下内容。

1. 放大电路的结构及主要性能指标

在模拟电路中，把微弱的电信号增强至需要的程度，这种技术称为放大，实现放大的电路称为放大电路。放大的实质是能量的控制与转换，其对象是变化量，其特征是功率的放大，其前提是不失真。基本放大电路分为共射(源)电路、共基(栅)电路和共集(漏)电路 3 种。

放大电路的主要性能指标有放大倍数、输入电阻、输出电阻、通频带等。

2. 基本共射极放大电路原理及分析

放大电路的组成原则是：应设置合适的静态工作点，保证晶体管工作在放大区；信号应能有效传输，即有输入信号作用时，应有不失真的输出信号输出。共射放大电路是应用较广泛的电路。

分析放大电路时往往把电路分为静态和动态两种状态，分析的方法有图解法和等效电路法。电路静态分析就是求解静态工作点 Q，在输入信号为零时，晶体管和场效应管各电极间的电流与电压就是 Q 点。Q 点可用估算法或图解法求解。动态分析就是求解各动态参数和分析输出波形。通常，利用 h 参数等效模型计算小信号作用时的 $\dot{A}_u$、R_i 和 R_o，利

用图解法分析电路波形失真情况。放大电路的分析应遵循“先静态、后动态”的原则，只有静态工作点合适，动态分析才有意义；Q点不但影响电路输出是否失真，而且与动态参数密切相关，稳定Q点非常必要。

3. 共集电极和共基极接法的放大电路分析

共集电极和共基极接法是晶体管放大电路的另外两种接法。共集电路只能放大电流不能放大电压，输入电阻大、输出电阻小，并具有电压跟随的特点，常用于电压放大电路的输入级和输出级。共基电路只能放大电压不能放大电流，频率特性是3种接法中最好的电路，常用于宽频带放大电路。

4. 场效应管放大电路

场效应管放大电路的共源接法、共漏接法与晶体管放大电路的共射、共集接法相对应，但比晶体管电路输入电阻高、噪声系数低、电压放大倍数小，适用于做电压放大电路的输入级。

5. 多级放大电路

多级放大电路的级与级之间常用的耦合方式有直接耦合和阻容耦合。阻容耦合放大电路的各级静态工作点相互独立、但不能放大直流信号和低频信号；直接耦合放大电路能放大各种信号，但存在零点漂移现象。

6. 差分放大电路

差分放大电路是构成多级直接耦合放大电路的基本单元电路。它具有温漂小、便于集成等特点，常用作为集成运算放大电路的输入级。差分放大电路的4种接法是双端输入、双端输出；双端输入、单端输出；单端输入、双端输出和单端输入、单端输出。

7. 放大电路的频率响应

放大电路放大倍数的幅度和相位随频率的变化而变化，将这种函数关系称为频率响应。晶体管的高频等效模型是混合π模型，频率响应常用波特图表示。

8. 放大电路中的反馈

反馈是将放大电路输出量的一部分或全部，通过一定网络，以一定方式反送到输入回路，来影响电路性能的技术。反馈有正反馈和负反馈、直流反馈和交流反馈、电压反馈和电流反馈以及串联反馈和并联反馈之分。

9. 功率放大电路

功率放大电路研究的重点是在电源电压确定及允许的失真情况下，尽可能提高输出功率和效率。常用的功放电路是OCL互补功率放大电路。

阅读材料

Multisim 应用——分压式静态工作点稳定电路分析

启动 *Multisim 10.0*，创建如图3.55所示的仿真电路。

1. 静态工作点测量

接入万用表 *XMM1*(电流表)、*XMM2*(电流表)、*XMM3*(电压表),用直流档分别测量电路的静态工作点数值。

静态工作点也可以采用直流分析法测量。在电路窗口单击鼠标右键,在弹出的快捷菜单中选择 *show*→*show node names* 命令。选择 *Simulate* 菜单中 *Analysis* 下的 *DC Operating Point* 命令,选择节点 1、5、11 作为仿真分析节点。单击 *Simulate* 按钮,可获得节点 1、5、11 的静态电位值。仿真结果如图 3.55 所示。

2. 动态参数测量

在图 3.55 中,将示波器的 *A* 通道接放大电路的输入端,*B* 通道接放大电路的输出端,可观察到输入、输出的电压波形。波形显示输出电压与输入电压相位相反。从示波器上读取电压值,输出电压与输入电压的比值就是电压放大倍数。

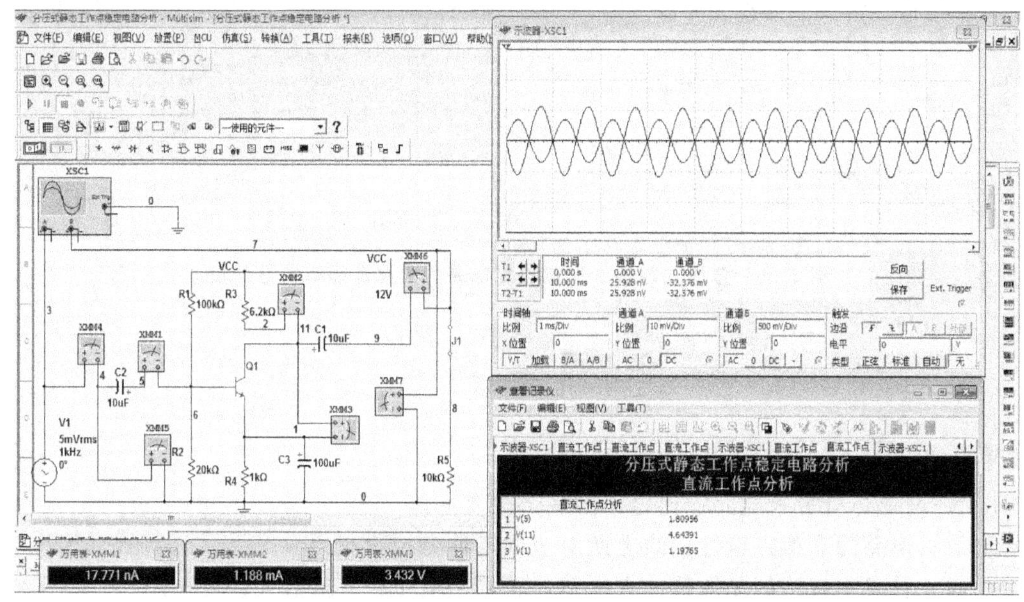

图 3.55 分压式静态工作点稳定电路的静态工作点和动态参数测量

在输入回路中接入万用表(设置为交流档)*XMM4*、*XMM5*,分别读取 *XMM4*(电压表)和 *XMM5*(电流表)的值,即输入电压和输入电流的数据,其比值即为输入电阻。

因为输出电阻=(空载电压－负载电压)/负载电流,所以只要测试出空载电压、负载电压、负载电流这 3 个值就可求得输出电阻。这里用开关 *J* 来切换负载,分别测量空载电压和负载电压。

3. 波形失真分析

将电阻 R_1 改为电位器,改变电位器的阻值,可观察到波形失真情况,如图 3.56 所示。增大 R_1 会出现截止失真;减小 R_1 会出现饱和失真。

4. 频率特性测量

在电路中接入波特图仪,设定波特图仪的垂直轴终值 F 为 *100dB*,初值 I 为－*200dB*,水平轴的终值 F 为 *1GHz*,初值 I 为 *1MHz*,且垂直轴和水平轴的坐标均设为对数方式(*lg*),观察到的幅频特性曲线如图 3.56 所示。用控制面板上的右移箭头将游标移到中频段,测得电压放大倍数,然后再用左移、右移箭头移动游标找出电压放大倍数下降 *3dB* 时所对应的两处频率——下限截止频率 f_L 和上限截止频率 f_H,两者之差即为电路的通频带。

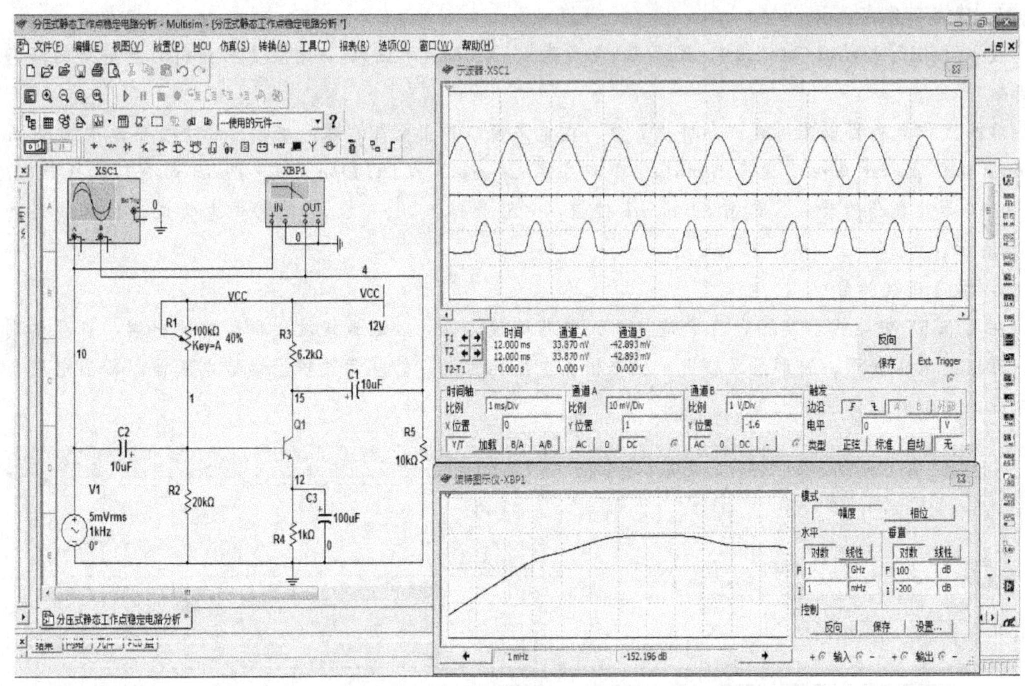

图 3.56　分压式静态工作点稳定电路的失真及频率特性分析

习　题

一、填空题

1. NPN 晶体管放大电路输出电压的底部失真都是__________。

2. 放大电路静态值在特性曲线上所对应的点称为__________。

3. 对 3 种基本接法的晶体管放大电路，若希望电压放大倍数大，可选用__________电路；若希望带负载能力强，应选用__________电路。

4. 差分放大电路两输入端输入的信号大小相等、极性相反，称为__________信号。

5. 多级放大电路的耦合方式有__________和__________。

6. 按输出端的取样方式不同，反馈分为__________和__________。

7. 放大电路在高频信号作用时放大倍数数值下降的原因是__________。

8. 功放电路的转换效率是指__________________________。

二、选择题

1. 直接耦合放大电路存在零点漂移的主要原因是(　　)。

A. 电阻阻值有误差　　　　B. 晶体管参数分散

C. 晶体管参数受温度影响　　　　D. 电容值有误差

2. 为了抑制温漂，应引入(　　)负反馈。

A. 直流　　B. 交流　　C. 串联　　D. 并联

3. 影响放大电路静态工作点稳定的最主要因素是(　　)。

A. 温度的影响　　B. 管子参数的变化　C. 电阻变值　　D. 管子老化

4. 在共射、共集和共基 3 种放大电路中，电压放大倍数小于 1 的是(　　)电路；输入电阻最大的是(　　)电路；输出电阻最小的是(　　)电路。

A. 共射　　B. 共集　　C. 共基　　D. 不定

5. 为了放大缓慢变化的微弱信号，放大电路应采用(　　)耦合方式。

A. 直接　　B. 阻容　　C. 变压器　　D. 光电

6. 对于放大电路，所谓开环是指(　　)。

A. 无信号源　　B. 无反馈通路　　C. 无电源　　D. 无负载

7. 差分放大电路的差模信号是指两个输入端信号的(　　)；共模信号是指两个输入端信号的(　　)。

A. 和　　B. 差　　C. 平均值　　D. 乘积

8. 当信号频率等于放大电路的 f_L 或 f_H 时，放大倍数的值约下降到为中频时的(　　)。

A. 50%　　B. 70%　　C. 90%　　D. 100%

三、综合题

1. 画出图 3.57 所示电路的直流通路和交流通路，图 3.57 中所有电容对交流信号均视为短路。

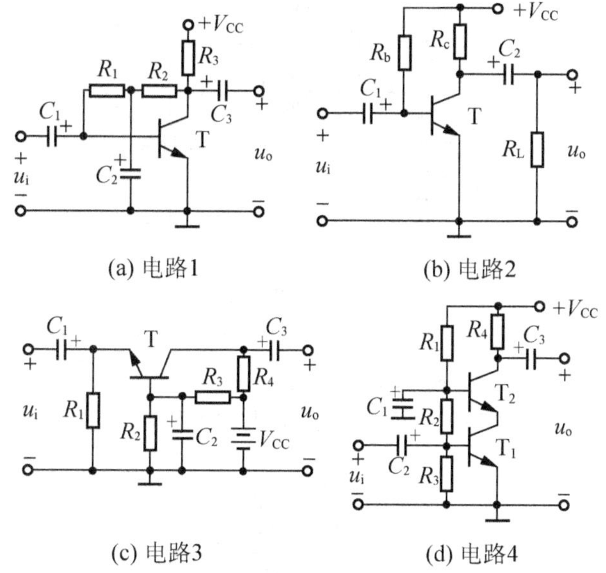

图 3.57　题 1 图

2. 放大电路如图 3.58(a)所示，其中晶体管 T 的输出特性曲线及直流负载线如图 3.56(b)所示，试求：

(1) 电源电压 V_{CC}，电流放大系数 β，静态工作点 Q；

(2) 假设静态时 U_{BEQ} 可以忽略不计，计算电阻 R_b、R_c 的值；

(3) 若晶体管的 $r_{bb'}=200\Omega$，试画出放大电路的交流等效电路，计算电压放大倍数、输入电阻和输出电阻。

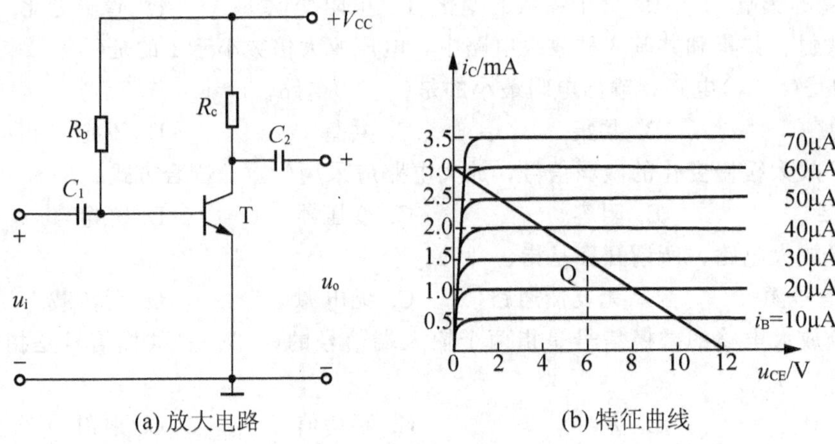

图 3.58 题 2 图

3. 电路如图 3.59 所示，晶体管的 $\beta=80$，$r_{bb'}=100\Omega$。求 $R_L=3k\Omega$ 时的 Q 点、$\dot{A}_u$、R_i、$\dot{A}_{us}$和 R_o。

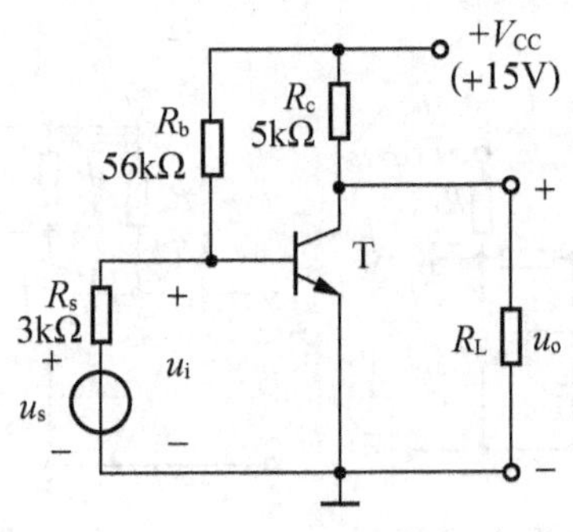

图 3.59 题 3 图

4. 放大电路如图 3.60 所示，已知 $V_{CC}=12V$，$R_{b1}=15k\Omega$，$R_{b2}=45k\Omega$，$R_{e1}=200\Omega$，$R_{e2}=2.2k\Omega$，$R_c=R_L=6k\Omega$，晶体管的 $\beta=50$，$r_{bb'}=300\Omega$，$U_{BEQ}=0.6V$，各电容容抗可以忽略不记。试估算电路的静态工作点，计算电压放大倍数、输入电阻和输出电阻。

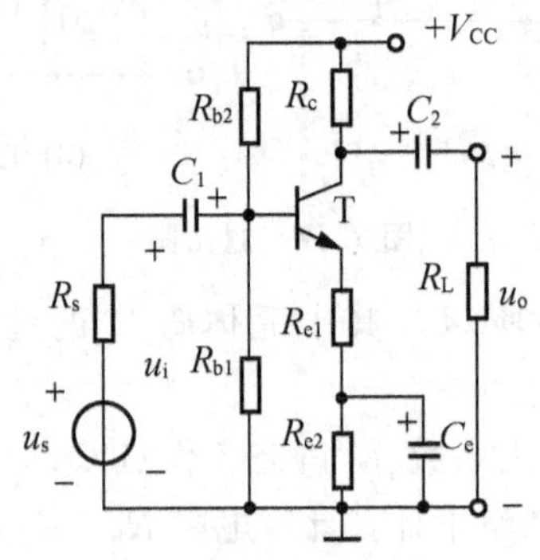

图 3.60 题 4 图

5. 在图 3.61 所示电路中，已知 $V_{CC}=12V$，$R_{b1}=5k\Omega$，$R_{b2}=15k\Omega$，$R_e=2.3k\Omega$，$R_c=5.1k\Omega$，$R_L=5.1k\Omega$；晶体管的 $\beta=50$，$r_{be}=1.5k\Omega$，$U_{BEQ}=0.7V$. 试估算静态工作点 Q，分别求出有、无 C_e 两种情况下的 $\dot{A}_u$ 和 R_i。

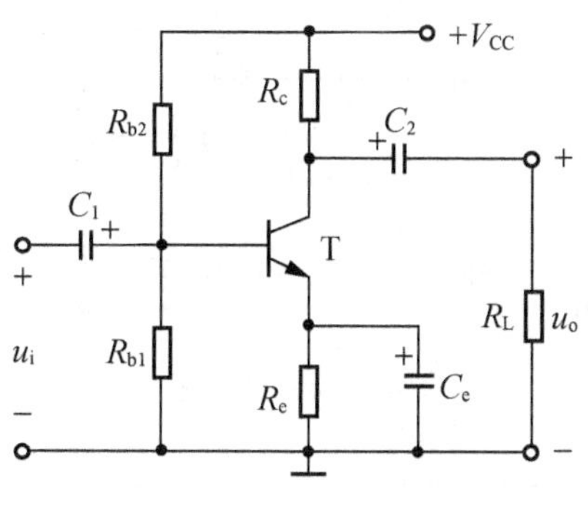

图 3.61 题 5 图

6. 在由 NPN 管构成的放大电路中，由于电路参数不同，在信号源电压为正弦波时，测得输出波形如图 3.62 所示，试说明电路分别产生了什么失真，如何消除。

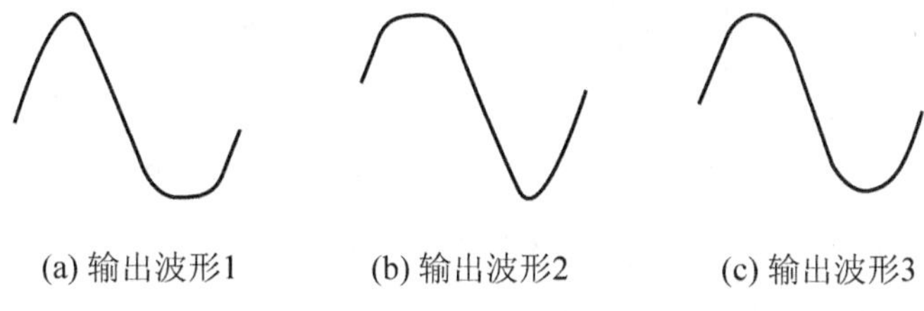

图 3.62 题 6 图

7. 电路如图 3.63 所示，$R_L=3k\Omega$，晶体管的 $\beta=80$，$r_{be}=1k\Omega$，$U_{BEQ}=0.7V$。求 Q 点、$\dot{A}_u$、R_i 和 R_o。

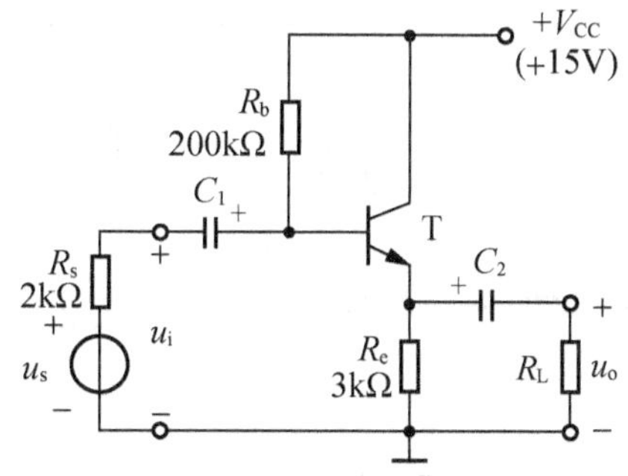

图 3.63 题 7 图

8. 图 3.64 所示放大电路是由 N 沟道增强型 MOS 管组成的，已知 MOS 管的 $g_m=2ms$，试画出电路的交流等效电路，并求 $\dot{A}_u$、R_i 和 R_o。

9. 设图 3.65 所示各电路的静态工作点均合适，分别画出它们的交流等效电路，并写出 $\dot{A}_u$、R_i 和 R_o 的表达式。

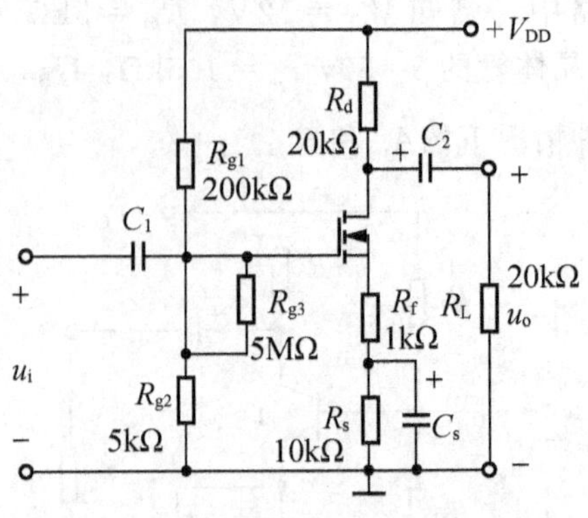

图 3.64 题 8 图

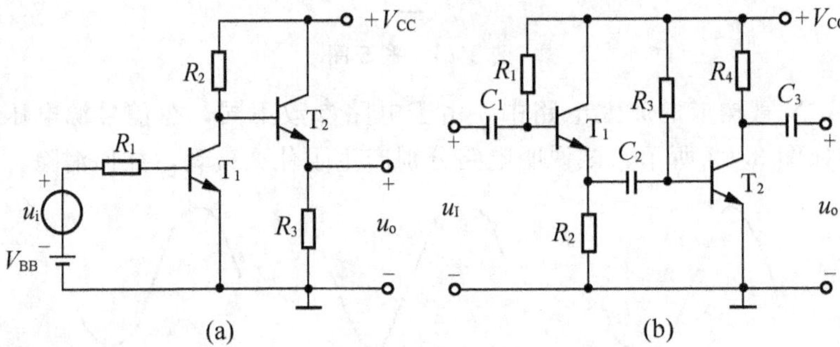

图 3.65 题 9 图

10. 差分放大电路如图 3.66 所示，已知 $V_{CC}=V_{EE}=12V$，$R_b=1k\Omega$，$R_c=12k\Omega$，$R_L=36k\Omega$，$R_e=11.3k\Omega$，$R_W=200\Omega$，$\beta_1=\beta_2=60$，$r_{bb'}=300\Omega$，$U_{BEQ}=0.7V$。试估算静态工作点 Q、差模电压放大倍数、差模输入电阻和差模输出电阻。

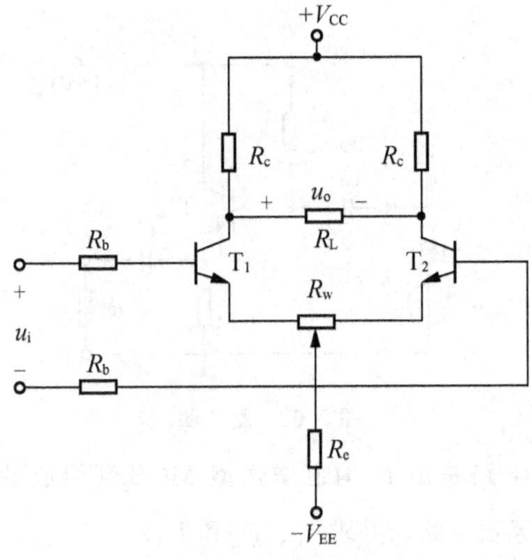

图 3.66 题 10 图

11. 具有集电极调零电位器 R_w 的差分放大电路如图 3.67 所示，设电路参数完全对称，$\beta=50$，$r_{be}=2.8\text{k}\Omega$，当 R_w 动端置于中点位置时，试计算电路的差模电压放大倍数、差模输入电阻和差模输出电阻。

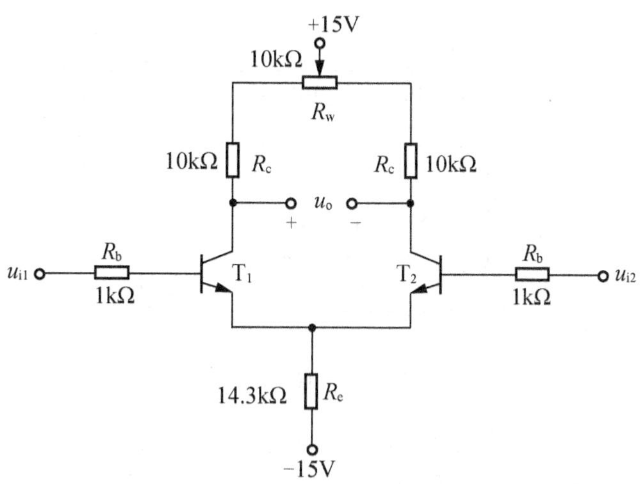

图 3.67 题 11 图

12. 电路如图 3.68 所示，设 $R_L=\infty$，已知 $R_c=11\text{k}\Omega$，$R_b=2\text{k}\Omega$，$I_{C3}=1.1\text{mA}$，晶体管的 $\beta=60$，$r_{bb'}=300\Omega$，输入电压 $u_{s1}=1\text{V}$，$u_{s2}=1.01\text{V}$。试求双端输出时的 u_{od} 和从 T_1 管单端输出时的 u'_{od}(设理想恒流源使单端共模输出电压为 0)。

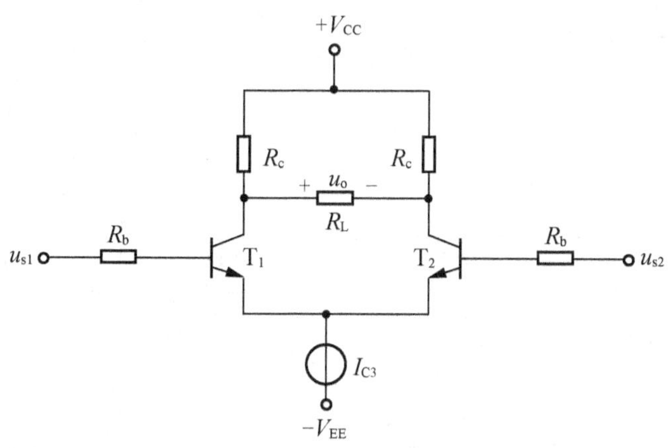

图 3.68 题 12 图

13. 已知某电路的波特图如图 3.69 所示，试写出 $\dot{A}_u$ 的表达式。

14. 已知某电路电压放大倍数为

$$\dot{A}_u \approx \frac{-32}{\left(1+\frac{10}{\mathrm{j}f}\right)\left(1+\mathrm{j}\frac{f}{10^5}\right)}$$

试求 $\dot{A}_{um}$、f_L 和 f_H，并画出波特图。

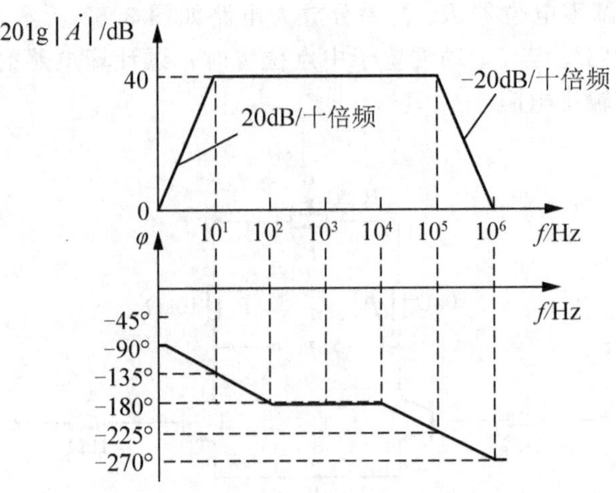

图 3.69 题 13 图

15. 判断图 3.70 所示各电路中是否引入了反馈，是直流反馈还是交流反馈，是正反馈还是负反馈，是电压反馈还是电流反馈，是串联反馈还是并联反馈。设图 3.70 中所有电容对交流信号均可视为短路。

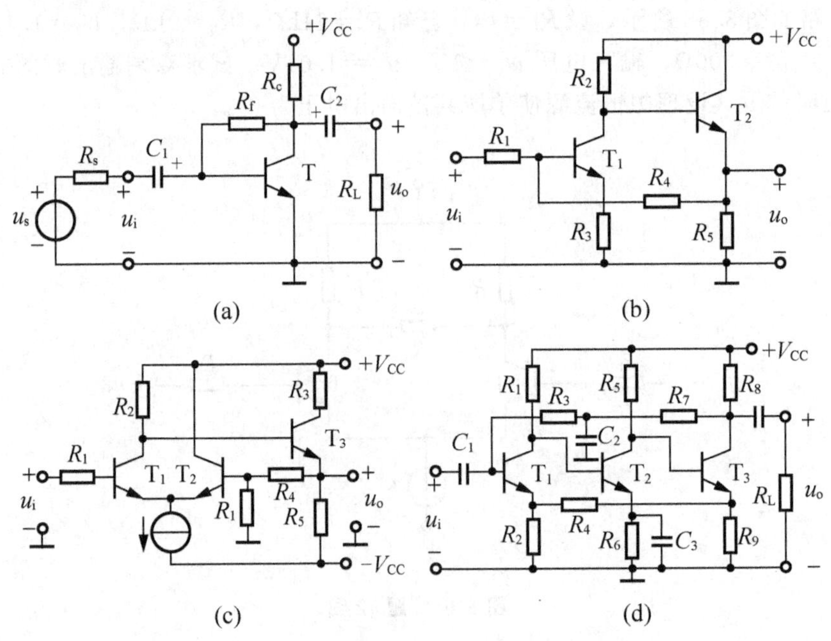

图 3.70 题 15 图

16. 电路如图 3.71 所示，晶体管的饱和管压降 $|U_{CES}|=3V$，$V_{CC}=15V$，$R_L=8\Omega$，求最大输出功率 P_{om} 和效率 η。

17. 在图 3.72 所示功放电路中，已知 $V_{CC}=15V$，晶体管的饱和管压降 $|U_{CES}|=2V$，输入电压足够大。求最大输出功率 P_{om} 和效率 η。

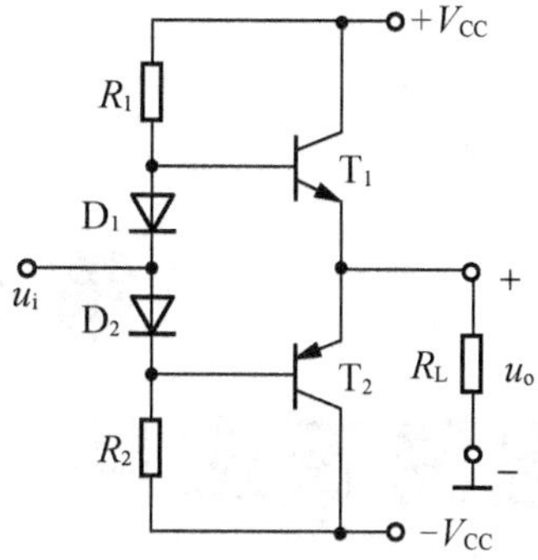

图 3.71 题 16 图

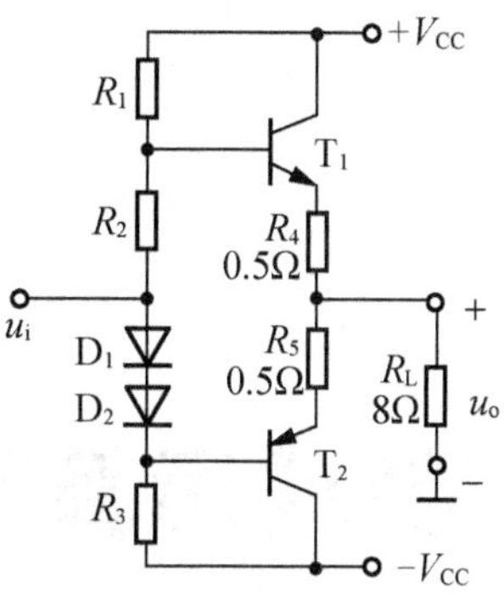

图 3.72 题 17 图

第4章

集成运算放大电路及应用

学习目标

了解集成运算放大电路的电路结构特点；

熟练掌握集成运算放大电路的组成及原理；

着重理解理想运算放大的工作区特点；

熟练掌握由集成运算放大电路构成的各种基本运算电路的分析方法。

导入案例

几根零乱的电线将5个电子元件连接在一起，就形成了世界历史上第一个集成电路。虽然它看起来并不美观，但事实证明，其工作效能要比使用离散的部件高得多。历史上第一个集成电路出自杰克·基尔比之手，如图4.1(a)所示。当时，晶体管的发明弥补了电子管的不足，但工程师们很快又遇到了新的麻烦。为了制作和使用电子电路，工程师不得不亲自手工组装和连接各种分立元件，如晶体管、二极管、电容器等。

其实，在20世纪50年代，许多工程师都想到了这种集成电路的概念。美国仙童公司联合创始人罗伯特·诺伊斯就是其中之一。在基尔比研制出第一块可使用的集成电路后，诺伊斯提出了一种"半导体设备与铅结构"模型。1960年，仙童公司制造出第一块可以实际使用的单片集成电路。诺伊斯的方案最终成为集成电路大规模生产中的实用技术。基尔比和诺伊斯都被授予"美国国家科学奖章"。他们被公认为是集成电路共同的发明者。

随着电子技术的不断发展，超大规模集成电路应运而生。1967年出现了大规模集成电路，集成度迅速提高；1977年超大规模集成电路面世，一个硅晶片中已经可以集成15万个以上的晶体管；1988年，16MB DRAM问世，$1cm^2$大小的硅晶片上集成有3500万个晶体管，这标志着电子技术进入到超大规模集成电路(VLSI)阶段；1997年，300MHz奔腾Ⅱ问世，采用0.25μm工艺，奔腾系列芯片的推出使计算机的发展如虎添翼，发展速度令人惊叹。至此，超大规模集成电路的发展又到了一个新的高度。2009年，Intel酷睿i系列全新推出(如图4.1(b)所示)，创纪录采用了领先的32纳米工艺，并且下一代22纳米工艺正在研发。集成电路的集成度从小规模到大规模、再到超大规模的迅速发展，关键就在于集成电路布图设计水平日益复杂而精密。这些技术的发展，使得集成电路进入了一个新的发展阶段。相信随着科技的不断进步，集成电路还会有更广阔的发展前景。

(a) 世界第一块集成电路

(b) Intel酷睿i系列CPU

图 4.1　集成电路

知识结构

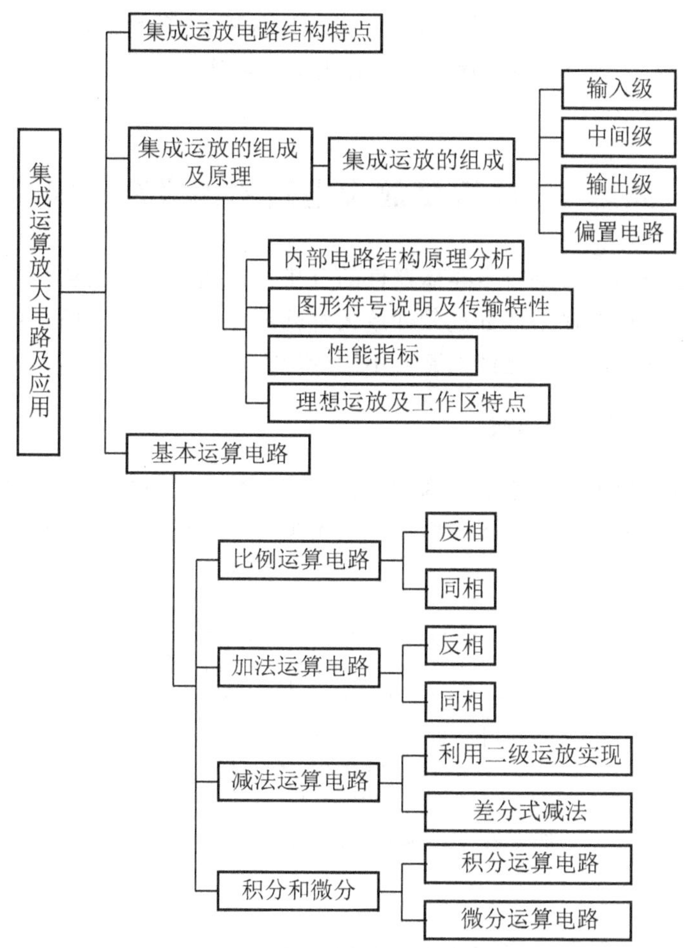

集成运算放大电路(简称集成运放)是将直接耦合方式的多级放大电路集成到半导体基片上，它既是一个半导体器件，也是多级放大电路。由于最初多用于模拟信号的运算故而得名。本章讨论集成运放的组成、原理及应用。

4.1 集成运算放大电路的结构特点

相对于分立元件电路而言，集成运放的电路结构具有以下几方面特点。

(1) 单个元件精度不高，受温度影响也大，但元器件的性能参数比较一致，对称性好。适合于组成差分式放大电路。

(2) 阻值太高或太低的电阻不易制造，电路中晶体管用得多而电阻用得少。

(3) 大电容和电感不易制造，多级放大电路均采用直接耦合方式。

(4) 在集成电路中，为了不使工艺复杂，尽量采用单一类型的管子，元件种类也要少。所以电路在形式上和分立元件电路相比有很大的差别和特点。常用二极管和三极管组成的恒流源和电流源代替大的集电极电阻和提供微小的直流偏置电流，二极管用三极管的发射结代替。

(5) 在电路中，NPN 管都做成纵向管，β 值较大；PNP 管都做成横向管，β 值较小，而 PN 结耐压高。NPN 管和 PNP 管无法配对使用。对 PNP 管，β 和 $\beta+1$ 差别大，基极电流往往不能忽略。

4.2 集成运算放大电路的组成及原理

对集成运放的分析，既是对半导体器件的分析，也是对放大电路的性能分析。集成运放内部放大电路之间的连接不像分立元件放大电路那样简单，要考虑一些特殊的问题，所以集成运放电路的构成与分立元件电路有不同的地方。

4.2.1 集成运算放大电路的组成

集成运算放大电路的种类很多，内部电路也不一样，但结构具有共同之处。图 4.2 是通用集成运放内部结构的原理框图。由图 4.2 可见，一个集成运放由输入级、中间级、输出级以及偏置电路 4 部分组成。

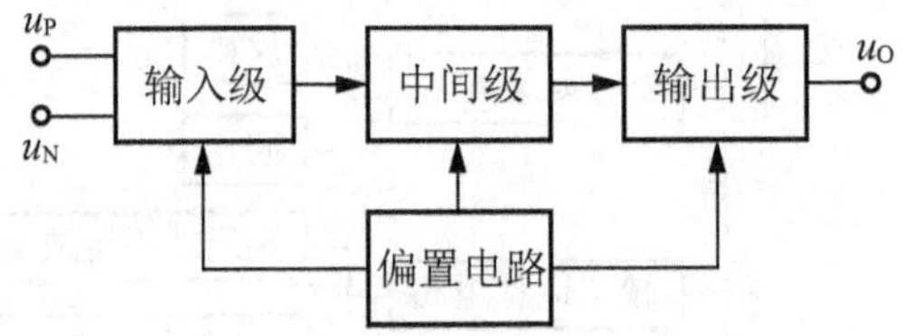

图 4.2 通用集成运放内部结构原理框图

1. 输入级

由于集成运放的各级之间采用的是直接耦合方式，所以存在零点漂移现象，使得输出电压偏移原起始点而上下漂动。为了克服这一现象，集成运放的输入级常采用差分式放大电路。使用差分式放大电路可以克服零点漂移，提高整个电路的输入电阻，并且能改善其电路性能。

2. 中间级

该级主要作用是提高电路的电压放大倍数。可以由一级或多级放大电路组成。常采用的典型电路是共射极(或共源极)放大电路，且多使用复合管来构成电路。其电压放大倍数可达千倍以上。

3. 输出级

该级一般由电压跟随器或互补输出级电路组成，以扩大信号输出幅度，降低输出电阻，提高带负载能力。

4. 偏置电路

这部分为集成运放的各级提供合适的直流工作电流。由于集成电路的特殊性，如电路集中、体积小、不容易作较大阻值电阻，因此集成运放的直流偏置电路与分立元件放大电路的偏置电路有很大的不同，一般由电流源构成。另外，集成电路常用电流源去代替电阻作放大电路的有源负载，以提高放大电路的放大倍数。

4.2.2　集成运算放大电路的工作原理

这里以通用集成运放 F007 为例，对运放内部电路做简要介绍。

通用集成运放 F007 的简化原理电路如图 4.3 所示。为了分析和理解电路方便，相对于实际电路做了一些简化。

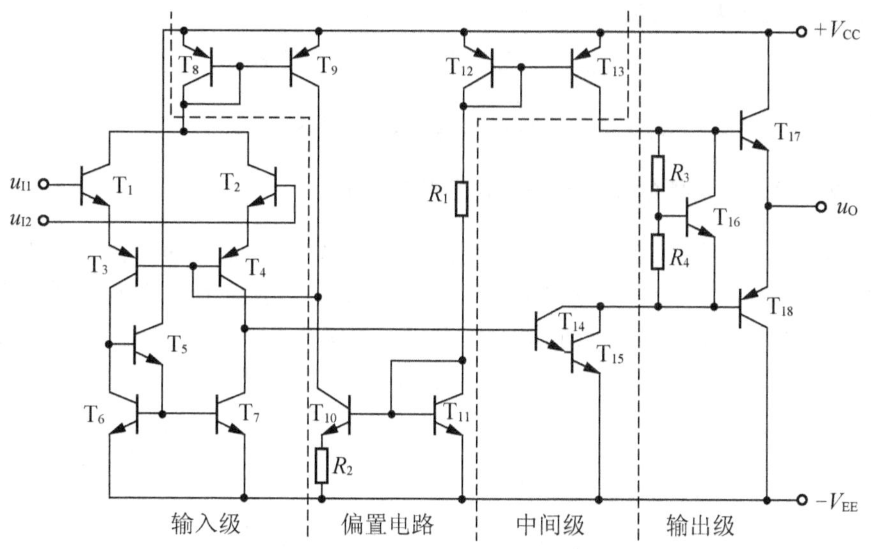

图 4.3　F007 简化内部电路结构图

1. 输入级

在图 4.3 中，晶体管 T_1、T_2、T_3、T_4、T_5、T_6、T_7组成了输入级，其中 T_1、T_2、T_3、T_4组成了共集电极—共基极组合式差分放大电路，是一种双端输入、单端输出的结构。输出信号由 T_4的集电极输出，送到 T_{14}的基极作为中间级放大电路的输入信号。T_5、

T_6、T_7是一个改进的镜像电流源电路，在这里作为差分放大电路第二级 T_3、T_4的集电极有源负载。

2. 中间级

T_{14}、T_{15}组成了中间级，是由 NPN 型复合管构成的共发射极电压放大电路，可以大大提高整个电路的电压增益。

3. 输出级

T_{16}、T_{17}、T_{18}组成了输出级，是一种互补对称结构的甲乙类功率放大电路。该电路结构不仅可以降低输出电阻，提高整个电路的带负载能力，而且还通过 T_{16}及电阻 R_3、R_4构成了偏置电压可调的甲乙类放大电路，有效地消除了乙类放大电路的交越失真现象，使输出波形更接近于真实输出。

4. 偏置电路

T_8、T_9、T_{10}、T_{11}、T_{12}、T_{13}组成了电流源结构的偏置电路，主要是为各级放大电路提供合适的静态工作电流。其中 T_8、T_9构成的是镜像电流源电路，为输入级 T_1、T_2的集电极提供毫安级的工作电流；T_{10}、T_{11}构成了微电流源电路，为输入级 T_3、T_4的基极提供微安级的工作电流；T_{12}、T_{13}构成了镜像电流源电路，为中间级 T_{14}、T_{15}的集电极提供毫安级工作电流并作为其有源负载；同时 T_{12}、T_{13}构成的镜像电流源电路也为输出级 T_{17}、T_{18}的基极提供偏置电流。由图 4.3 可以看出，由 $+V_{CC}\to T_{12}\to R_1\to T_{11}\to -V_{EE}$ 支路构成主偏置电路，决定了基准电流 I_{REF}，其值等于

$$I_{REF}=\frac{V_{CC}-(-V_{EE})-U_{EB12}-U_{BE11}}{R_1} \tag{4-1}$$

各级的工作电流是由基准电流 I_{REF}产生的镜像电流提供的。

4.2.3 集成运算放大电路的图形符号及电压传输特性

集成运放的电路图形符号如图 4.4 所示。图 4.4(a)所示为集成运放实际正、负双电源供电的示意图。但在实际应用中 $+V_{CC}$和 $-V_{EE}$两个电源通常不画出来，而是采用图 4.4(b)作为集成运放的电路图形符号。集成运放多采用正、负双电源供电的目的是为了保证在没有信号输入时，运放的输出端静态电压能够等于零。图 4.4 中 A 代表集成运放的电压增益。

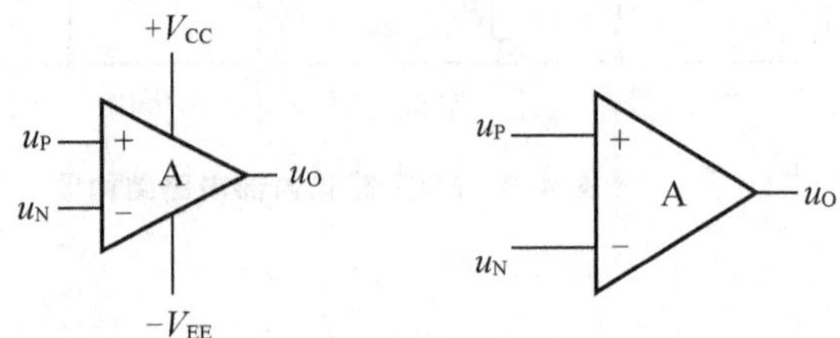

(a) 集成运放实际正、负双电源供电示意图 (b) 简化图形符号

图 4.4 集成运放的电路图形符号

电路图形符号表明集成运放是由两个信号输入端、一个信号输出端组成的放大电路。标(+)符号的输入端称为同相输入端，用 u_P 表示；标(－)符号的输入端称为反相输入端，用 u_N 表示。当输入信号从同相输入端 u_P 加入时，输出信号 u_O 与 u_P 同相；当输入信号从反相输入端 u_N 加入时，输出信号 u_O 与 u_N 反相。

集成运放的输出电压 u_O 与输入电压(u_P-u_N)之间的关系曲线称为电压传输特性，表示为

$$u_O=f(u_P-u_N) \tag{4-2}$$

对正、负电源供电的集成运放，电压传输特性如图 4.5 所示。由图 4.5 可见，曲线分为线性区和非线性区两部分。在线性区，曲线斜率即为电压放大倍数；在非线性区，输出电压有 $\pm U_{OM}$ 两种情况。

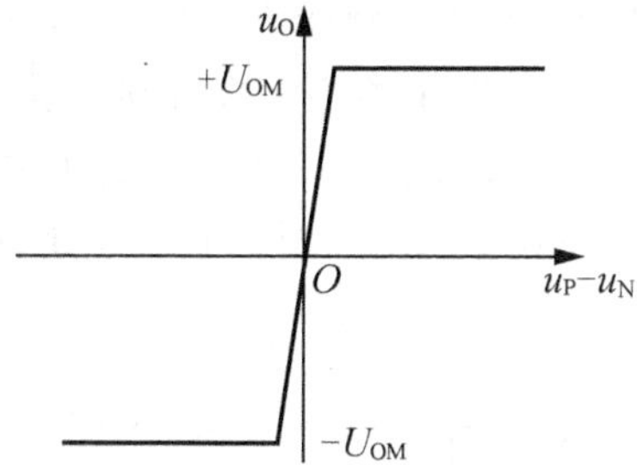

图 4.5　集成运放的电压传输特性

4.2.4　集成运算放大电路的主要参数

集成运放的参数是评价其性能的主要指标，是正确选择和使用集成运放的重要依据；现将主要参数介绍如下。

1. 开环差模电压增益 A_{od}

在集成运放无外加反馈时的差模电压放大倍数，称为开环差模电压增益，记作 A_{od}。$A_{od}=\Delta u_O/\Delta(u_P-u_N)$，常用分贝(dB)表示，其分贝数为 $20\lg|A_{od}|$。集成运放的 A_{od} 值很高，通用型的 A_{od} 通常都在 10^5(或 100dB)以上。

2. 差模输入电阻 R_{id}

R_{id} 指集成运放在输入差模信号时的输入电阻。R_{id} 越大，从信号源索取的电流越小。集成运放的 R_{id} 都很大，通常在兆欧(MΩ)级以上。

3. 输出电阻 R_o

R_o 是集成运放从输出端看进去的等效电阻值。R_o 越小，电路带负载能力越强。集成运放的 R_o 都很小，通常不会超过 200Ω。

4. 共模抑制比 K_{CMR}

共模抑制比等于差模电压放大倍数 A_{od} 与共模电压放大倍数 A_{oc} 之比的绝对值，即 $K_{CMR}=|A_{od}/A_{oc}|$，也常用分贝(dB)表示，其数值为 $20\lg K_{CMR}$。集成运放的 K_{CMR} 值越大

越好。该值越大，说明集成运放抑制共模信号的能力越强。通用集成运放的 K_{CMR} 一般在100dB左右。

5. 开环带宽 f_H

由于集成运放内部电路采用直接耦合方式，其下限截止频率 $f_L=0Hz$，所以其通频带 f_{BW} 只由上限截止频率 f_H 确定($f_{BW}=f_H-f_L=f_H$)。在集成运放中，晶体管较多，电路复杂，因而其PN结电容、电路分布电容和寄生电容效应较大，严重影响其上限截止频率。通用集成运放的 f_H 都在10kHz以下。但由于集成运放在线性区工作时要引入很强的负反馈，可以大大提高电路的上限截止频率，使其值可达到数百千赫兹以上。

6. 输入失调电压 U_{IO}

理想情况下，当输入电压信号为0(把两输入端同时接地)时，输出电压 $u_O=0$。但在实际的集成运放中，晶体管的参数和电阻值不可能完全匹配，因此存在着“失调”。当输入电压为零时，输出电压 $u_O\neq0$，如果要使 $u_O=0$，必须在输入端加一理想电压源 U_{IO}，将 U_{IO} 称为输入失调电压。U_{IO} 一般在几毫伏级，显然它越小越好。

7. 输入失调电流 I_{IO}

输入失调电流是指输入信号为零时，两个输入端静态基极电流之差，即 $I_{IO}=|I_{B1}-I_{B2}|$。输入失调电流也是由于内部电路的不对称引起的，其值越小越好。

8. 最大输出电压 U_{opp}

能使输出电压和输入电压失真不超过允许值时的最大输出电压，称为集成运放的最大输出电压。

除上述各参数外，还有输入偏置电流 I_{IB}、共模输入电压范围 U_{ICM}、静态功耗 P_{CM} 等其他参数。具体使用这些参数时，可查阅有关手册，这里不再赘述。

4.2.5 理想运放及其工作区特点

利用集成运放作为放大电路，引入各种不同的反馈，就可以构成具有不同功能的实用电路。在分析各种实用电路时，通常都将集成运放的性能指标理想化，即将其看成为理想运放。尽管集成运放的应用电路多种多样，但其工作区域却只有两个。在电路中，它们不是工作在线性区，就是工作在非线性区。这里介绍的不同工作区的基本特点是分析集成运放应用电路的基础。

1. 理想运放的性能指标

集成运放的理想化参数如下所示。

(1) 开环差模增益 $A_{od}=\infty$。

(2) 差模输入电阻 $R_{id}=\infty$。

(3) 输出电阻 $R_o=0$。

(4) 共模抑制比 $K_{CMR}=\infty$。

(5) 上限截止频率 $f_H=\infty$。

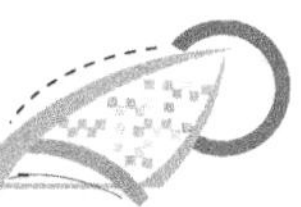

(6) 失调电压 U_{IO} 和失调电流 I_{IO} 均为零，且无任何内部噪声。

实际应用中，集成运放的性能指标均为有限值，将参数理想化必然带来分析误差。但在一般工程计算中，这些误差都在允许的误差范围内。随着电子技术的发展，新型运放不断出现，性能指标越来越接近理想，误差也就越来越小。因此，只有在进行误差分析时，才考虑实际运放有限的增益、带宽、共模抑制比、输入电阻和失调因素等所带来的影响。

2. 理想运放工作在线性区的特点

由于理想运放的 $A_{od}=\infty$，若输入端加微小电压，输出电压就会超出线性区。只有在电路中引入负反馈，使净输入电压趋于零，才能使运放工作在线性区。

当集成运放工作在线性区时，输出电压应与输入差模电压成线性关系，即应满足

$$u_O=A_{od}(u_P-u_N) \tag{4-3}$$

由于输出电压为有限值，则必有 $u_P-u_N=0$，即 $u_P=u_N$。称同相输入端和反相输入端为"虚短"。

设集成运放同相输入端和反相输入端的电流分别为 i_P、i_N。由于理想运放的 $R_{id}=\infty$，所以有 $i_P=i_N=0$，即从运放两个输入端看进去相当于断路，称为"虚断"。

知识要点提醒

"虚短"指运放的两个输入端无限接近，但不是真正短路。"虚断"指运放的两个输入端电流趋近于零，但不是真正断路。

3. 理想运放工作在非线性区的特点

在电路中，若运放不是处于开环状态(即没有引入反馈)，就是只引入了正反馈，则表明理想运放工作在非线性区。

理想运放工作在非线性区时，输出电压 u_O 与输入电压 (u_P-u_N) 不再是线性关系，有如下两个特点。

(1) 当 $u_P>u_N$ 时，$u_O=+U_{OM}$；当 $u_P<u_N$ 时，$u_O=-U_{OM}$。

(2) 由于理想运放的差模输入电阻无穷大，故净输入电流为零，即 $i_P=i_N=0$。

可见，理想运放仍具有"虚断"的特点，但其净输入电压不再为零，而取决于电路的输入信号。

知识要点提醒

集成运放工作在线性区时电路中必然引入负反馈，且同时具备"虚短"、"虚断"的条件；集成运放工作在非线性区时电路开环或引入正反馈，此时只具备"虚断"条件，"虚短"条件不再成立。

4.3　基本运算电路

构成运算电路是集成运放的一个重要应用，基本的运算电路有比例、加减、积分、微分等电路。在运算电路中，以运放的输入电压作为自变量，输出电压作为函数，输出与输

入满足一定的数学关系。当输入电压变化时，输出电压将按照这个数学规律随之变化，即输出电压是输入电压某种运算的结果。

4.3.1 比例运算电路

比例运算电路要求电路输出电压与输入电压满足一定的比例关系，即 $u_O=ku_I$。其中，k 为比例系数。

1. 反相比例运算电路

实现比例运算的电路如图 4.6(a)所示，由于输入电压是从运放的反相输入端加入，所以把该电路叫做反相比例运算电路。

按负反馈的概念，电阻 R_f 连接电路的输入和输出回路，构成了反馈网络。它引入的是深度电压并联负反馈。输入电压 u_I 通过电阻 R_1 作用于集成运放的反相输入端，因此输出电压 u_O 与 u_I 极性相反。

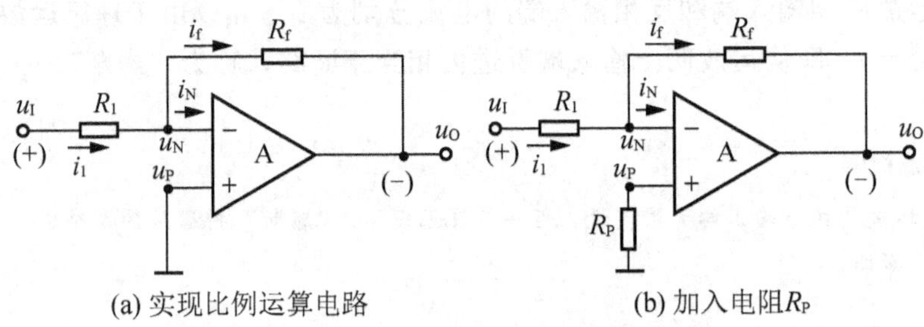

(a) 实现比例运算电路　　(b) 加入电阻 R_P

图 4.6 反相比例运算电路

下面利用"虚短"、"虚断"概念分析电路的输入输出关系。

因为"虚短"，有 $u_P=u_N$，且 $u_P=0$，所以 $u_N=0$，可见同时有"虚地"条件成立。

又以为"虚断"，有 $i_N=0$，则

$$i_1=i_f \tag{4-4}$$

根据反相输入端"虚地"的特点，可得

$$i_1=\frac{u_I}{R_1} \tag{4-5}$$

$$i_f=-\frac{u_O}{R_f} \tag{4-6}$$

将式(4-5)和式(4-6)代入式(4-4)，有 $\frac{u_I}{R_1}=-\frac{u_O}{R_f}$，整理后得

$$u_O=-\frac{R_f}{R_1}u_I=ku_I \tag{4-7}$$

式中 $k=-\frac{R_f}{R_1}$ 就是电路的比例系数。改变 R_f 和 R_1 的值，便可以改变电路的比例系数。

从放大电路角度看，反相比例运算电路也是一种反相放大电路。其电压放大倍数 $A_u=-\frac{R_f}{R_1}$。

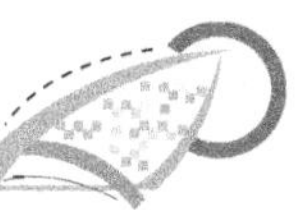

在实际电路中，通常在运放的同相输入端与地之间加一电阻 R_P，如图 4.6(b)所示。R_P 是平衡电阻，加入它是为了保证运放两个输入端的平衡。由“虚断”的概念，在运放的输入端没有电流流过，因此没有电流流过 R_P，在它上面也就没有压降，仍有同相端的电位 $u_P=0$，所以加了 R_P 后电路的输出输入关系不变。

知识要点提醒

当输入信号从集成运放的反相输入端输入时，电路中同时具备“虚地”的条件。

2. 同相比例运算电路

同相比例运算电路如图 4.7 所示。图 4.7 中电阻 R_1 和 R_f 组成了反馈网络。分析可知，该电路的反馈组态为电压串联负反馈，其等效输入电阻 $R_{if}=\infty$，等效输出电阻 $R_{of}=0$。

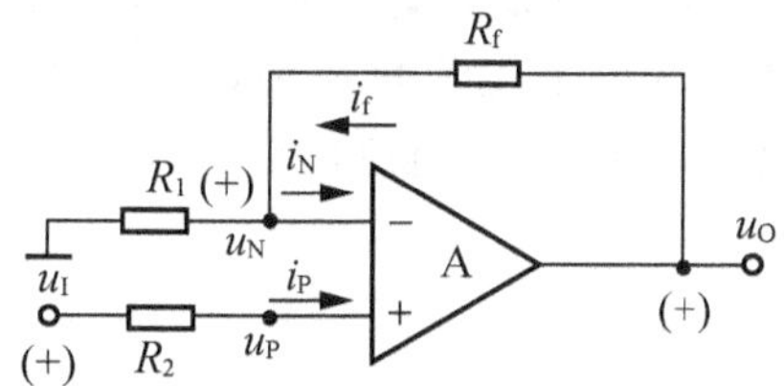

图 4.7 同相比例运算电路

输入电压加到了集成运放的同相输入端，所以输出端电压 u_O 与 u_I 同相。利用“虚短”、“虚断”概念分析电路输出和输入之间的关系如下。

因为“虚断”，有 $i_P=i_N=0$，所以

$$u_P=u_I$$

$$u_N=\frac{R_1}{R_1+R_f}u_O$$

又因为“虚短”，有 $u_P=u_N$，所以

$$u_I=\frac{R_1}{R_1+R_f}u_O$$

整理后有

$$u_O=\left(1+\frac{R_f}{R_1}\right)u_I \tag{4-8}$$

式(4-8)表明，该电路的输出电压 u_O 与输入电压 u_I 成比例，比例系数 $k=1+\frac{R_f}{R_1}$。

从放大电路角度看，同相输入比例运算电路，也是输出电压与输入电压同相的放大电路，其电压放大倍数等于 $A_u=1+\frac{R_f}{R_1}$。

3. 电压跟随器

若令式(4-8)中 $R_1=\infty$，则图 4.7 所给电路结构变成如图 4.8(a)所示结构。此时 $u_O=u_I$，可见该电路构成了电压跟随器。在式(4-8)中若令 $R_1=\infty$，且 $R_f=0$，则 $u_O=u_I$ 仍然成立，构成了另外一种结构更为简单的电压跟随器，如图 4.8(b)所示。

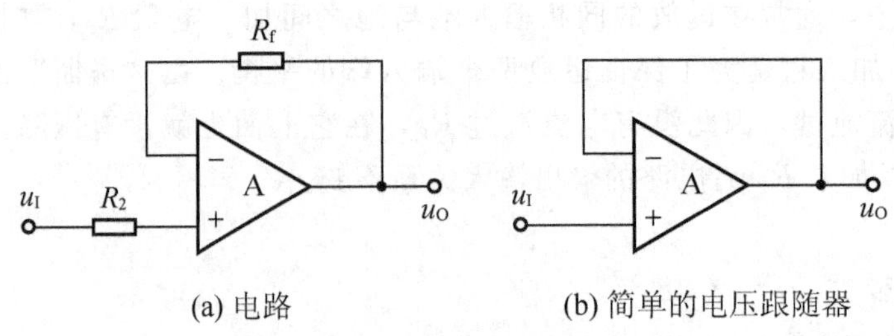

图 4.8 电压跟随器

前面章节中曾介绍过晶体管构成的共集电极基本放大电路(即射极输出器)，也具有电压跟随效果。但二者比较，由集成运放构成的电压跟随器的跟随效果要优越得多，更趋近于理想。这主要是因为理想集成运放的开环差模增益为无穷大，输入电阻也为无穷大，而输出电阻为零。经过深度电压串联负反馈后，这些性能又得到了进一步的提高。

因为在运算电路中一般都引入深度电压负反馈，在理想运放条件下，视输出电阻为零，所以可以认为电路的输出为恒压源，空载和带负载两种情况下输出与输入间的运算关系不变。

知识要点提醒

对于单一信号作用的运算电路，在分析运算关系时，应首先列出关键节点的电流方程，所谓关键节点是指那些与输入电压和输出电压产生关系的节点，如 N 点和 P 点；然后根据“虚短”和“虚断”的原则进行整理，即可得出输出电压和输入电压的运算关系。

4.3.2 加法运算电路

多个输入信号从集成运放的同一端输入，实现这些输入信号按各自不同比例求和的电路统称为加法电路。根据多个信号同时输入的端口不同，可将加法运算电路分为反相比例加法运算电路和同相比例加法运算电路。

1. *反相比例加法电路*

所谓反相比例加法运算电路是指所有输入信号同时从集成运放的反相端加入，然后实现各输入端按比例相加。图 4.9 为两个输入信号的电路结构。它实现将两个输入电压信号 u_{I1}、u_{I2}先求反相比例，然后相加。

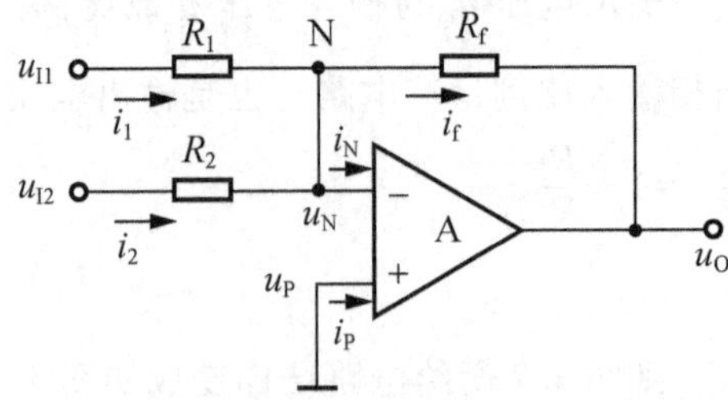

图 4.9 反相比例加法电路

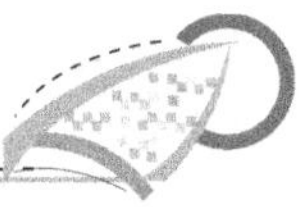

设 u_{I1} 端对应输入电流为 i_1，u_{I2} 端对应输入电流为 i_2，形成的反馈电流为 i_f；假定参考方向如图 4.9 所示。

下面利用"虚短"、"虚断"概念分析电路的输入、输出关系。

因为"虚短"，有 $u_P=u_N$，且 $u_P=0$，所以 $u_N=0$，存在"虚地"条件。

又因为"虚断"，有 $i_N=0$，则

$$i_1+i_2=i_f \tag{4-9}$$

根据反相输入端"虚地"的特点，可得

$$i_1=\frac{u_{I1}}{R_1},\quad i_2=\frac{u_{I2}}{R_2},\quad i_f=-\frac{u_O}{R_f}$$

所以

$$\frac{u_{I1}}{R_1}+\frac{u_{I2}}{R_2}=-\frac{u_O}{R_f} \tag{4-10}$$

将式(4-10)整理后得

$$u_O=-\left(\frac{R_f}{R_1}u_{I1}+\frac{R_f}{R_2}u_{I2}\right) \tag{4-11}$$

这是比例加法运算的表达式，式中负号是因为反相输入所引起的。若取比例系数为1，即选择电阻参数

$$R_1=R_2=R_f$$

输出与输入的表达式变为

$$u_O=-(u_{I1}+u_{I2})$$

图 4.8 电路可以扩展为多个输入端，从而实现多路信号进行反相比例加法运算，即

$$u_O=u_{O1}+u_{O2}+\cdots+u_{On}=-\left(\frac{R_f}{R_1}u_{I1}+\frac{R_f}{R_2}u_{I2}+\cdots+\frac{R_f}{R_n}u_{In}\right)$$

2. 同相比例加法电路

加法电路也可以采用同相输入方式，电路如图 4.10 所示。

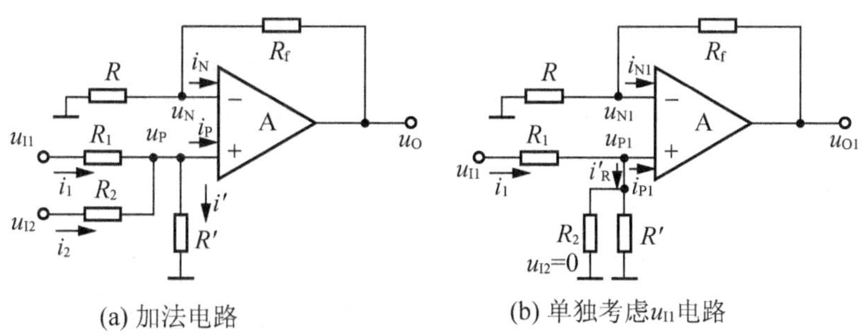

(a) 加法电路　　(b) 单独考虑 u_{I1} 电路

图 4.10　同相比例加法电路

该电路仍然可以利用前面介绍的"虚短"、"虚断"概念来推导输出信号 u_O 与输入信号 u_{I1}、u_{I2} 之间的关系，但这种方法的推导过程相对复杂。

下面介绍一种利用叠加定理求解电路输入输出运算关系的方法。求解时首先求出 u_{I1}、u_{I2} 分别单独作用时的输出电压，然后将它们相加，便得到两个输入信号共同作用时，输出

电压与输入电压之间的运算关系。

(1) 单独考虑 u_{I1} 作用时，应将 u_{I2} 输入端接地，如图 4.10(b)所示。设此时的输出电压为 u_{O1}。

因为“虚断”，有 $i_{P1}=i_{N1}=0$，所以 $i_1=i'_R$

而 $i_1=\dfrac{u_{I1}-u_{P1}}{R_1}$，$i'_R=\dfrac{u_{P1}}{R_2/\!/R'}$，则有

$$\frac{u_{I1}-u_{P1}}{R_1}=\frac{u_{P1}}{R_2/\!/R'} \tag{4-12}$$

将式(4-12)整理后，得

$$u_{P1}=\frac{R_2/\!/R'}{R_1+R_2/\!/R'}u_{I1}$$

在反相输入端有

$$u_{N1}=\frac{R}{R+R_f}u_{O1}$$

又因为“虚短”，有 $u_{P1}=u_{N1}$，则

$$\frac{R}{R+R_f}u_{O1}=\frac{R_2/\!/R'}{R_1+R_2/\!/R'}u_{I1} \tag{4-13}$$

将式(4-13)整理后，得

$$u_{O1}=\left(1+\frac{R_f}{R}\right)\frac{R_2/\!/R'}{R_1+R_2/\!/R'}u_{I1} \tag{4-14}$$

(2) 单独考虑 u_{I2} 作用时，应将 u_{I1} 输入端接地。设此时的输出电压为 u_{O2}。

从图 4.10(a)中可知，当 u_{I1} 短路后，电路结构与图 4.10(b)完全类似，只需将式(4-14)中的 R_1 和 R_2 调换位置即可。故有

$$u_{O2}=\left(1+\frac{R_f}{R}\right)\frac{R_1/\!/R'}{R_2+R_1/\!/R'}u_{I2} \tag{4-15}$$

(3) 利用叠加定理，综合考虑 u_{I1} 和 u_{I2} 单独作用后的结果。

$$u_O=u_{O1}+u_{O2}=\left(1+\frac{R_f}{R}\right)\left(\frac{R_2/\!/R'}{R_1+R_2/\!/R'}u_{I1}+\frac{R_1/\!/R'}{R_2+R_1/\!/R'}u_{I2}\right) \tag{4-16}$$

适当选取电路中的电阻值，可以使以上式中的比例系数得到简化。

4.3.3 减法运算电路

1. 利用二级运放实现减法运算

要实现对输入信号的减法运算，可采用由两级运放构成的电路来完成，如图 4.11 所示。

其中，第一级运放 A_1 构成了反相比例运算电路，根据式(4-7)有

$$u_{O1}=-\frac{R_{f1}}{R_1}u_{I1} \tag{4-17}$$

第二级运放 A_2 构成了反相比例加法电路，两个输入电压分别为第一级运放的输出电压 u_{O1} 和一个外加输入电压信号 u_{I2}。根据反相比例加法电路的输入输出关系式(4-11)有

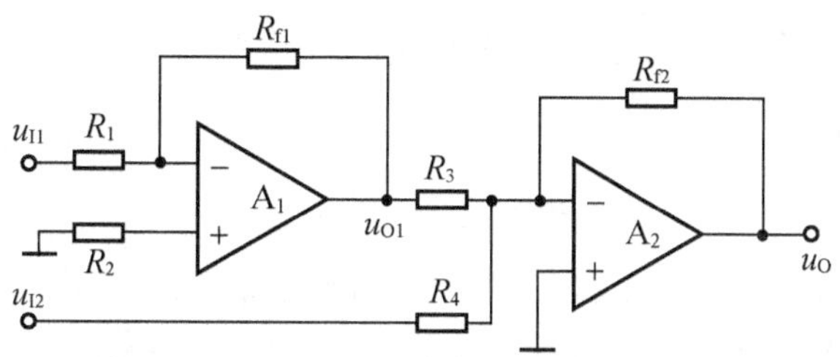

图 4.11 利用二级运放实现减法运算电路

$$u_O=-\frac{R_{f2}}{R_3}u_{O1}-\frac{R_{f2}}{R_4}u_{I2}=\frac{R_{f2}}{R_3}\cdot\frac{R_{f1}}{R_1}u_{I1}-\frac{R_{f2}}{R_4}u_{I2} \tag{4-18}$$

在第一级运放电路中，若 $R_{f1}=R_1$，则其比例系数 $k=1$。第一级运放实际构成了一个倒相器，其输出是输入的反相，式(4-17)因此变为

$$u_{O1}=-u_{I1}$$

在第二级运放中，若取 $R_3=R_4=R$，代入式(4-18)前半部分，则有

$$u_O=\frac{R_{f2}}{R}(u_{I1}-u_{I2}) \tag{4-19}$$

若继续满足条件 $R_{f2}=R$，则式(4-19)变换为 $u_O=u_{I1}-u_{I2}$，从而实现了输出是输入信号的减法运算。

2. *差分式减法运算电路*

差分式减法运算电路是利用一级运放实现减法运算的电路，如图 4.12(a)所示。要进行运算的两路信号分别由运放的同相和反相输入端送入，这是一种差分输入(也叫双端输入)方式。由于存在着负反馈，电路属于线性电路，因此，可以利用叠加定理分析求解电路输出电压与输入电压之间关系。

由图 4.12(a)可知，因为“虚断”，有 $i_P=i_N=0$，所以

$$u_P=\frac{R_f}{R+R_f}u_{I2} \tag{4-20}$$

再利用叠加定理求 u_N 与 u_{I1} 及 u_O 之间的关系得到以下几个等式。

(1) 单独考虑 u_O 的作用，此时令 $u_{I1}=0$，则对应反相端输入电压表示为 u'_N，如图 4.12(b)所示。故有 $u'_N=\frac{R}{R+R_f}u_O$。

(2) 单独考虑 u_{I1} 的作用，此时令 $u_O=0$，则对应反相端输入电压表示为 u''_N。这种情况与如图 4.12(b)完全类似，只是接地端变成了 u_O。故有 $u''_N=\frac{R_f}{R+R_f}u_{I1}$。

(3) 综合考虑 u_{I1} 和 u_O 的作用结果有

$$u_N=u'_N+u''_N=\frac{R}{R+R_f}u_O+\frac{R_f}{R+R_f}u_{I1}=\frac{1}{R+R_f}(Ru_O+R_fu_{I1}) \tag{4-21}$$

又因为“虚短”，有 $u_P=u_N$，根据式(4-20)和式(4-21)，可得

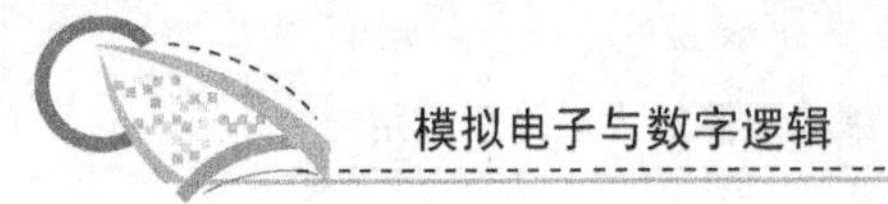

$$\frac{R_f}{R+R_f}u_{I2}=\frac{1}{R+R_f}(Ru_O+R_f u_{I1}) \tag{4-22}$$

将式(4-22)整理后得

$$u_O=\frac{R_f}{R}(u_{I2}-u_{I1}) \tag{4-23}$$

若取 $R_f=R$，则有 $u_O=u_{I2}-u_{I1}$，从而实现对输入信号的减法运算。

减法运算也可以看成是对两个输入信号的差进行放大，所以此电路也广泛用于自动检测仪器中，实现对输入信号的检测。

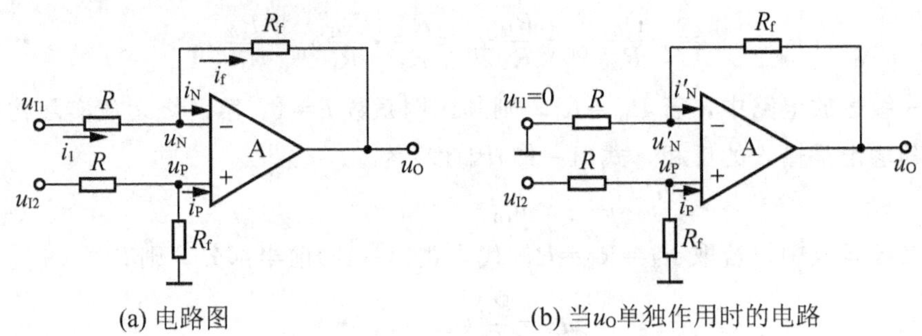

图 4.12　差分式减法运算电路

4.3.4　积分和微分运算电路

积分运算和微分运算互为逆运算。在自控系统中，常用积分电路和微分电路作为调节环节；此外，它们还广泛应用于波形的产生和变换以及仪器仪表之中。以集成运放作为放大电路，利用电阻和电容作为反馈网络，可以实现这两种运算电路。

1. 积分运算电路

积分运算电路是对输入信号进行积分运算的电路，满足输出电压是输入电压的积分关系，图 4.13 是实现这一功能的电路。

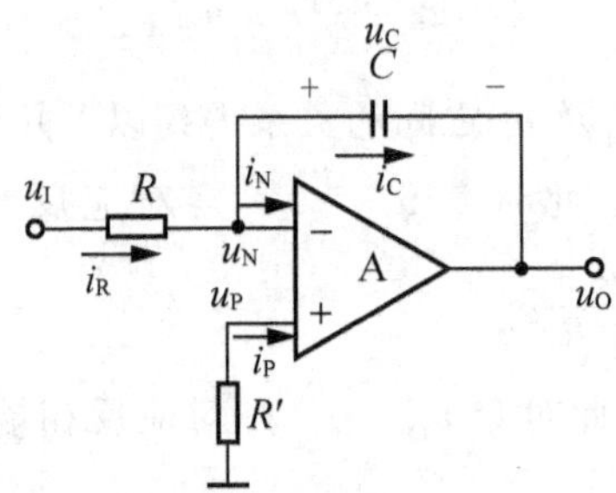

图 4.13　积分运算电路

积分运算电路与前面电路最大的不同之处在于：电路中反馈支路由电阻换成了电容，电容 C 构成了电压并联负反馈电路。

由于有深负反馈存在，集成运放输入端仍然存在“虚短”、“虚断”特征。故利用这一特征分析求解输入输出之间的关系。

因为“虚断”，有 $i_P=i_N=0$，所以 $u_P=0$。

又因为“虚短”，有 $u_P=u_N$，则 $u_N=0$，可见同时有“虚地”条件成立。

根据 $i_N=0$，则有流过电阻 R 的电流 i_R 全部流入电容 C，形成电容电流 i_C，即

$$i_C=i_R=\frac{u_I}{R}$$

而输出电压 u_O和电容两端的电压 u_C大小相同，极性相反(因为运放反相输入端的电位为零，所以输出端对地的电压也可以看成输出端对运放反相输入端的电压)。而电容两端的电压 u_C应为流过电容的电流 i_C 的积分，因此有

$$u_O=-u_C=-\frac{1}{C}\int i_C\mathrm{d}t \tag{4-24}$$

将 $i_C=\dfrac{u_I}{R}$代入式(4-24)，得到

$$u_O=-\frac{1}{C}\int\frac{u_I}{R}\mathrm{d}t=-\frac{1}{RC}\int u_I\mathrm{d}t \tag{4-25}$$

式(4-25)表明，输出电压 u_O是输入电压 u_I的积分。RC 是积分时间常数 τ。由于输入信号 u_I是从运算反相端输入，所以输出电压 u_O与输入电压 u_I是倒相关系。

当输入电压信号 u_I是如图 4.14(a)所示的阶跃输入，且幅值为 U_S时，$t=0$ 时刻，电容上的电压 $U_C(0)=0$，则输出电压 u_O与输入电压 u_I的关系式为

$$u_O=\frac{-U_S}{RC}\int\mathrm{d}t=-\frac{U_S}{\tau}t \tag{4-26}$$

式(4-26)表明，输出端电压 u_O随时间是线性负增长。设积分时间常数 $\tau=RC$。当时间 $t=\tau$ 时，输出电压 $u_O=U_S$。当 $t>\tau$ 后，u_O继续增加，直至接近运放的电源电压，运放进入了饱和区，输出电压不再改变，则积分停止。上述积分过程如图 4.14(b)所示。

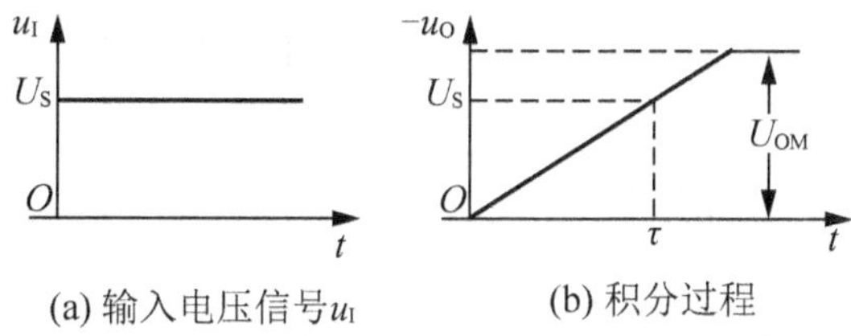

(a) 输入电压信号u_I　　(b) 积分过程

图 4.14 电路中接入阶跃电压的积分过程

积分电路实质上是输入电压 u_I通过电阻 R 向电容 C 充放电过程，由于理想运放的存在，这个充放电过程属于恒流充放电。

当积分电路的输入信号 u_I是方波时(假定方波的半周期小于电路积分时间常数 τ)，电路的输出电压 u_O波形是三角波，如图 4.15 所示。当方波正半周时，输出电压 u_O向负方向线性增长；当方波转入负半周时，输出电压 u_O向正方向线性增长，如此周期变化，在输出端就形成了三角波形。

当积分电路的输入是正弦波时，输出端电压即为余弦波形，如图 4.16 所示。

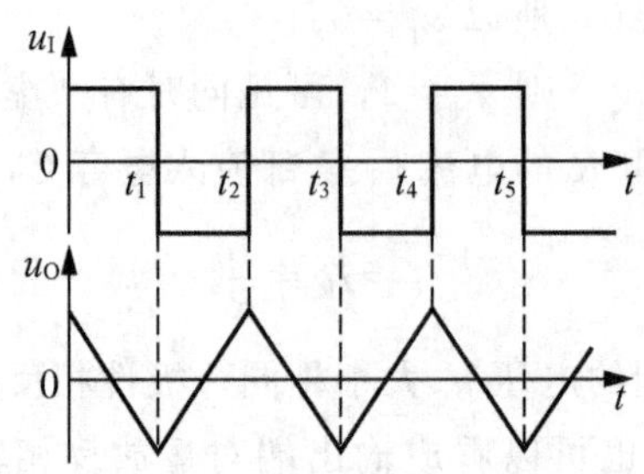

图 4.15　电路接入方波信号时的输出波形

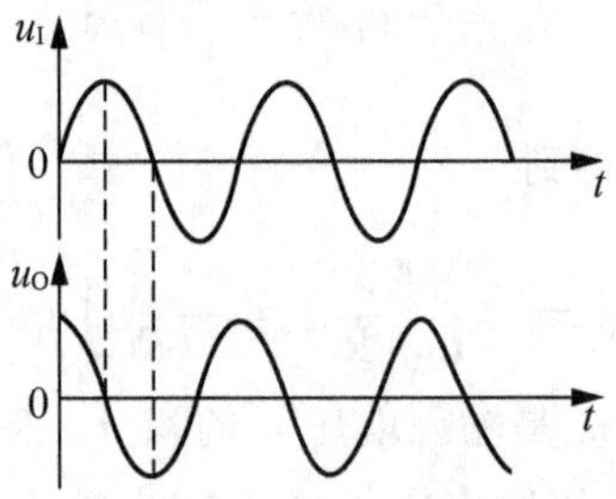

图 4.16　电路接入正弦波信号时的输出波形

【例 4.1】设积分电路如图 4.13 所示，电路中 $R=50\text{k}\Omega$，$C=1\mu\text{F}$，输入电压 u_I 波形如图 4.17(a)所示。设 $t=0$ 时，电容器 C 的初始电压 $U_C(0)=0$。试画出输出电压 u_O 的波形，并标出在 $t=t_1$，$t=t_2$ 时 u_O 的值。

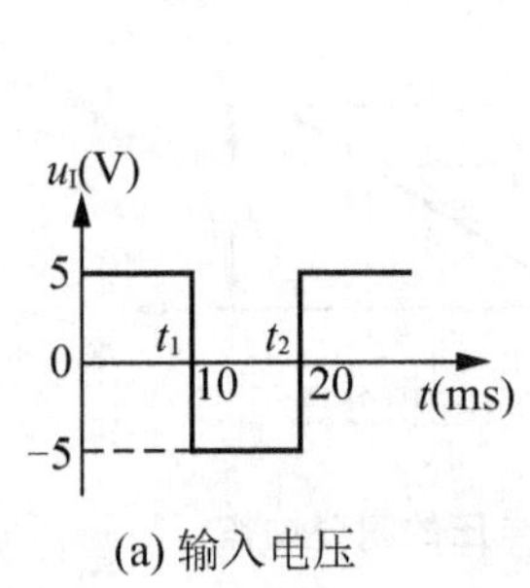

(a) 输入电压

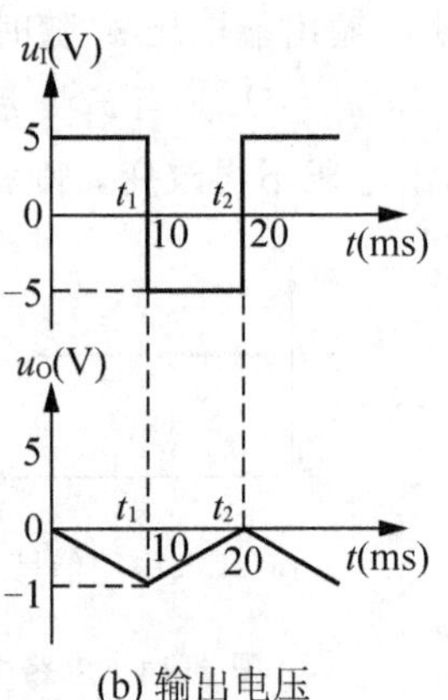

(b) 输出电压

图 4.17　例 4.1 图

解： 由题目知 $t=0$ 时，$u_O(0)=-U_C(0)=0$。

当 $0\leqslant t\leqslant t_1$ 时

$$u_O(t_1)=-\frac{1}{RC}\int_0^{t_1}u_I\mathrm{d}t+u_O(0)=-\frac{1}{50\times10^3\times1\times10^{-6}}\int_0^{t_1}5\mathrm{d}t+0=-1(\text{V})$$

当 $t_1\leqslant t\leqslant t_2$ 时

$$u_O(t_2)=-\frac{1}{RC}\int_{t_1}^{t_2}u_I\mathrm{d}t+u_O(t_1)=-\frac{-5}{50\times10^3\times1\times10^{-6}}(t_2-t_1)\times10^{-3}-1=0(\text{V})$$

当 $t \geqslant t_2$ 时

$$u_O(t)=-\frac{1}{RC}\int_{t_2}^{t}u_I\mathrm{d}t+u_O(t_2)=-\frac{5}{50\times10^3\times1\times10^{-6}}(t-t_2)\times10^{-3}+0=-0.1t+2$$

输出电压 u_O 的波形如图 4.17(b)所示。

2. 微分运算电路

将积分电路中的电阻和电容位置互换，并选取比较小的时间常数 $\tau=RC$，便得到了微分运算电路，如图 4.18 所示。

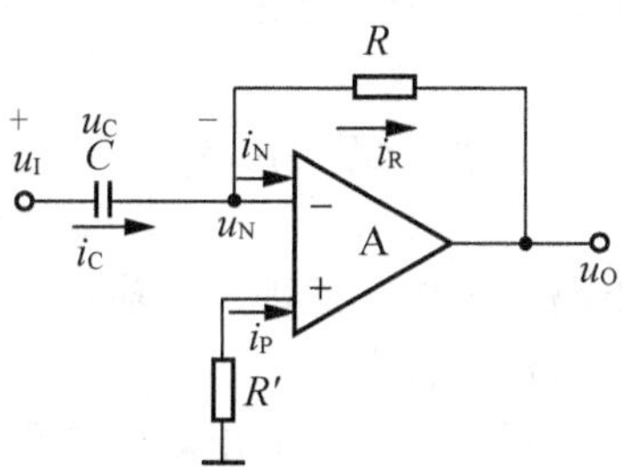

图 4.18　微分运算电路

在数学中，微分是积分的逆运算，实现两种运算的电路也是互补的。在微分运算电路中，实现反馈的元件是电阻 R，它给电路引入了电压并联深负反馈。由于深负反馈的存在，运放的输入端仍存在“虚短”和“虚断”的特征。根据该特征分析电路输入输出之间的关系如下：

因为“虚断”，有 $i_P=i_N=0$，所以 $u_P=0$。

又因为“虚短”，有 $u_P=u_N$，所以 $u_N=0$，同时有“虚地”条件成立。

可见，电容 C 两端的电压就等于输入电压，即 $u_C=u_I$。

根据电路知识，流过电容上的电流等于电容两端电压对时间的微分，即 $i_C=C\dfrac{\mathrm{d}u_C}{\mathrm{d}t}$，则有

$$i_C=C\frac{\mathrm{d}u_I}{\mathrm{d}t} \tag{4-27}$$

根据 $i_N=0$ 可得，流过电容上的电流 i_C 全部流入反馈电阻 R，形成电流 i_R，即 $i_C=i_R$。

运放输出端电压可以写成在反馈电阻上的压降，因此有

$$u_O=-i_RR=-RC\frac{\mathrm{d}u_I}{\mathrm{d}t}=-\tau\frac{\mathrm{d}u_I}{\mathrm{d}t} \tag{4-28}$$

式(4-28)表明，图 4.18 的输出电压 u_O 和输入电压 u_I 之间满足微分运算关系。由于输入信号 u_I 从运放的反相端输入，故表达式中必带有负号。$\tau=RC$ 是微分常数。

微分运算电路的输出和输入关系，也可解释成为其输出电压与输入电压的变化率成比例。利用微分电路也可以进行波形变换，例如将矩形波变换为脉冲波，如图 4.19 所示。

由于微分电路中微分时间常数 $\tau=RC$ 比较小，所以 u_I 对电容 C 的充电是快速完成的，充电结束后，流过电阻 R 的电流降为零，所以输出端电压也迅速降回零。从图 4.19 中看出，电路的输出对输入信号的变化部分非常敏感，而不反映其平稳部分。

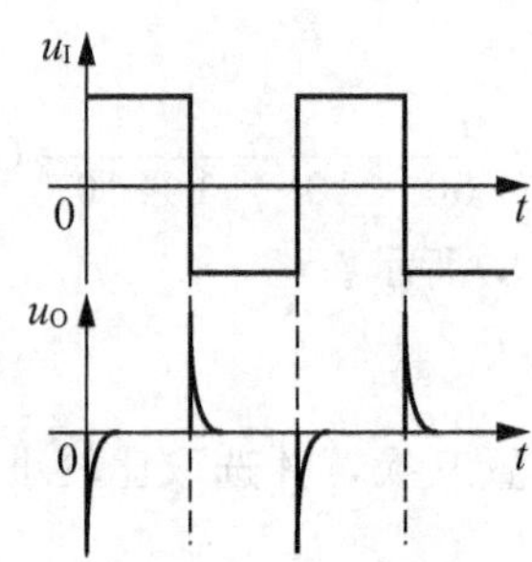

图 4.19　用微分电路实现波形变换

本章小结

本章介绍了集成运算放大电路的组成、原理及其应用等知识。具体讲述了以下内容。

(1) 简单介绍集成运放电路结构的特点。

(2) 整体概括地介绍了集成运算放大电路的组成及原理。其中讲述了集成运放 4 个组成部分的功能及典型电路；以通用型集成运放 F007 为例简要介绍了运放的内部原理结构，并以此引出集成运放的主要参数、工作区特点及理想运放的一些性能指标，其中集成运放工作在线性区时的“虚短”和“虚断”条件是一个重点内容。

(3) 介绍了几种由集成运放构成的基本运算电路。这些电路结构中都引入了深度负反馈，故而集成运放工作在线性区。分析电路的输入输出关系时，可以同时利用“虚短”和“虚断”的条件简化电路分析过程。另外，在一些复杂情况下，还可以灵活使用叠加定理，使分析过程能够进一步得到简化。

阅读材料

Multisim 应用——集成运放构成的运算电路仿真分析

集成运算放大器的应用非常广泛，它不仅能够构成对信号进行放大的电路，而且还可以构成许多其他功能的电路，如对信号进行运算的电子电路等。这里以两个由集成运算放大器构成的简单运算电路为例，介绍集成运算放大电路的仿真分析方法。

1. 反相比例运算电路分析

运放 *LM324* 构成的反相比例运算电路具体参数如图 4.20 所示。假如在该运放的反相端加入一个 2V 的直流电压作为输入信号，按照电路中提供的参数，并依据前面相关章节的介绍，可计算该反相比例运算电路的闭环增益为 $\dot{A}_{uf}=-2$。按照理论计算，当输入 $U_I=2V$ 时，$U_O=A_{uf}\cdot U_I=-2\times 2=-4V$。实际仿真结果如图 4.20 中万用表所示，输入电压 2V 时，输出电压为 −4V，与理论计算结果完全一致，说明该电路实现了反相比例运算功能。

2. 同相比例运算电路分析

运放 *LM324* 构成的同相比例运算电路具体参数如图 4.21 所示。假如在该运算放大电路的同相端加入一个 2V 的直流电压作为输入信号，按照电路中提供的参数，并依据前面相关章节的介绍，可计算得该同相比例运算电路的闭环增益为 $\dot{A}_{uf}=3$。按照理论计算，当输入 $U_I=2V$ 时，$U_O=A_{uf}\cdot U_I=3\times 2=6(V)$。实际仿真结果如图 4.21 中万用表所示，输入电压 2V 时，输出电压为 5.997V，与理论计算基本吻合，说明该电路实现了同相比例运算的功能。

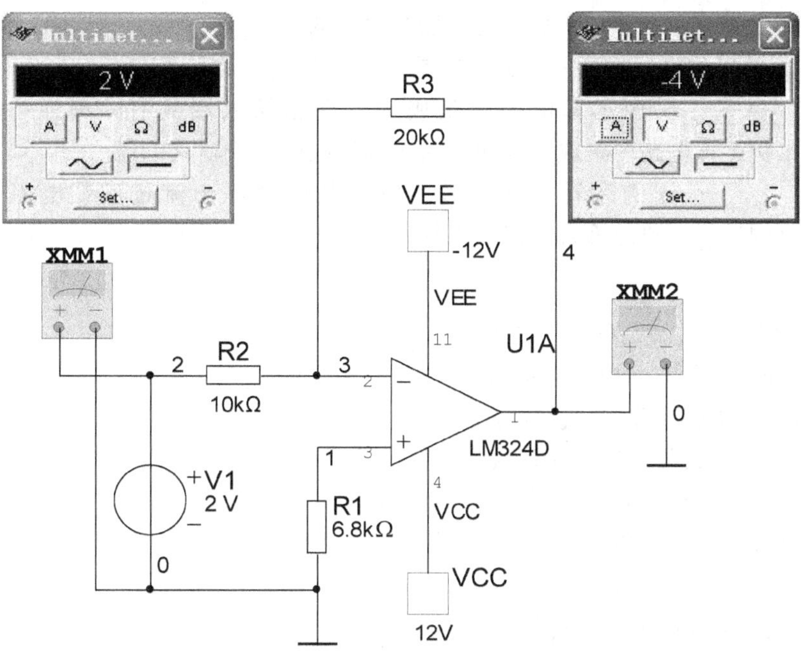

图 4.20　反相比例运算电路及仿真结果显示

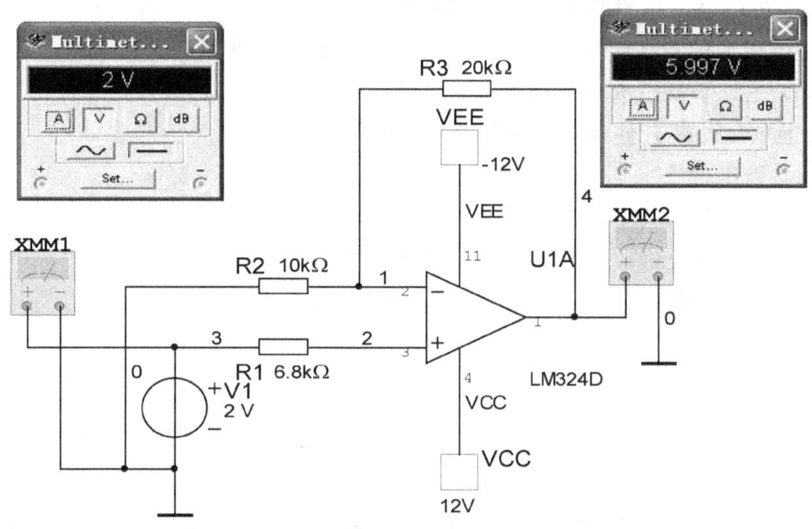

图 4.21　同相比例运算电路及仿真结果显示

习　　题

一、填空题

1. 集成运算放大器是一种采用＿＿＿＿＿＿耦合方式的放大电路，因为低频性能＿＿＿＿＿＿，最常见的问题是＿＿＿＿＿＿。

2. 集成运算放大电路的两个输入端分别为＿＿＿＿＿＿输入端和＿＿＿＿＿＿输入端，前者的极性与输出端__________，后者的极性与输出端__________。

3. 集成运放工作在线性区的电路特征是__________。

4. __________比例运算电路中集成运放反相输入端具有“虚地”的条件。而__________比例运算电路中集成运放两个输入端的电位等于输入电压。

5. __________比例运算电路的输入电流基本上等于流过反馈电阻的电流，而__________比例运算电路的输入电流几乎等于零。

二、选择题

1. 共模抑制比 K_{CMR} 是(　　)之比。

A. 差模输入信号与共模输入信号

B. 输出量中差模成分与共模成分

C. 交流放大倍数与直流放大倍数(绝对值)

D. 差模放大倍数与共模放大倍数(绝对值)

2. 输入失调电压 U_{IO} 是(　　)。

A. 两个输入端电压之差

B. 输入端都为零时的输出电压

C. 输出端为零时输入端的等效补偿电压

3. 集成运放电路采用直接耦合方式是因为(　　)。

A. 可获得很大的放大倍数　　B. 可使零漂小

C. 集成工艺难于制造大容量电容

4. 集成运放制作工艺使得同类半导体管的(　　)。

A. 指标参数准确　　B. 参数不受温度影响

C. 参数一致性好

5. 为增大电压放大倍数，集成运放的中间级多采用(　　)。

A. 共射极放大电路　　B. 共集电极放大电路

C. 共基极放大电路

三、综合题

1. 通用型集成运放一般由几部分电路组成？每一部分常采用哪种基本电路？通常对每一部分性能的要求分别是什么？

2. 集成运放构成的电路如图 4.22 所示。设输出电压由表 4－1 给出，在表中填入对应的输入电压值。

表 4－1　题 2 表

u_O/V	1	2	4	6
u_{I1}/V				
u_{I2}/V				

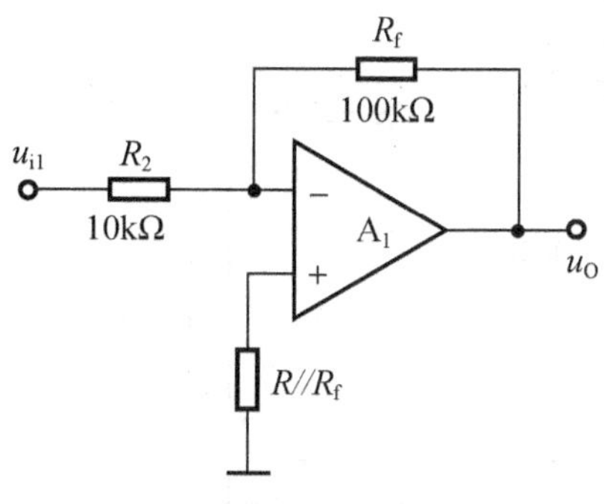

图 4.22　题 2 图

3. 集成运放构成的运算电路如 4.23 所示。求各电路输出电压与其对应输入电压之间的运算关系。

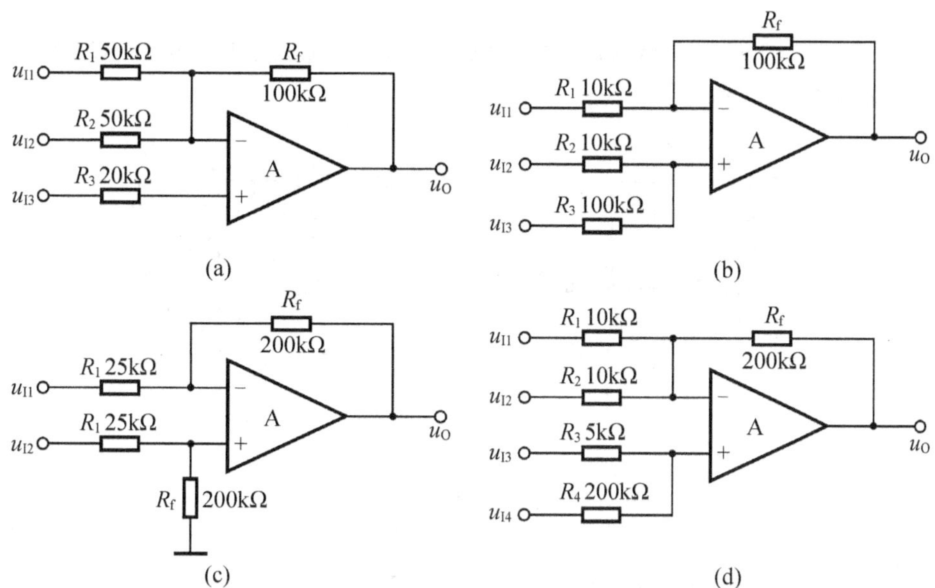

图 4.23　题 3 图

4. 电路如图 4.24 所示。在给定输入信号 u_{I1}、u_{I2} 下，求电路输出电压 u_O。

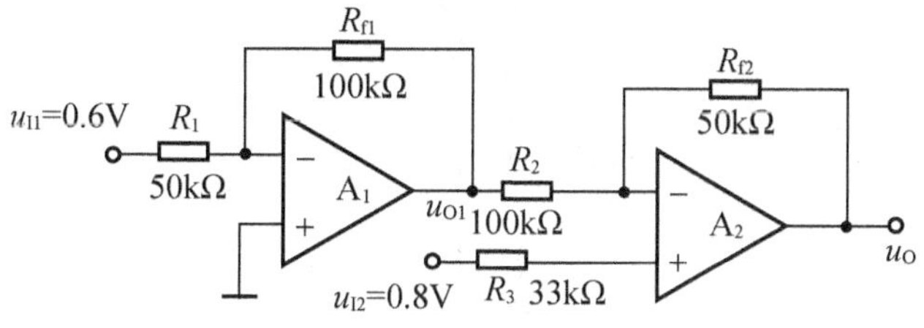

图 4.24　题 4 图

5. 根据图 4.25 所示差分式比例电路，试证明 $u_O=-\frac{R_4}{R_3}\left(1+\frac{2R_2}{R_1}\right)(u_{I1}-u_{I2})$成立。

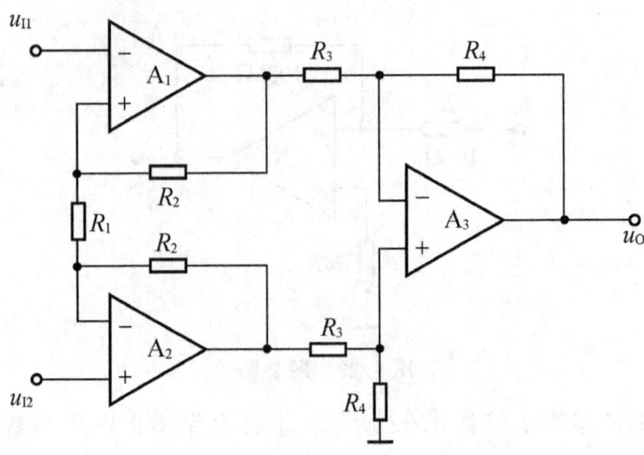

图 4.25　题 5 图

6. 试分别求解图 4.26 所示各电路输出电压与其对应输入电压之间的运算关系，并求 $t=10\text{ms}$ 时输出电压 u_O 值。

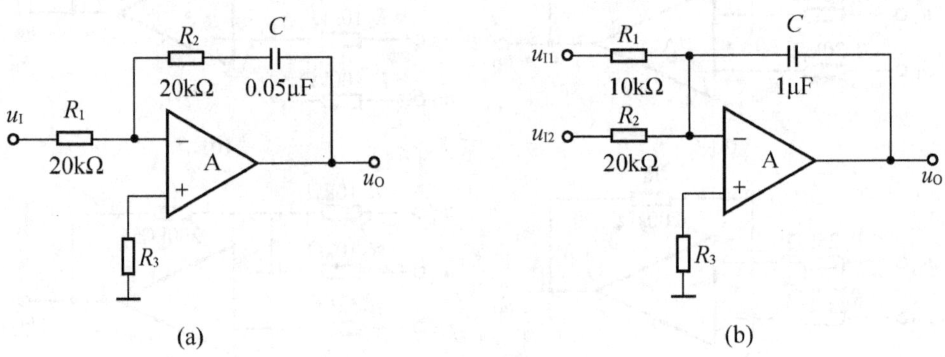

图 4.26　题 6 图

7. 电路如图 4.27 所示，试证明其输出电压与输入电压的运算关系式为

$$u_O=-\left(\frac{R_2}{R_1}+\frac{C_1}{C_2}\right)u_I-R_2C_1\ \frac{\mathrm{d}u_I}{\mathrm{d}t}-\frac{1}{R_1C_2}\int u_I\mathrm{d}t$$

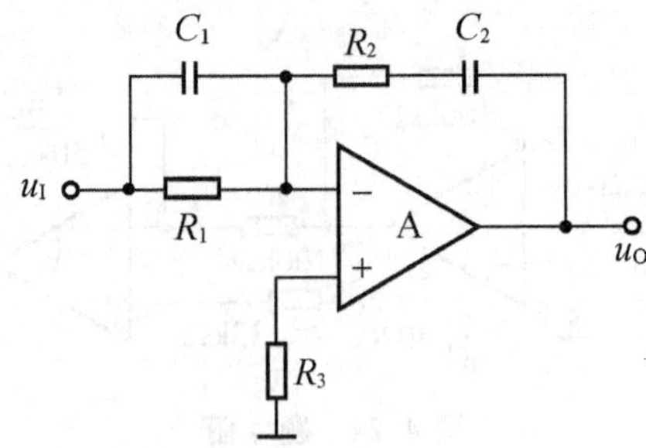

图 4.27　题 7 图

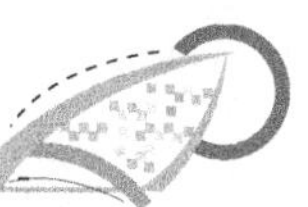

8. 电路如图 4.28 所示，电路中电阻满足 $R_1 = R_2 = R_3 = R_f$，试写出输出电压 u_O 与输入电压 u_{I1}、u_{I2} 的运算关系式。

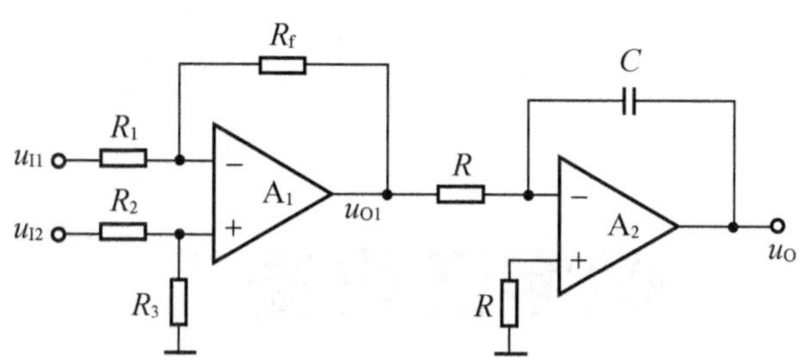

图 4.28　题 8 图

第5章

数字逻辑基础

学习目标

熟悉常用的数制和编码；
掌握各种逻辑运算的规则；
熟悉逻辑代数中的基本定理、定律和常用公式；
掌握门电路的逻辑符号、功能，了解其内部电路；
掌握逻辑函数的表示方法及其相互转换方法；
熟悉逻辑函数的代数化简法；
熟练掌握逻辑函数的卡诺图化简法。

导入案例

逻辑代数的起源。

逻辑代数又称布尔代数，正是以它的创立者——英国数学家乔治·布尔(George Boole)而命名。从20岁起，布尔便对数学产生了浓厚兴趣，广泛涉猎著名数学家牛顿、拉普拉斯、拉格朗日等人的数学名著，并写下大量笔记。他在1847年发表的第一部著作《逻辑的数学分析》之中，提出了用数学分析的方法表示命题陈述的逻辑结构，并在1854年发表的《思维规律的研究——逻辑与概率的数学理论基础》著作中，成功地将形式逻辑归结为一种代数演算。以这两部著作，布尔建立了一门新的数学学科。

图5.1 布尔和香农

在布尔代数里，布尔构思出一个关于0和1的代数系统，用基础的逻辑符号系统描述物体和概念。这种代数不仅广泛用于概率和统计等领域，更重要的是，它为今后数字计算机开关电路设计提供了最重要的数学方法。

约一百年后的1938年，信息论的创始人克劳德·香农(C. E. Shannon)发表了著名的论文《继电器和开关电路的符号分析》，首次用布尔代数进行开关电路分析，并证明布尔代数的逻辑运算可以通过继电器电路来实现，明确地给出了实现加、减、乘、除等运算的电子电路的设计方法。这篇论文成为开关电路理论的开端。

今天，布尔代数已成为人们生活中的一部分，因为汽车、音响、电视和其他用具中都有计算机技术，它几乎无处不在，无所不能。

知识结构

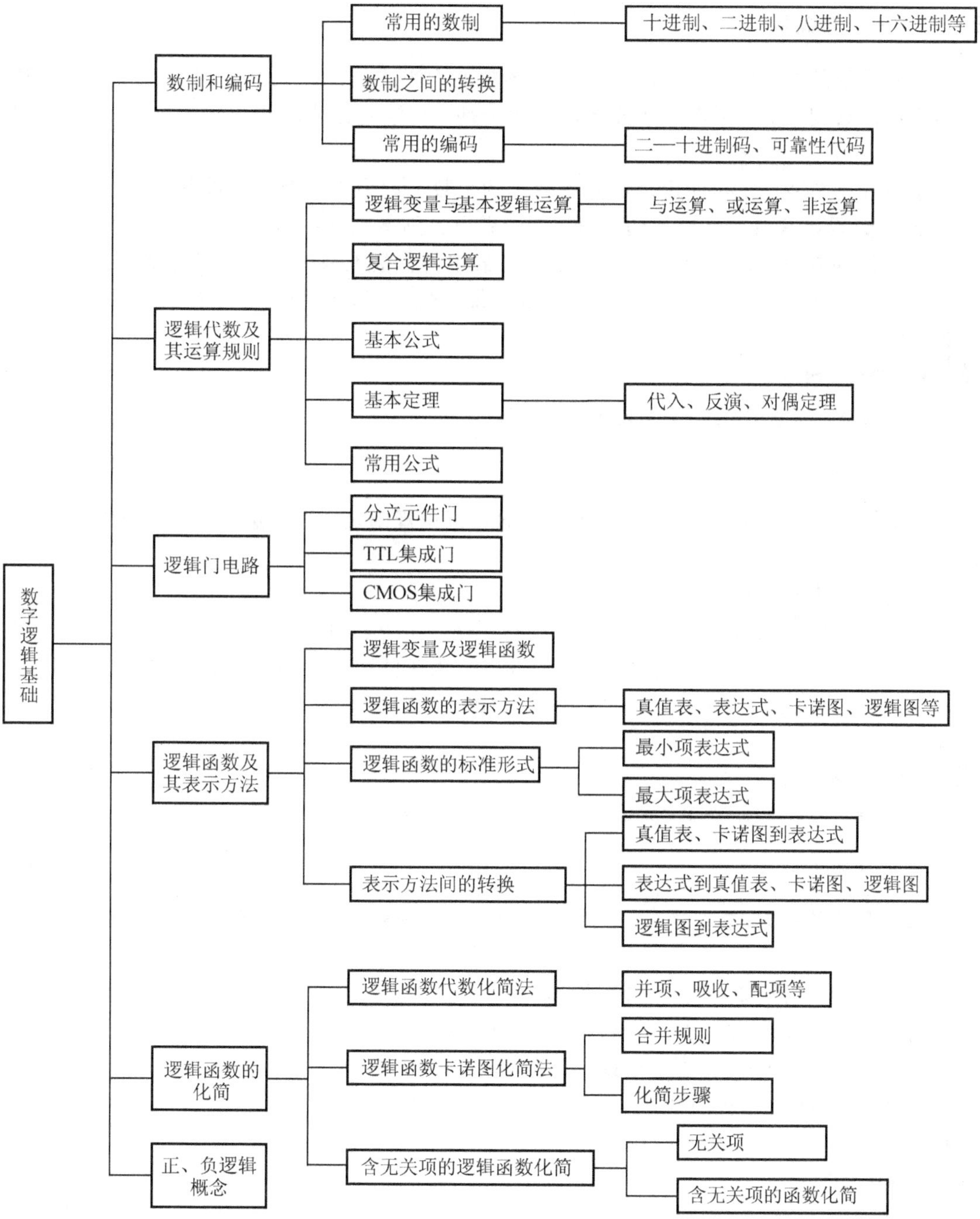

- 数字逻辑基础
  - 数制和编码
    - 常用的数制
      - 十进制、二进制、八进制、十六进制等
    - 数制之间的转换
    - 常用的编码
      - 二—十进制码、可靠性代码
  - 逻辑代数及其运算规则
    - 逻辑变量与基本逻辑运算
      - 与运算、或运算、非运算
    - 复合逻辑运算
    - 基本公式
    - 基本定理
      - 代入、反演、对偶定理
    - 常用公式
  - 逻辑门电路
    - 分立元件门
    - TTL集成门
    - CMOS集成门
  - 逻辑函数及其表示方法
    - 逻辑变量及逻辑函数
    - 逻辑函数的表示方法
      - 真值表、表达式、卡诺图、逻辑图等
    - 逻辑函数的标准形式
      - 最小项表达式
      - 最大项表达式
    - 表示方法间的转换
      - 真值表、卡诺图到表达式
      - 表达式到真值表、卡诺图、逻辑图
      - 逻辑图到表达式
  - 逻辑函数的化简
    - 逻辑函数代数化简法
      - 并项、吸收、配项等
    - 逻辑函数卡诺图化简法
      - 合并规则
      - 化简步骤
    - 含无关项的逻辑函数化简
      - 无关项
      - 含无关项的函数化简
  - 正、负逻辑概念

本章将介绍数制和编码以及逻辑代数的基本知识。这些基本知识是分析和设计数字逻辑电路的基础。

5.1 常用的数制和编码

5.1.1 常用的数制

数制是数的按“值”表示法。为了描述数的大小或多少，人们采用进位计数的方法，称为进位计数制，简称数制。组成数制的两个基本要素是进位基数与数位权值，简称基数与权。

基数：一个数位上可能出现的基本数码的个数，记为 R。例如二进制一个数位上包含 0、1 两个数码，基数 $R=2$。十进制有 10 个数码，则基数 $R=10$。

权：是基数的幂，记为 R^i，它与数码在数中的位置有关。例如，十进制数 $512=5\times 10^2+1\times 10^1+2\times 10^0$，$10^2$、$10^1$、$10^0$ 分别为最高位、中间位和最低位的权。

知识要点提醒

同一串数字，数制不同，代表的数值大小也不同。

1. 十进制

十进制的基数 $R=10$，有 0～9 十个数码，进位规则是“逢十进一”，各位的权值为 10 的幂。

任意一个十进制数 $(D)_{10}$，可以表示为

$$(D)_{10}=k_{n-1}10^{n-1}+k_{n-2}10^{n-2}+\cdots+k_0 10^0+k_{-1}10^{-1}+\cdots+k_{-m}10^{-m} \quad (5-1)$$

式中：k_i 为 0～9 十个数码中的任意一个；m、n 为正整数；10 为十进制的基数。

例如 $(2012.5)_{10}=2\times 10^3+0\times 10^2+1\times 10^1+2\times 10^0+5\times 10^{-1}$。

知识要点提醒

十进制是人们最熟悉、最常使用的数制，但不适合在数字系统中应用。

2. 二进制

二进制的基数 $R=2$，有 0、1 两个数码，进位规则是“逢二进一”，各位的权值是 2 的幂。

任意一个二进制数 $(D)_2$，都可表示为

$$(D)_2=k_{n-1}2^{n-1}+k_{n-2}2^{n-2}+\cdots+k_0 2^0+k_{-1}2^{-1}+\cdots+k_{-m}2^{-m} \quad (5-2)$$

式中：k_i 为 0 或 1；m、n 为正整数；2 为二进制的基数。

例如 $(1011.011)_2=1\times 2^3+0\times 2^2+1\times 2^1+1\times 2^0+0\times 2^{-1}+1\times 2^{-2}+1\times 2^{-3}$。

知识要点提醒

二进制计数规则简单，存储、传输方便，被广泛应用于数字系统。但对于较大的数值，需要较多位去表示，码串太长，使用起来不够方便。

3. 八进制

八进制的基数 $R=8$，有 0～7 八个数码，进位规则是“逢八进一”，各位的权值是 8 的幂。

任意一个八进制数 $(D)_8$，都可表示为

$$(D)_8=k_{n-1}8^{n-2}+k_{n-2}8^{n-2}+\cdots+k_0 8^0+k_{-1}8^{-1}+\cdots+k_{-m}8^{-m} \tag{5-3}$$

式中：k_i 为 0～7 八个数码中的任意一个；m、n 为正整数；8 为八进制的基数。

例如 $(73.641)_8=7\times8^1+3\times8^0+6\times8^{-1}+4\times8^{-2}+1\times8^{-3}$。

4. 十六进制

十六进制数的基数 $R=16$，有 0～9、A～F 十六个数码，进位规则是“逢十六进一”，各位的权值是 16 的幂。

任意一个十六进制数 $(D)_{16}$，都可表示为

$$(D)_{16}=k_{n-1}16^{n-1}+k_{n-2}16^{n-2}+\cdots+k_0\,16^0+k_{-1}16^{-1}+\cdots+k_{-m}16^{-m} \tag{5-4}$$

其中，k_i 为 0～9、A～F 十六个数码中的任意一个；m、n 为正整数；16 为十六进制的基数。

例如 $(6BE4)_{16}=6\times16^3+B\times16^2+E\times16^1+4\times16^0$。

5. 任意进制(R 进制)

R 进制的基数为 r，有 0～$(r-1)$ 共 r 个数码，一般表示为

$$(D)_r=k_{n-1}r^{n-1}+k_{n-2}r^{n-2}+\cdots+k_0r^0+k_{-1}r^{-1}+\cdots+k_{-m}r^{-m} \tag{5-5}$$

式中：k_i 为 r 个数码中的任意一个；m、n 为正整数；r 为 R 进制的基数。

知识要点提醒

在计算机等数字系统中，二进制主要用于机器内部的数据处理。八进制和十六进制主要用于书写程序。十进制主要用于运算最终结果的输出。

为了便于对照，将常用的几种数制之间的关系列于表 5－1 中。

表 5－1　几种常用数制及其对应关系

类　别	十进制	二进制	八进制	十六进制
表示数码	0,1,…,9	0,1	0,1,…,7	0,1,…,9,A－F
进位规则	逢 10 进 1	逢 2 进 1	逢 8 进 1	逢 16 进 1
第 i 位权值	10^i	2^i	8^i	16^i
对应关系	0	0	0	0
	1	1	1	1
	2	10	2	2
	3	11	3	3
	4	100	4	4
	5	101	5	5

续表

类别	十进制	二进制	八进制	十六进制
对应关系	6	110	6	6
	7	111	7	7
	8	1000	10	8
	9	1001	11	9
	10	1010	12	A
	11	1011	13	B
	12	1100	14	C
	13	1101	15	D
	14	1110	16	E
	15	1111	17	F
	16	10000	20	10

5.1.2 数制之间的转换

数字系统常用的数制为十进制和二进制。十进制是人们最熟悉的数制，但机器实现起来困难。二进制是机器唯一认识的数制，但二进制书写太长，因此引入八进制和十六进制。各数制都有自己的应用场合，因此数制间经常需要相互转换。

1. 非十进制数转换为十进制数

如果将非十进制数转换为等值的十进制数，只需要将非十进制数按位权展开，再按十进制运算的规则运算即可得到对应的十进制数。

【例 5.1】 将二进制数$(1001.11)_2$转换成十进制数。

解：$(1001.11)_2=1\times2^3+0\times2^2+0\times2^1+1\times2^0+1\times2^{-1}+1\times2^{-2}=(9.75)_{10}$

【例 5.2】 将八进制数$(64.51)_8$转换成十进制数。

解：$(64.51)_8=6\times8^1+4\times8^0+5\times8^{-1}+1\times8^{-2}=(52.640625)_{10}$

【例 5.3】 将十六进制数$(F3D.54)_{16}$转换成十进制数。

解：$(F3D.54)_{16}=15\times16^2+3\times16^1+13\times16^0+5\times16^{-1}+4\times16^{-2}=(3901.328125)_{10}$

2. 十进制数转换为非十进制数

十进制数转换为非十进制数时，需将十进制数的整数部分和小数部分分别转换，然后将转换结果合并起来。转换方法如下所示。

(1) 整数部分的转换用“除基数取余数”的方法，先得到的余数为低位，后得到的余数为高位。

(2) 小数部分的转换用“乘基数取整数”的方法，先得到的整数为高位，后得到的整数为低位。

【例 5.4】 将$(29.625)_{10}$转换成二进制数。

解：整数部分转换如下

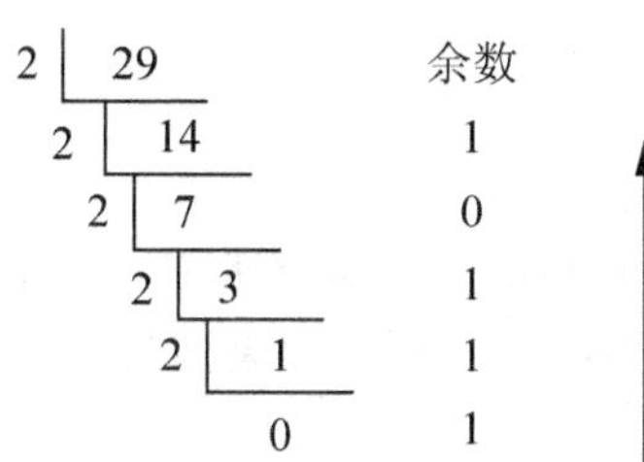

第一个余数为二进制数的最低位

最后一个余数为二进制数的最高位

小数部分转换如下

0.625×2=1.250　　取出整数 1　　最高位

0.250×2=0.500　　取出整数 0

0.500×2=1.000　　取出整数 1　　最低位

所以，有$(29.625)_{10}=(11101.101)_2$。

【例 5.5】 将$(208.5)_{10}$转换成八进制数。

解：整数部分转换如下

除法	余数	
8 | 208		
8 | 26	0	第一个余数为八进制数的最低位 ↑
8 | 3	2	
0	3	最后一个余数为八进制数的最高位

小数部分的转换：0.500×8=4.000。

取出整数 4，小数部分为 0，转换结束。综上可得$(208.5)_{10}=(320.4)_8$。

【例 5.6】 将$(254.3584)_{10}$转换为十六进制数。

解：整数部分转换如下

除法	余数	
16 | 254		
16 | 15	14	第一个余数为十六进制数的最低位 ↑
0	15	最后一个余数为十六进制数的最高位

小数部分转换如下

0.3584×16=5.7344　　取出整数 5　　最高位

0.7344×16=11.7504　　取出整数 11

0.7504×16=12.0064　　取出整数 12　　最低位

最终转换结果为：$(254.3584)_{10}=(\mathrm{FE.5BC})_{16}$。

3. 二进制数与八进制数、十六进制数相互转换

二进制数转换成八进制数(或十六进制数)的规则：从小数点算起，向左或向右每 3(或 4)位分成一组，最后不足 3(或 4)位用 0 补齐，每组用 1 位等值的八进制数(或十六进制数)表示，即得到要转换的八进制数(或十六进制数)。

【例 5.7】 将$(10101011.01101)_2$转换成八进制数和十六进制数。

解：						
二进制	010	101	011	.	011	010
八进制	2	5	3	.	3	2

所以$(10101011.01101)_2=(253.32)_8$。

二进制　1010　1011　.　0110　1000

十六进制　　A　　B　　.　　6　　8

所以$(10101011.01101)_2=(AB.68)_{16}$。

反之，八进制数(或十六进制数)转换成二进制数时，只要将每位八进制数(或十六进制数)分别写成相应的3(或4)位二进制数，按原来的顺序排列起来即可。

知识要点提醒

利用八进制数和十六进制数与二进制数之间的这种关系，可以进行八进制数与十六进制数之间的相互转换。

5.1.3 常用的编码

用按一定规律排列的多位二进制数码表示某种信息，称为编码。编码的规律法则，称为码制。编码是数的按“形”表示法。

在计算机等数字系统中，二进制代码是由0、1的不同组合构成的。这里的“二进制”并无“进位”的含义，只是强调采用的是二进制的数码符号而已。n位二进制数可有2^n种不同的组合，即可代表2^n种不同的信息。

1. BCD码

用4位二进制数码表示1位十进制数的代码，称为二～十进制码，简称BCD码(Binary Coded Decimal)。4位二进制数有16种组合，而1位十进制数只需要10种组合，因此，用4位二进制码表示1位十进制数的组合方案有许多种，表5-2列出几种常用的BCD码。

表5-2　几种常见的BCD码

十进制数	编码种类			
	8421码	余3码	2421码	5421码
0	0000	0011	0000	0000
1	0001	0100	0001	0001
2	0010	0101	0010	0010
3	0011	0110	0011	0011
4	0100	0111	0100	0100
5	0101	1000	1011	1000
6	0110	1001	1100	1001
7	0111	1010	1101	1010
8	1000	1011	1110	1011
9	1001	1100	1111	1100
权	8421	无权	2421	5421

知识要点提醒

8421 码、2421 码、5421 码都属于有权码，而余 3 码属于无权码。

8421 码是最常用的一种 BCD 码，它和自然二进制码的组成相似，4 位代码的权值从高到低依次是 8、4、2、1。但不同的是，它只选取了 4 位自然二进制码 16 个组合中的前 10 个组合，即 0000～1001，分别用来表示 0～9 十个进制数，称为有效码；剩下的 6 个组合 1010～1111 没有采用，称为无效码。

8421 码是一种有权码，因而根据代码的组成便可知道它所代表的值。设 8421 码的各位为 $a_3a_2a_1a_0$，则它所代表的值为

$$N=8a_3+4a_2+2a_1+1a_0 \tag{5-6}$$

8421 码编码简单直观，只要直接按位转换就能很容易实现到十进制数的转换。例如

$$(709.31)_{10}=(0111\quad 0000\quad 1001.\quad 0011\quad 0001)_{8421}$$

余 3 码由 8421 码加 3(0011)得到。或者说是选取了 4 位自然二进制码 16 个组合中的中间 10 个，而舍弃头、尾 3 个组合。因此余 3 码所代表的十进制数可由下式算得。

$$N=8a_3+4a_2+2a_1+1a_0-3 \tag{5-7}$$

式中：a_3，a_2，a_1，a_0 为余 3 码的各位数(0 或 1)。

余 3 码是一种无权代码，该代码中的各位“1”不表示一个固定值，因而不直观，且容易搞错。余 3 码也是一种自反代码。例如，5 的余 3 码为 1000，将它的各位取反得 0111，即 4 的余 3 码，而 4 与 5 对 9 互反。

余 3 码也常用于 BCD 码的运算电路中。若将两个余 3 码相加，其和将比所表示的十进制数及所对应的二进制数多 6。当和为 10 时，正好等于二进制数的 16，于是便从高位自动产生进位信号。一个十进制数用余 3 码表示时，只要按位表示成余 3 码即可。例如

$$(16.24)_{10}=(0100\ 1001.0101\ 0111)_{余3}$$

2. 可靠性编码

代码在产生和传输过程中，难免发生错误。为减少错误发生，或者在发生错误时能迅速地发现和纠正，在工程应用中普遍采用了可靠性编码。格雷码和奇偶校验码是其中最常用的两种。

1) 格雷码

格雷码有多种编码形式，但所有格雷码都有两个显著的特点：一是相邻性，二是循环性。相邻性是指任意两个相邻的代码间仅有 1 位状态不同；循环性是指首尾的两个代码也具有相邻性。因此，格雷码也称循环码。表 5 - 3 列出了典型的格雷码与十进制码及二进制码的对应关系。

时序电路中采用格雷码编码时，能防止波形出现“毛刺”，并可提高工作速度。这是因为其他编码方法表示的数码，在递增或递减过程中可能发生多位数码的变换。例如，8421 码表示的十进制数，7(0111)递增到 8(1000)时，4 位数码均发生了变化。但事实上数字电路(如计数器)的各位输出不可能完全同时变化，这样在变化过程中就可能出现其他代码，造成严重错误。如第 1 位先变为 1，再其他位变为 0，就会出现从 0111 变到 1111 的

错误。而格雷码由于其任何两个相邻代码(包括首尾两个)之间仅有1位状态不同，所以用格雷码表示的数在递增或递减过程中不易产生差错。

表5-3 格雷码与十进制码及二进制码的对应关系

十进制码	二进制码	格雷码
0	0000	0000
1	0001	0001
2	0010	0011
3	0011	0010
4	0100	0110
5	0101	0111
6	0110	0101
7	0111	0100
8	1000	1100
9	1001	1101
10	1010	1111
11	1011	1110
12	1100	1010
13	1101	1011
14	1110	1001
15	1111	1000

2）奇偶校验码

数码在传输、处理过程中，有时会把1错成0，有时会把0错成1。奇偶校验码是一种能够检验出这种差错的可靠性编码。其编码方法是在信息码组外增加1位监督码元。增加监督码元后，使得整个码组中1的数目为奇数或者为偶数。若为奇数，称为奇校验码；若为偶数，称为偶校验码。以4位二进制码为例，采用奇偶校验码时，其编码见表5-4。

表5-4 奇偶校验码

信息码	奇校验码元	偶校验码元
0000	1	0
0001	0	1
0010	0	1
0011	1	0
0100	0	1
0101	1	0
0110	1	0
0111	0	1
1000	0	1

续表

信 息 码	奇校验码元	偶校验码元
1001	1	0
1010	1	0
1011	0	1
1100	1	0
1101	0	1
1110	0	1
1111	1	0

知识要点提醒

奇偶校验码具有发现一位错的能力。假如事先约定计算机中的代码都以偶检验码存入存储器，当代码从存储器中取出时，若检验出某个代码中 1 的个数不是偶数，则说明代码发生了错误。

5.2　逻辑代数及其运算规则

导入案例中提到的逻辑代数是分析和设计数字逻辑电路的数学工具，是由逻辑变量集、常量 0 和 1，以及逻辑运算符构成的代数系统。本节从实用的角度首先介绍逻辑运算，然后介绍逻辑代数中的基本定理、定律和常用公式，以使读者能较系统地了解和掌握逻辑代数及其运算规则。

5.2.1　逻辑变量与基本逻辑运算

逻辑代数中的变量称为逻辑变量，可以用任何字母表示。逻辑变量分为两类，即输入逻辑变量和输出逻辑变量。逻辑变量的取值只有两种，即 0 和 1。这里的 0 和 1 并没有数的含义，它们表示两种完全对立的逻辑状态。例如，若用 1 表示开关闭合，则 0 表示开关断开；1 表示电灯亮，则 0 表示电灯灭；1 表示高电平，则 0 表示低电平等。

逻辑代数中的基本逻辑运算有“与逻辑”运算(逻辑乘)、“或逻辑”运算(逻辑加)和“非逻辑”运算(逻辑反)3 种。

1. “与逻辑”运算

当决定某个事件的全部条件都具备时，才发生该事件，这种因果关系称为“与逻辑”。与逻辑最为常见的实际应用是串联开关照明电路，如图 5.2 所示。

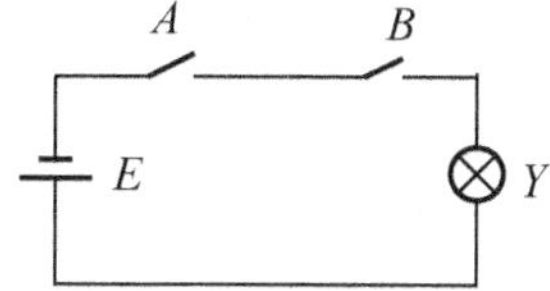

图 5.2　串联开关照明电路

开关 A、B(输入变量)的状态(闭合或断开)与电灯 Y(输出变量)的状态(亮和灭)之间存在确定的因果关系。显然只有当串联的两个开关都闭合时，灯才能亮。如果规定开关闭合及灯亮为逻辑 1 态，开关断开及灯灭为逻辑 0 态，则开关 A 和 B 的全部状态组合与灯 Y 状态之间的关系见表 5-5，这种图表叫做逻辑真值表，简称为真值表。

表 5-5　与逻辑的真值表

A	B	Y	输出特点
0	0	0	有 0 出 0
0	1	0	
1	0	0	
1	1	1	全 1 出 1

上述逻辑关系可表示为

$$Y = A \cdot B \tag{5-8}$$

多变量的与逻辑关系可表示为

$$Y = A \cdot B \cdot C \cdot \cdots \tag{5-9}$$

式中的“·”表示逻辑乘，又称为“与逻辑”运算，在不需要强调的地方，“·”可省略。

2.“或逻辑”运算

当决定某个事件的全部条件中有一个或一个以上条件具备时，才发生该事件，这种因果关系称为“或逻辑”。

“或逻辑”最为常见的实际应用是并联开关照明电路，如图 5.3 所示。

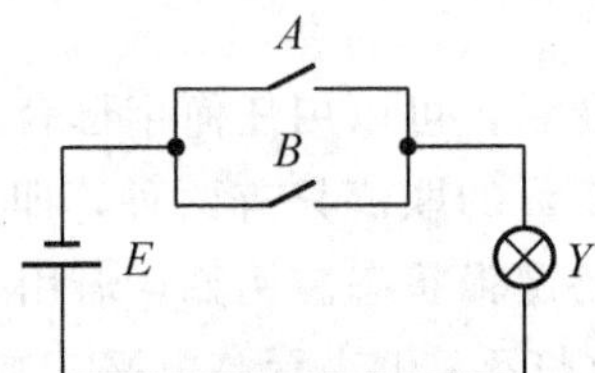

图 5.3　并联开关照明电路

“或逻辑”的真值表见表 5-6。

表 5-6　或逻辑的真值表

A	B	Y	输出特点
0	0	0	全 0 出 0
0	1	1	
1	0	1	
1	1	1	有 1 出 1

上述逻辑关系可表示为

$$Y=A+B \tag{5-10}$$

多变量的“或逻辑”关系可表示为

$$Y=A+B+C+\cdots \tag{5-11}$$

式中的“+”表示逻辑加，又称为“或逻辑”运算。

3. “非逻辑”运算

“非逻辑”运算也称为“逻辑反”，数字电路中的反相器即实现非逻辑的电子元件，在实际中经常使用。

决定某一事件的条件满足时，事件不发生；反之事件发生。

非逻辑的实际应用是开关与负载并联的控制电路，如图 5.4 所示。

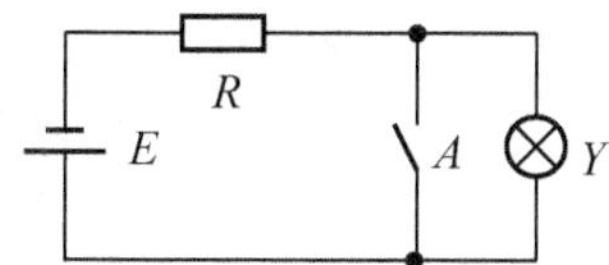

图 5.4 开关与负载并联的控制电路

非逻辑的真值表见表 5-7。

表 5-7 非逻辑的真值表

A	Y	输出特点
0	1	有 0 出 1
1	0	有 1 出 0

非逻辑表达式为

$$Y=\overline{A} \tag{5-12}$$

在符号上方的“—”号表示非，$\overline{A}$ 读作“A 非”。显然，A 和 $\overline{A}$ 是互反的变量。

5.2.2 复合逻辑运算

与、或、非是 3 种基本逻辑运算，实际的逻辑问题往往比与、或、非复杂得多。不过这些复杂的逻辑运算都可以通过 3 种基本的逻辑运算组合而成。最常见的复合逻辑运算有：与非运算、或非运算、异或运算、同或运算以及与或非运算。其表达式、真值表及逻辑功能特征见表 5-8、表 5-9。

表 5-8 几种常见的复合逻辑运算

逻辑关系	与 非	或 非	异 或	同 或	与 或 非
表达式	$Y=\overline{A\cdot B}$	$Y=\overline{A+B}$	$Y=\overline{A}B+A\overline{B}$ $=A\oplus B$	$Y=\overline{A}\,\overline{B}+AB$ $=A\odot B$	$Y=\overline{AB+CD}$
功能特征	所有输入均为 1 时，输出为 0	所有输入均为 0 时，输出为 1	两个输入相异时，输出为 1	两个输入相同时，输出为 1	所有与项为 0 时，输出为 1

续表

逻辑关系		与 非	或 非	异 或	同 或	与或非
真值表	输入 AB	输出 Y	输出 Y	输出 Y	输出 Y	
	0 0	1	1	0	1	
	0 1	1	0	1	0	
	1 0	1	0	1	0	
	1 1	0	0	0	1	

表 5-9 与或非运算的真值表

$ABCD$	Y	$ABCD$	Y
0 0 0 0	1	1 0 0 0	1
0 0 0 1	1	1 0 0 1	1
0 0 1 0	1	1 0 1 0	1
0 0 1 1	0	1 0 1 1	0
0 1 0 0	1	1 1 0 0	0
0 1 0 1	1	1 1 0 1	0
0 1 1 0	1	1 1 1 0	0
0 1 1 1	0	1 1 1 1	0

5.2.3 逻辑代数的基本公式

逻辑代数的基本公式见表 5-10，又称为逻辑代数的公理、布尔恒等式。

表 5-10 逻辑代数的基本公式

名 称	公 式	
0-1 定律	$\overline{0}=1$ $0\cdot A=0$ $1\cdot A=A$	$\overline{1}=0$ $1+A=1$ $0+A=A$
交换律	$A\cdot B=B\cdot A$	$A+B=B+A$
结合律	$A\cdot(B\cdot C)=(A\cdot B)\cdot C$	$A+(B+C)=(A+B)+C$
分配律	$A\cdot(B+C)=A\cdot B+A\cdot C$	$A+B\cdot C=(A+B)(A+C)$
吸收律	$A\cdot(A+B)=A$	$A+A\cdot B=A$
重复律	$A\cdot A=A$	$A+A=A$
互补律	$A\cdot\overline{A}=0$	$A+\overline{A}=1$
还原律	$\overline{\overline{A}}=A$	
反演律	$\overline{A\cdot B}=\overline{A}+\overline{B}$	$\overline{A+B}=\overline{A}\cdot\overline{B}$

反演律又叫德·摩根(De Morgan)定律，在逻辑函数的化简及变换中经常用到。表 5－10 中的公式可以通过列真值表的方法、归纳的方法或公式法来证明。

【例 5.8】 证明表 5－10 中的分配律 $A+B\cdot C=(A+B)(A+C)$。

解： 假设分配律以前的公式成立，则有

$$\begin{aligned} A+B\cdot C &= A(1+B+C)+BC \\ &= A+AB+AC+BC \\ &= AA+AB+AC+BC \\ &= (AA+AC)+(AB+BC) \\ &= A(A+C)+B(A+C) \\ &= (A+B)(A+C) \end{aligned}$$

知识要点提醒

在表 5－10 中，某些公式与普通代数中的公式相同，但有些公式是逻辑代数中特有的，如例 5.8 中证明的加对乘的分配律。

5.2.4　逻辑代数的基本定理

1. 代入定理

在一个逻辑等式中，若将等式两边出现的某变量 A 都用同一个逻辑式替代，则替代后等式仍然成立，这个规则称为“代入定理”。

代入定理的正确性是由逻辑变量的二值性保证的，因为逻辑变量只有 0 和 1 两种取值，无论 $A=0$ 或 $A=1$ 代入逻辑等式，等式一定成立。

代入定理在推导公式中有很大用途，将已知等式中的某一变量用任一个等式代替后得到一个新的等式，扩大了等式的应用范围。

【例 5.9】 已知$\overline{A\cdot B}=\overline{A}+\overline{B}$，试证明$\overline{A\cdot B\cdot C}=\overline{A}+\overline{B}+\overline{C}$。

证明：将$\overline{A\cdot B}=\overline{A}+\overline{B}$ 中两边的变量 B 都用同一个等式 $M=B\cdot C$ 替代得

$$\overline{A\cdot M}=\overline{A}+\overline{M}$$

$$\overline{A\cdot M}=\overline{A\cdot(B\cdot C)}=\overline{A}+\overline{B\cdot C}$$

$$\overline{A\cdot B\cdot C}=\overline{A}+\overline{B\cdot C}=\overline{A}+\overline{B}+\overline{C}$$

这个例子证明了德·摩根定律的一个推广等式，另一个等式可用类似的方法证明。

2. 反演定理

对任何一个逻辑式 Y，如果将式中所有的“·”换成“+”，“+”换成“·”，“0”换成“1”，“1”换成“0”，原变量换成反变量，反变量换成原变量，则可得到原逻辑式 Y 的反逻辑式 $\overline{Y}$，这种变换规程称为“反演定理”。

在应用反演定理变换时必须注意下面的问题：

(1) 变换后的运算顺序要保持变换前的运算优先顺序，必要时可加括号表明运算的顺序。

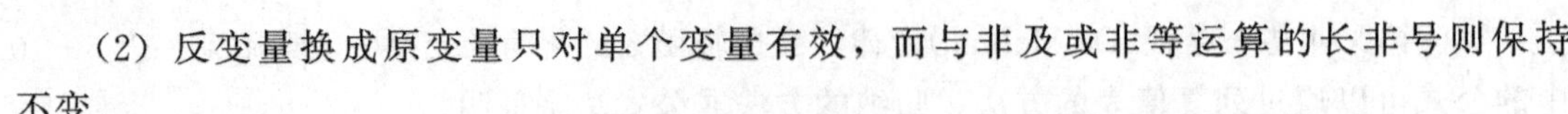

(2) 反变量换成原变量只对单个变量有效，而与非及或非等运算的长非号则保持不变。

【例 5.10】 已知逻辑式 $Y=A\cdot\overline{B+C}+CD$，试用反演定理求反逻辑式 $\overline{Y}$。

解：根据反演定理可写出

$$\begin{aligned}\overline{Y}&=\overline{A\cdot\overline{B+C}+CD}\\&=(\overline{A}+\overline{\overline{B}\cdot\overline{C}})(\overline{C}+\overline{D})\\&=(\overline{A}+B+C)(\overline{C}+\overline{D})\\&=\overline{A}\,\overline{C}+\overline{A}\,\overline{D}+B\overline{C}+B\overline{D}+C\overline{D}\end{aligned}$$

反演定理的意义在于，利用它可以比较容易地求出一个逻辑式的反逻辑式。

知识要点提醒

利用德·摩根定律也可求一个逻辑式的反逻辑式，它只是反演定理的一个特例，只需要对原逻辑式两边同时求反，然后用德·摩根定律变换即可。

3. 对偶定理

对任何一个逻辑式 Y，如果将式中所有的"·"换成"+"，"+"换成"·"，"0"换成"1"，"1"换成"0"，这样得到一个新的逻辑式 Y'。Y 和 Y' 互为对偶式，这种变换规则称为"对偶定理"。

进行对偶变换时，要注意保持变换前运算的优先顺序不变。

【例 5.11】 已知下列逻辑表达式 $Y_1=\overline{\overline{A}+\overline{B+\overline{C}}}$，$Y_2=\overline{\overline{A}\cdot\overline{B\cdot\overline{C}}}$，求其相应的对偶式。

解：根据对偶定理可得

$$Y_1'=\overline{\overline{A}\cdot\overline{B\cdot\overline{C}}},\quad Y_2'=\overline{\overline{A}+\overline{B+\overline{C}}}$$

对偶定理的意义在于，若两个逻辑式相等，则其对偶式也一定相等。

知识要点提醒

利用对偶定理，可以把逻辑代数的基本公式扩展一倍，如表 5-10 中对应的两列公式就是互为对偶式。

5.2.5 逻辑代数的常用公式

利用表 5-10 中的基本公式可以得到更多的公式。

公式 1
$$A+\overline{A}B=A+B \tag{5-13}$$

证明：

$$\begin{aligned}A+\overline{A}B&=(A+\overline{A})(A+B)\\&=A+B\end{aligned}$$

公式的含义是：两个乘积项相加时，如果一项取反后是另一项的因子，则此因子是多余的，可以消去。

公式 2　$$AB+A\overline{B}=A \tag{5-14}$$

证明：$AB+A\overline{B}=A(B+\overline{B})=A$

公式的含义是：在与或表达式中，若两个与项中分别包含了一个变量的原变量和反变量，而其余因子又相同，则这两个与项可合并成一项，保留其相同的因子。

公式 3　$$AB+\overline{A}C+BC=AB+\overline{A}C，AB+\overline{A}C+BCD=AB+\overline{A}C \tag{5-15}$$

证明：

$$\begin{aligned}AB+\overline{A}C+BC &= AB+\overline{A}C+BC(A+\overline{A})\\ &= AB+\overline{A}C+ABC+\overline{A}CB\\ &= AB+\overline{A}C\end{aligned}$$

$$\begin{aligned}AB+\overline{A}C+BCD &= AB+\overline{A}C+BC+BCD\\ &= AB+\overline{A}C+BC\\ &= AB+\overline{A}C\end{aligned}$$

公式的含义是：在一个与或表达式中，一个与项包含了一个变量的原变量，而另一个与项包含了这个变量的反变量，则这两个与项中其余因子的乘积构成的第三项是多余的，可以消去。因此，这两个公式也叫冗余律。

公式 4　$$\overline{\overline{A}B+A\overline{B}}=\overline{A}\,\overline{B}+AB \tag{5-16}$$

证明：由反演律得

$$\begin{aligned}\overline{\overline{A}B+A\overline{B}} &= (\overline{\overline{A}B})\cdot(\overline{A\overline{B}})\\ &= (A+\overline{B})(\overline{A}+B)\\ &= A\overline{A}+AB+\overline{A}\,\overline{B}+B\overline{B}\\ &= \overline{A}\,\overline{B}+AB\end{aligned}$$

由于 $A\oplus B=\overline{A}B+A\overline{B}$，$A\odot B=\overline{A}\,\overline{B}+AB$，所以公式 4 可写为

$$\overline{A\oplus B}=A\odot B \tag{5-17}$$

利用基本公式和基本定理还可以导出更多的公式，这里不再赘述。

5.3　逻辑门电路

用以实现基本逻辑运算和复合逻辑运算的单元电路称为逻辑门电路(简称门电路)。常用的门电路有与门、或门、非门、与非门、或非门、与或非门、异或门和同或门等。此外还有一些具有特殊功能的逻辑门，如集电极开路门、三态门及传输门等。这些不同逻辑功能的门电路是组成数字系统的最小单元。表 5 - 11 列出了各种常用逻辑门的 3 种符号形式。

在最初的数字逻辑电路中，每个门电路都是用若干个分立的半导体器件和电阻、电容连接而成，称为分立元件门电路。随着半导体器件制造工艺和集成工艺的发展，分立元件门电路已被集成门电路所取代。集成门电路主要有 TTL 集成门电路和 CMOS 集成门电路。TTL 集成门电路由双极型晶体管组成，工作速度较高，但功耗较大，集成度不高，

应用于中小规模的集成电路；CMOS 集成门电路由 MOS 管组成，抗干扰能力强功耗小，集成度高，适合大规模集成电路。

表 5-11　常用逻辑门电路的逻辑符号

名称	逻辑功能	国家标准符号	常用符号	国外符号
与门	与运算	&		
或门	或运算	≥1	+	
非门	非运算	1		
与非门	与非运算	&		
或非门	或非运算	≥1	+	
与或非门	与或非运算	& ≥1	+	
异或门	异或运算	=1	⊕	
同或门	同或运算	=	⊙	

5.3.1　分立元件门电路

1. 二极管与门

图 5.5 所示为二极管双输入与门电路。图中 A、B 为两个输入变量，Y 为输出变量。

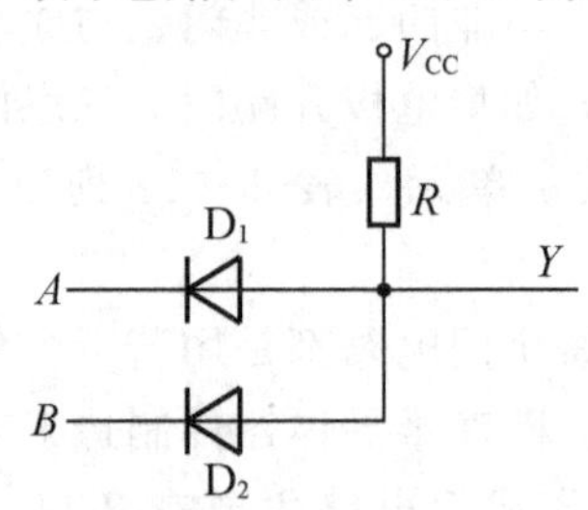

图 5.5　二极管与门

设 $V_{CC}=5V$，A、B 输入端的高、低电平分别为 $U_{IH}=3V$，$U_{IL}=0V$，二极管 D_1、D_2 正向导通压降 $U_{DF}=0.7V$。由图 5.5 可见：

(1) A、B 端同时为低电平 0V 时，二极管 D_1、D_2 均导通，使输出 Y 为 0.7V。

(2) A、B 中任一端为低电平 0V 时，如 A 端输入为 0V，B 端输入 3V，二极管 D_1 抢先导通，使输出 Y 的电位钳制在 0.7V。二极管 D_2 受反向电压作用而截至，此时输出 Y 保持为 0.7V。

(3) A、B 端同时为高电平 3V 时，二极管 D_1、D_2 均导通，使输出 Y 为 3.7V。

综合上述分析结果，将图 5.5 所示电路的输入与输出逻辑电平关系列表，即可得表 5-12。

表 5-12 图 5.5 电路的逻辑电平

A/V	B/V	Y/V
0	0	0.7
0	3	0.7
3	0	0.7
3	3	3.7

若规定 3V 以上为高电平，用逻辑 1 表示；0.7V 以下为低电平，用逻辑 0 表示，则可得图 5.5 所示电路的真值表，见表 5-5。

知识要点提醒

Y 和 A、B 是与逻辑关系。

2. 二极管或门

图 5.6 所示为二极管双输入或门电路。图中 A、B 为两个输入变量，Y 为输出变量。

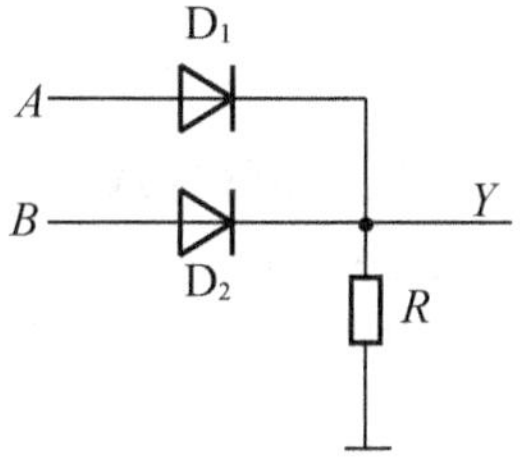

图 5.6 二极管或门

与二极管与门的分析方法相同，图 5.6 所示电路的逻辑电平关系表见表 5-13。

表 5-13 图 5.6 电路的逻辑电平

A/V	B/V	Y/V
0	0	0
0	3	2.3
3	0	2.3
3	3	2.3

同样，若规定 2.3V 以上为高电平，用逻辑 1 表示；0V 以下为低电平，用逻辑 0 表示，可得图 5.6 所示电路的真值表，见表 5-6。

知识要点提醒

Y 和 A、B 是或逻辑关系。

3. 三极管非门

图 5.7 所示是三极管非门电路。图中 A 为输入变量，Y 为输出变量。

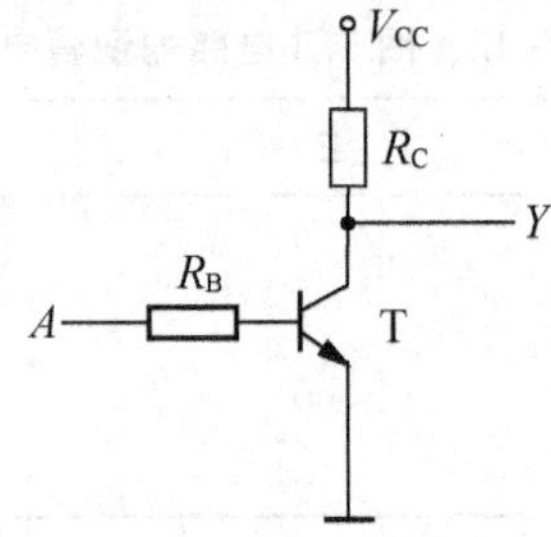

图 5.7　三极管非门

设 $V_{CC}=5V$，合理选择 R_B 和 R_C 的值，可保证当输入 A 为 +5V 时，晶体三极管 T 饱和导通，输出 Y 为 0.3V；当输入 A 为 0V 时，晶体三极管 T 截止，输出端 Y 的电压等于电源电压 +5V。若规定 5V 为高电平，用逻辑 1 表示；0.3V 以下为低电平，用逻辑 0 表示，则可得图 5.7 所示电路的真值表，见表 5-7。

知识要点提醒

Y 和 A 是非逻辑关系。

5.3.2　TTL 集成门电路

TTL 集成系列门电路主要由双极型晶体管构成，由于输入端和输出端均采用晶体三极管，所以称为晶体管—晶体管逻辑电路(Transistor—Transistor—Logic)，简称 TTL 电路，是应用较广泛的双极型数字集成电路。国产 TTL 产品主要有 CT54/74 标准系列、CT54/74H 高速系列等。

1. TTL 与非门

图 5.8 所示为 CT74H 系列 TTL 与非门的典型电路，由输入级、中间级和输出级 3 部分组成。输入级由多发射极三极管 T_1 和电阻 R_1 组成，用以实现与逻辑功能，其中二极管 D_1 和 D_2 构成输入保护电路，在输入信号处于正常逻辑电平范围内时，D_1 和 D_2 为反偏状态，不影响电路的正常功能；当输入端出现负向干扰信号时，D_1 和 D_2 导通，使输入电压被钳制在 −0.7V，从而保护了 T_1 不会因发射极电流过大而被烧毁。中间级由三极管 T_2 和电阻 R_2、R_3 组成，在 T_2 的集电极和发射极分别输出极性相反的电平，用来驱动输出级的 T_4 和 T_5。输出级由三极管 T_3、T_4、T_5 和电阻 R_4、R_5 组成，在正常工作时，T_4 和 T_5 总是一个截止，另一个饱和。

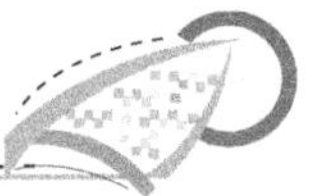

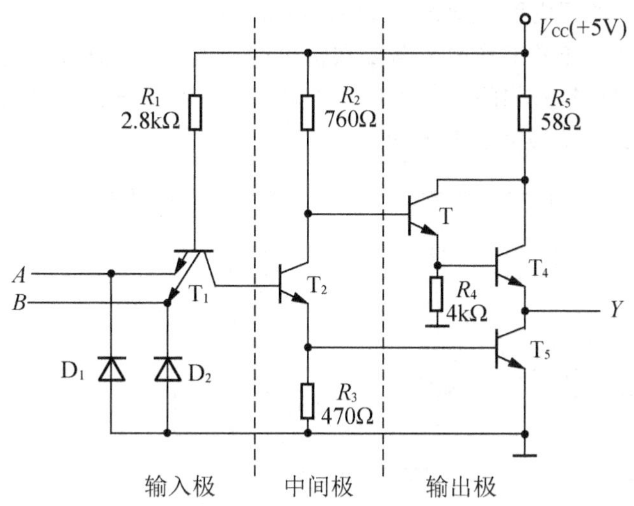

图 5.8 TTL 与非门

当输入 A、B 有低电平 $U_{IL}=0V$ 时，对应于输入端接低电平的发射结导通。这时电源通过 R_1 为 T_1 提供基极电流。T_1 的基极电位 $U_{B1}=U_{IL}+U_{BE1}=0.3+0.7V=1V$，不足以向 T_2 提供正向基极电流，因此 T_1 和 T_5 截止。此时，T_2 集电极电位 u_{C2} 接近电源电压 V_{CC}，使 T_3、T_4 的发射结正偏而导通。所以输出端 Y 的电位为

$$U_Y=V_{CC}-I_{B3}R_2-U_{BE3}-U_{BE4} \tag{5-18}$$

因 I_{B3} 很小，可以忽略不计，于是有

$$U_Y=V_{CC}-U_{BE3}-U_{BE4}=5-0.7-0.7V=3.6V \tag{5-19}$$

即输出 Y 为高电平。

当输入 A、B 均为高电平 $U_{IH}=3.6V$ 时，T_1 的基极电位被 T_1 集电结、T_2 和 T_5 的发射结钳位在 $U_{B1}=U_{BC1}+U_{BE2}+U_{BE5}=0.7+0.7+0.7V=2.1V$，$T_1$ 的发射结均反偏，电源 V_{CC} 通过 R_1 和 T_1 的集电极向 T_2 提供足够的基极电流，使 T_2 饱和，其发射极电流在 R_3 上产生的压降又为 T_5 提供了足够的基极电流，使 T_5 也饱和，T_2 的集电极电位为

$$U_{C2}=U_{CES2}+U_{BE5}=0.3+0.7V=1V \tag{5-20}$$

T_3 导通，T_4 截止。在 T_4 截止，T_5 饱和的状态下，输出 Y 的电位为

$$U_Y=V_{IL}=0.3V \tag{5-21}$$

即输出 Y 为低电平。

综上所述，在图 5.8 所示电路中，当输入 A、B 中有低电平时，输出 Y 为高电平，当输入 A、B 均为高电平时，输出 Y 为低电平。因此，电路的输入和输出之间满足与非逻辑关系，其表达式和真值表见表 5-8。

2. 集电极开路门(OC 门)

一般 TTL 门电路的输出电阻都很低，若把两个或两个以上 TTL 门电路的输出端直接并接在一起，当其中一个输出为高电平，另一个输出为低电平时，就会在电源与地之间形成一个低阻串联通路，产生的电流将超过门电路的最大允许值，可能导致门电路因功耗过大而损坏，因此一般的 TTL 门电路不能“线与”。所谓“线与”是不同门电路输出端直接连接形成“与”功能的方式。

集电极开路输出的门电路，简称OC门(Open Collector)。OC门的电路特点是其输出管集电极开路，因此，正常工作时，需要在输出端和电源 V_{CC} 直接外接上拉电阻 R_L，OC与非门的电路图和逻辑符号如图5.9所示。与图5.8所示的与非门的差别仅在于用外接电阻 R_L 取代了由 T_3 和 T_4 构成的有源负载。

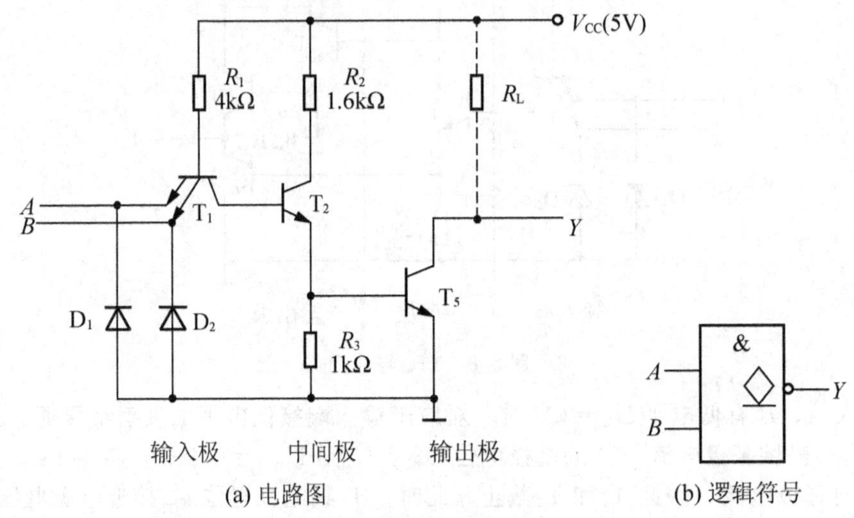

图5.9 集电极开路与非门电路图及逻辑符号

当输入有低电平时，T_2 和 T_5 截止，Y 端输出高电平；当输入端全是高电平时，T_2、T_5 导通，只要 R_L 的取值合适，T_5 就可以达到饱和，使 Y 输出低电平。因此，图5.9所示电路是与非门电路。

OC与非门与普通TTL与非门不同的是它输出的高电平约为 V_{CC}，多个OC门输出端相连时，可以共用一个上拉电阻 R_L，如图5.10所示。由图5.10可知，$Y_1=\overline{AB}$，$Y_2=\overline{CD}$，按"线与"要求，$Y=Y_1Y_2=\overline{AB}\cdot\overline{CD}=\overline{AB+CD}$。

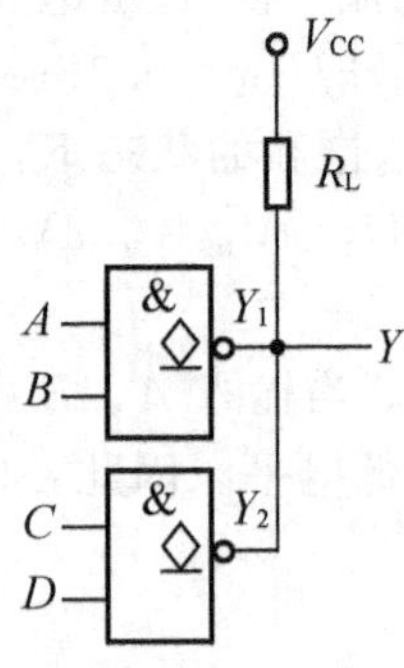

图5.10 OC与非门"线与"逻辑图

知识要点提醒

将两个OC与非门"线与"连接后，可实现"与或非"逻辑功能。

上拉电阻 R_L 的取值范围为

$$\frac{V_{CC}-U_{OLmax}}{I_{OL}-mI_{IL}}\leqslant R_L\leqslant\frac{V_{CC}-U_{OHmin}}{nI_{OH}-mI_{IH}} \tag{5-22}$$

式中：n 为线与 OC 门的个数；m 为后面连接的负载门个数；U_{OLmac} 为规定的产品低电平上限值；U_{OLmin} 为规定的产品高电平上限值；I_{OL} 为每个 OC 门所允许的最大负载电流；I_{OH} 为 OC 门输出管截止时的漏电流；I_{IL} 为每个负载门的低电平输入电流；I_{IH} 为每个负载门的高电平输入电流。

3. 三态输出门(TSL 门)

三态输出门是在普通门电路基础上附加控制电路构成的，简称 TSL 门或 TS 门。TSL 门的输出有逻辑高电平、逻辑低电平和高阻态 3 个状态。

图 5.11 所示为三态输出与非门的电路结构和逻辑符号，其中 A、B 为输入端，E 为控制端，又称为使能端，Y 为输出端。

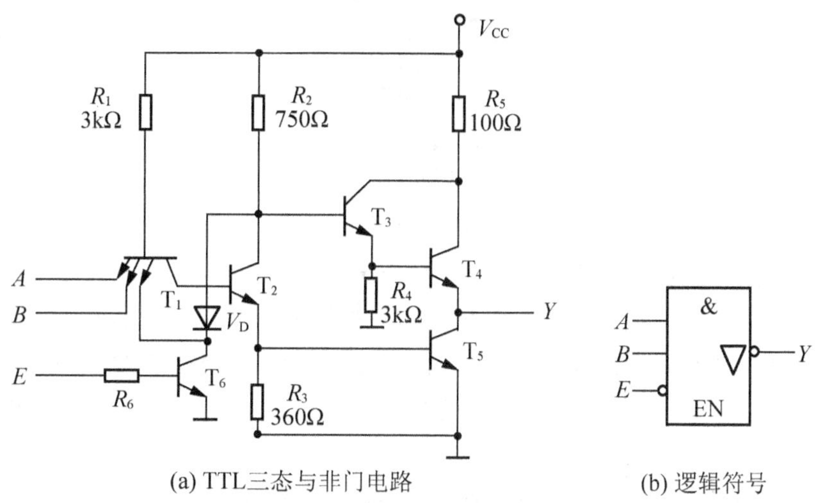

(a) TTL三态与非门电路 (b) 逻辑符号

图 5.11 TTL 三态与非门电路图及逻辑符号

当 E 端输入低电平时，T_6 截止，其集电极电位 U_{C6} 为高电平，使 T_1 中与 T_6 集电极相连的发射结也截止。由于和二极管 V_D 的 N 区相连的 PN 结全截止，故 V_D 截止，相当于开路，不起任何作用。此时三态门和普通与非门一样，实现“与非”逻辑功能，即 $Y=\overline{AB}$。这是三态门的工作状态。

当 E 端输入高电平时，T_6 饱和导通，其集电极电位 U_{C6} 为低电平，V_D 导通，使 $U_{C2}=0.3+0.7V=1V$，致使 T_4 截止。同时，U_{C6} 使 T_1 射极之一为低电平，T_2 和 T_5 截止。由于同输出端的 T_4 和 T_5 同时截止，输出端相当于悬空或开路。此时，三态门相对负载而言呈高阻状态，称为高阻态或禁止状态。在此状态下，由于三态门与负载之间无信号联系，对负载不产生任何逻辑功能，所以禁止状态不是逻辑状态。

5.3.3 CMOS 集成门电路

CMOS 集成电路是由 P 沟道增强型 MOS 管和 N 沟道增强型 MOS 管按互补对称的形

式连接构成的，故称为互补型 MOS 集成电路，简称为 CMOS 集成电路。这种集成电路具有功耗低、抗干扰能力强等特点，是目前应用最广泛的集成电路之一。

1. CMOS 反相器

CMOS 反相器的基本电路结构如图 5.12 所示。它是由两个增强型 MOS 管组成，其中 T_1 是 P 沟道增强型 MOS 管，用做负载管；T_2 是 N 沟道增强型 MOS 管，用做驱动管。两个管子的栅极连在一起作为反相器的输入端，漏极连在一起作为反相器的输出端。P 沟道的源极接电源 V_{DD}。为保证电路能正常工作，要求电源电压 V_{DD} 大于两个 MOS 管的开启电压的绝对值之和，即

$$\begin{cases} V_{DD} > |U_{GS(th)P}| + U_{GS(th)N} \\ U_{GS(th)P} = U_{GS(th)N} \end{cases} \tag{5-23}$$

式中：$U_{GS(th)P}$ 和 $U_{GS(th)N}$ 分别是 T_1 和 T_2 的开启电压。

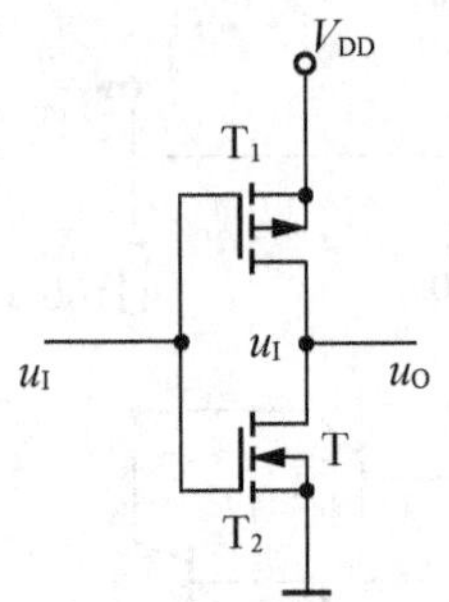

图 5.12　CMOS 反相器

当电路输入为低电平，即 $u_I = 0V$ 时，T_2 的 $u_{GSN} = 0$，小于它的开启电压 $U_{GS(th)N}$，T_2 截止；此时 T_1 的 $u_{GSP} = 0 - V_{DD}$，小于它的开启电压 $U_{GS(th)P}$，T_1 导通，电路输出高电平，即 $u_O \approx V_{DD}$。

当电路输入为高电平，即 $u_I = V_{DD}$ 时，T_2 的 $u_{GSN} = V_{DD}$，大于它的开启电压 $U_{GS(th)N}$，T_2 导通；此时 T_1 的 $u_{GSP} = V_{DD} - V_{DD} = 0$，大于它的开启电压 $U_{GS(th)P}$，T_1 截止，电路输出低电平，即 $u_O \approx 0$。

综上所述，当输入为低电平时，输出为高电平；输入为高电平时，输出为低电平。可见电路实现的是“非”逻辑运算。由于该电路输入信号与输出信号反相，故又称为 CMOS 反相器。

知识要点提醒

当 CMOS 反相器处于稳态时，无论输入的是高电平还是低电平，T_1 和 T_2 总是一个导通一个截止，流过 T_1 和 T_2 的漏极电流接近于零，故 CMOS 反相器的静态功耗很低，这是 CMOS 电路的突出优点。

2. CMOS 与非门

CMOS 与非门的电路如图 5.13 所示，图中 T_2 和 T_4 是两个串联的 N 沟道增强型 MOS 管，用作驱动管；T_1 和 T_3 是两个并联的 P 沟道增强型 MOS 管，用作负载管。

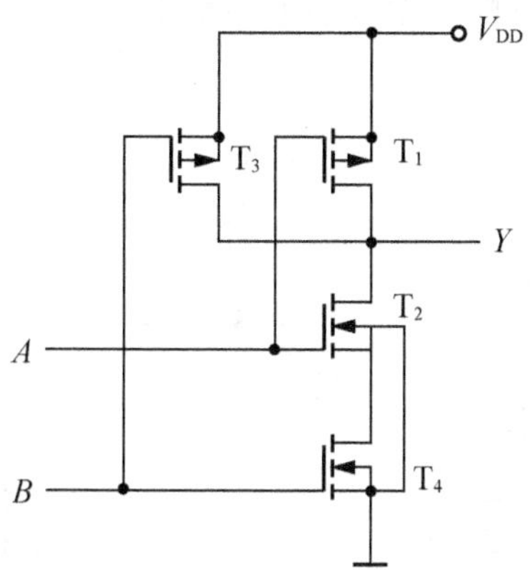

图 5.13　CMOS 与非门

当 $A=0V$，$B=V_{DD}$时，T_3 导通，T_4 截止，输出 Y 为高电平；当 $A=V_{DD}$，$B=0V$ 时，T_1 导通，T_2 截止，输出 Y 亦为高电平；当 $A=B=V_{DD}$时，T_1 和 T_3 同时截止，T_2 和 T_4 同时导通，输出 Y 为低电平。因此，该电路实现的是与非门的功能，即 $Y=\overline{AB}$。

3. CMOS 或非门

CMOS 或非门的电路如图 5.14 所示，图中 T_2 和 T_4 是两个并联的 N 沟道增强型 MOS 管，用作驱动管；T_1 和 T_3 是两个串联的 P 沟道增强型 MOS 管，用作负载管。

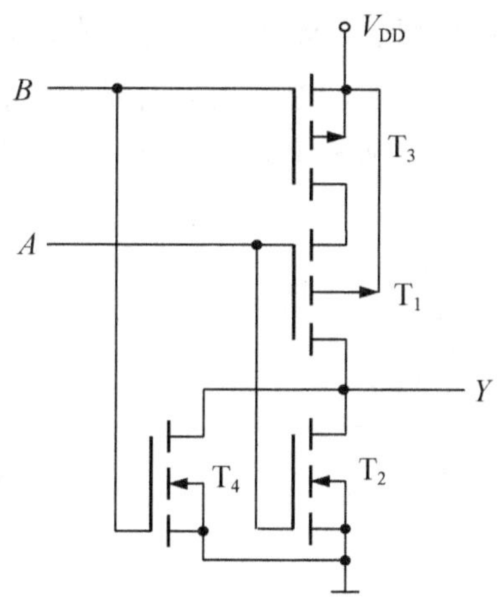

图 5.14　CMOS 或非门

当输入 A、B 中有一个是高电平时，则接高电平的驱动管导通，输出 Y 为低电平；当输入 A、B 同时为低电平时，驱动管 T_2 和 T_4 同时截止，负载管 T_1 和 T_3 同时导通，输出 Y 为高电平。因此，该电路实现的是或非门的功能，即 $Y=\overline{A+B}$。

4. 漏极开路 CMOS 门电路(OD 门)

同 TTL 电路中的 OC 门类似，CMOS 门的输出电路结构也可以做成漏极开路的形式，CMOS 门电路中漏极开路门电路，简称为 OD 门。图 5.15 所示为 CMOS 漏极开路与非门的电路结构图和逻辑符号。OD门工作时必须外接电源 V_{DD2} 和电阻 R_L 电路才能工作。实现 $Y=\overline{AB}$。

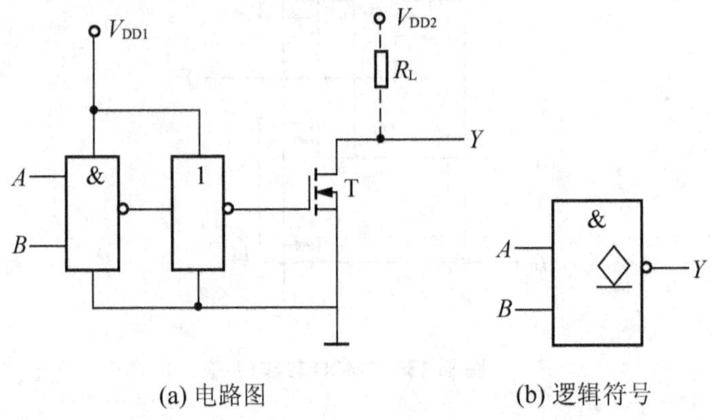

(a) 电路图　　(b) 逻辑符号

图 5.15　漏极开路的 CMOS 与非门及逻辑符号

OD门输出低电平时，可吸收高达50mA的负载电流。当输入级和输出级采用不同电源电压 V_{DD1} 和 V_{DD2} 时，可将输入的0V～V_{DD1} 的电压转换成0V～V_{DD2} 的电压，从而实现电平转换。

5. CMOS传输门

CMOS传输门电路结构和逻辑符号如图5.16所示，由两个结构对称、参数一致的N沟道增强型MOS管 T_1 和P沟道增强型MOS管 T_2 组成，T_1 和 T_2 的源极和漏极分别相连作为传输门的输入端和输出端。C 和 $\overline{C}$ 是一对互补的控制信号。由于MOS管的结构对称，源极和漏极可以互换，电流可以从两个方向流通，所以传输门的输入端和输出端可以互换。即CMOS传输门是双向器件。

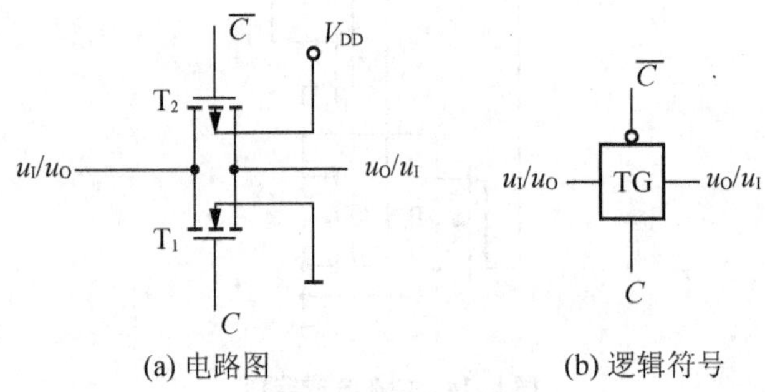

(a) 电路图　　(b) 逻辑符号

图 5.16　CMOS 传输门电路及逻辑符号

设控制信号 C 和 $\overline{C}$ 的高、低电平分别为 V_{DD} 和0V。

当 $C=0V$，$\overline{C}=V_{DD}$ 时，只要输入信号的变化范围不超过0V～V_{DD}，则 T_1 和 T_2 同时截止，输入与输出之间呈高阻状态，传输门截止。

当 $C=V_{DD}$，$\overline{C}=0V$ 时，当输入信号在0V～V_{DD} 之间变化时，T_1 和 T_2 至少有一个导通，使输入与输出之间呈低阻状态，传输门导通。

6. CMOS 三态门

CMOS 三态门是在普通的 CMOS 门电路上，增加了控制端和控制电路构成的，其电路结构和逻辑符号如图 5.17 所示，其中 A 为信号输入端，E 为控制端，Y 为输出端。

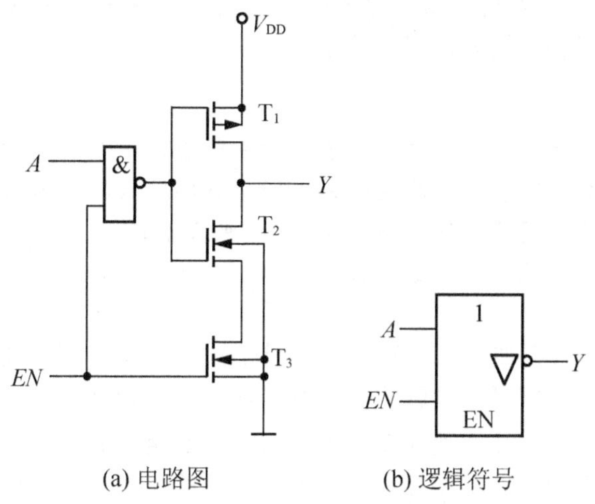

(a) 电路图 (b) 逻辑符号

图 5.17 CMOS 三态门及逻辑符号

当 E 为高电平时，T_3 导通，与非门输出为 $\overline{A}$，由 T_1 和 T_2 组成的 CMOS 反相器处于工作状态，输出 $Y=A$。

当 E 为低电平时，T_3 截止，与非门输出为 1，使 T_1 截止，T_2 导通，输出 Y 呈高阻状态。

5.4 逻辑函数及其表示方法

5.4.1 逻辑函数的定义

在研究事件的因果关系时，决定事件变化的因素称为逻辑自变量，对应事件的结果称为逻辑因变量，也叫逻辑结果。以某种形式表示逻辑自变量与逻辑结果之间的函数关系称为逻辑函数。例如，当逻辑自变量 A、B、C、D、… 的取值确定后，逻辑因变量 Y 的取值也就唯一确定了，则称 Y 是 A、B、C、D、… 的逻辑函数，记作 $Y=f(A,B,C,D,\cdots)$。

任何一种因果关系都可以用逻辑函数来描述。例如前面基本逻辑运算中图 5.2 所示的串联开关照明电路，可用逻辑函数描述其功能，即当开关 A 和 B 同时闭合时灯亮，有一个或两个开关断开时灯灭。可以看出，灯 Y 的亮灭状态是开关 A 和 B 开关状态的逻辑函数，即 $Y=f(A,B)$。

5.4.2 逻辑函数的表示方法

常用的逻辑函数表示方法有逻辑真值表(简称真值表)、逻辑表达式(也称逻辑式或函数式)、卡诺图、逻辑图、波形图等。

1. 真值表

将输入变量所有的取值下对应的输出值找出来，列成表格，即可得到真值表。每一个输入变量有 0、1 两个取值，对于一个逻辑电路，若有 n 个输入变量，则 n 个变量各种可能取值的组合有 2^n 种，其对应逻辑函数值就有 2^n 个，如前面各种逻辑运算的真值表。真值表可直观地反映出输出与输入的因果关系。

2. 逻辑表达式

用与、或、非等逻辑运算的组合形式表示输入输出逻辑变量之间关系的逻辑代数式称为逻辑表达式。逻辑表达式表示方法简捷，也便于利用代数法对其进行化简。如串联开关照明电路描述的逻辑函数可用逻辑表达式 $Y=AB$ 来表示。

逻辑表达式有“与或式”和“或与式”之分。与或式由若干乘积项之和构成；或与式由若干和项之积构成。

逻辑函数的表达式不是唯一的，可以有多种形式，并且能相互变换，这种变换在逻辑分析和设计中经常用到。常见的逻辑式主要有与或式、与或非式、或与式、与非—与非式和或非—或非式。例如，与或表达式 $Y=\overline{A}C+B\overline{C}$ 可变换为如下几种形式。

(1) 对与或式两次求反，上面的反号不动，下面的反号用德·摩根定律，就可以得到与非—与非式。

$$
\begin{aligned}
Y &= \overline{A}C+B\overline{C} \\
&= \overline{\overline{\overline{A}C+B\overline{C}}} \\
&= \overline{\overline{\overline{A}C}\cdot\overline{B\overline{C}}}
\end{aligned}
$$

(2) 用反演定理求 $\overline{Y}$ 的与或式，再对 $\overline{Y}$ 求反，就可以得到与或非式。

$$
\begin{aligned}
\overline{Y} &= (A+\overline{C})(\overline{B}+C) \\
&= A\overline{B}+AC+\overline{C}C+\overline{C}\,\overline{B} \\
&= AC+\overline{B}\,\overline{C}
\end{aligned}
$$

$$
Y=\overline{\overline{Y}}=\overline{AC+\overline{B}\,\overline{C}}
$$

(3) 对与或非式两次用德·摩根定律，可以得到或与式。

$$
\begin{aligned}
Y &= \overline{AC+\overline{B}\,\overline{C}} \\
&= \overline{AC}\;\overline{\overline{B}\,\overline{C}} \\
&= (\overline{A}+\overline{C})(B+C)
\end{aligned}
$$

(4) 对或与式两次求反，上面的反号不动，下面的反号用德·摩根定律，可以得到或非—或非式。

$$
\begin{aligned}
Y &= (\overline{A}+\overline{C})(B+C) \\
&= \overline{\overline{(\overline{A}+\overline{C})(B+C)}} \\
&= \overline{\overline{\overline{A}+\overline{C}}+\overline{B+C}}
\end{aligned}
$$

3. 卡诺图

卡诺图是美国工程师卡诺(Karnaugh)首先提出的，是一种逻辑函数的图形表示方法。

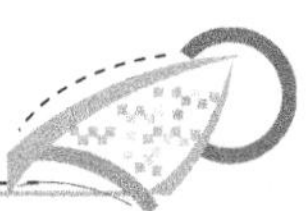

卡诺图是由表示逻辑变量的所有可能取值组合的小方格构成的图形，图 5.18 所示的是二至四变量的卡诺图。

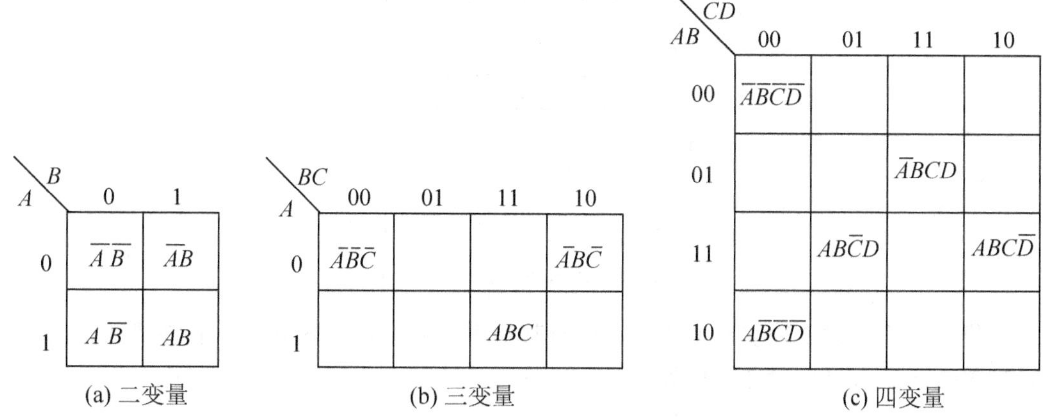

图 5.18 二至四变量的卡诺图

卡诺图的左上角是所有变量的集中表示。边框外标注的数码表示对应变量的取值。若变量数为 n，则卡诺图中小方格的个数为 2^n，正好表示 n 个变量的 2^n 个可能的取值组合。卡诺图可以看成是真值表的变形。图 5.18 中的卡诺图每个小方格中所填内容为这个小方格表示的变量组合，实际绘制逻辑函数的卡诺图时，小方格中应当填写对应的逻辑值(通常只填逻辑值为“1”的小方格)，例如，逻辑函数 $Y=AB$ 的卡诺图如图 5.19 所示(逻辑值“0”可省略)。

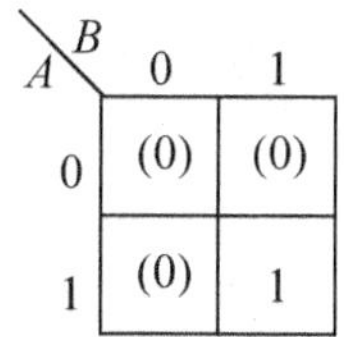

图 5.19 函数 $Y=AB$ 的卡诺图

知识要点提醒

卡诺图边框外标注的数码按格雷码的顺序排列，其目的是使几何相邻的小方格之间只差一个变量不同(逻辑相邻)，便于化简。

4. 逻辑图

所谓逻辑图是指将逻辑表达式中的与、或、非等逻辑关系用对应的逻辑符号表示得到的图形。逻辑图和逻辑表达式之间有着严格的一一对应关系，它们之间的互相转换比较方便。但是逻辑图和逻辑真值表一样，也不能直接运用公式和定理进行运算和变换。逻辑图是电路设计结果的表现形式。

5. 波形图

逻辑函数还可以用输入输出的波形图来表示，图 5.20 是函数 $Y=AB$ 的波形图。

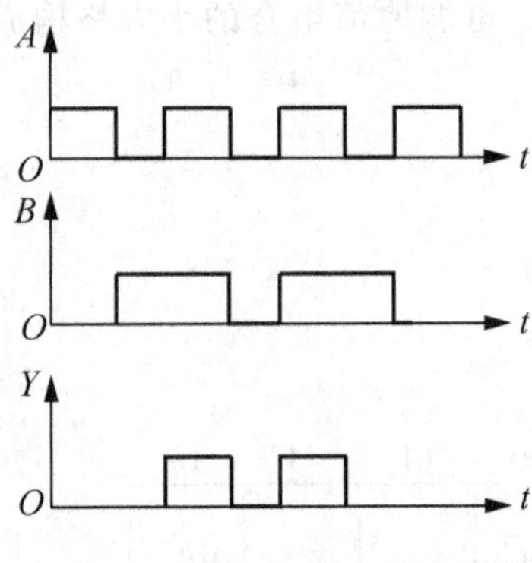

图 5.20 函数 $Y=AB$ 的波形图

逻辑函数除上述 5 种表示方法外，还有其他表示方法，如阵列图、硬件描述语言等方法，有关内容读者可以参考其他教材。

5.4.3 逻辑函数的标准形式

一个逻辑函数的与或式和或与式可以有多种形式，有的简单，有的复杂。但这些与或表达式或者或与表达式中，有一种最规则的形式，称为标准形式，分别叫做最小项表达式和最大项表达式。

1. *逻辑函数的最小项表达式*

1）最小项

如果 P 是由 n 个变量组成的一个与项，在 P 中每个变量都以原变量或反变量作为一个因子出现一次且仅出现一次，则称 P 为 n 个变量的一个最小项。显然，n 个变量一共有 2^n 个最小项。

以 3 个变量 A、B 和 C 为例，它们共有 $2^3=8$ 种取值组合：000，001，010，011，100，101，110 和 111。其对应的与项为

$$\overline{A}\,\overline{B}\,\overline{C}，\overline{A}\,\overline{B}\,C，\overline{A}\,B\overline{C}，\overline{A}\,BC，A\overline{B}\,\overline{C}，A\overline{B}C，AB\overline{C}，ABC$$

这些与项的共同特点是：每个与项都有 3 个因子；在每个与项中，A、B、C 每个变量都以原变量或反变量的形式出现且仅出现一次。称这 8 个与项为 3 个变量 A、B 和 C 的 8 个最小项。

2）最小项的编号

为了书写方便，对最小项采用编号的形式，记作 m_i。编号的方法是将最小项所对应的取值组合看成二进制数，原变量为 1，反变量为 0，然后将二进制数转换成十进制数，该十进制数就是这个最小项的编号，即下标 i。

例如，3 个变量 A、B、C 的一个最小项 $\overline{A}\,\overline{B}\,C$ 对应的变量取值组合为 001，将 001 看成二进制数，所对应的十进制数是 1，即 $(001)_2=(1)_{10}$，所以 $\overline{A}\,\overline{B}\,C$ 的编号是 1，记作 m_1。

3）最小项的性质

(1) 任何一个最小项都对应一组变量取值组合，有且只有一组变量取值组合使它的值为 1。

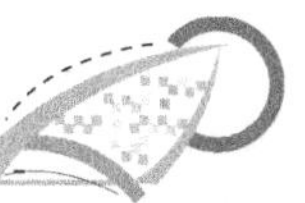

例如在三变量 A、B、C 的最小项中，当 $A=1$，$B=0$，$C=1$ 时，$A\overline{B}C=1$。同样的道理，在三变量 A、B、C 的最小项中，当 $A=1$，$B=1$，$C=1$ 时，$ABC=1$。

(2) 任何两个最小项的乘积为 0。例如 $\overline{A}\,\overline{B}\,\overline{C}\cdot\overline{A}BC=0$。

(3) 全部最小项的和为 1。

(4) 具有相邻性的两个最小项之和可以合并成一项并消去一对因子。

4) 最小项表达式(标准与或式)

由给定函数的最小项之和所组成的逻辑表达式称为最小项表达式，又叫标准与或式。为方便，可用“$\sum$”表示累计或运算，用圆括号内的十进制数表示参与“或”运算的各最小项的项号。

知识要点提醒

任何一个逻辑函数都有唯一的最小项表达式。

求取最小项表达式的方法是：对给定的与或表达式中所有非最小项的与项乘其所缺变量的“原”、“反”之和(因变量的“原”、“反”之和总为 1)。

【例 5.12】将逻辑函数 $Y=AB+BC$ 展开成标准与或式。

解：利用公式 $A+\overline{A}=1$，对所缺变量补齐，则得

$$
\begin{aligned}
Y &= AB+BC = AB(C+\overline{C})+BC(A+\overline{A}) \\
&= ABC+AB\overline{C}+ABC+\overline{A}BC \\
&= m_3+m_6+m_7 \\
&= \sum(3,6,7)
\end{aligned}
$$

2. 逻辑函数的最大项表达式

1) 最大项

最大项的定义可以仿照最小项的定义：如果 P 是由 n 个变量组成的一个或项，在 P 中每个变量都以原变量或反变量出现一次且仅出现一次，则称 P 为 n 个变量的一个最大项。显然，n 个变量一共有 2^n 个最大项。

3 个变量 A、B 和 C 的 8 个最大项为

$$\overline{A}+\overline{B}+\overline{C},\ \overline{A}+\overline{B}+C,\ \overline{A}+B+\overline{C},\ \overline{A}+B+C,$$

$$A+\overline{B}+\overline{C},\ A+\overline{B}+C,\ A+B+\overline{C},\ A+B+C$$

与最小项类似，最大项用 M_i 表示。编号的方法与最小项相反，即用 0 代表原变量，1 代表反变量确定最大项所对应的编号，如最大项 $\overline{A}+\overline{B}+C$ 写为 M_6。

2) 最大项的性质

(1) 任何一个最大项都对应一组变量取值组合，有且只有一组变量取值组合使它的值为 0。

(2) 任何两个不同最大项的和为 1。

(3) 全部最大项的和为 0。

(4) 只有一个变量不同的两个最大项的乘积等于各相同变量之和。

3) 最大项表达式(标准或与式)

由给定函数的最大项之积所组成的逻辑表达式称为最大项表达式，又叫标准或与式，可用“$\prod$”表示累计与运算，用圆括号内的十进制数表示参与“与”运算的各最大项的项号。

知识要点提醒

任何一个逻辑函数都有唯一的最大项表达式。

最大项表达式的求取方法是：对给定的或与表达式中所有非最大项的或项加上其所缺变量的“原”、“反”之积(因变量的“原”、“反”之积总为0)。

【例 5.13】 将逻辑函数 $Y=(A+B)(B+C)$ 展开成最大项表达式。

解： 利用公式 $A\overline{A}=0$，对所缺变量补齐，则得

$$\begin{aligned}Y &= (A+B)(B+C)\\ &= (A+B+C\overline{C})(A\overline{A}+B+C)\\ &= (A+B+C)(A+B+\overline{C})(A+B+C)(\overline{A}+B+C)\\ &= M_0+M_1+M_4\\ &= \prod(0,1,4)\end{aligned}$$

5.4.4 逻辑函数表示方法间的转换

同一个逻辑函数可以用不同的方法来表示，显然不同表示方法之间可以相互转换。

1. 已知真值表或卡诺图求逻辑表达式

由真值表求逻辑表达式的一般方法如下所示。

(1) 找出使逻辑函数 $Y=1$ 的行，每一行用一个乘积项表示，其中变量取值为“1”时用原变量表示，变量取值为“0”时用反变量表示。

(2) 将所有的乘积项“或”运算，既可以得到 Y 的逻辑表达式(最小项表达式)。

知识要点提醒

也可将真值表中逻辑值为 1 的变量组合作为最小项的项号直接写出最小项表达式。

在讲述由卡诺图求表达式之前，回顾一下图 5.18，可以发现卡诺图中的每个小方格都对应着逻辑函数的一个最小项。所以卡诺图中的小方格可以用最小项的项号来编号，如图 5.21 所示，这些编号等于卡诺图边框外按变量顺序所组成的二进制数。

知识要点提醒

卡诺图是真值表的变形，卡诺图中每一个小方格都对应真值表中的一行。

由真值表画卡诺图方法很简单，只要将真值表中逻辑值为 1 的变量取值组合找出，在卡诺图中相同变量取值组合的小方格中填 1，既得到给定逻辑函数的卡诺图。

由卡诺图求表达式的方法可以仿照由真值表求表达式的方法，即将卡诺图中逻辑值为1的小方格编号作为最小项的项号直接写出最小项表达式。

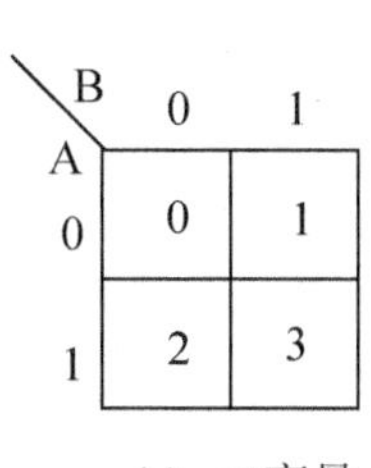

(a) 二变量

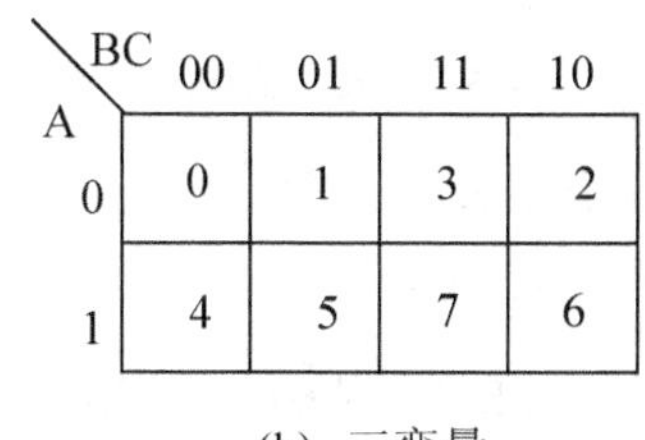

(b) 三变量

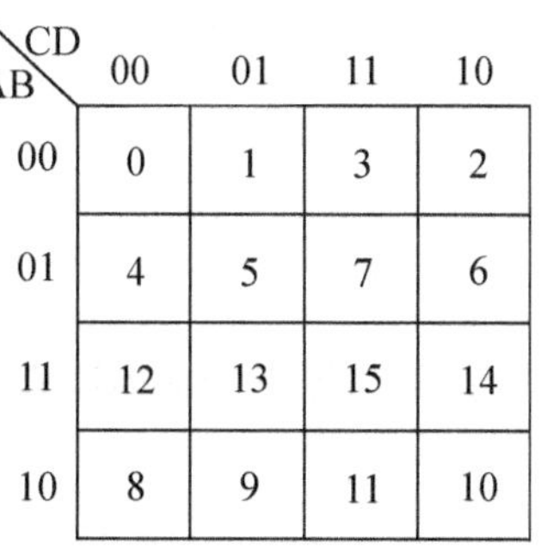

(c) 四变量

图 5.21　卡诺图的画法

【例 5.14】已知一个逻辑函数的真值表如表 5-14 所示，试写出它的逻辑函数表达式并画出卡诺图。

表 5-14　例 5.14 的真值表

A	B	C	Y
0	0	0	0
0	0	1	0
0	1	0	0
0	1	1	1
1	0	0	0
1	0	1	1
1	1	0	1
1	1	1	1

解：在表中查到，使函数 Y 为 1 的变量取值组合是：011、101、110、111，得到乘积项为 $\overline{A}BC$、$A\overline{B}C$、$AB\overline{C}$和 ABC，将这 4 个乘积项相加，得到的逻辑式为

$$Y=\overline{A}BC+A\overline{B}C+AB\overline{C}+ABC$$

或直接由真值表写出最小项表达式

$$Y=\sum(3,5,6,7)$$

按照逻辑值为 1 的变量取值组合可画出逻辑函数的卡诺图，如图 5.22 所示。

A \ BC	00	01	11	10
0			1	
1		1	1	1

图 5.22　例 5.14 的卡诺图

【例 5.15】已知一个逻辑函数的卡诺图，如图 5.23 所示，写出其逻辑表达式。

A \ BC	00	01	11	10
0	1		1	
1	1			1

图 5.23　例 5.15 的卡诺图

解： 由卡诺图直接得到逻辑函数最小项表达式为

$$
\begin{aligned}
Y &= \sum(0,3,4,6) \\
&= \overline{A}\,\overline{B}\,\overline{C} + \overline{A}BC + A\overline{B}\,\overline{C} + AB\overline{C}
\end{aligned}
$$

2. 已知逻辑表达式求真值表、卡诺图和逻辑图

如果有了逻辑表达式，则只要把输入变量的所有取值组合逐一代入函数中，算出逻辑值，然后将输入变量取值组合与逻辑值对应地列成表，就得到逻辑函数的真值表。也可以将表达式变换为最小项表达式，然后依据最小项表达式中的项号在真值表中找出对应的变量取值组合，使其逻辑值为 1，其他为 0。

由表达式画卡诺图的方法通常是将表达式变换为最小项表达式，然后依据式中最小项的项号在卡诺图中找出相应编号的小方格填 1 即可。

由表达式画逻辑图的方法是把表达式中各变量之间的逻辑运算用相应的逻辑符号表示出来，就得到了对应的逻辑图。

【例 5.16】已知逻辑函数式 $Y=\overline{A}B+\overline{A}\,\overline{B}C$，求其真值表和逻辑图。

解： 将表达式中的 3 个输入变量的 8 组取值一一代入表达式，求出对应的 Y 值，列成表格，即得其真值表，见表 5－15。

表 5－15　例 5.16 的真值表

A	B	C	Y
0	0	0	0
0	0	1	1
0	1	0	1
0	1	1	1
1	0	0	0
1	0	1	0
1	1	0	0
1	1	1	0

也可将逻辑函数式 $Y=\overline{A}B+\overline{A}\,\overline{B}C$ 变为最小项表达式，即

$$
\begin{aligned}
Y &= \overline{A}B + \overline{A}\,\overline{B}C = \overline{A}BC + \overline{A}B\overline{C} + \overline{A}\,\overline{B}C \\
&= m_1 + m_2 + m_3 \\
&= \sum(1,2,3)
\end{aligned}
$$

然后找出1、2、3项号在真值表中对应的变量取值组合，即001、010、011，使其逻辑值为1，其他为0。用这种方法得出的真值表与前一种方法得出的结果相同。

根据逻辑函数式 $Y=\bar{A}B+\bar{A}\bar{B}C$，得如图5.24所示的逻辑图。

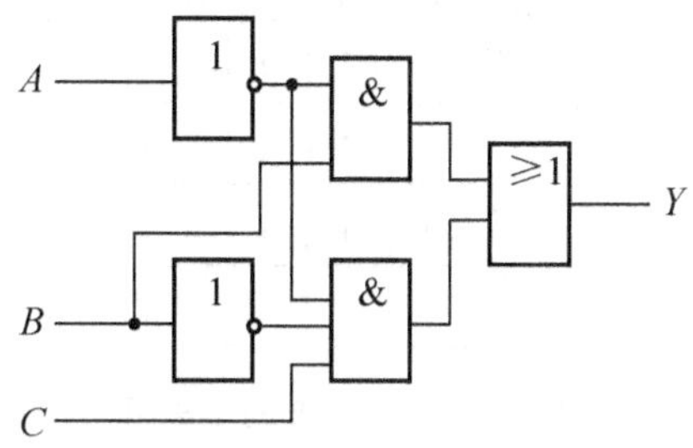

图5.24　例5.16的逻辑图

【例5.17】 试绘制 $Y=\bar{A}\bar{B}C+\bar{A}B\bar{C}+A\bar{B}C+ABC$ 的卡诺图。

解：

$$
\begin{aligned}
Y &= \bar{A}\bar{B}C+\bar{A}B\bar{C}+A\bar{B}C+ABC \\
&= m_1+m_2+m_5+m_7 \\
&= \sum(1,2,5,7)
\end{aligned}
$$

首先绘制一个三变量卡诺图，在卡诺图的1、2、5和7中填入“1”，其余的位置不填，结果如图5.25所示。

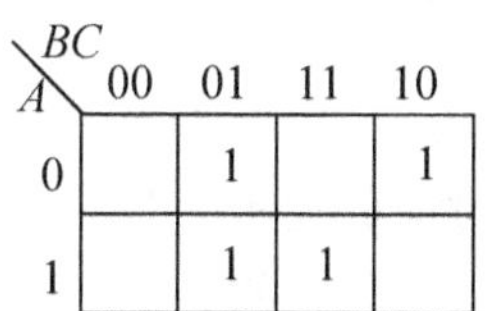

图5.25　例5.17的卡诺图

知识要点提醒

逻辑函数的卡诺图是逻辑函数的一种重要表示方法，它具有唯一性，即一个逻辑函数只有一个卡诺图。

当一个逻辑函数为一般表达式时，可以将其化成标准与或式后绘制卡诺图。但这样做往往很麻烦，实际上只需把逻辑函数式展开成与或式即可，然后根据与或式每个与项的特征直接填卡诺图。具体方法是在卡诺图中把每一个与项所含的最小项对应的小方格中均填入“1”，直到填入逻辑函数的全部与项。

【例5.18】 已知逻辑函数 $Y=\bar{A}D+\overline{\overline{AB}(C+\overline{BD})}$，试绘制其卡诺图。

解： 首先把逻辑式展开成与或式。

$$
\begin{aligned}
Y &= \bar{A}D+\overline{\overline{AB}(C+\overline{BD})} \\
&= \bar{A}D+AB+\overline{C+\overline{BD}} \\
&= \bar{A}D+AB+B\bar{C}D
\end{aligned}
$$

然后绘制四变量卡诺图，将与或式中每个与项所含的最小项对应的小方格中均填入“1”，如图 5.26 所示。

AB \ CD	00	01	11	10
00		1	1	
01		1	1	
11	1	1	1	1
10				

图 5.26　例 5.18 的卡诺图

第 1 个与项 $\overline{A}D$ 所含最小项中均有 $A=0$，$D=1$。$A=0$ 对应的小方格在第 1 行和第 2 行内；$D=1$ 对应的小方格在第 2 列和第 3 列内，两行和两列相交的小方格为 $\overline{A}D$ 对应的所有最小项。这些小方格的编号 1、3、5 和 7，故在这 4 个小方格中填入“1”。

第 2 个与项是 AB，同理可知，卡诺图中第 3 行所含小方格就是与项 AB，故在编号为 12、13、14、15 的小方格中均填入“1”。

同理可知，第 3 个与项 $B\overline{C}D$ 所对应的小方格编号为 5、13，故在这两个小方格中填入“1”。

知识要点提醒

对于有重复最小项的小方格只需填入一个“1”，如此填入全部与项即可。

3. 已知逻辑图求逻辑表达式

如果只给出逻辑图，也能得到对应的逻辑表达式。其步骤为：从输入端到输出端逐级写出逻辑表达式，即可得到逻辑图对应的逻辑表达式。

【例 5.19】 试写出图 5.27 所示逻辑图的逻辑表达式。

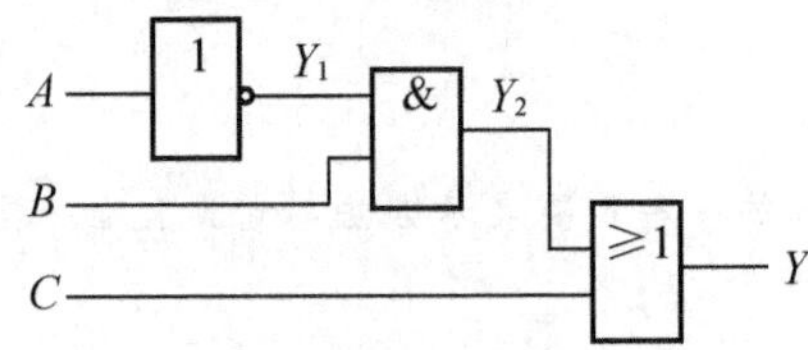

图 5.27　例 5.19 的逻辑图

解：由图知

$$Y_1=\overline{A},\ Y_2=\overline{A}B$$

故

$$Y=C+Y_2=C+\overline{A}B$$

5.5　逻辑函数的化简

同一个逻辑函数可以写成不同的表达式。用基本逻辑门电路实现某函数时，表达式越

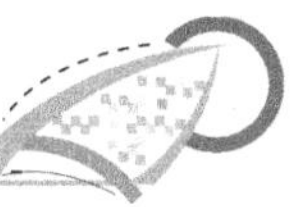

简单，需用门电路的个数就越少，因而也就越经济可靠。进行逻辑设计时，根据逻辑问题归纳出来的逻辑函数式往往不是最简逻辑函数式，并且可以有不同的形式，因此实现这些逻辑函数就会有不同的逻辑电路。在实现逻辑函数之前，往往要进行逻辑化简，即求出其最简逻辑表达式，然后根据最简表达式实现逻辑函数。化简和变换逻辑函数可以得到最简的逻辑函数式和所需要的形式，设计出最简捷的逻辑电路。这对于节省元器件，优化生产工艺，降低成本和提高系统的可靠性，提高产品在市场的竞争力非常重要。

最简表达式有多种，最常用的有最简与或表达式(乘积项最少，每个乘积项中变量数最少)和最简或与表达式(和项最少，每个和项中变量数最少)。不同类型的逻辑函数表达式的最简定义也不同。

5.5.1 逻辑函数的代数化简法

逻辑函数的代数化简法就是运用逻辑代数的公式和定理等对逻辑函数进行化简，也叫公式化简法。代数化简法化简过程没有一定规律可循，只能凭借化简者的经验和技巧。下面介绍几种常用的代数化简法。

1. 并项法

利用互补律：$A+\overline{A}=1$ 可以将两项合并为一项，并消去一对因子。

【例 5.20】 化简逻辑函数 $Y=ABC+\overline{AB}C+BD$，写出它的最简与或式。

解：

$$
\begin{aligned}
Y &= ABC+\overline{AB}C+BD \\
&= (AB+\overline{AB})C+BD \\
&= C+BD
\end{aligned}
$$

【例 5.21】 化简逻辑函数 $Y=\overline{A}B\overline{C}+A\overline{C}+\overline{B}\,\overline{C}$，写出它的最简与或式。

解：

$$
\begin{aligned}
Y &= \overline{A}B\overline{C}+A\overline{C}+\overline{B}\,\overline{C} \\
&= \overline{A}B\overline{C}+(A+\overline{B})\overline{C} \\
&= \overline{A}B\overline{C}+(\overline{\overline{A}B})\overline{C} \\
&= \overline{C}
\end{aligned}
$$

2. 吸收法

利用 $AB+\overline{A}C+BC=AB+\overline{A}C$ 和 $A+A\cdot B=A$，将多余项或因子吸收。

【例 5.22】 化简逻辑函数 $Y=\overline{AB}+\overline{A}C+\overline{B}C$，写出它的最简与或式。

解：

$$
\begin{aligned}
Y &= \overline{AB}+\overline{A}C+\overline{B}C \\
&= \overline{A}+\overline{B}+\overline{A}C+\overline{B}C \\
&= (\overline{A}+\overline{A}C)+(\overline{B}+\overline{B}C) \\
&= \overline{A}+\overline{B}
\end{aligned}
$$

【例 5.23】 化简逻辑函数 $Y=AD(B+C+D)$，写出它的最简与或式。

解：

$$\begin{aligned} Y &= AD(B+C+D) \\ &= ADB+ADC+AD \\ &= AD+ADC \\ &= AD \end{aligned}$$

【例 5.24】 化简逻辑函数 $Y=ABC+\overline{A}D+\overline{C}D+BD$，写出它的最简与或式。

解：

$$\begin{aligned} Y &= ABC+\overline{A}D+\overline{C}D+BD \\ &= ABC+(\overline{A}+\overline{C})D+BD \\ &= ABC+\overline{AC}D+BD \\ &= ABC+\overline{AC}D \\ &= ABC+\overline{A}D+\overline{C}D \end{aligned}$$

3. 配项法

利用 $A+A=A$，$A=AB+A\overline{B}$ 和 $AB+\overline{A}C=AB+\overline{A}C+BC$ 配项或增加多余项，再和其他项合并。

【例 5.25】 化简逻辑函数 $Y=\overline{A}\,\overline{B}C+A\overline{B}C+ABC$，写出它的最简与或式。

解：

$$\begin{aligned} Y &= \overline{A}\,\overline{B}C+A\overline{B}C+ABC \\ &= (\overline{A}\,\overline{B}C+A\overline{B}C)+(A\overline{B}C+ABC) \\ &= \overline{B}C(\overline{A}+A)+AC(\overline{B}+B) \\ &= \overline{B}C+AC \end{aligned}$$

【例 5.26】 化简逻辑函数 $Y=AB+\overline{A}\,\overline{B}+\overline{B}C+B\overline{C}$，写出它的最简与或式。

解：

$$\begin{aligned} Y &= AB+\overline{A}\,\overline{B}+\overline{B}C+B\overline{C} \\ &= AB+\overline{A}\,\overline{B}(\overline{C}+C)+\overline{B}C+(\overline{A}+A)B\overline{C} \\ &= AB+\overline{A}\,\overline{B}\,\overline{C}+\overline{A}\,\overline{B}C+\overline{B}C+\overline{A}B\overline{C}+AB\overline{C} \\ &= AB(1+\overline{C})+\overline{B}C(1+\overline{A})+\overline{A}\,\overline{C}(\overline{B}+B) \\ &= AB+\overline{B}C+\overline{A}\,\overline{C} \end{aligned}$$

【例 5.27】 化简逻辑函数 $Y=\overline{A}B+\overline{B}C+B\overline{C}+A\overline{B}$，写出它的最简与或式。

解：

$$\begin{aligned} Y &= \overline{A}B+\overline{B}C+B\overline{C}+A\overline{B} \\ &= (\overline{A}B+A\overline{C}+\overline{B}C)+(A\overline{C}+B\overline{C}+A\overline{B}) \\ &= (\overline{A}B+A\overline{C}+B\overline{C})+(A\overline{C}+\overline{B}C+A\overline{B}) \\ &= (\overline{A}B+A\overline{C})+(A\overline{C}+\overline{B}C) \\ &= \overline{A}B+\overline{B}C+A\overline{C} \end{aligned}$$

4. 消去法

利用 $A+\overline{A}B=A+B$，$AB+\overline{A}C+BC=AB+\overline{A}C$ 和 $AB+\overline{A}C+BCD=AB+\overline{A}C$ 消去多余项。

【例 5.28】 化简逻辑函数 $Y=AB+\overline{A}C+\overline{B}C$，写出它的最简与或式。

解：

$$\begin{aligned}Y&=AB+\overline{A}C+\overline{B}C\\&=AB+C(\overline{A}+\overline{B})\\&=AB+C\overline{AB}\\&=AB+C\end{aligned}$$

【例 5.29】 化简逻辑函数 $Y=A\overline{B}+\overline{A}B+ABCD+\overline{A}\,\overline{B}CD$，写出它的最简与或式。

解：

$$\begin{aligned}Y&=A\overline{B}+\overline{A}B+ABCD+\overline{A}\,\overline{B}CD\\&=A\overline{B}+\overline{A}B+CD\overline{A\overline{B}+\overline{A}B}\\&=A\overline{B}+\overline{A}B+CD\end{aligned}$$

【例 5.30】 化简逻辑函数 $Y=\overline{AB}+AC+BD$，写出它的最简与或式。

解：

$$\begin{aligned}Y&=\overline{AB}+AC+BD\\&=\overline{A}+\overline{B}+AC+BD\\&=\overline{A}+\overline{B}+C+D\end{aligned}$$

知识要点提醒

代数化简法使用不方便，很难判断所得结果是不是最简，尤其变量数较多时更是如此，所以这种方法适合于表达式较简单时使用。

对或与表达式的化简往往是先求其对偶式，然后将对偶式化简，最后再一次求对偶式即可。

【例 5.31】 化简逻辑函数 $Y=(A+B)(\overline{A}+C+\overline{D})(\overline{B}+C+\overline{D})$ 为最简或与式。

解： 应用对偶定理求逻辑函数 Y 的对偶函数并化简，得

$$\begin{aligned}Y'&=AB+\overline{A}C\overline{D}+\overline{B}C\overline{D}\\&=AB+(\overline{A}+\overline{B})C\overline{D}\\&=AB+(\overline{AB})C\overline{D}\\&=AB+C\overline{D}\end{aligned}$$

求对偶函数 Y' 的对偶函数，得到原函数的最简或与式

$$Y=(Y')'=(A+B)(C+\overline{D})$$

5.5.2　逻辑函数的卡诺图化简法

卡诺图化简法比代数法方便、直观、规律性强，可以直接写出函数的“最简”表达

式，比较容易掌握，一般运用于五变量以下的逻辑函数化简。

在讲述卡诺图化简法之前，先介绍几何相邻和逻辑相邻的概念。

最小项在卡诺图中凡是满足下面3种情况中1种或1种以上的就叫几何相邻。

（1）相接—挨着的最小项。

（2）相对——行或一列两头的最小项。

（3）相重—对折起来能够重合的最小项。

只有一个变量不同，其余变量都相同的两个最小项在逻辑上是相邻的。例如，$A\overline{B}C$ 和 $\overline{A}\,\overline{B}\,C$ 两个最小项，只有 A 的形式不同，其余变量都相同，所以 $A\overline{B}C$ 和 $\overline{A}\,\overline{B}\,C$ 是逻辑相邻的最小项。

卡诺图的相邻性特点保证了几何相邻的两个小方格所代表的最小项只有一个变量不同，因此，当相邻的小方格为1时，则对应的最小项可以合并。合并所得的那个乘积项，消去不同的变量，只保留相同的变量。这就是卡诺图化简法的依据。下面以三变量和四变量卡诺图为例，介绍最小项的合并规律。

1. 合并最小项的规律

（1）若两个最小项逻辑相邻，则可合并为一项，同时消去一对互反变量。合并后的结果只剩下公共变量。

图5.28(a)和图5.28(b)中画出了两个最小项相邻的情况。对于图5.28(a)，m_0 和 m_2 相邻、m_3 和 m_2 相邻、m_5 和 m_7 相邻，所以合并时可以消去一对互反因子，例如：$m_5+m_7=A\overline{B}C+ABC=AC$。

（2）若4个最小项逻辑相邻，则可合并为一项，同时消去2对互反的变量。合并后的结果只剩下公共变量。

例如图5.28(c)和图5.28(d)虚线框中为4个最小项相邻的情况。图5.28(d)中有3组4个最小项相邻情况，它们是 m_4、m_5、m_{12} 和 m_{13}，m_3、m_7、m_{15} 和 m_{11}，m_3、m_2、m_{11} 和 m_{10}。第3组合并得到

$$\begin{aligned}m_3+m_2+m_{11}+m_{10}&=\overline{A}\,\overline{B}\,CD+\overline{A}\,\overline{B}\,C\overline{D}+A\overline{B}CD+A\overline{B}C\overline{D}\\&=\overline{A}\,\overline{B}\,C(D+\overline{D})+A\overline{B}C(D+\overline{D})\\&=\overline{A}\,\overline{B}\,C+A\overline{B}C\\&=(\overline{A}+A)\overline{B}\,C\\&=\overline{B}C\end{aligned}$$

（3）若8个最小项逻辑相邻，则可合并为一项并消去3对互反变量。合并后的结果只剩下公共变量。

例如在图5.28(e)中左右两列的8个最小项是相邻的，可将它们合并为一项 $\overline{D}$，其他3个变量被消去了。

至此，可以归纳出合并最小项的一般规律：在 n 个变量的卡诺图中，若有 2^k 个小方格逻辑相邻，则它们可以圈在一起加以合并。合并时消去 k 个变量，简化为具有 $n-k$ 个变量的乘积项。若 k 等于 n 则可以消去全部变量，结果为1。

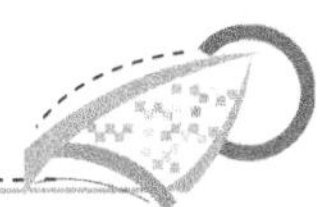

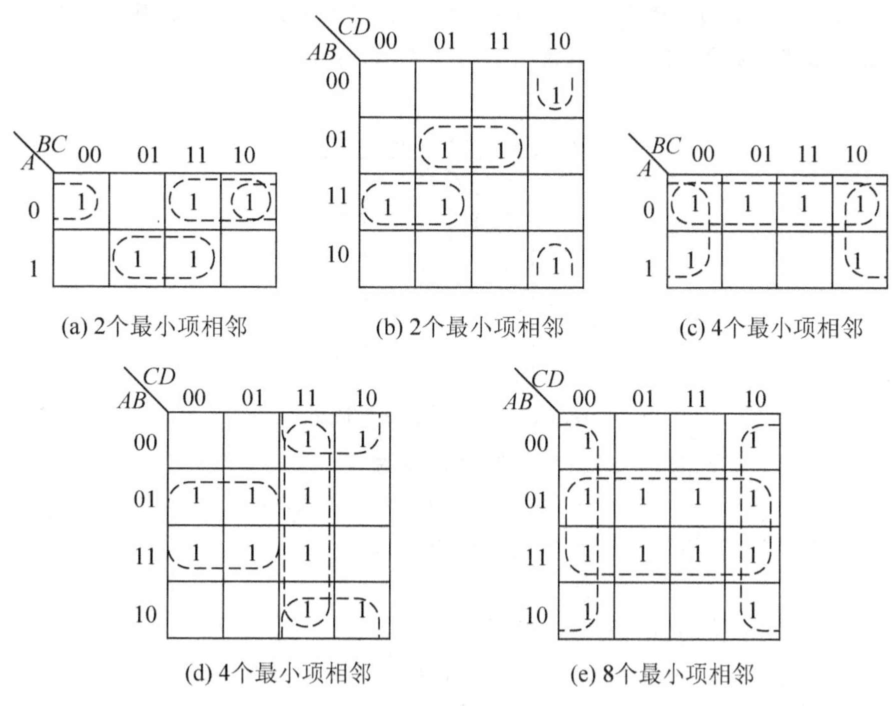

图 5.28　逻辑相邻的几种情况

2. 用卡诺图化简逻辑函数的步骤

1）卡诺图化简法的步骤

(1) 绘制逻辑函数的卡诺图。

(2) 为填“1”的相邻最小项绘制包围圈。

(3) 分别写出各包围圈所覆盖的变量组合(乘积项)。

(4) 将各包围圈对应的乘积项进行逻辑加，得到逻辑函数的最简与或式。

2）绘制包围圈的原则

(1) 只有相邻的填“1”小方格才能合并，且每个包围圈内必须包围 2^m 个相邻的填“1”小方格。

(2) 为了充分化简，“1”可以被重复圈在不同的包围圈中，但新绘制的圈中必须有未被圈过的“1”。

(3) 包围圈的个数尽量少，这样逻辑函数的与项就少。

(4) 包围圈尽量大，这样消去的变量就多，与门输入端的数目就少。

(5) 绘制包围圈时应全覆盖，即覆盖卡诺图中所有的“1”。

知识要点提醒

同一列最上边和最下边循环相邻可绘制包围圈；同一行最左边和最右边循环相邻，可绘制包围圈；4个角上的“1”方格也循环相邻，可绘制包围圈。

【例 5.32】用卡诺图法将逻辑函数 $Y=\overline{B}CD+B\overline{C}+\overline{A}\,\overline{C}D+A\overline{B}C$ 化简为最简与或式。

解：如图 5.29 所示，将逻辑函数用卡诺图表示，绘制包围圈。

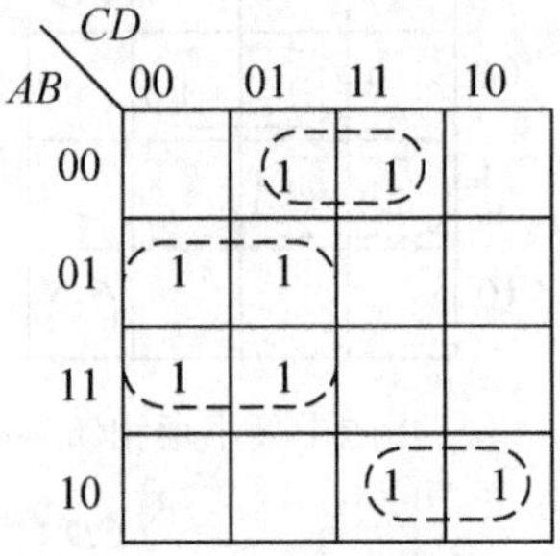

AB \ CD	00	01	11	10
00		1	1	
01	1	1		
11	1	1		
10			1	1

图 5.29　例 5.32 的卡诺图

第一行两个“1”方格的包围圈对应的乘积项为

$$\overline{A}\,\overline{B}\,\overline{C}D+\overline{A}\,\overline{B}CD=\overline{A}\,\overline{B}D$$

第四行两个“1”方格的包围圈对应的乘积项为

$$A\overline{B}CD+A\overline{B}C\overline{D}=A\overline{B}C$$

中间 4 个“1”方格的包围圈对应的乘积项为

$$\overline{A}B\overline{C}\,\overline{D}+\overline{A}B\overline{C}D+AB\overline{C}\,\overline{D}+AB\overline{C}D=B\overline{C}$$

将 3 个乘积项求和得到结果，即

$$Y=\overline{A}\,\overline{B}D+A\overline{B}C+B\overline{C}$$

【例 5.33】用卡诺图法将逻辑函数 $Y=\sum(0,2,5,7,8,10,12,14,15)$ 化简为最简与或式。

解：如图 5.30 所示，绘制 4 变量逻辑函数卡诺图。注意卡诺图 4 个角上的“1”方格也是循环相邻的，应圈在一起，故应绘制 4 个包围圈。将所有包围圈最小项的合并结果进行逻辑加，得到逻辑函数的最简与或式为

$$Y=\overline{B}\,\overline{D}+A\overline{D}+\overline{A}BD+BCD$$

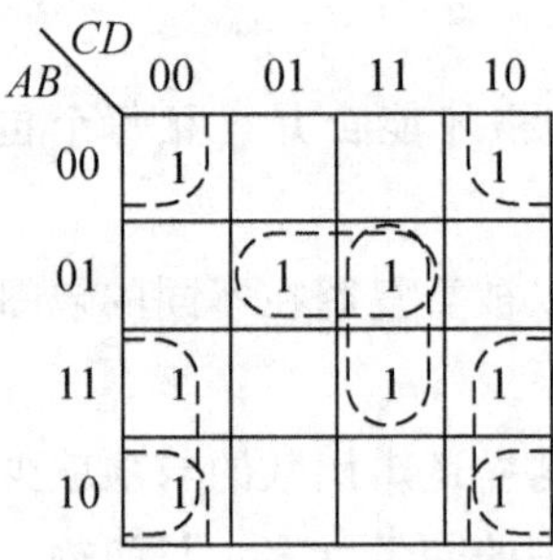

图 5.30　例 5.33 的卡诺图

知识要点提醒

逻辑函数的最简表达式并非唯一，只要满足最简式的定义即可，即与(或)项最少，与(或)项中变量最少。

5.5.3　含有无关项的逻辑函数及其化简

1. 逻辑函数中的无关项

无关项是指那些与所讨论的逻辑问题没有关系的变量取值组合所对应的最小项，这些最小项有两种。

(1) 某些变量取值组合不允许出现。如在8421码中1010～1111这6种代码是不允许出现的，即受到约束。1010～1111这6种代码对应最小项，称为“约束项”。

(2) 某些变量取值组合在客观上不会出现。如在连动互锁开关系统中，几个开关的状态互斥，每次只闭合一个开关。其中一个开关闭合时，其余开关必须断开。因此在这种系统中，两个以上开关同时闭合的情况是客观上不存在的，这样的开关组合称为“随意项”。

约束项和随意项都是一种不会在逻辑函数中出现的最小项，所以对应这些最小项的逻辑值视为1或视为0均可(因为实际上不存在这些变量取值)，这样的最小项统称为“无关项”。显然用文字描述无关项是不方便的，往往用由无关项加起来所构成的值为0的逻辑表达式，即约束方程来描述约束条件。例如，描述8421码的约束方程为

$$m_{10}+m_{11}+m_{12}+m_{13}+m_{14}+m_{15}=0$$

可得

$$m_{10}=m_{11}=m_{12}=m_{13}=m_{14}=m_{15}=0$$

显然无关项是恒为0的最小项。

2. 含有无关项的逻辑函数的化简

在卡诺图中，无关项对应的小方格常用“×”和“ϕ”来标记。在对含有无关项的逻辑函数进行化简时，要充分利用无关项既可看做1也可看做0的特性，尽量扩大卡诺图上所画的包围圈，这样才能尽可能多地消除项或变量。

在逻辑函数式中，用字母d(或ϕ)和相应的编号表示无关项。

【例5.34】 简化逻辑函数$Y=\sum(0,1,4,6,9,13)+\sum d(2,3,5,7,10,11,15)$。

解：如图5.31所示，首先绘制四变量逻辑函数的卡诺图，在函数式中含有的最小项方格中填入“1”，在无关项方格中填入“×”。然后绘制包围圈合并最小项，与“1”方格圈在一起的无关项作为“1”方格，没有圈的无关项丢弃不用(作为0处理)。最后写出逻辑函数的最简与或式为

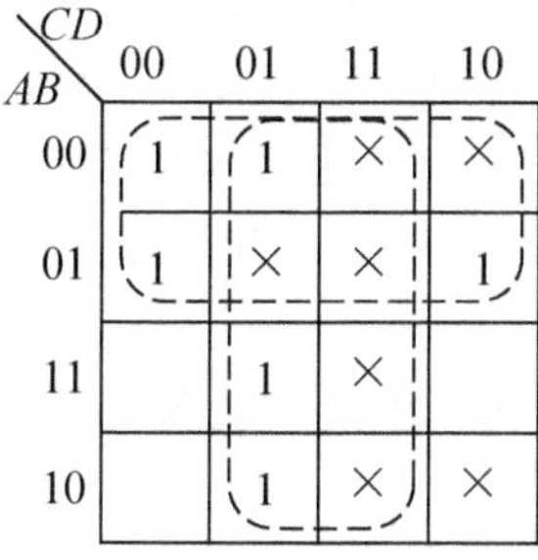

图5.31　例5.34的卡诺图

$$Y=\overline{A}+D$$

显然，利用无关项后的最简与或式更为简单。

【例 5.35】 简化逻辑函数 $Y=\overline{A}\,\overline{B}\,\overline{C}+ABC+\overline{A}\,\overline{B}\,C\overline{D}$，约束条件为 $A\oplus B=0$。

解：解约束条件给定的约束方程得

$$\begin{aligned}A\oplus B &= A\overline{B}+\overline{A}B\\ &= A\overline{B}C+A\overline{B}\,\overline{C}+\overline{A}BC+\overline{A}B\overline{C}\\ &= A\overline{B}CD+A\overline{B}C\overline{D}+A\overline{B}\,\overline{C}D+A\overline{B}\,\overline{C}\,\overline{D}+\overline{A}BCD+\overline{A}BC\overline{D}+\overline{A}B\overline{C}D+\overline{A}B\overline{C}\,\overline{D}\\ &= m_4+m_5+m_6+m_7+m_8+m_9+m_{10}+m_{11}=0\end{aligned}$$

即 $m_4\sim m_{11}$ 分别为 0，也就是约束项。将逻辑值为 1 的最小项和约束项填入图 5.32 所示的卡诺图，化简得逻辑函数的最简与或式为

$$Y=\overline{A}\,\overline{C}+BC+C\overline{D}$$

AB \ CD	00	01	11	10
00	1	1		1
01	×	×	×	×
11			1	1
10	×	×	×	×

图 5.32　例 5.35 的卡诺图

例 5.35 中的约束项可以直接由约束条件分析出来。由约束条件可知，逻辑变量 A 和 B 总是相同的，所以 A 和 B 取不同值的最小项是约束项。

例 5.35 的最简与或式不是唯一的，读者可以根据自己的圈法得出最简与或式。

5.6　正、负逻辑的概念

在数字电路中，若高电平用逻辑 1 表示，低电平用逻辑 0 表示，称为正逻辑；若高电平用逻辑 0 表示，低电平用逻辑 1 表示，称为负逻辑。在本书中，如未加特殊说明，一律采用正逻辑。

就一个具体的电路而言，只要电路组成一定，其输入与输出的电位关系就被唯一确定下来。然而，给输入与输出的高、低电平赋予什么逻辑值却是人为规定的。当采用不同逻辑方式(正逻辑或负逻辑)时，同一个数字逻辑电路可实现不同的逻辑功能。

在图 5.5 所示电路中，若采用正逻辑，实现的是“与”功能(见表 5-5)，若采用负逻辑，其相应真值表见表 5-16。

从表 5-16 可以看出，电路的逻辑表达式变为 $Y=A+B$，即采用负逻辑后，电路的功能由二输入与门变成二输入或门。

在数字电路中，当采用的逻辑关系变化时，电路的逻辑功能的变化存在一定的规律。设数字电路的输入变量为 A，B，C，…，输出变量为 Y，当采用正(负)逻辑时，电路的逻辑表

达式为 $Y(A,B,C,\cdots)$。当逻辑关系变化为负(正)逻辑时，电路的逻辑表达式变为 $\overline{Y(\overline{A},\overline{B},\overline{C},\cdots)}$，由反演规则和对偶规则可得，$\overline{Y(\overline{A},\overline{B},\overline{C},\cdots)}=Y'(A,B,C,\cdots)$。这表明，当逻辑关系变化时，数字电路的逻辑表达式转化为原来的对偶式。

表 5－16　采用负逻辑时图 5.5 电路的真值表

A	B	Y
1	1	1
1	0	1
0	1	1
0	0	0

几种常用的正、负逻辑门电路符号的对应关系如表 5－17 所示，表中符号的输入端的小圆圈，用来表示负逻辑。在某些电路中，可能会出现正、负逻辑混用的情况，这时可将输入端的小圆圈用非门代替，就可使整个电路统一按照正逻辑来处理。

表 5－17　几种常用的正、负逻辑门电路符号

正逻辑		负逻辑	
逻辑符号	名　称	逻辑符号	名　称
&	与门	≥1	负或门
≥1	或门	&	负与门
1	非门	1	负非门
&	与非门	≥1	负或非门
≥1	或非门	&	负与非门

本章小结

本章介绍了数字逻辑的基础知识，主要讲述了以下内容。

(1) 数字系统中常用二进制数来表示数据。在二进制位数较多时，也使用十六进制或八进制计数。各种计数体制之间可以相互转换。BCD 码是常用的编码，其中 8421 码使用最广泛。另外，格雷码由于可靠性高，也是一种常用码。

(2) 分析数字电路或数字系统的数学工具是逻辑代数。逻辑代数中的 3 种基本运算是与、或、非运算，复合逻辑运算包括与非、或非、与或非、异或和同或等。

(3) 用以实现基本逻辑运算和复合逻辑运算的单元电路称为逻辑门电路。常用的门电路有与门、或门、非门、与非门、或非门、与或非门、异或门和同或门等。

(4) 一个逻辑问题可用逻辑函数来描述，逻辑函数有真值表、逻辑表达式、卡诺图、逻辑图等几种常用的表示方法，它们各具特点并可以相互转换。

(5) 逻辑函数的公式化简法和卡诺图化简法是本章的一个重点。公式化简法的优点是没有局限性，但没有固定的模式可以遵循，要求使用者不仅能熟练运用各种公式和定理，还要掌握一定的运算经验和技巧。卡诺图化简法的优点是简单、直观，而且有一定的化简步骤可循，不容易出错，初学者比较容易掌握。但当逻辑变量超过 5 个时，图形复杂，没有实用价值。具有无关项的逻辑函数的化简是逻辑函数化简中的一种特例，利用无关项可以使逻辑函数最简式更简单。

(6) 当采用不同逻辑方式(正逻辑或负逻辑)时，同一个数字逻辑电路可实现不同的逻辑功能，所以分析设计逻辑电路前应搞清所采用的逻辑方式。

阅读材料

Multisim 应用——逻辑函数的表示、化简及转换

启动 *Multisim 10.0*，在元器件工具栏上，单击 *TTL* 按钮，选择 *74* 系列，然后选择所需要的门电路，连接门电路得到逻辑图，如图 *5.33* 所示。在虚拟仪器工具栏上，选择虚拟仪器逻辑转换仪 *XLC1*，将电路的输入端和输出端连接到 *XLC1* 对应的输入和输出端。

在图 *5.33* 所示窗口中，双击逻辑转换仪，然后单击 → 10|1 图标，可得到逻辑图对应的真值表；单击 10|1 → A|B 图标，得到该真值表对应的最小项表达式。

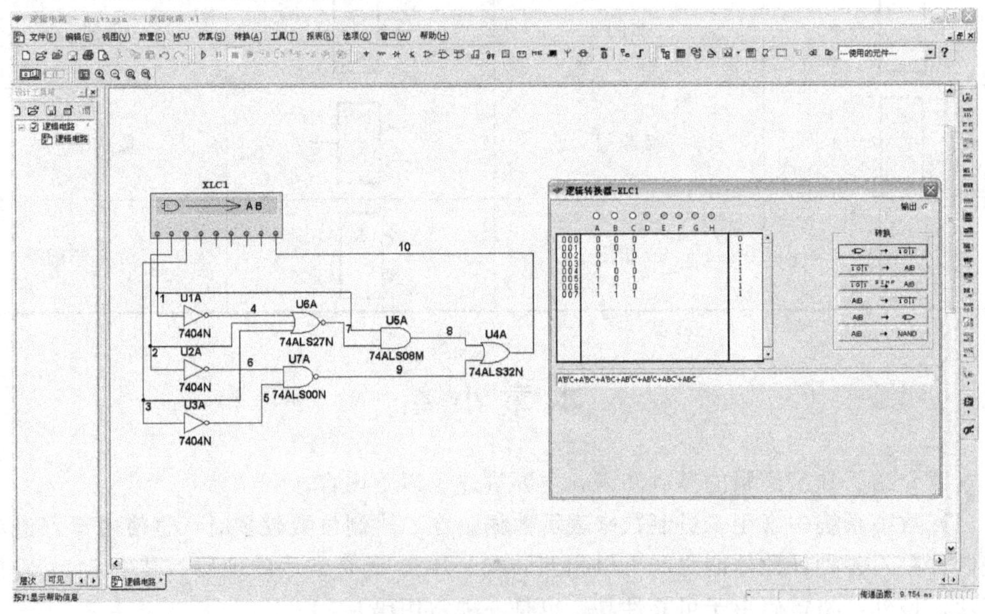

图 5.33　用 Multisim 实现逻辑图转换为真值表、最小项表达式

在图 5.34 所示窗口中，单击 [10|1 SIMP AIB] 图标，得到该真值表对应的最简表达式；单击 [AIB → NAND] 图标，得到该逻辑电路的与非—与非形式电路。

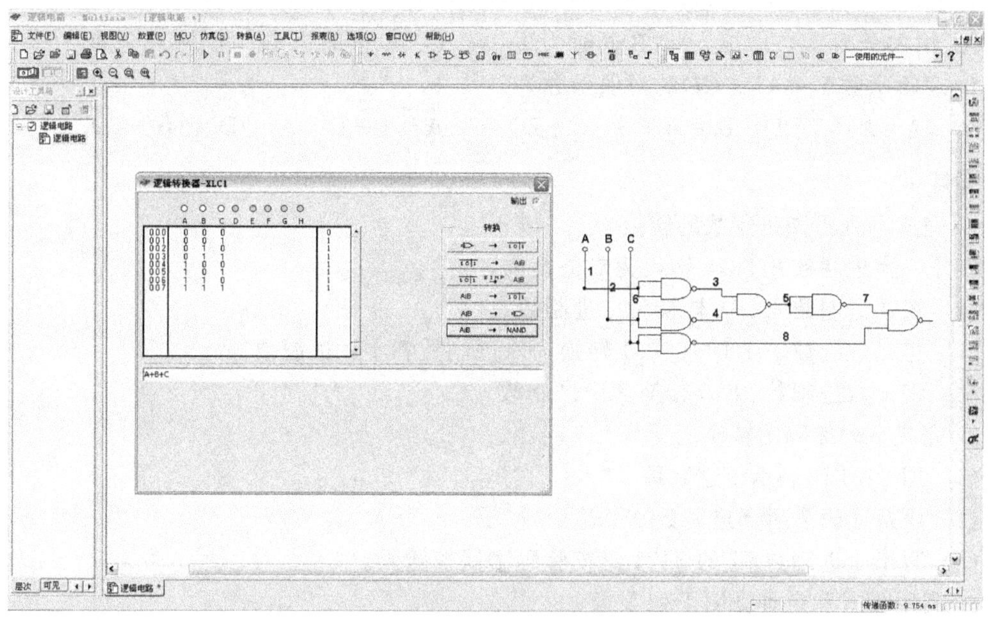

图 5.34　用 Multisim 实现逻辑函数化简及与非—与非转换

习　　题

一、填空题

1. 数字系统采用__________数进行存储、运算和传输，而人们习惯于用__________数进行输入和输出。

2. 最基本的逻辑运算是__________、__________和__________。

3. 复合门电路包括__________、__________和__________等。

4. 不同门电路输出端直接连接形成“与”功能的方式称为__________。

5. 集电极开路的门电路称为__________ 。

6. 逻辑函数的表示方法有__________、__________、__________、__________等方法。

7. 无关项是恒为__________的最小项。

8. n 变量的逻辑函数有__________个最小项，有__________个最大项。

二、选择题

1. 若输入变量 A 和 B 全为 1 时，输出为 1，则其输入输出关系为(　　)。

A. 同或　　B. 异或　　C. 与　　D. 或非

2. 下列表达式中，正确的是(　　)。

A. $\overline{A\oplus B}=A\odot B$　　B. $A+A=1$　　C. $A\cdot A=0$　　D. $A\oplus B=\overline{A}\odot B$

3. 最小项 ABCD 的逻辑相邻项是(　　)。

A. $A\overline{B}C\overline{D}$　　B. $\overline{A}\,\overline{B}\,C\overline{D}$　　C. $A\overline{B}\,\overline{C}\,D$　　D. $A\overline{B}CD$

4. 在(　　)情况下，函数 $Y=\overline{AB+CD}$的逻辑值为 1。

A. 输入全为 0　　B. A、B 同时为 1　　C. C、D 同时为 1　　D. 输入全为 1

5. 逻辑函数 $Y=AB+C\overline{D}$的对偶函数为(　　)。

A. $(\overline{A}+\overline{B})(\overline{C}+D)$　B. $(A+B)(C+\overline{D})$　C. $\overline{A}\,\overline{B}+\overline{C}\,D$　　D. $AB+C\overline{D}$

三、综合题

1. 完成下列不同进制数的转换。

(1) 将十进制数 27.675 转换为二进制数。

(2) 将八进制数 42.65 转换为二进制数。

(3) 将二进制数 101001101001 转换为八进制数和十六进制数。

(4) 将十六进制数 2B.5 转换为十进制数。

2. 完成下列编码的转换。

(1) 用 8421 码表示十进制数 20.68。

(2) 用余 3 码表示十进制数 98.3。

(3) 写出十进制数 51 的 8421 奇校验码和偶校验码。

3. 利用公式和定理证明下列等式。

(1) $AB+BCD+\overline{A}C+\overline{B}C=AB+\overline{C}$

(2) $AB(C+D)+D+\overline{D}(A+B)(\overline{B}+\overline{C})=A+B\overline{C}+D$

(3) $\overline{A}\,\overline{C}+\overline{A}\,\overline{B}+BC+\overline{A}\,\overline{C}\,\overline{D}=\overline{A}+BC$

(4) $BC+D+\overline{D}(\overline{B}+\overline{C})(AD+B)=B+D$

4. 写出下列逻辑函数的对偶函数和反函数。

(1) $Y=[(A\overline{B}+C)D+E]F$

(2) $Y=AB+(\overline{A}+C)(B+\overline{DE})$

(3) $Y=(A+BC)\overline{C}D$

(4) $Y=A\overline{D}+\overline{A}\,\overline{C}+\overline{B}\,\overline{C}\,D+C$

5. 写出图 5.35 各逻辑图的逻辑函数表达式，并求出其真值表和卡诺图。

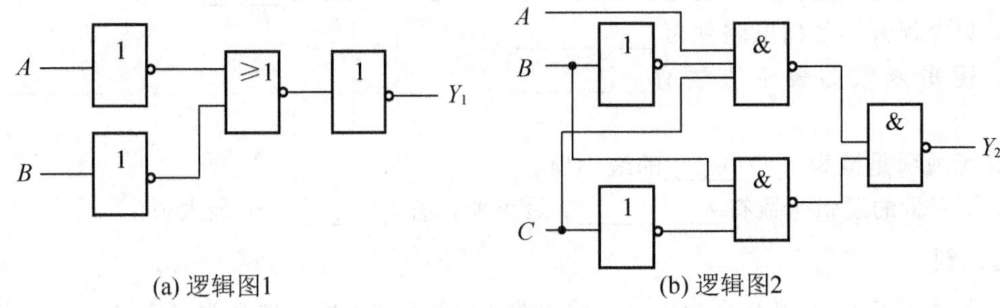

图 5.35　题 5 图

6. 求下列各逻辑函数的真值表和卡诺图，并说明 Y_1、Y_2 的关系。

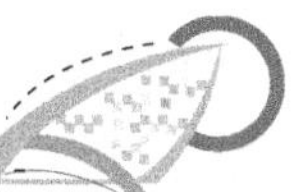

（1）$Y_1=\bar{A}B+\bar{B}C+A\bar{C}$，$Y_2=A\bar{B}+B\bar{C}+\bar{A}C$

（2）$Y_1=ABC+\bar{A}\,\bar{B}\,\bar{C}$，$Y_2=\overline{A\bar{B}+B\bar{C}+\bar{A}C}$

7．三变量逻辑函数的真值表见表 5－18，求其最小项表达式和卡诺图。

表 5－18　题 7 真值表

A	B	C	Y
0	0	0	1
0	0	1	1
0	1	0	1
0	1	1	0
1	0	0	0
1	0	1	0
1	1	0	0
1	1	1	1

8．写出图 5.36 中各卡诺图所表示的逻辑函数表达式。

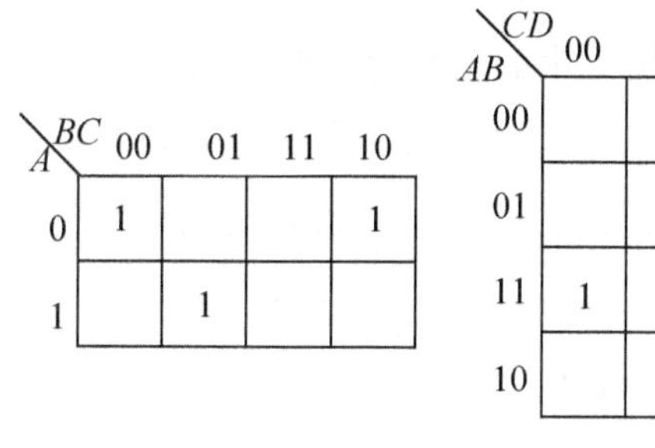

(a) 卡诺图1　　(b) 卡诺图2

图 5.36　题 8 图

9．将下列逻辑函数表达式转换为“与非—与非”表达式。

（1）$Y=AB+BC+AC$

（2）$Y=(\bar{A}+B)(A+\bar{B})C+\overline{BC}$

10．将下列逻辑函数表达式转换为“或非—或非”表达式。

（1）$Y=A\bar{B}C+B\bar{C}$

（2）$Y=(A+C)(\bar{A}+B+\bar{C})(\bar{A}+\bar{B}+C)$

11．将下列各逻辑函数式化为最小项表达式。

（1）$Y=\bar{A}+BC+\bar{C}D$

（2）$Y=A\bar{B}C+BC+A\bar{C}$

（3）$Y=AB+BC+CD$

（4）$Y=(A+B)(\bar{A}+\bar{B}+\bar{C})$

12. 将下列各逻辑函数式化为最大项表达式。

(1) $Y=(A+B)(\overline{A}+\overline{B}+\overline{C})$

(2) $Y=A\overline{B}+C$

(3) $Y=\overline{A}B\overline{C}+\overline{B}C+A\overline{B}C$

(4) $Y=BC\overline{D}+C+\overline{A}D$

13. 用代数法化简下列逻辑函数为最简与或表达式。

(1) $Y=A+A\overline{B}\overline{C}+\overline{A}CD+\overline{C}E+\overline{D}E$

(2) $Y=AB\overline{C}\overline{D}+A\overline{B}\overline{D}+B\overline{C}D+AB\overline{C}+\overline{B}\overline{D}+B\overline{C}$

(3) $Y=A+B+C+\overline{A}\overline{B}\overline{C}$

(4) $Y=(B+\overline{B}C)(A+AD+B)$

(5) $Y=\overline{\overline{AC+\overline{B}C}+B(A\overline{C}+\overline{A}C)}$

14. 用卡诺图法化简下列逻辑函数为最简与或式。

(1) $Y=BC+D+\overline{D}(\overline{B}+\overline{C})(AD+B)$

(2) $Y=A\overline{B}\overline{C}+\overline{A}\overline{B}+\overline{A}D+C+BD$

(3) $Y=\overline{(A\oplus B)(C+D)}$

(4) $Y(A,B,C)=\sum(0,1,3,4,7,12,13,15)$

(5) $Y(A,B,C,D)=\sum(0,1,2,6,8,9,10,14)$

15. 用卡诺图法化简下列含有无关项的函数为最简与或式。

(1) $Y(A,B,C,D)=\sum(4,5,6,13,14,15)+\sum d(8,9,10,12)$

(2) $Y(A,B,C,D)=\sum(0,2,7,13,15)+\sum d(1,3,4,5,6,8,10)$

(3) $Y(A,B,C,D)=\sum(0,13,14,15)+\sum d(1,2,3,8,9,10,11)$

(4) $Y=C\overline{D}(A\oplus B)+\overline{A}B\overline{C}+\overline{A}C\overline{D}$

约束条件：$AB+CD=0$。

(5) $Y=AB\overline{C}+A\overline{B}\overline{C}+\overline{A}\overline{B}C\overline{D}+A\overline{B}C\overline{D}$

约束条件：A、B、C、D 不可能出现相同取值。

第6章

组合逻辑电路

学习目标

了解组合逻辑电路的特点和功能描述方法；
掌握组合逻辑电路的分析方法；
掌握组合逻辑电路的设计方法；
掌握利用无关项的组合逻辑电路的设计方法；
熟悉编码器等常用组合逻辑电路的功能与应用；
了解组合逻辑电路中的竞争和冒险现象及判断方法。

导入案例

交通信号灯工作状态监视电路。

交通信号灯是道路交通的基本语言，是加强道路交通管理，减少交通事故的发生，提高道路使用效率，改善交通状况的一种重要工具。交通信号灯由红灯(表示禁止通行)、绿灯(表示允许通行)、黄灯(表示警示)组成，如图6.1(a)所示，适用于十字、丁字等交叉路口，由道路交通信号控制机控制，指导车辆和行人安全有序地通行。

正常情况下，任何时刻有且仅有一盏灯点亮。当出现所有的灯都熄灭或有两盏灯亮以及所有灯都亮的情况，则说明电路出现了故障，需发出报警信号以通知维修人员处理。信号灯正常工作的3种状态和故障时的5种状态如图6.1(b)所示，图中红、黄、绿灯分别用A、B、C表示。灯亮用“●”表示，灯熄灭用“○”表示。

(a) 交通信号灯

正常工作状态

●○○ A B C | ○●○ A B C | ○○● A B C

故障状态

○○○ A B C | ○●● A B C | ●○● A B C | ●●○ A B C | ●●● A B C

(b) 信号灯的工作状态

图6.1　交通信号灯及其工作状态

如果将灯的亮、灭分别用1和0表示，电路工作状态指示信号用Y来表示，需要报警时Y为1，正常工作Y为0，则表示信号灯故障的5种状态的变量组合分别为

$$\overline{A}\,\overline{B}\,\overline{C}，AB\overline{C}，\overline{A}BC，A\overline{B}C，ABC$$

电路工作状态指示信号Y为

$$Y=\overline{A}\,\overline{B}\,\overline{C}+AB\overline{C}+\overline{A}BC+A\overline{B}C+ABC$$

可以看出，信号Y的表达式是一个以A、B、C为变量的逻辑函数，如果借助于逻辑函数的化简法对其化简并作与非—与非变换可得

$$Y=\overline{\overline{A}\,\overline{B}\,\overline{C}\cdot\overline{AB}\cdot\overline{BC}\cdot\overline{AC}}$$

用逻辑图表示这种逻辑关系，即为交通信号灯工作状态监视电路，如图6.2所示。

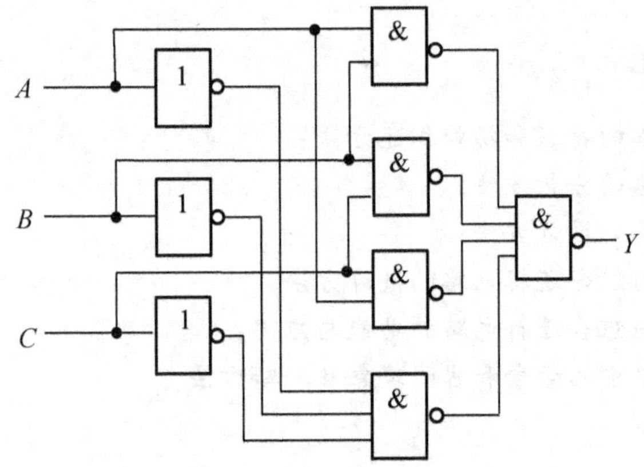

图6.2　交通信号灯工作状态监视电路

知识结构

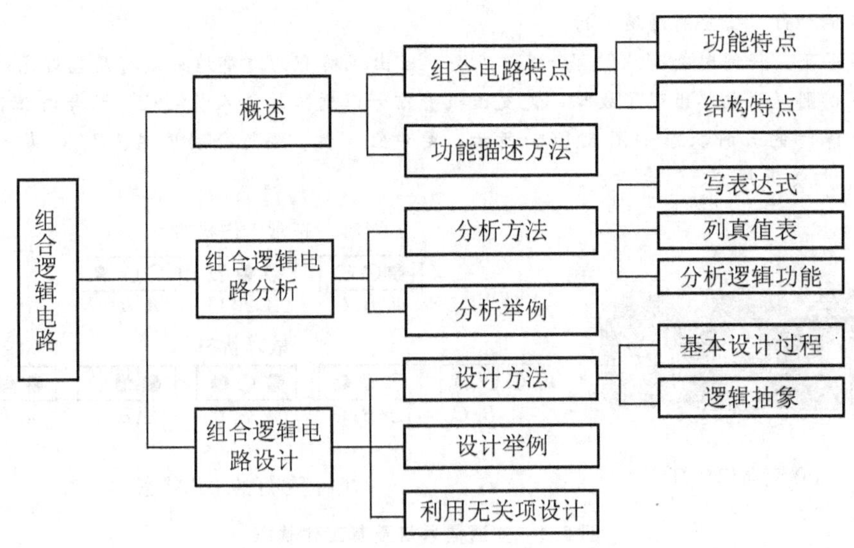

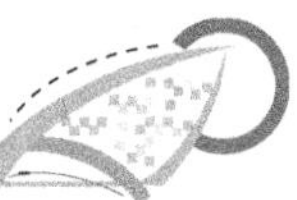

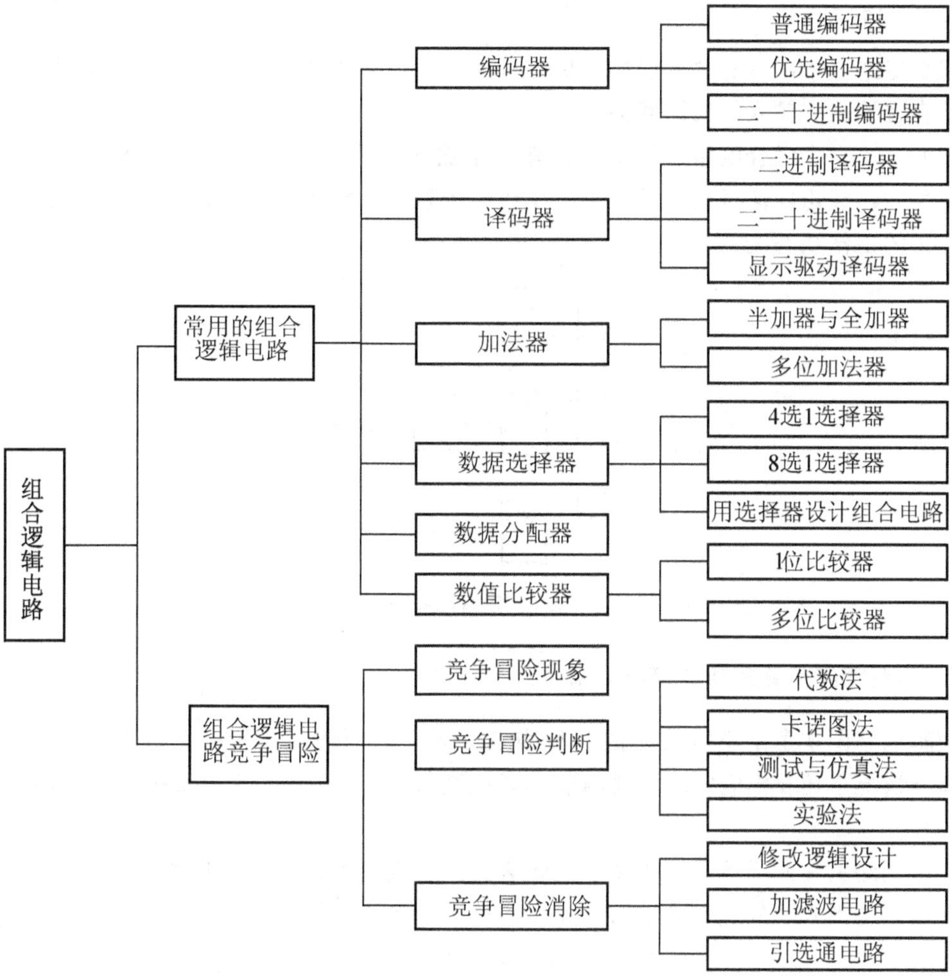

- 组合逻辑电路
  - 常用的组合逻辑电路
    - 编码器
      - 普通编码器
      - 优先编码器
      - 二—十进制编码器
    - 译码器
      - 二进制译码器
      - 二—十进制译码器
      - 显示驱动译码器
    - 加法器
      - 半加器与全加器
      - 多位加法器
    - 数据选择器
      - 4选1选择器
      - 8选1选择器
      - 用选择器设计组合电路
    - 数据分配器
    - 数值比较器
      - 1位比较器
      - 多位比较器
  - 组合逻辑电路竞争冒险
    - 竞争冒险现象
    - 竞争冒险判断
      - 代数法
      - 卡诺图法
      - 测试与仿真法
      - 实验法
    - 竞争冒险消除
      - 修改逻辑设计
      - 加滤波电路
      - 引选通电路

导入案例中的图 6.2 由门电路构成，称为组合逻辑电路(简称组合电路)。如何由给定组合电路找出其实现的逻辑功能，如何根据逻辑命题来设计组合电路，以及数字系统中经常用到的组合电路的原理是本章学习的重点内容。组合电路是计算机等数字系统中的逻辑部件之一。数字系统中的另一类逻辑部件叫做时序逻辑电路(简称时序电路)，这部分内容将在后续章节中介绍。

6.1　概　　述

6.1.1　组合逻辑电路的特点

1. 功能特点

组合电路任一时刻的输出仅仅取决于该时刻输入信号的状态，而与该时刻之前电路的状态无关，即组合电路无“记忆性”功能。

2. 结构特点

组合电路之所以具有“无记忆”功能特点，归根结底是由于结构上不含记忆(存储)元件；不存在输出到输入的反馈回路。

图 6.3 是一个组合电路的例子。它有 3 个输入变量 A、B、C 和一个输出变量 S。由图 6.3 可知，无论任何时刻，只要 A、B 和 C 的取值确定了，则 S 的取值也随之确定，与电路过去的工作状态无关。

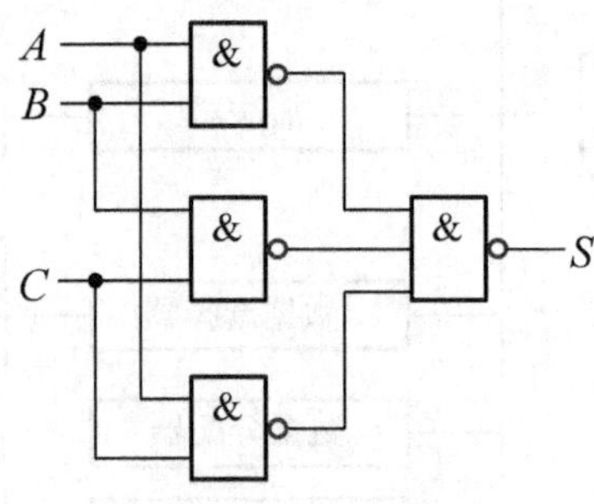

图 6.3 组合电路实例

6.1.2 组合逻辑电路的功能描述方法

逻辑电路图本身是逻辑功能的一种表达方式，然而逻辑图所表示的逻辑功能不够直观，通常情况下还要把它转化为逻辑表达式或真值表的形式，以使电路的逻辑功能更加直观、明显。

组合电路的功能描述方法主要有逻辑表达式、真值表、卡诺图和逻辑图。

例如，将图 6.3 的逻辑功能写成逻辑表达式的形式可得到

$$S = AB + BC + AC$$

对于任何一个多输入、多输出的组合电路，都可以用图 6.4 所示的框图表示。

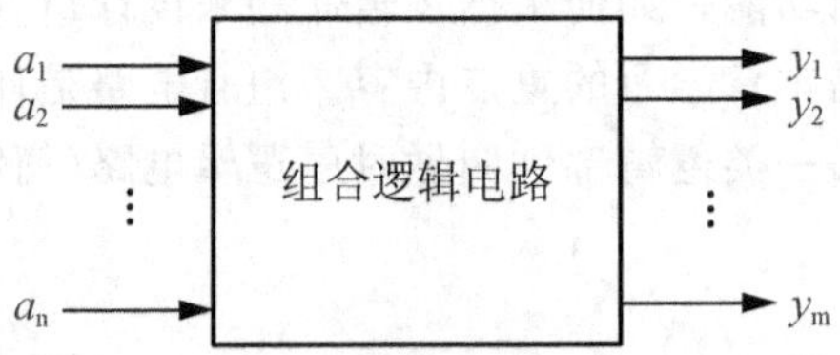

图 6.4 组合电路的框图

图中 a_1，a_2，…，a_n 表示输入变量，y_1，y_2，…，y_m 表示输出变量。输出与输入间的逻辑关系可以用一组逻辑函数表示为

$$\left.\begin{aligned} y_1 &= f_1(a_1, a_2, \cdots, a_n) \\ y_2 &= f_2(a_1, a_2, \cdots, a_n) \\ &\vdots \\ y_m &= f_m(a_1, a_2, \cdots, a_n) \end{aligned}\right\} \tag{6-1}$$

6.2 组合逻辑电路的分析

组合电路的分析主要是根据给定的逻辑图找出输出与输入的逻辑关系，从而确定其逻辑功能。

6.2.1 组合逻辑电路的分析方法

组合逻辑电路的分析过程如图 6.5 所示。

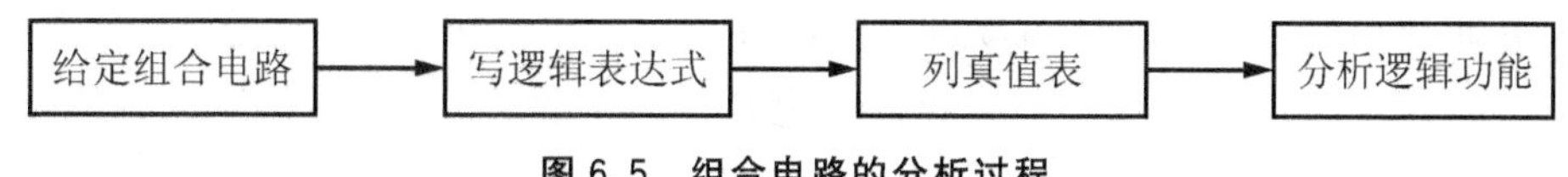

图 6.5 组合电路的分析过程

1. 由逻辑电路写出逻辑表达式

一般是从输入到输出逐级写出各个门电路的输出逻辑表达式，从而写出整个逻辑电路的输出对输入变量的逻辑表达式。必要时可简化，求出最简逻辑表达式。较简单的逻辑功能从表达式上即可分析出来。

2. 列出逻辑函数的真值表

将输入变量的状态以自然二进制数顺序的各种取值组合代入输出逻辑表达式，求出相应的输出状态，并填入表中得到真值表。

3. 分析逻辑功能

通常是通过分析真值表的特点，归纳出电路实现的逻辑功能。

6.2.2 组合逻辑电路分析举例

【例 6.1】 分析图 6.6 所示电路的逻辑功能。

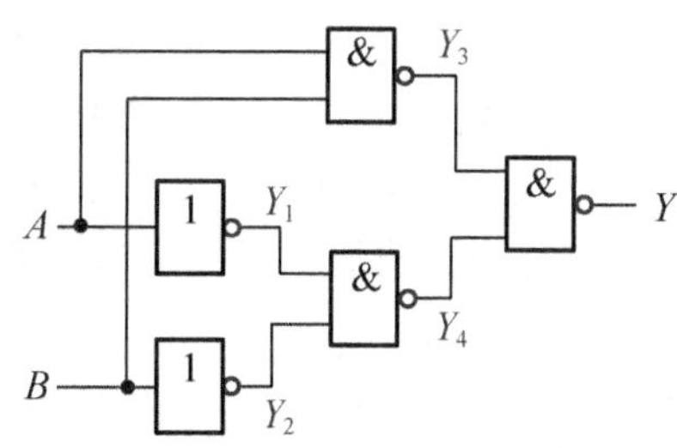

图 6.6 例 6.1 的电路

根据逻辑图，逐级写出输出逻辑表达式为

$$Y_1=\overline{A}，Y_2=\overline{B}，Y_3=\overline{AB}，Y_4=\overline{Y_1Y_2}=\overline{\overline{A}\,\overline{B}}$$

$$\begin{aligned} Y &= \overline{Y_3Y_4} \\ &= \overline{\overline{AB}\;\overline{\overline{A}\,\overline{B}}} \\ &= AB+\overline{A}\,\overline{B} \\ &= A\odot B \end{aligned}$$

从表达式看出，图 6.6 所示电路是判断 A 和 B 是否相等的电路，即 $A=B$ 时，Y 为 1，否则 Y 为 0。

【例 6.2】 分析图 6.7 所示电路的逻辑功能。

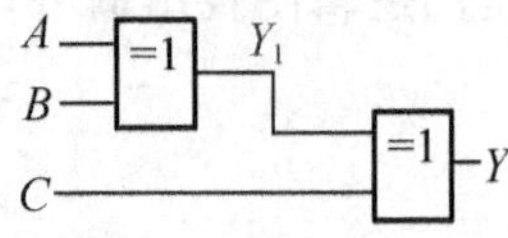

图 6.7　例 6.2 的电路

解： 根据逻辑图逐级写出输出逻辑表达式为

$$Y_1=A\oplus B$$

$$Y=Y_1\oplus C$$

$$=A\oplus B\oplus C$$

将输入变量 A、B 和 C 的各种取值组合代入逻辑表达式中，求出逻辑函数 Y 的值，由此可得出的真值表见表 6-1。

表 6-1　例 6.2 的真值表

A	B	C	Y
0	0	0	0
0	0	1	1
0	1	0	1
0	1	1	0
1	0	0	1
1	0	1	0
1	1	0	0
1	1	1	1

由真值表看出，在 3 个输入变量 A、B、C 中，有奇数个 1 时，输出 Y 为 1；否则为 0。由此图 6.7 所示电路的逻辑功能为 3 位判奇电路，又称为“奇校验电路”。

【例 6.3】 分析图 6.8 所示电路的逻辑功能，并指出该电路设计是否合理。

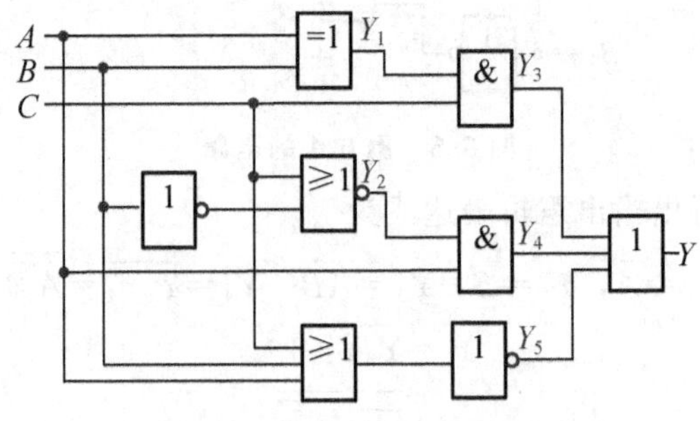

图 6.8　例 6.3 的逻辑电路

解： 逐级写出输出逻辑函数表达式为

$$Y_1 = A \oplus B$$

$$Y_2 = \overline{\overline{B}+C}$$

$$Y_3 = Y_1 C = (A \oplus B)C$$

$$Y_4 = Y_2 A = \overline{\overline{B}+C} \cdot A$$

$$Y_5 = \overline{A+B+C}$$

$$Y = Y_3 + Y_4 + Y_5 = (A \oplus B)C + \overline{\overline{B}+C} \cdot A + \overline{A+B+C}$$

$$Y = C(A\overline{B}+\overline{A}B) + AB\overline{C} + \overline{A}\,\overline{B}\,\overline{C} = A\overline{B}C + \overline{A}BC + AB\overline{C} + \overline{A}\,\overline{B}\,\overline{C}$$

将 A、B 和 C 取值的各种组合代入最终表达式中，可得表 6-2 所示的真值表。

表 6-2　例 6.3 的真值表

A	B	C	Y
0	0	0	1
0	0	1	0
0	1	0	0
0	1	1	1
1	0	0	0
1	0	1	1
1	1	0	1
1	1	1	0

由真值表看出，输入均为 0 或有偶数个 1 时，输出 Y 为 1；否则为 0。所以该电路为 3 位判偶电路，又称为“偶校验电路”。这个电路使用门的数量太多，设计并不合理，可用较少的门电路来实现。对表达式进行变换得

$$\begin{aligned} Y &= A\overline{B}C + \overline{A}BC + AB\overline{C} + \overline{A}\,\overline{B}\,\overline{C} \\ &= (A\overline{B} + \overline{A}B)C + (AB + \overline{A}\,\overline{B})\overline{C} \\ &= (A \oplus B)C + (\overline{A \oplus B})\overline{C} \\ &= A \oplus B \odot C \end{aligned}$$

由上式可看出，图 6.8 所示电路可用异或门和同或门实现，电路如图 6.9 所示。

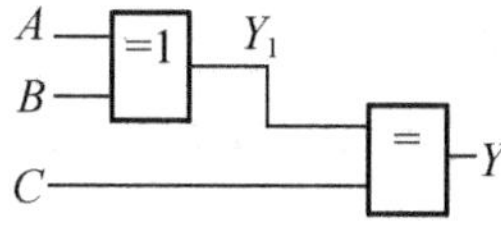

图 6.9　用异或门和同或门实现偶校验电路

知识要点提醒

组合电路的分析过程不是一成不变的，实际分析组合电路时，可根据电路的复杂程度灵活取舍。对较简单的电路，可从表达式中直接指出电路的逻辑功能。较复杂的电路要借助真值表，这样能较直观地分析出电路的逻辑功能。

6.3 组合逻辑电路的设计

组合电路的设计过程与分析过程相反，是根据已知的逻辑问题，画出能实现其逻辑功能的最简逻辑电路图的过程。

6.3.1 组合逻辑电路的设计方法

1. 基本设计过程

本章导入案例其实是交通信号灯工作状态监视电路的简单设计过程，根据案例可知组合电路的设计过程如图 6.10 所示。

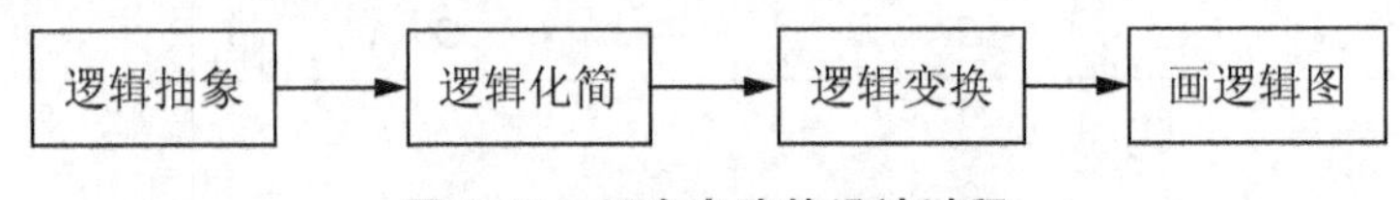

图 6.10 组合电路的设计过程

(1) 逻辑抽象。是将文字描述的逻辑命题(设计要求)转换成逻辑函数表达式的过程。

(2) 逻辑化简。即采用代数法或卡诺图法将逻辑函数化简为最简与或表达式，通常用卡诺图法。

(3) 逻辑变换。根据选用的逻辑器件类型，将最简与或表达式变换为所需形式。

(4) 画逻辑图。根据变换后的逻辑表达式绘制逻辑电路图。

上述过程中除逻辑抽象外，其他内容均在第 5 章中做过介绍，这里不再重复。下面对逻辑抽象的方法做简要介绍。

2. 逻辑抽象

在设计组合电路时，要将文字描述的设计要求转化为逻辑函数的某种表达方式，这样才能设计出满足要求的逻辑电路。

由于实际逻辑问题各种各样，逻辑抽象没有规范的方法，往往要凭借设计者的经验去完成。通常的思路是首先确定输入、输出变量；然后用二值逻辑的 0、1 两种状态分别对输入、输出变量进行逻辑赋值，即确定 0、1 的具体含义；最后根据输入输出之间的逻辑关系列出真值表或直接写出逻辑表达式。当变量较多时，可建立简化的真值表。变量更多时，可根据设计要求直接列写逻辑表达式。

【例 6.4】 写出 3 人表决电路的逻辑表达式，当 A、B、C 3 人中多数人赞同时表决通过，且 A 有否决权。

解： 参与表决的人 A、B 和 C 为输入变量，赞同时用 1 表示；不赞同时用 0 表示。设 Y 为代表表决结果的输出变量，表决通过用 1 表示；未通过用 0 表示。由此可列出如表 6-3 所示的真值表。

由真值表可以抽象出逻辑函数 Y 的最小项表达式为

$$Y = \sum(5,6,7)$$

表 6-3　例 6.4 的真值表

A	B	C	Y
0	0	0	0
0	0	1	0
0	1	0	0
0	1	1	0
1	0	0	0
1	0	1	1
1	1	0	1
1	1	1	1

【例 6.5】 已知 $M=m_1m_2$ 和 $N=n_1n_2$ 是两个二进制正整数，写出判断 $M<N$ 的逻辑函数表达式。

解：分析逻辑问题可知，判断式中应该有 4 个输入变量，即 m_1、m_2、n_1 和 n_2。设判断结果用 Y 表示，即输出变量。

在比较两个二进制正整数大小时，可从高位到低位逐位比较，即当高位 $m_1=0$，$n_1=1$ 时，不论 m_2 和 n_2 为何值，都有 $M<N$；而在高位相等时，比较低位即可。于是可列出简化的真值表见表 6-4，表中“×”表示可取 0 或 1。

表 6-4　例 6.5 的简化真值表

M		N		Y
m_1	m_2	n_1	n_2	
0	×	1	×	1
1	0	1	1	1
0	0	0	1	1

由简化的真值表可以抽象出逻辑函数表达式为

$$Y=\overline{m_1}n_1+m_1\overline{m_2}n_1n_2+\overline{m_1}\,\overline{m_2}\,\overline{n_1}n_2$$

知识要点提醒

简化真值表得出的表达式不是最小项表达式。

6.3.2　组合逻辑电路设计举例

下面举例说明组合电路的设计过程。

【例 6.6】 用非门和与或非门完成例 6.4 中的 3 人表决器设计。

解：第一步，逻辑抽象。

例 6.4 中已经由真值表抽象出了逻辑函数表达式，即

$$Y=\sum(5,6,7)$$

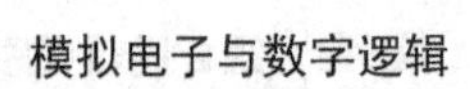
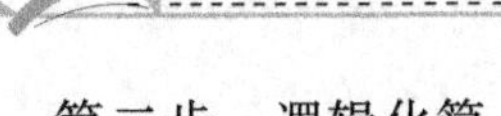

第二步，逻辑化简。

用卡诺图化简逻辑函数(由于化简过程较简单，这里略去)，可得最简“与或”式为

$$Y=AC+AB$$

第三步，逻辑变换。

根据题意，将上式变换成“与或非”表达式

$$\begin{aligned} Y &= \overline{\overline{AB+AC}} \\ &= \overline{\overline{A(B+C)}} \\ &= \overline{\overline{A}+\overline{B}\,\overline{C}} \end{aligned}$$

第四步，画逻辑图。

根据“与或非”表达式可画出逻辑图如图 6.11 所示。

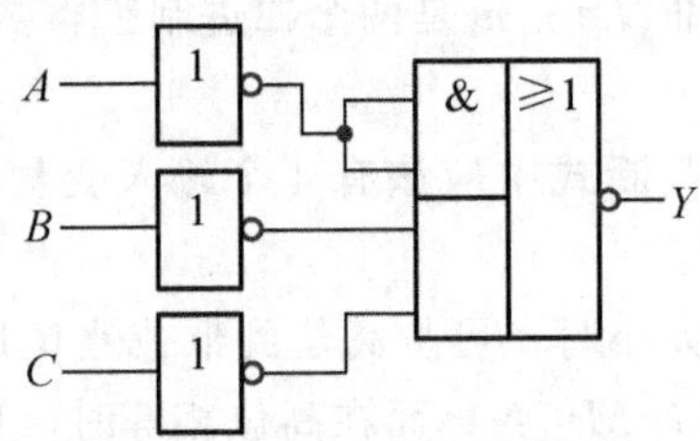

图 6.11　例 6.6 的逻辑图

【例 6.7】人有 O、A、B、AB 这 4 种基本血型。输血者与献血者的血型必须符合下述原则：O 型血是万能输血者，可以输给任意血型的人，但 O 型血的人只接受 O 型血；AB 型血是万能受血者可以接受所有血型的血，输血者和受血者之间的血型关系如图 6.12 所示。试用与非门设计一个组合电路，以判别一对输、受血者是否相容。

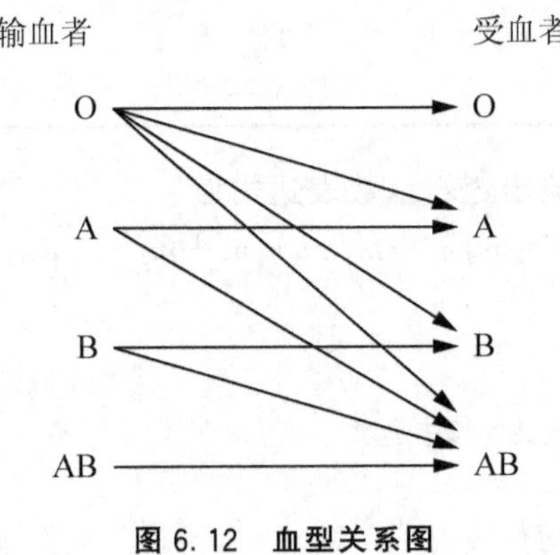

图 6.12　血型关系图

解：第一步，逻辑抽象。

设用 C、D 的 4 种组合表示输血者的 4 种血型，E、F 的 4 种组合表示受血者的 4 种血型，见表 6－5。

根据表 6－5 可以列出输出逻辑函数 Y 与输入变量 C、D、E、F 之间关系的简化真值表，见表 6－6。

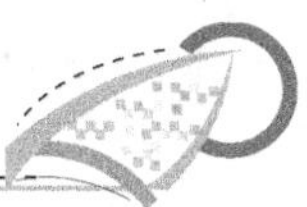

表 6-5 用字母表示血型关系

血型	输血者		受血者	
	C	D	E	F
0	0	0	0	0
A	0	1	0	1
B	1	0	1	0
AB	1	1	1	1

表 6-6 例 6.7 的简化真值表

C	D	E	F	Y
0	0	×	×	1
0	1	0	1	1
1	0	1	0	1
×	×	1	1	1

根据表 6-6，可抽象出逻辑函数表达式为

$$Y=\overline{C}\,\overline{D}+\overline{C}D\overline{E}F+C\overline{D}E\overline{F}+EF$$

第二步，逻辑化简。

用图 6.13 所示的卡诺图化简，可得最简与或式为

$$Y=\overline{C}\,\overline{D}+EF+\overline{C}F+\overline{D}E$$

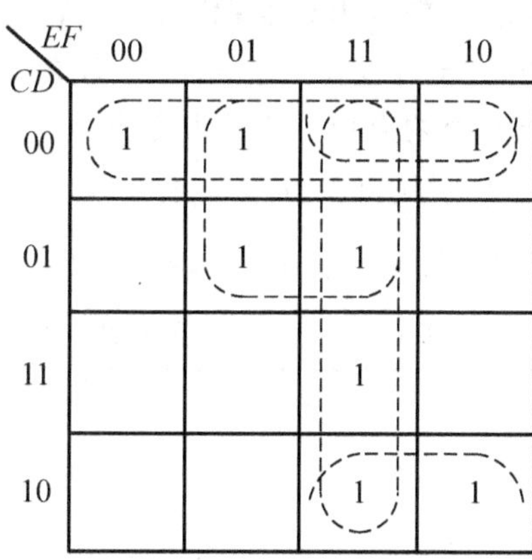

图 6.13 例 6.7 的卡诺图

第三步，逻辑变换。

对最简与或式进行“与非—与非”变换得

$$\begin{aligned}Y&=\overline{C}\,\overline{D}+EF+\overline{C}F+\overline{D}E\\&=\overline{\overline{\overline{C}\,\overline{D}+EF+\overline{C}F+\overline{D}E}}\\&=\overline{\overline{\overline{C}\,\overline{D}}\cdot\overline{EF}\cdot\overline{\overline{C}F}\cdot\overline{\overline{D}E}}\end{aligned}$$

第四步，画逻辑图。

根据 Y 的最简“与非—与非”表达式可绘制如图 6.14 所示的逻辑图。

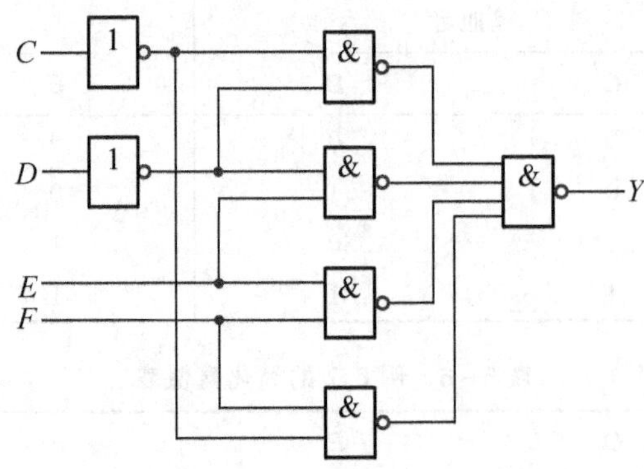

图 6.14 例 6.7 的逻辑图

6.3.3 含有无关项的组合逻辑电路设计

在第 5 章中介绍过含有无关项的逻辑函数的化简方法，利用无关项的特性可以使逻辑函数表达式化简得更简单，这意味着设计出的逻辑电路所用的门电路更少，性价比更高。下面举例说明含有无关项的组合逻辑电路设计方法。

【例 6.8】 用与非门、非门和异或门设计一个组合电路，以实现余 3 码到 8421 码的转换。

解：第一步，逻辑抽象。

由题意可知，组合电路的输入变量为余 3 码，设为 A、B、C、D；输出变量是 8421 码，设为 Y_4、Y_3、Y_2、Y_1。由于输入变量 A、B、C、D 的取值不可能为 0000～0010 和 1101～1111 这 6 种组合，即有 6 个约束项，故约束方程为

$$\sum d(0,1,2,13,14,15)=0$$

根据上述分析可列出所设计电路的真值表，见表 6-7。

表 6-7 例 6.8 的真值表

A	B	C	D	Y_4	Y_3	Y_2	Y_1
0	0	0	0	×	×	×	×
0	0	0	1	×	×	×	×
0	0	1	0	×	×	×	×
0	0	1	1	0	0	0	0
0	1	0	0	0	0	0	1
0	1	0	1	0	0	1	0
0	1	1	0	0	0	1	1
0	1	1	1	0	1	0	0
1	0	0	0	0	1	0	1
1	0	0	1	0	1	1	0

续表

A	B	C	D	Y_4	Y_3	Y_2	Y_1
1	0	1	0	0	1	1	1
1	0	1	1	1	0	0	0
1	1	0	0	1	0	0	1
1	1	0	1	×	×	×	×
1	1	1	0	×	×	×	×
1	1	1	1	×	×	×	×

根据表 6－7 可抽象出逻辑函数表达式为

$$Y_4 = \sum(11,12) + \sum d(0,1,2,13,14,15)$$

$$Y_3 = \sum(7,8,9,10) + \sum d(0,1,2,13,14,15)$$

$$Y_2 = \sum(5,6,9,10) + \sum d(0,1,2,13,14,15)$$

$$Y_1 = \sum(4,6,8,10,12) + \sum d(0,1,2,13,14,15)$$

第二步，逻辑化简。

用图 6.15 所示的卡诺图化简，可得最简与或式为

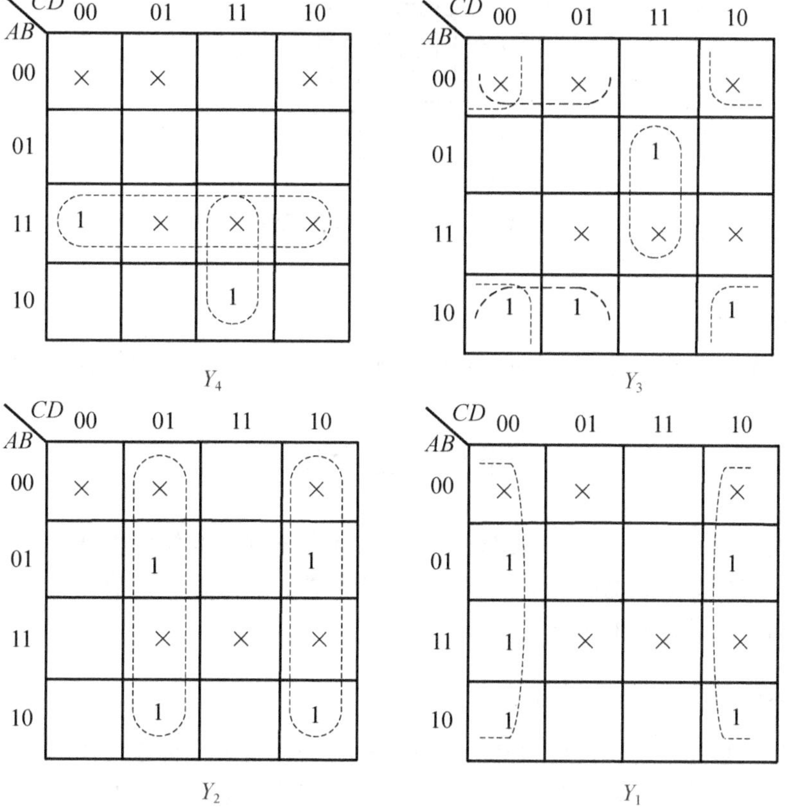

图 6.15 例 6.8 的卡诺图

$$Y_4 = AB + ACD$$

$$Y_3 = \overline{B}\,\overline{C} + \overline{B}\,\overline{D} + BCD$$

$$Y_2 = C\overline{D} + \overline{C}D$$

$$Y_1 = \overline{D}$$

第三步，逻辑变换。

对最简与或式进行“与非”变换或“异或”变换得

$$Y_4 = \overline{\overline{AB + ACD}} = \overline{\overline{AB} \cdot \overline{ACD}}$$

$$Y_3 = \overline{B}(\overline{C} + \overline{D}) + BCD = \overline{B}\,\overline{CD} + BCD = B \oplus \overline{CD}$$

$$Y_2 = C\overline{D} + \overline{C}D = C \oplus D$$

$$Y_1 = \overline{D}$$

第四步，画逻辑图。

根据变换后的表达式可绘制如图 6.16 所示的逻辑图。

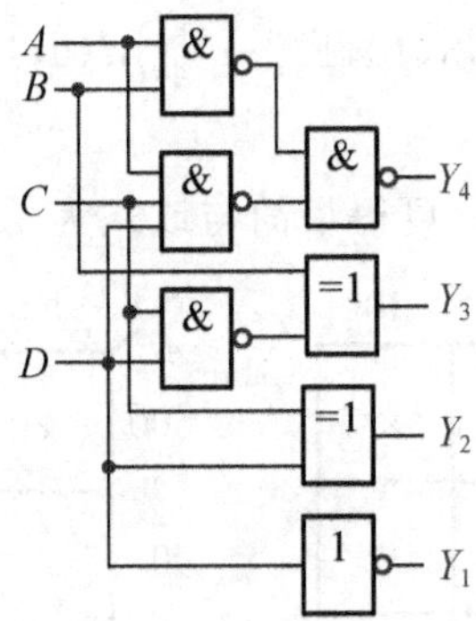

图 6.16　例 6.8 的逻辑图

知识要点提醒

从以上实例看出，在设计组合电路时，若有无关项可以利用，则电路的设计会更简单。

6.4　常用的组合逻辑电路

在计算机等数字系统中，有些组合电路经常大量出现。为使用方便，通常将这些电路制作成中、小规模的集成电路产品。编码器、译码器、加法器、数值比较器、数据选择器和数据分配器等就是这样的组合电路。

6.4.1　编码器

为区分不同事物，常常需要将某一信息(输入)变换为某一特定代码(输出)。通常将用数字或某种文字、符号来表示某一对象或信号的过程称为编码，具有编码功能的逻辑电路称为编码器。

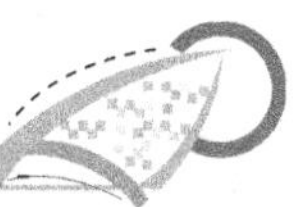

在数字系统中，通常采用若干位二进制码进行编码。要表示的信息越多，二进制代码的位数就越多。n 位二进制代码有 2^n 个信息。对 N 个信号进行编码时，应按公式 $2^n \geqslant N$ 来确定需要使用的二进制代码的位数 n。

常用的编码器有普通二进制编码器、二进制优先编码器和二～十进制优先编码器等。

1. 普通二进制编码器

普通二进制编码器是用 n 位二进制数把某种信号变成 2^n 个二进制代码的逻辑电路。图 6.17 所示的电路就是 3 位二进制编码器的框图。

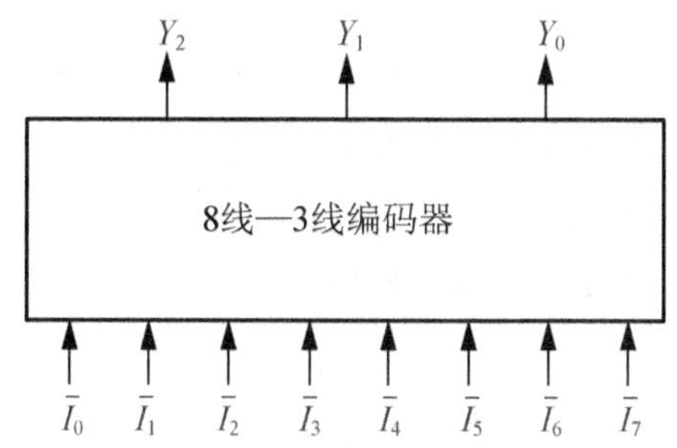

图 6.17　3 位二进制编码器框图

该编码器的 3 位输出 Y_2、Y_1、Y_0 的不同取值组合分别代表 8 个输入信号：$\overline{I}_0$、$\overline{I}_1$、$\overline{I}_2$、$\overline{I}_3$、$\overline{I}_4$、$\overline{I}_5$、$\overline{I}_6$、$\overline{I}_7$，所以也称其为 8 线—3 线编码器。输入信号低电平有效，其真值表见表 6－8。

由表 6－8 可见，当仅有某一个输入端为低电平时，就输出与该输入端相对应的代码。例如，当 $\overline{I}_3$ 为低电平 0，而其他输入端均为高电平 1 时，输出 $Y_3Y_2Y_1$ 为 011。表 6－8 列出的 8 种状态，输入变量仅有一个取值为 0，其他未列出的状态是约束项。

表 6－8　3 位二进制编码器的真值表

$\overline{I}_0$	$\overline{I}_1$	$\overline{I}_2$	$\overline{I}_3$	$\overline{I}_4$	$\overline{I}_5$	$\overline{I}_6$	$\overline{I}_7$	Y_2	Y_1	Y_0
0	1	1	1	1	1	1	1	0	0	0
1	0	1	1	1	1	1	1	0	0	1
1	1	0	1	1	1	1	1	0	1	0
1	1	1	0	1	1	1	1	0	1	1
1	1	1	1	0	1	1	1	1	0	0
1	1	1	1	1	0	1	1	1	0	1
1	1	1	1	1	1	0	1	1	1	0
1	1	1	1	1	1	1	0	1	1	1

根据表 6－8 得到该编码器 3 个输出信号的逻辑表达式为

$$\left.\begin{aligned}Y_2=&\bar{I}_0\bar{I}_1\bar{I}_2\bar{I}_3I_4\bar{I}_5\bar{I}_6\bar{I}_7+\bar{I}_0\bar{I}_1\bar{I}_2\bar{I}_3\bar{I}_4I_5\bar{I}_6\bar{I}_7\\&+\bar{I}_0\bar{I}_1\bar{I}_2\bar{I}_3\bar{I}_4\bar{I}_5I_6\bar{I}_7+\bar{I}_0\bar{I}_1\bar{I}_2\bar{I}_3\bar{I}_4\bar{I}_5\bar{I}_6I_7\\Y_1=&\bar{I}_0\bar{I}_1I_2\bar{I}_3\bar{I}_4\bar{I}_5\bar{I}_6\bar{I}_7+\bar{I}_0\bar{I}_1\bar{I}_2I_3\bar{I}_4\bar{I}_5\bar{I}_6\bar{I}_7\\&+\bar{I}_0\bar{I}_1\bar{I}_2\bar{I}_3\bar{I}_4\bar{I}_5I_6\bar{I}_7+\bar{I}_0\bar{I}_1\bar{I}_2\bar{I}_3\bar{I}_4\bar{I}_5\bar{I}_6I_7\\Y_0=&\bar{I}_0I_1\bar{I}_2\bar{I}_3\bar{I}_4\bar{I}_5\bar{I}_6\bar{I}_7+\bar{I}_0\bar{I}_1\bar{I}_2I_3\bar{I}_4\bar{I}_5\bar{I}_6\bar{I}_7\\&+\bar{I}_0\bar{I}_1\bar{I}_2\bar{I}_3\bar{I}_4I_5\bar{I}_6\bar{I}_7+\bar{I}_0\bar{I}_1\bar{I}_2\bar{I}_3\bar{I}_4\bar{I}_5\bar{I}_6I_7\end{aligned}\right\}\qquad(6-2)$$

利用约束项化简式(6－2)得

$$\left.\begin{aligned}Y_2&=I_4+I_5+I_6+I_7=\overline{\bar{I}_4\ \bar{I}_5\ \bar{I}_6\ \bar{I}_7}\\Y_1&=I_2+I_3+I_6+I_7=\overline{\bar{I}_2\ \bar{I}_3\ \bar{I}_6\ \bar{I}_7}\\Y_0&=I_1+I_3+I_5+I_7=\overline{\bar{I}_1\ \bar{I}_3\ \bar{I}_5\ \bar{I}_7}\end{aligned}\right\}\qquad(6-3)$$

图 6.18 所示的 8 线—3 线编码器逻辑图就是按照式(6－3)得出的。

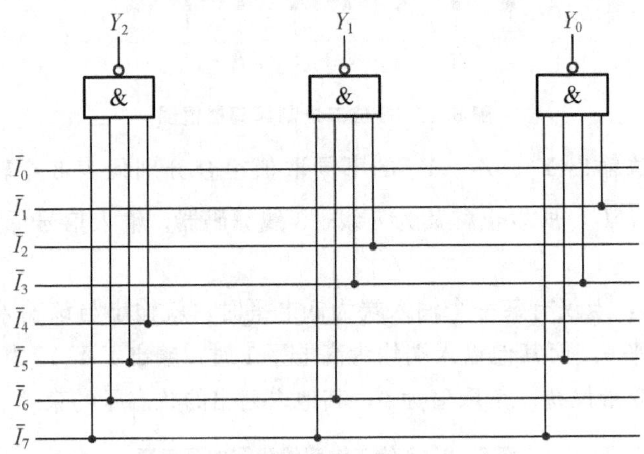

图 6.18　3 位二进制编码器逻辑图

2. 二进制优先编码器

普通二进制编码器虽然比较简单，但当两个或更多个输入信号同时有效时，其输出将是混乱的。而优先编码器则不同，它允许几个信号同时输入，但每一时刻输出端只给出优先级别较高的那个输入信号所对应的代码，不处理级别低的信号。至于优先级别的高低，完全是由设计人员根据各输入信号的轻重缓急情况而决定的。对多个请求信号的优先级别进行编码的逻辑部件称为优先编码器。常用的二进制优先编码器是 8 线—3 线优先编码器 74LS148，其简易图形符号如图 6.19 所示，其逻辑图从略。为了便于级联扩展，74LS148 增加了使能端 $\bar{S}$(低电平有效)和优先扩展端$\bar{Y}_{EX}$和$\bar{Y}_S$。

表 6－9 为 74LS148 的功能表。当 $\bar{S}=1$ 时，电路处于禁止状态，即禁止编码，输出端均为高电平。当 $\bar{S}=0$ 时，电路处于编码状态，即允许编码。只有当$\bar{I}_0\sim\bar{I}_7$ 都为 1 时，$\bar{Y}_S$ 才为 0，其余情况$\bar{Y}_S$ 均为 1，故$\bar{Y}_S=0$ 表示“电路工作，但无编码输入”；当编码输入至少有一个为有效电平时，$\bar{Y}_{EX}=0$，表示“电路工作，且有编码输入”。

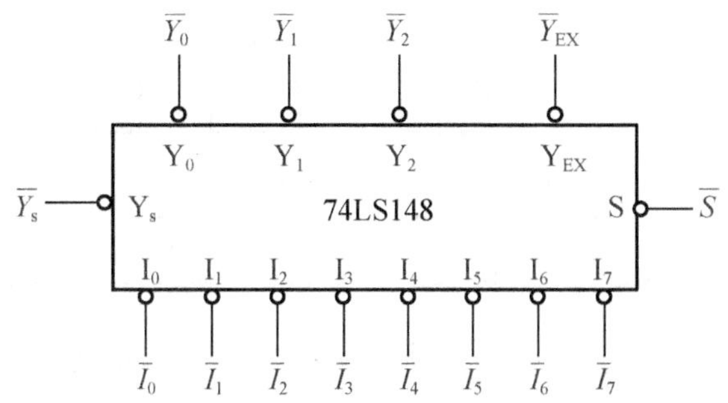

图 6.19　74LS148 的简易图形符号

表 6-9　74LS148 的功能表

$\overline{S}$	$\overline{I}_7$	$\overline{I}_6$	$\overline{I}_5$	$\overline{I}_4$	$\overline{I}_3$	$\overline{I}_2$	$\overline{I}_1$	$\overline{I}_0$	$\overline{Y}_2$	$\overline{Y}_1$	$\overline{Y}_0$	$\overline{Y}_S$	$\overline{Y}_{EX}$
1	×	×	×	×	×	×	×	×	1	1	1	1	1
0	0	×	×	×	×	×	×	×	0	0	0	1	0
0	1	0	×	×	×	×	×	×	0	0	1	1	0
0	1	1	0	×	×	×	×	×	0	1	0	1	0
0	1	1	1	0	×	×	×	×	0	1	1	1	0
0	1	1	1	1	0	×	×	×	1	0	0	1	0
0	1	1	1	1	1	0	×	×	1	0	1	1	0
0	1	1	1	1	1	1	0	×	1	1	0	1	0
0	1	1	1	1	1	1	1	0	1	1	1	1	0
0	1	1	1	1	1	1	1	1	1	1	1	0	1

当$\overline{S}=0$时，只有当$\overline{I}_1$、$\overline{I}_2$、$\overline{I}_3$、$\overline{I}_4$、$\overline{I}_5$、$\overline{I}_6$、$\overline{I}_7$均为 1，即均为无效电平输入，且$\overline{I}_0$为 0 时，输出为 111；当$\overline{I}_7$为 0 时，无论其他 7 个输入是否为有效电平输入，输出均为 000。由此可知$\overline{I}_7$的优先级别高于$\overline{I}_0$的优先级别，且这 8 个输入优先级别的高低次序依次为$\overline{I}_7\sim\overline{I}_0$，下角标号码越大的优先级别越高。

图 6.20 为用两片 8 线—3 线优先编码器 74LS148 组成的 16 线—4 线优先编码器的接线图。当$\overline{A}_{15}\sim\overline{A}_8$中有低电平输入时，片(2)的输出端$\overline{Y}_S=1$，$\overline{Y}_{EX}=0$，使片(1)的选通端$\overline{S}=1$，片(1)不编码，其输出$\overline{Y}_2\overline{Y}_1\overline{Y}_0=111$，不影响片(2)对$\overline{A}_{15}\sim\overline{A}_8$的编码操作。当$\overline{A}_{15}\sim\overline{A}_8$均为高电平时，片(1)才能对$\overline{A}_7\sim\overline{A}_0$进行优先编码操作，所以片(2)的优先级别高于片(1)。编码输入中，$\overline{A}_{15}$优先级别最高，$\overline{A}_0$最低。$Z_3\sim Z_0$将反码输出转换为原码输出。

3. 二～十进制优先编码器

用 4 位二进制代码表示一位二～十进制数(也可以是 10 种其他信息)称为二～十进制编码。完成二～十进制编码的电路称为二～十进制编码器，它能将$I_0\sim I_9$(对应着 0～9)10 个有效的输入信号编成 8421BCD 码。图 6.21 是集成二～十进制优先编码器 74LS147 的简易图形符号，表 6-10 是 74LS147 的功能表。

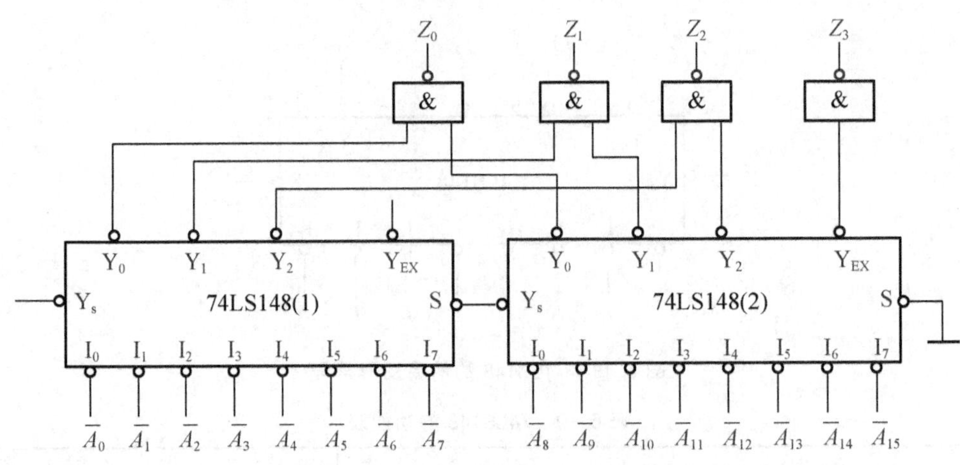

图 6.20　用两片 74LS148 组成的 16 线—4 线优先编码器

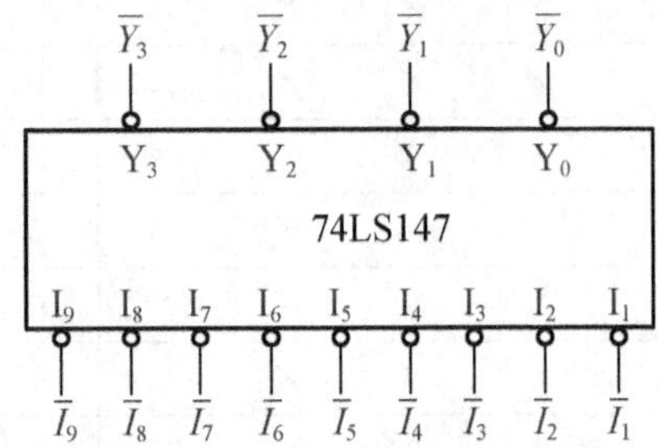

图 6.21　74LS147 的简易图形符号

由表 6-10 可以看出，所有的输入端都是低电平有效，输出是 8421 码的反码。$\overline{I}_9$ 的优先级最高，$\overline{I}_0$ 的优先级最低，即只要$\overline{I}_9$ 有低电平输入，无论其他输入端是什么，输出都是 0110。电路中没有$\overline{I}_0$ 输入端，当所有的输入端都为高电平时，相当于$\overline{I}_0$ 端有效，这时 4 个输出端输出的是 1111。

表 6-10　74LS147 的功能表

$\overline{I}_1$	$\overline{I}_2$	$\overline{I}_3$	$\overline{I}_4$	$\overline{I}_5$	$\overline{I}_6$	$\overline{I}_7$	$\overline{I}_8$	$\overline{I}_9$	$\overline{Y}_3$	$\overline{Y}_2$	$\overline{Y}_1$	$\overline{Y}_0$
1	1	1	1	1	1	1	1	1	1	1	1	1
×	×	×	×	×	×	×	×	0	0	1	1	0
×	×	×	×	×	×	×	0	1	0	1	1	1
×	×	×	×	×	×	0	1	1	1	0	0	0
×	×	×	×	×	0	1	1	1	1	0	0	1
×	×	×	×	0	1	1	1	1	1	0	1	0
×	×	×	0	1	1	1	1	1	1	0	1	1
×	×	0	1	1	1	1	1	1	1	1	0	0
×	0	1	1	1	1	1	1	1	1	1	0	1
0	1	1	1	1	1	1	1	1	1	1	1	0

6.4.2　译码器

译码是将表示特定意义信息的二进制代码翻译出来，是编码的逆过程。实现译码操作的电路称为“译码器”，它输入的是二进制代码，输出的是与输入代码对应的特定信息。

常用的译码器有二进制译码器、二～十进制译码器和显示驱动译码器等。

1. 二进制译码器

图 6.22 是二进制译码器的框图。图中 $A_1 \sim A_n$ 是 n 个输入信号，组成 n 位二进制代码，A_n 是代码的最高位，A_1 是代码的最低位。代码可能是原码，也可能是反码。若为反码，则字母 A 上面要带反号。$Y_1 \sim Y_{2^n}$ 是 2^n 个输出信号，可能是高电平有效，也可能是低电平有效。若为低电平有效，则字母 Y 上面要带反号。

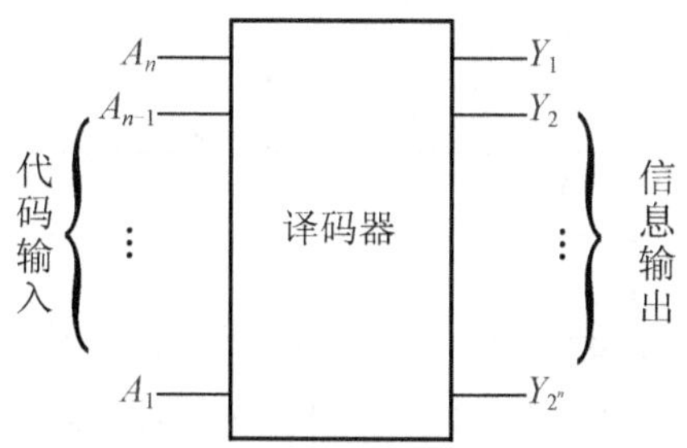

图 6.22　二进制译码器框图

图 6.23 是集成 3 线—8 线译码器 74LS138 的逻辑图，其中 S_1、$\overline{S}_2$、$\overline{S}_3$ 是使能端。当 $S_1=1$ 且 $\overline{S}_2=\overline{S}_3=0$ 时，译码器才工作，否则译码器处于非工作状态。译码器工作时，译码输出表达式为

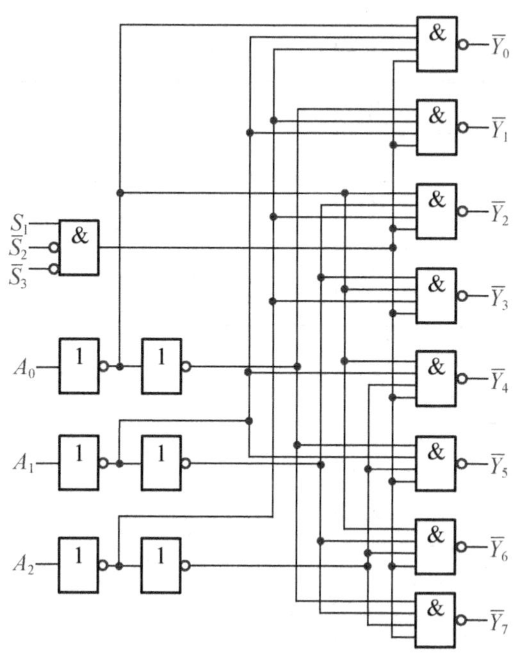

图 6.23　74LS138 的逻辑图

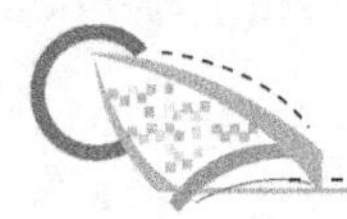

$$\left.\begin{aligned}
&\overline{Y}_7=\overline{A_2A_1A_0}=\overline{m_7}\text{，}\ \overline{Y}_6=\overline{A_2A_1\overline{A}_0}=\overline{m_6}\\
&\overline{Y}_5=\overline{A_2\overline{A}_1A_0}=\overline{m_5}\text{，}\ \overline{Y}_4=\overline{A_2\overline{A}_1\overline{A}_0}=\overline{m_4}\\
&\overline{Y}_3=\overline{\overline{A}_2A_1A_0}=\overline{m_3}\text{，}\ \overline{Y}_2=\overline{\overline{A}_2A_1\overline{A}_0}=\overline{m_2}\\
&\overline{Y}_1=\overline{\overline{A}_2\overline{A}_1A_0}=\overline{m_1}\text{，}\ \overline{Y}_0=\overline{\overline{A}_2\overline{A}_1\overline{A}_0}=\overline{m_0}
\end{aligned}\right\}\qquad(6-4)$$

知识要点提醒

译码输出的是 3 个变量的全部最小项，这一特点是全译码器所共有的，据此可以用集成译码器实现组合逻辑函数。

74LS138 的简易图形符号如图 6.24 所示。

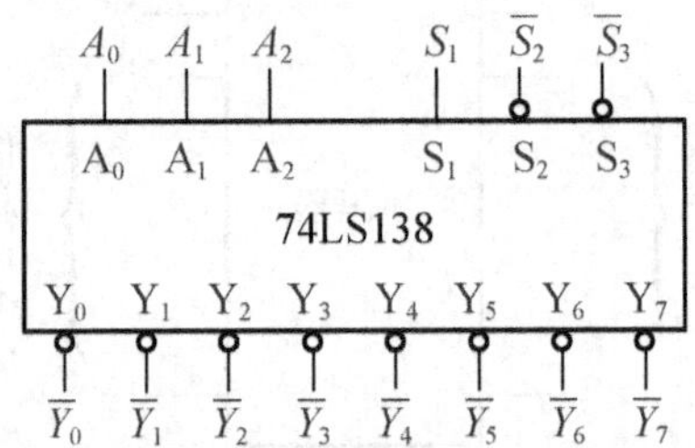

图 6.24　74LS138 的简易图形符号

74LS138 的功能见表 6-11。从表 6-11 可以看出，其输入信号为原码，A_2 是最高位，输出为低电平有效。译码过程中，根据 $A_2A_1A_0$ 的取值组合，$\overline{Y}_0 \sim \overline{Y}_7$ 中某一个输出为低电平，且 $\overline{Y}_i=\overline{m_i}(i=0,1,2,\cdots,7)$，$m_i$ 为最小项。

表 6-11　74LS138 的功能表

$\overline{S}_1$	$\overline{S}_2$	$\overline{S}_3$	A_2	A_1	A_0	$\overline{Y}_0$	$\overline{Y}_1$	$\overline{Y}_2$	$\overline{Y}_3$	$\overline{Y}_4$	$\overline{Y}_5$	$\overline{Y}_6$	$\overline{Y}_7$
0	×	×	×	×	×	1	1	1	1	1	1	1	1
1	×	1	×	×	×	1	1	1	1	1	1	1	1
1	1	×	×	×	×	1	1	1	1	1	1	1	1
1	0	0	0	0	0	0	1	1	1	1	1	1	1
1	0	0	0	0	1	1	0	1	1	1	1	1	1
1	0	0	0	1	0	1	1	0	1	1	1	1	1
1	0	0	0	1	1	1	1	1	0	1	1	1	1
1	0	0	1	0	0	1	1	1	1	0	1	1	1
1	0	0	1	0	1	1	1	1	1	1	0	1	1
1	0	0	1	1	0	1	1	1	1	1	1	0	1
1	0	0	1	1	1	1	1	1	1	1	1	1	0

【例 6.9】 用译码器 74LS138 和与非门实现逻辑函数 $Y(A,B,C)=\sum(1,2,4,7)$。

解： 给定的逻辑函数最小项表达式为

$$Y(A,B,C)=\sum(1,2,4,7)=m_1+m_2+m_4+m_7$$

由译码器 74LS138 功能可知，只要令 $A_2=A$，$A_1=B$，$A_0=C$，则它的输出$\overline{Y}_7\sim\overline{Y}_0$即为三变量函数的 8 个最小项$\overline{m_0}\sim\overline{m_7}$。由于这些最小项以反函数的形式给出，所以还需将 $F(A,B,C)$变换为由$\overline{m_0}\sim\overline{m_7}$表示的函数式，即

$$Y(A,B,C)=\overline{\overline{m_1+m_2+m_4+m_7}}=\overline{\overline{m_1}\cdot\overline{m_2}\cdot\overline{m_4}\cdot\overline{m_7}}$$

上式表明，只要在译码器 74LS138 的输出端附加一个与非门即可得到所需逻辑电路。电路接法如图 6.25 所示。

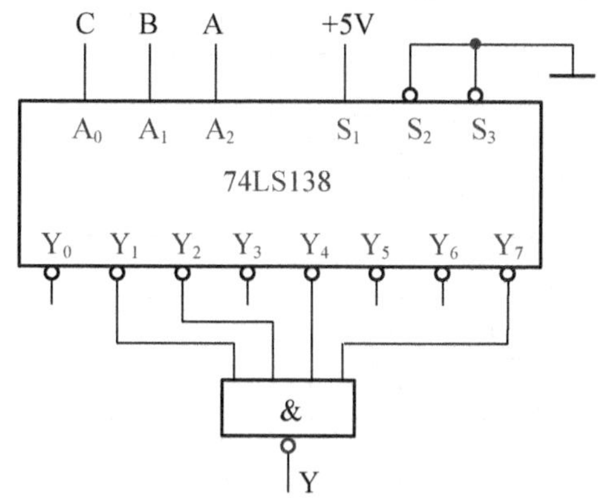

图 6.25　例 6.9 的逻辑图

2. 二～十进制译码器

将输入的 8421BCD 码翻译成 10 个对应的高、低电平输出信号(用来表示 0～9 共 10 个数字)的逻辑电路称为二～十进制译码器，又称 4 线—10 线译码器。图 6.26 是二～十进制译码器 74LS42 的简易图形符号，表 6-12 是其功能表。

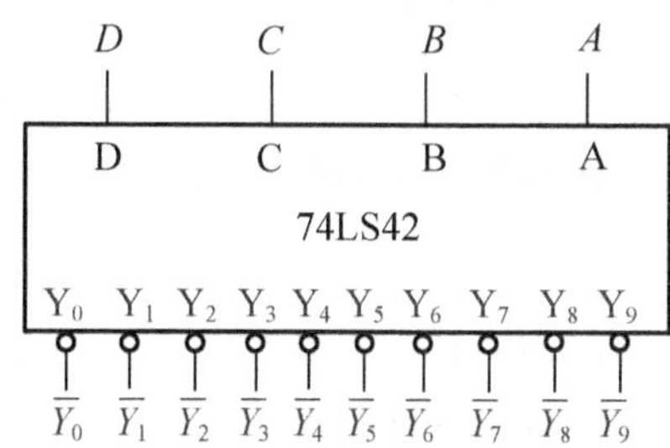

图 6.26　74LS42 的简易图形符号

由表 6-12 可见，该电路输入端 D、C、B、A 输入的是 8421BCD 码，输出端有译码输出时为“0”，没有译码输出时为“1”，即“低电平”为有效输出信号。所以，当输入为 1010～1111 这 6 个无效信号时，译码器输出全“1”，即对无效信号拒绝译码。

表 6-12 74LS42 的功能表

数字	D	C	B	A	$\overline{Y_0}$	$\overline{Y_1}$	$\overline{Y_2}$	$\overline{Y_3}$	$\overline{Y_4}$	$\overline{Y_5}$	$\overline{Y_6}$	$\overline{Y_7}$	$\overline{Y_8}$	$\overline{Y_9}$
0	0	0	0	0	0	1	1	1	1	1	1	1	1	1
1	0	0	0	1	1	0	1	1	1	1	1	1	1	1
2	0	0	1	0	1	1	0	1	1	1	1	1	1	1
3	0	0	1	1	1	1	1	0	1	1	1	1	1	1
4	0	1	0	0	1	1	1	1	0	1	1	1	1	1
5	0	1	0	1	1	1	1	1	1	0	1	1	1	1
6	0	1	1	0	1	1	1	1	1	1	0	1	1	1
7	0	1	1	1	1	1	1	1	1	1	1	0	1	1
8	1	0	0	0	1	1	1	1	1	1	1	1	0	1
9	1	0	0	1	1	1	1	1	1	1	1	1	1	0
无效码	1	0	1	0	1	1	1	1	1	1	1	1	1	1
	1	0	1	1	1	1	1	1	1	1	1	1	1	1
	1	0	0	0	1	1	1	1	1	1	1	1	1	1
	1	1	0	1	1	1	1	1	1	1	1	1	1	1
	1	1	1	0	1	1	1	1	1	1	1	1	1	1
	1	1	1	1	1	1	1	1	1	1	1	1	1	1

由功能表可以写出与非形式的输出表达式为

$$\left.\begin{aligned}
&\overline{Y}_0=\overline{\overline{D}\,\overline{C}\,\overline{B}\,\overline{A}},\ \overline{Y}_5=\overline{\overline{D}C\overline{B}A}\\
&\overline{Y}_1=\overline{\overline{D}\,\overline{C}\,\overline{B}A},\ \overline{Y}_6=\overline{\overline{D}CB\overline{A}}\\
&\overline{Y}_2=\overline{\overline{D}\,\overline{C}B\overline{A}},\ \overline{Y}_7=\overline{\overline{D}CBA}\\
&\overline{Y}_3=\overline{\overline{D}\,\overline{C}BA},\ \overline{Y}_8=\overline{D\overline{C}\,\overline{B}\,\overline{A}}\\
&\overline{Y}_4=\overline{\overline{D}C\overline{B}\,\overline{A}},\ \overline{Y}_9=\overline{D\overline{C}\,\overline{B}A}
\end{aligned}\right\}\tag{6-5}$$

读者可以根据表达式，画出用与非门组成的 74LS42 的逻辑图，这里不再赘述。

3. 显示驱动译码器

显示驱动译码器不同于上述的译码器，它的主要功能是译码驱动数字显示器件。数字显示的方式一般分为字形重叠式、分段式和点阵式 3 种。字形重叠式显示器是将不同字符的电极重叠起来，使相应的电极发亮，则可显示需要的字符；分段式显示器是在同一平面上按笔画分布发光段，利用不同发光段组合，显示不同的数码；点阵式显示器是由按一定规律排列的可发光的点阵组成，通过发光点组合显示不同的数码。数字显示方式以分段式应用最为普遍，下面先对常用的分段式显示器作一些介绍，然后对显示驱动译码器的原理进行分析。

1）七段 LED 数码管显示器

某些特殊的半导体材料做成的 PN 结，在外加一定的电压时，具有能将电能转化成光能的特性。利用这种 PN 结发光特性制作成显示器件，称为半导体显示器。多个发光二极管组成的七段 LED 数码管显示器外观及其等效电路如图 6.27 所示。

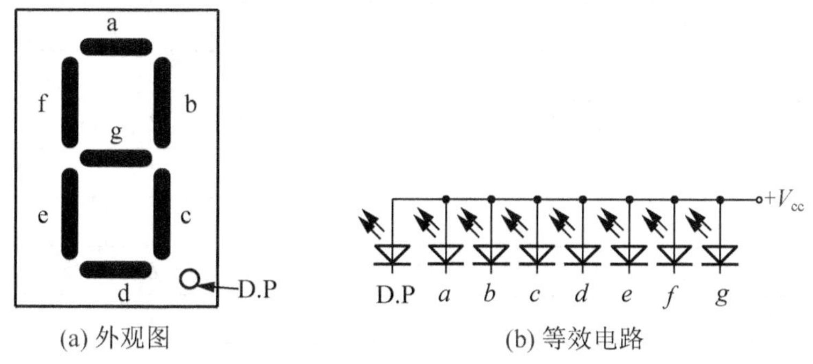

(a) 外观图　　(b) 等效电路

图 6.27　七段 LED 数码管显示器

LED 数码管有共阴极与共阳极两种，图 6.27(b)所示为共阳极 LED 数码管等效电路。在构成显示驱动译码器时，对于 LED 共阳极数码管，要使某段发光，该段应接低电平；对于 LED 共阴极数码管，要使某段发光，该段应接高电平。

半导体显示器的优点是体积小、工作可靠、寿命长、响应速度快、颜色丰富。缺点是功耗较大。

2）七段 LED 显示驱动译码器

现以驱动共阳极 LED 数码管的 8421BCD 码七段显示译码器为例，说明显示驱动译码器的工作原理。

74LS246 是用于驱动共阳极 LED 数码管的 BCD—七段显示译码器，它的输出采用集电极开路形式，输出状态为低电平或高阻态。74LS246 的简易图形符号如图 6.28 所示，符号中 $A_3 \sim A_0$ 输入 8421BCD 码，经译码后产生驱动共阳极 LED 数码管的 7 个输出信号$\overline{Y}_a \sim \overline{Y}_g$，用于连接共阳极 LED 数码管的 7 个数码显示段 $a \sim g$(不包括小数点的驱动)。

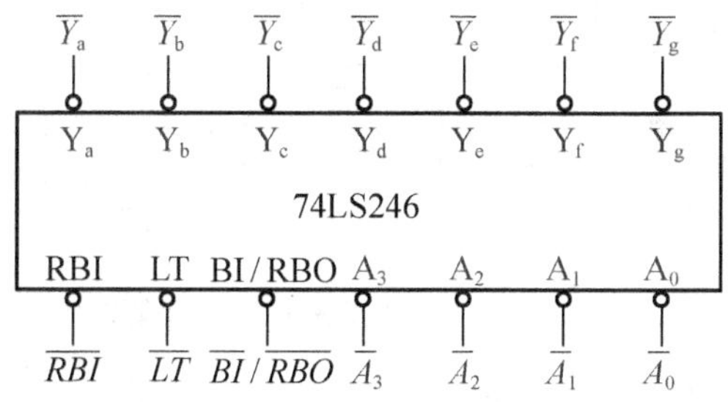

图 6.28　74LS246 的简易图形符号

74LS246 的功能表见表 6－13。除了可对输入的 0000～1001 范围内的 8421BCD 码进行显示译码外，还规定了输入为 1010～1111 这 6 个状态下显示的字形。但由于这些字形比较奇异，故在实际应用中很少使用这些字形。

表 6-13　74LS246 的功能表

数码	A_3	A_2	A_1	A_0	$\overline{Y_a}$	$\overline{Y_b}$	$\overline{Y_c}$	$\overline{Y_d}$	$\overline{Y_e}$	$\overline{Y_f}$	$\overline{Y_g}$	字形
0	0	0	0	0	0	0	0	0	0	0	Z	0
1	0	0	0	1	Z	0	0	Z	Z	Z	Z	1
2	0	0	1	0	0	0	Z	0	0	Z	0	2
3	0	0	1	1	0	0	0	0	Z	Z	0	3
4	0	1	0	0	Z	0	0	Z	Z	0	0	4
5	0	1	0	1	0	Z	0	0	Z	0	0	5
6	0	1	1	0	0	Z	0	0	0	0	0	6
7	0	1	1	1	0	0	0	Z	Z	Z	Z	7
8	1	0	0	0	0	0	0	0	0	0	0	8
9	1	0	0	1	0	0	0	0	Z	0	0	9
10	1	0	1	0	Z	Z	Z	0	0	Z	0	c
11	1	0	1	1	Z	Z	0	0	Z	Z	0	ɔ
12	1	1	0	0	Z	0	Z	Z	Z	0	0	u
13	1	1	0	1	0	Z	Z	0	Z	0	0	⊆
14	1	1	1	0	Z	Z	Z	0	0	0	0	t
15	1	1	1	1	Z	Z	Z	Z	Z	Z	Z	

注：Z 代表输出为高阻态

读者可根据 74LS246 的功能表设计出逻辑图。图 6.29 给出了 74LS246 与共阳极 LED 数码管的基本连接方法，供读者参考。

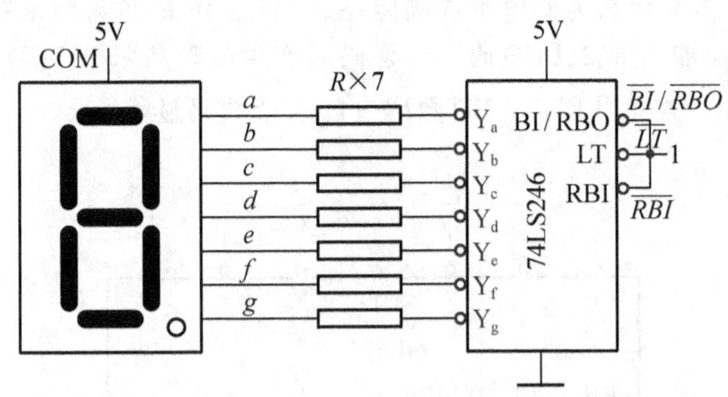

图 6.29　用 74LS246 驱动共阳极 LED 数码管的连接方法

74LS246 中还提供了附加控制电路，以扩展电路的功能。下面介绍附加控制端功能。

(1) 灯测试输入端$\overline{LT}$。$\overline{LT}$为低电平有效信号。当$\overline{LT}=0$时，无论输入的 8421BCD 码为何状态，将强行使译码器的输出信号全部置成低电平，从而使 LED 数码管的 7 个数码显示段全部点亮。此输入端的功能主要是为了对数码管的七个显示段进行测试。正常工作时应将$\overline{LT}$置为高电平。

(2) 灭零输入端$\overline{RBI}$。$\overline{RBI}$为低电平有效信号。一般情况下，当显示译码器的输入8421BCD码为0000时，显示译码器的输出信号将使数码管显示为“0”。但$\overline{RBI}=0$时，如果显示译码器的输入为0000，则输出的信号将全部置为高阻态，数码管的7个显示段全部不亮，这就是所谓的“灭零”。然而，$\overline{RBI}$有效时，仅仅是对输入的8421BCD码为0000时产生“灭零”效果，如果输入的8421BCD码是其他数值，则显示译码器的输出仍同于一般情况，使数码管显示出相应数字。

(3) 灭灯输入/灭零输出端$\overline{BI}/\overline{RBO}$。这是一个双功能的输入/输出端，其输入和输出均是低电平有效。$\overline{BI}/\overline{RBO}$端作为输入端时，称灭灯输入控制端。当将此端加上低电平时，则无论显示译码器的输入为什么状态，输出信号将被全部置为高阻态，使数码管的各个显示段全部熄灭。$\overline{BI}/\overline{RBO}$端作为输出端时，称灭零输出端。当灭零输入端$\overline{RBI}$处于有效状态且8421BCD码的输入为0000时，显示译码器实现“灭零”。此时，灭零输出端$\overline{BI}/\overline{RBO}$输出低电平，表示本显示译码器处于“灭零”状态，将本应显示的“0”给熄灭了。

将$\overline{RBI}$与$\overline{RBO}$配合使用，可实现多位十进制数码显示系统的整数前和小数后的灭零控制。图6.30给出了灭零控制的连接方法，整数部分将高位的$\overline{RBO}$与后一位的$\overline{RBI}$相连。小数部分将低位的$\overline{RBO}$与前一位的$\overline{RBI}$相连。整数显示部分最高位译码器的$\overline{RBI}$接地，始终处于有效状态，输入为0时将进行灭零操作，并通过$\overline{RBO}$将灭零输出低电平向后传递，开启后一位灭零功能。小数显示部分最低位译码器的$\overline{RBI}$始终处于有效状态，输入为0时将进行灭零操作，并通过$\overline{RBO}$将灭零输出的低电平向前传递，开启前一位的灭零功能。

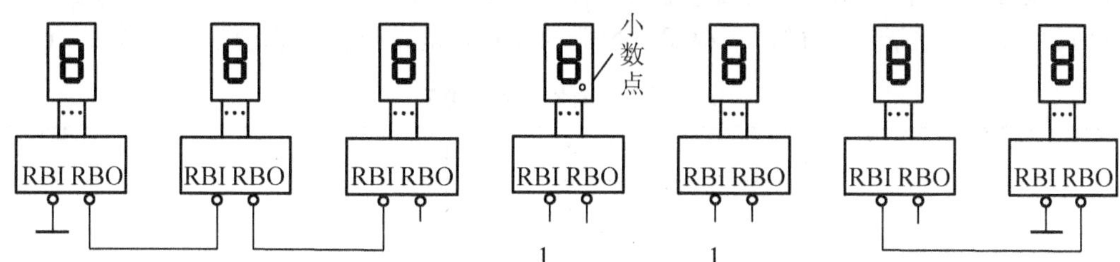

图6.30　有灭0控制的数码显示系统

6.4.3　加法器

二进制加法器是计算机等数字系统的基本部件之一。两个二进制数之间的加、减、乘、除等算术运算，最后都可化作加法运算来实现。能够实现加法运算的电路称为加法器，它是算术运算的基本单元电路。下面先讨论能实现1位二进制数相加的半加器和全加器，然后探讨多位二进制数加法器。

1. 半加器和全加器

如果不考虑来自低位的进位而将两个一位二进制数相加，称为半加。实现半加运算的逻辑电路叫做半加器。

若用A、B表示两个加数输入，S、CO分别表示和与进位输出。根据半加器的逻辑功能，可得其真值表，见表6-14。

表 6-14　半加器的真值表

A	B	S	CO
0	0	0	0
0	1	1	0
1	0	1	0
1	1	0	1

由真值表可求出 S 和 CO 的表达式为

$$\left.\begin{aligned}S&=A\overline{B}+\overline{A}B=A\oplus B\\CO&=AB\end{aligned}\right\}\tag{6-6}$$

式(6-6)可用图 6.31(a)所示的逻辑电路实现。半加器的逻辑符号如图 6.31(b)所示。

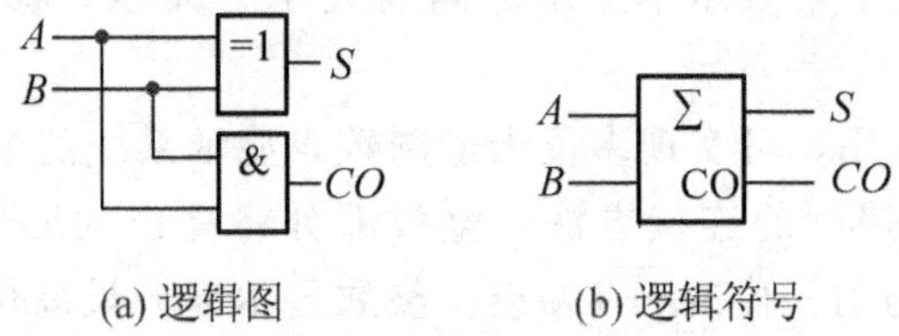

(a) 逻辑图　(b) 逻辑符号

图 6.31　半加器

如果不仅考虑两个一位二进制数相加，而且考虑来自低位进位的加法运算称为全加。实现全加运算的逻辑电路叫做全加器。设 A、B 为两个加数，CI 是来自低位的进位，S 为本位的和，CO 是向高位的进位，根据全加器的逻辑功能，可得其真值表，见表 6-15。

表 6-15　全加器的真值表

A	B	CI	CO	S
0	0	0	0	0
0	0	1	0	1
0	1	0	0	1
0	1	1	1	0
1	0	0	0	1
1	0	1	1	0
1	1	0	1	0
1	1	1	1	1

由表 6-15 可写出全加器的逻辑函数表达式并进行整理得

$$\left.\begin{aligned}S&=A\oplus B\oplus CI\\CO&=AB+(A+B)CI\end{aligned}\right\}\tag{6-7}$$

全加器的电路结构有多种类型，这里不再给出。但不论哪种电路结构，其功能必须符合表 6-15 给出的全加器真值表。全加器的逻辑符号如图 6.32 所示。

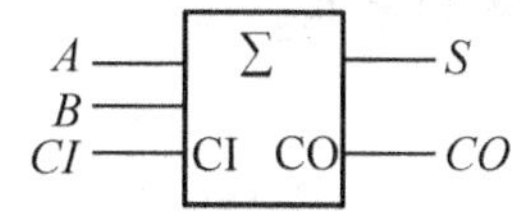

图 6.32 全加器的逻辑符号

2. 多位加法器

两个多位二进制数进行加法运算时，上面讲的全加器是不能完成的。必须把多个这样的全加器连接起来使用，即把相邻的第一位全加器的 CO 连接到高一位全加器的 CI 端，最低一位相加时可以使用半加器，也可以使用全加器。使用全加器时，需要把 CI 端接低电平“0”，这样组成的加法器称为串行进位加法器，如图 6.33 所示。

由于电路的进位是从低位到高位依次连接而成的，所以必须等到低位的进位产生并送到相邻的高位以后，相邻的高一位才能产生相加的结果和进位输出。所以，串行进位加法器的缺点是运行速度慢，只能用在对工作速度要求不太高的场合。串行进位加法器的优点是电路简单。TTL 集成电路中的 T692 就属于此类加法器。

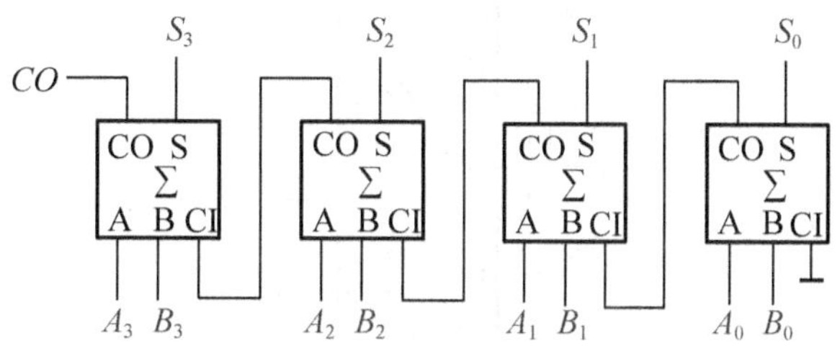

图 6.33 4 位串行进位加法器

为了提高运算速度，通常使用超前进位并行加法器。图 6.34 是中规模 4 位二进制超前进位加法器 74LS283 的简易图形符号。其中 $A_0 \sim A_3$、$B_0 \sim B_3$ 分别为 4 位加数和被加数的输入端，$S_0 \sim S_3$ 为 4 位和的输出端，CI 为最低进位输入端，CO 为向高位输送进位的输出端。

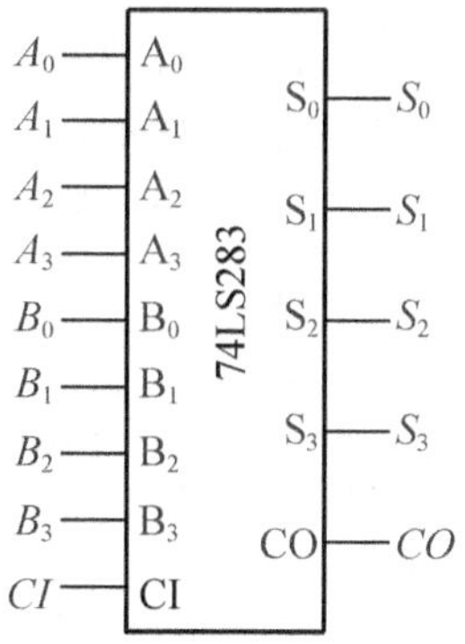

图 6.34 74LS283 的简易图形符号

超前进位加法器的运算速度高的主要原因在于，进位信号不再是逐级传递，而是采用超前进位技术。超前进位加法器内部进位信号 CI 可写为如下表达式：

$$CI = f_i(A_0, \cdots, A_i, B_0, \cdots, B_i, CI) \tag{6-8}$$

各级进位信号仅由加数、被加数和最低位信号 CI 决定，而与其他进位无关，这就有效地提高了运算速度。

知识要点提醒

速度越高，位数越多，电路越复杂。目前中规模集成超前进位加法器多为 4 位。

【例 6.10】 用超前进位加法器 74LS283 设计一个代码转换电路，以将 8421 码转换为余 3 码。

解： 根据设计要求，电路的输入为 8421 码，用 ABCD 表示；电路的输出为余 3 码，用 $Y_3Y_2Y_1Y_0$ 表示。由代码的编码规则可知，余 3 码是 8421 码加 3 得到的，所以只要将 ABCD 和 0011 作为加数和被加数接入 74LS283 的输入端 $A_3 \sim A_0$、$B_3 \sim B_0$，即可从 $S_3 \sim S_0$ 端得到余 3 码。电路连接如图 6.35 所示。

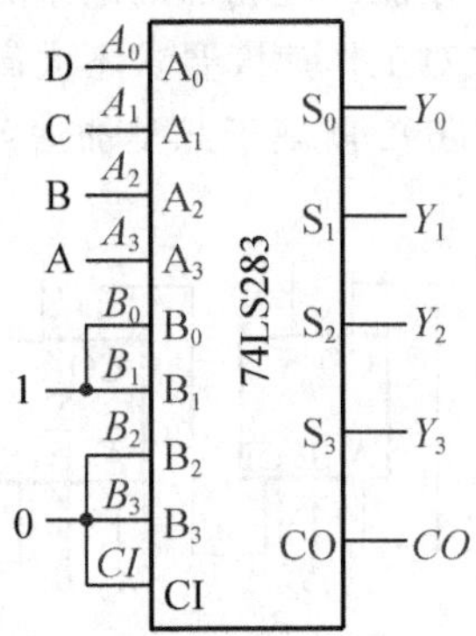

图 6.35　例 6.10 的电路连接图

6.4.4　数据选择器

能从一组输入数据中选择出某一数据的电路叫数据选择器。数据选择器由地址译码器和多路数字开关组成，如图 6.36 所示。它有 n 个选择输入端(也称为地址输入端)，2^n 个数据输入端，一个数据输出端。数据输出端与选择输入端输入的地址码有一一对应关系，当地址码确定后，输出端就输出与该地址码有对应关系的数据输入端的数据，即将与该地址码有对应关系的数据输入端和输出端相接。

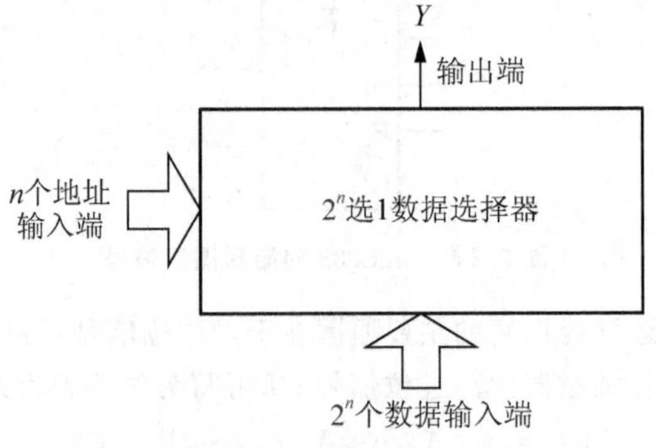

图 6.36　数据选择器框图

1. 4 选 1 数据选择器

图 6.37 是 4 选 1 数据选择器的框图。图中 $D_0 \sim D_3$ 为 4 个数据输入端；Y 为输出端；A_1、A_0 为地址输入端；$\overline{S}$ 为选通(使能)输入端，低电平有效。

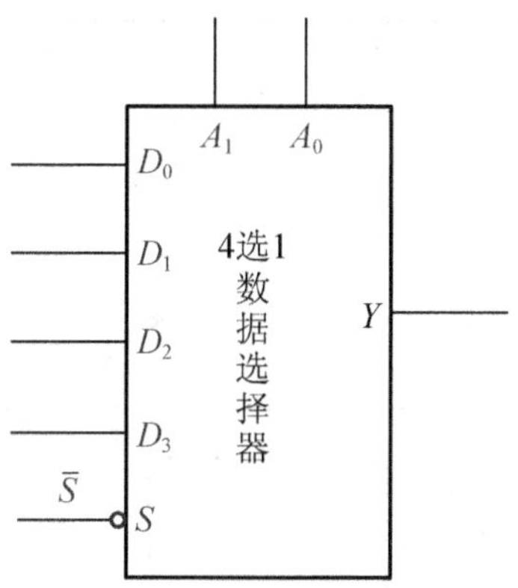

图 6.37 4 选 1 数据选择器框图

图 6.38 是 4 选 1 数据选择器的逻辑图，由逻辑图可写出输出信号 Y 的表达式为

$$Y=(\overline{A}_1\,\overline{A}_0 D_0+\overline{A}_1 A_0 D_1+A_1\,\overline{A}_0 D_2+A_1 A_0 D_3)S \tag{6-9}$$

当 $\overline{S}=1$ 时，$Y=0$，数据选择器不工作。当 $\overline{S}=0$ 时，式(6-9)变为

$$Y=\overline{A}_1\,\overline{A}_0 D_0+\overline{A}_1 A_0 D_1+A_1\,\overline{A}_0 D_2+A_1 A_0 D_3 \tag{6-10}$$

此时，根据地址码 A_1A_0 的不同，将从 $D_0 \sim D_3$ 中选出一个数据输出。即地址码 A_1A_0 分别为 00、01、10、11 时，输出分别为 D_0、D_1、D_2、D_3。

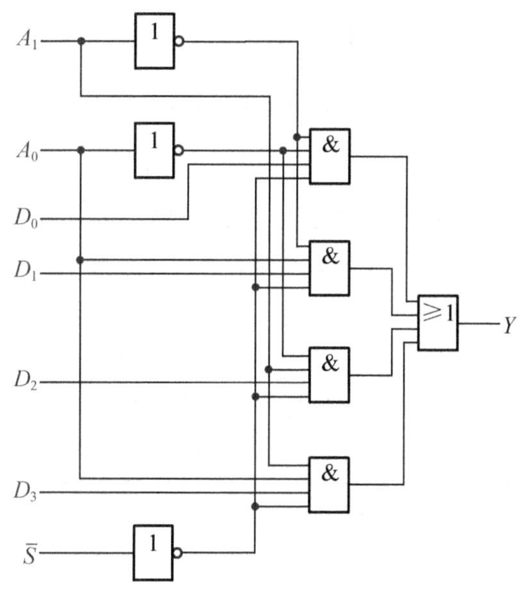

图 6.38 4 选 1 数据选择器的逻辑图

4 选 1 数据选择器的典型电路是集成 74LS153。74LS153 内部有两片功能完全相同的

4 选 1 数据选择器，通常称为双 4 选 1 数据选择器，表 6－16 是它的功能表。74LS153 的简易图形符号如图 6.39 所示。

表 6－16　$\frac{1}{2}$74LS153 的功能表

$\overline{S}$	A_1	A_0	D_0	D_1	D_2	D_3	Y
1	×	×	×	×	×	×	0
0	0	0	D_0	×	×	×	D_0
0	0	1	×	D_1	×	×	D_1
0	1	0	×	×	D_2	×	D_2
0	1	1	×	×	×	D_3	D_3

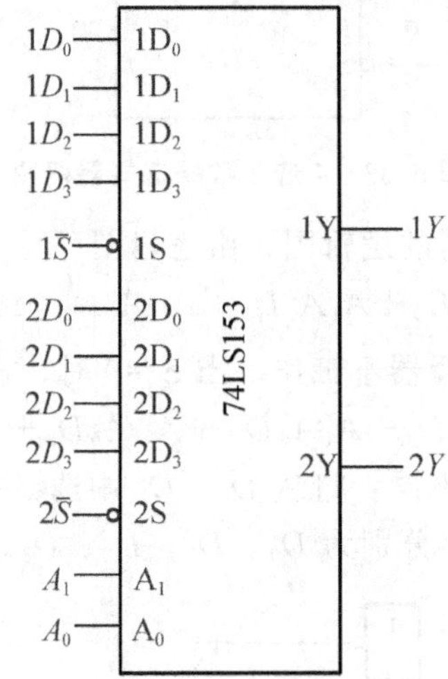

图 6.39　74LS153 的简易图形符号

2. 8 选 1 数据选择器

集成 8 选 1 数据选择器 74LS151 的功能见表 6－17。可以看出，74LS151 有一个使能端 $\overline{S}$，低电平有效；A_2、A_1、A_0 为地址输入端；有两个互补输出端 Y 和 $\overline{Y}$，其输出信号相反。由功能表可写出 Y 的表达式

$$Y=(\overline{A}_2\overline{A}_1\overline{A}_0D_0+\overline{A}_2\overline{A}_1A_0D_1+\overline{A}_2A_1\overline{A}_0D_2+\overline{A}_2A_1A_0D_3+A_2\overline{A}_1\overline{A}_0D_4 +A_2\overline{A}_1A_0D_5+A_2A_1\overline{A}_0D_6+A_2A_1A_0D_7)S \quad (6-11)$$

表 6－17　74LS151 的功能表

$\overline{S}$	A_2	A_1	A_0	Y	$\overline{Y}$
1	×	×	×	0	1
0	0	0	0	D_0	$\overline{D}_0$
0	0	0	1	D_1	$\overline{D}_1$
0	0	1	0	D_2	$\overline{D}_2$

续表

$\overline{S}$	A_2	A_1	A_0	Y	$\overline{Y}$
0	0	1	1	D_3	$\overline{D}_3$
0	1	0	0	D_4	$\overline{D}_4$
0	1	0	1	D_5	$\overline{D}_5$
0	1	1	0	D_6	$\overline{D}_6$
0	1	1	1	D_7	$\overline{D}_7$

当 $\overline{S}=1$ 时，$Y=0$，数据选择器不工作；当 $\overline{S}=0$ 时，根据地址码 $A_2A_1A_0$ 的不同，将从 $D_0 \sim D_7$ 中选出一个数据输出。74LS151 的简易图形符号如图 6.40 所示。

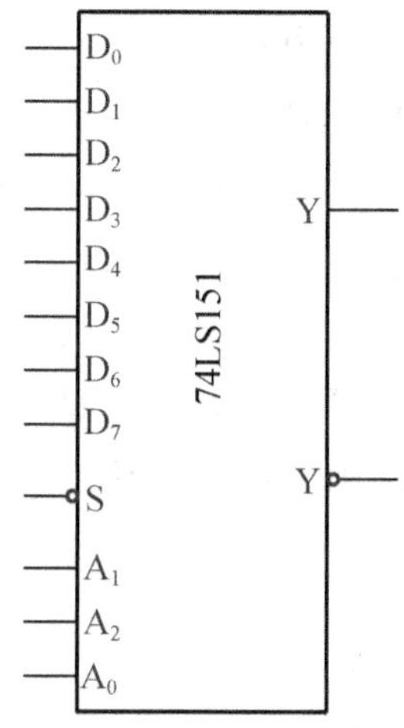

图 6.40　74LS151 的简易图形符号

3. 用数据选择器实现组合逻辑

从前面的分析可知，数据选择器输出信号的逻辑表达式具有以下特点。

(1) 具有标准与或表达式(最小项表达式)的形式。

(2) 提供了地址变量的全部最小项。

(3) 一般情况下，输入信号 D_i 可以当成一个变量处理。

任何组合逻辑函数都可以写成唯一的最小项表达式的形式，从原理上讲，应用对照比较的方法，用数据选择器可以不受限制地实现任何组合逻辑函数。

【例 6.11】 用数据选择器 74LS153 实现二进制一位全加器。

解： 设 A 和 B 为二进制一位全加器的加数和被加数，C 为低位来的进位，S 为本位的和，CO 为向高位的进位，则 S 和 CO 的逻辑表达式为

$$S=\sum(1,2,4,7)=\overline{A}\,\overline{B}\,C+\overline{A}\,B\overline{C}+A\overline{B}\,\overline{C}+ABC$$

$$CO=\sum(3,5,6,7)=\overline{A}\,BC+A\overline{B}C+AB\overline{C}+ABC=\overline{A}\,\overline{B}\cdot 0+\overline{A}\,BC+A\overline{B}C+AB\cdot 1$$

4 选 1 数据选择器 74LS153 的表达式为

$$Y=\overline{A}_1\,\overline{A}_0D_0+\overline{A}_1A_0D_1+A_1\,\overline{A}_0D_2+A_1A_0D_3$$

比较它们的表达式可以看出，若设地址输入 $A_1=A$，$A_0=B$，则数据输入为

$$1D_0=C,\ 1D_1=\overline{C},\ 1D_2=\overline{C},\ 1D_3=C$$

$$2D_0=0,\ 2D_1=C,\ 2D_2=C,\ 2D_3=1$$

画出连接图，如图 6.41 所示。

【例 6.12】 用数据选择器 74LS151 实现逻辑函数 $Y(A,\ B,\ C)=\overline{A}BC+A\overline{B}C+AB$。

解： 8 选 1 数据选择器 74LS151 在 $\overline{S}=0$ 时输出逻辑表达式为

$$Y=(\overline{A}_2\overline{A}_1\overline{A}_0D_0+\overline{A}_2\overline{A}_1A_0D_1+\overline{A}_2A_1\overline{A}_0D_2+\overline{A}_2A_1A_0D_3+A_2\overline{A}_1\overline{A}_0D_4$$
$$+A_2\overline{A}_1A_0D_5+A_2A_1\overline{A}_0D_6+A_2A_1A_0D_7)$$

把待实现的逻辑函数变换成与此表达式相同的形式

$$\begin{aligned}Y(A,B,C)&=\overline{A}BC+A\overline{B}C+AB\\&=CB\overline{A}+C\overline{B}A+\overline{C}BA+CBA\\&=0(\overline{C}\,\overline{B}\,\overline{A})+0(\overline{C}\,\overline{B}A)+0(\overline{C}B\overline{A})+1(\overline{C}BA)\\&\quad+0(C\overline{B}\,\overline{A})+1(C\overline{B}A)+1(CB\overline{A})+1(CBA)\end{aligned}$$

两个表达式比较，令地址输入 $A_2=C$，$A_1=B$，$A_0=A$；则数据输入为

$$D_0=D_1=D_2=D_4=0,\ D_3=D_5=D_6=D_7=1$$

输出可以从"同相输出端 Y"输出，也可以从"反相输出端 $\overline{Y}$"加反相器以后输出。电路的连接方法如图 6.42 所示。

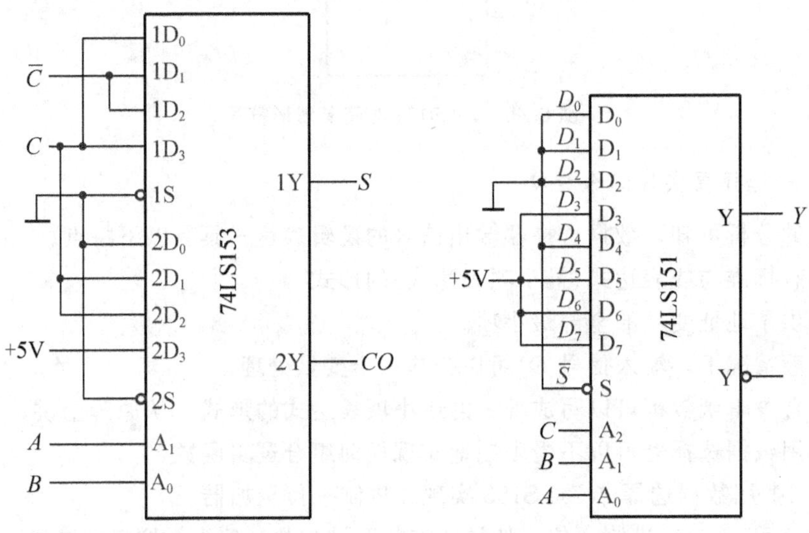

图 6.41 例 6.11 的电路连接图　　图 6.42 例 6.12 的电路连接图

6.4.5 数据分配器

根据 M 个地址输入，将 1 个输入信号传送到 2^M 个输出端中的某 1 个的器件称为数据分配器。数据分配器方框图如图 6.43 所示。下面以 1 路—4 路数据分配器为例，说明数据分配器的工作原理。

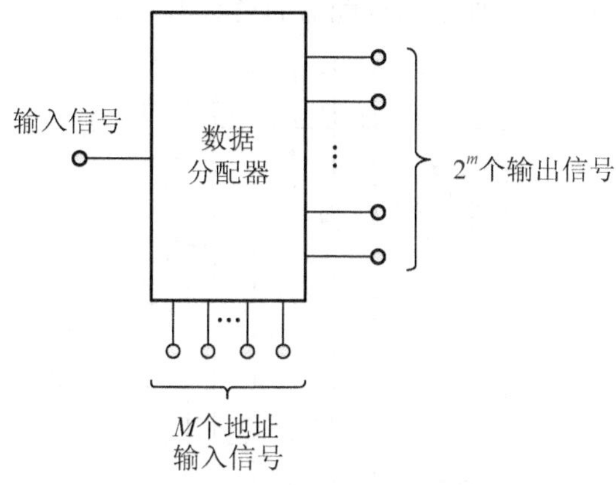

图 6.43　数据分配器框图

1 路—4 路数据分配器有 1 个信号输入端 D，两个地址输入端 A_1、A_0，4 个数据输出端 Y_3、Y_2、Y_1、Y_0，如图 6.44 所示。

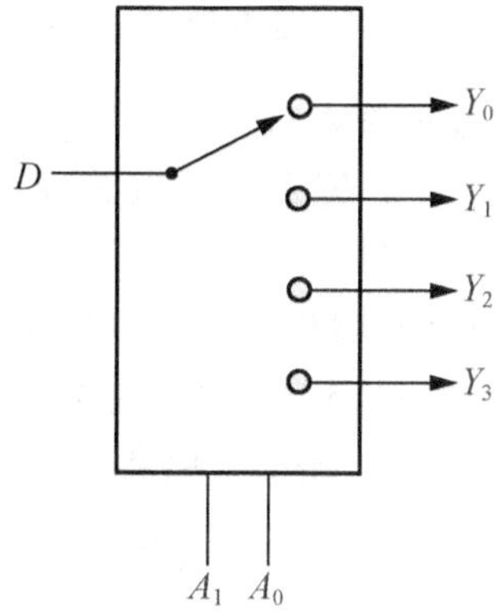

图 6.44　1 路—4 路数据分配器框图

根据数据分配器的定义及图 6.44，可列出 1 路—4 路数据分配器的功能表，见表 6-18。

表 6-18　1 路—4 路数据分配器的功能表

A_1	A_0	Y_3	Y_2	Y_1	Y_0
0	0	0	0	0	D
0	1	0	0	D	0
1	0	0	D	0	0
1	1	D	0	0	0

根据功能表，写出输出逻辑表达式

$$\left.\begin{aligned} Y_0 &= D\overline{A}_1\overline{A}_0 \\ Y_1 &= D\overline{A}_1 A_0 \\ Y_2 &= DA_1\overline{A}_0 \\ Y_3 &= DA_1A_0 \end{aligned}\right\} \qquad (6-12)$$

根据式(6-12)画出1路—4路数据分配器的逻辑图，如图6.45所示。

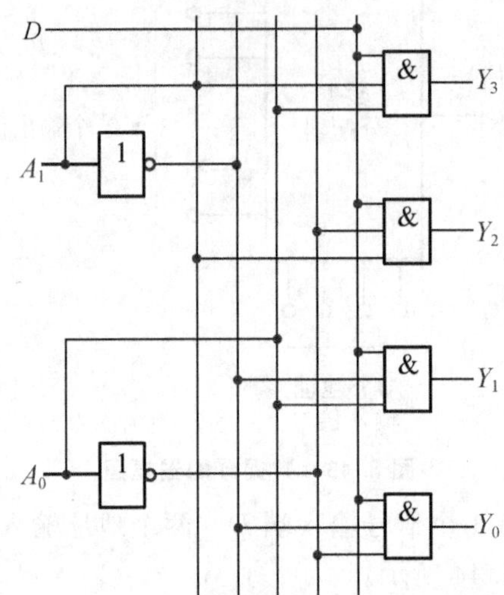

图6.45 1路—4路数据分配器的逻辑图

从图6.45可以看出，如果将地址输入A_1、A_0作为二进制编码输入，D作为选通控制信号，则数据分配器就成为二进制译码器了。所以数据分配器完全可以用二进制译码器代替。

由于数据分配器可以用二进制译码器代替，所以集成二进制译码器也是集成数据分配器。如集成2线—4线二进制译码器74LS139也是集成1路—4路数据分配器；集成3线—8线二进制译码器74LS138也是集成1路—8路数据分配器。

6.4.6 数值比较器

数字系统中，用于比较两个二进制数A和B数值大小的逻辑电路称为数值比较器。下面首先讨论1位数值比较器，然后探讨多位数值比较器。

1. 1位数值比较器

当两个一位二进制数A和B比较时，其结果有3种情况，即$A<B$、$A=B$、$A>B$。比较结果分别用M、G和L表示。设$A<B$时，$M=1$；$A=B$时，$G=1$；$A>B$时，$L=1$。由此可得1位数值比较器的真值表，见表6-19。

表6-19 1位数值比较器的真值表

A	B	M	G	L
0	0	0	1	0
0	1	1	0	0
1	0	0	0	1
1	1	0	1	0

根据真值表可写出逻辑函数表达式为

$$\left.\begin{aligned}&M=\overline{A}\,B\\&G=\overline{A}\,\overline{B}+AB=\overline{\overline{A}\,B+A\overline{B}}\\&L=A\overline{B}\end{aligned}\right\}\tag{6-13}$$

根据式(6-13)可画出1位数值比较器的逻辑图，如图6.46所示。

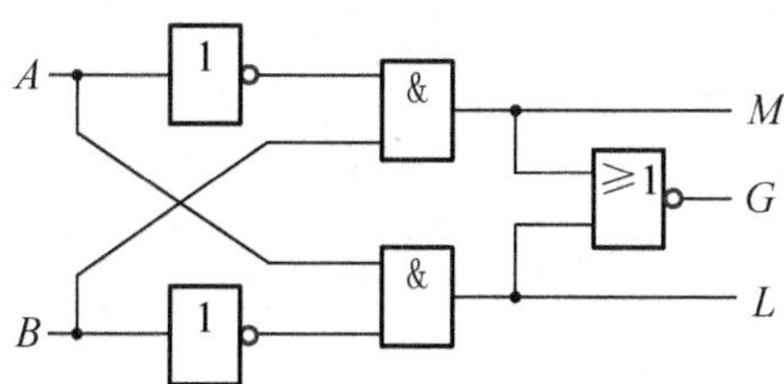

图6.46　1位数值比较器的逻辑图

2. 多位数值比较器

如果比较两个多位二进制数，必须逐位比较，使用多位数值比较器。下面以4位数值比较器为例说明其工作原理。

设两个4位二进制数为$A=A_3A_2A_1A_0$，$B=B_3B_2B_1B_0$，因此4位数值比较器有8个数值输入信号。同样A与B比较有3种结果：大于、等于、小于，对应3个输出信号，分别为L，G，M。

(1) 如果$A>B$，则必须使$A_3>B_3$；或者$A_3=B_3$且$A_2>B_2$；或者$A_3=B_3$，$A_2=B_2$且$A_1>B_1$；或者$A_3=B_3$，$A_2=B_2$，$A_1=B_1$且$A_0>B_0$。

设A，B的第i位(i=0，1，2，3)二进制数比较效果的大于、等于、小于用L_i、G_i、M_i表示，则

$$L=L_3+G_3L_2+G_3G_2L_1+G_3G_2G_1L_0\tag{6-14}$$

(2) 如果$A=B$，则必须使$A_3=B_3$，$A_2=B_2$，$A_1=B_1$且$A_0=B_0$，所以

$$G=G_3G_2G_1G_0\tag{6-15}$$

(3) 如果A<B，则必须使$A_3<B_3$；或者$A_3=B_3$且$A_2<B_2$；或者$A_3=B_3$，$A_2=B_2$且$A_1<B_1$；或者$A_3=B_3$，$A_2=B_2$，$A_1=B_1$且$A_0<B_0$，则

$$M=M_3+G_3M_2+G_3G_2M_1+G_3G_2G_1M_0\tag{6-16}$$

另外，也可以由排除法推导出：如果A不大于且不等于B，则$A<B$，由此得出M的表达式为

$$M=\overline{L}\,\overline{G}=\overline{L+G}\tag{6-17}$$

由式(6-13)可得L_i、G_i、M_i的表达式。

$$\left.\begin{aligned}&L_i=A_i\,\overline{B_i}\\&G_i=\overline{A_iB_i}+A_iB_i=\overline{\overline{A_i}\,B_i+A_i\,\overline{B_i}}\\&M_i=\overline{A_i}\,B_i\end{aligned}\right\}\tag{6-18}$$

根据式(6-14)、式(6-15)、式(6-16)和图6.46可画出4位数值比较器的逻辑图，如图6.47所示。

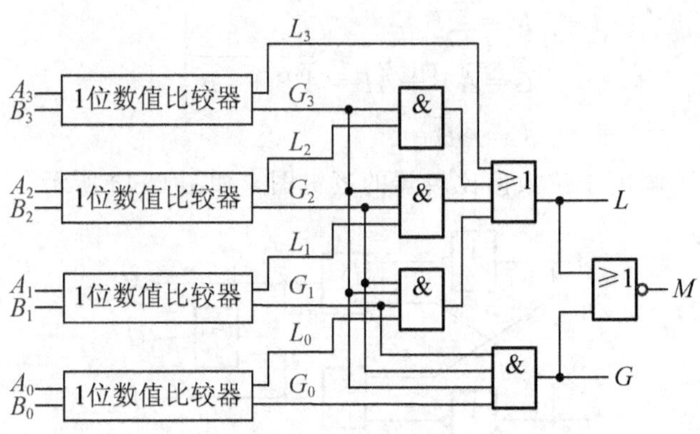

图 6.47　4 位数值比较器的逻辑图

4 位数值比较器的典型电路是 74LS85，其简易图形符号如图 6.48 所示。$I_{A>B}$、$I_{A<B}$、$I_{A=B}$是扩展端，用于芯片之间连接时使用。只比较两个 4 位二进制数时，将 $I_{A>B}$接低电平，同时将 $I_{A<B}$、$I_{A=B}$接高电平。74LS85 的功能如表 6－20 所示。

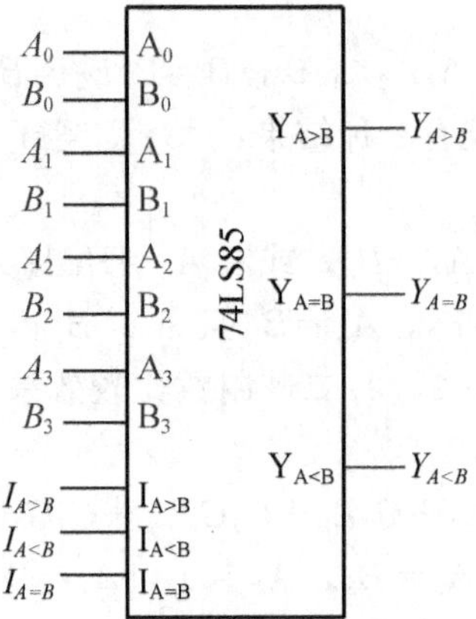

图 6.48　74LS85 的简易图形符号

表 6－20　74LS85 的功能表

A_3 B_3	A_2 B_2	A_1 B_1	A_0 B_0	$I_{A>B}$ $I_{A<B}$ $I_{A=B}$	$Y_{A>B}$ $Y_{A<B}$ $Y_{A=B}$
$A_3>B_3$	×	×	×	× × ×	1　0　0
$A_3<B_3$	×	×	×	× × ×	0　1　0
$A_3=B_3$	$A_2>B_2$	×	×	× × ×	1　0　0
$A_3=B_3$	$A_2<B_2$	×	×	× × ×	0　1　0
$A_3=B_3$	$A_2=B_2$	$A_1>B_1$	×	× × ×	1　0　0
$A_3=B_3$	$A_2=B_2$	$A_1<B_1$	×	× × ×	0　1　0
$A_3=B_3$	$A_2=B_2$	$A_1=B_1$	$A_0>B_0$	× × ×	1　0　0
$A_3=B_3$	$A_2=B_2$	$A_1=B_1$	$A_0<B_0$	× × ×	0　1　0
$A_3=B_3$	$A_2=B_2$	$A_1=B_1$	$A_0=B_0$	1　0　0	1　0　0

续表

A_3 B_3	A_2 B_2	A_1 B_1	A_0 B_0	$I_{A>B}$ $I_{A<B}$ $I_{A=B}$	$Y_{A>B}$ $Y_{A<B}$ $Y_{A=B}$
$A_3=B_3$	$A_2=B_2$	$A_1=B_1$	$A_0=B_0$	0　1　0	0　1　0
$A_3=B_3$	$A_2=B_2$	$A_1=B_1$	$A_0=B_0$	×　×　1	0　0　1
$A_3=B_3$	$A_2=B_2$	$A_1=B_1$	$A_0=B_0$	1　1　0	0　0　0
$A_3=B_3$	$A_2=B_2$	$A_1=B_1$	$A_0=B_0$	0　0　0	1　1　0

*6.5　组合逻辑电路的竞争冒险

组合电路实际应用时，由于门电路传输延迟的影响，会导致电路在某些情况下，在输出端产生错误信号，从而造成逻辑关系的混乱。

6.5.1　竞争冒险现象

在组合电路中，当电路从一种稳定状态转换到另一种稳定状态的瞬间，某个门电路的两个输入信号同时向相反方向变化，由于传输延迟时间不同，所以到达输出门的时间有先后，这种现象称为竞争。

图 6.49(a)所示的组合电路，当输入变量 A 由 0 变为 1，由于经过 G_1 门传输延迟，G_2 门的两个输入信号 A、B 会向相反方向变化，因此 A 和 B 存在竞争。由于竞争，使电路的逻辑关系受到短暂的破坏，并在输出端产生极窄的尖峰脉冲。如图 6.49(b)所示，输出 $Y=A\cdot B=A\cdot\overline{A}=0$，即输出应恒为 0。但由于存在门电路传输延迟时间，B 的变化落后于 A 的变化。当 A 已由 0 变为 1，而 B 尚未由 1 变为 0 时，在输出端 Y 就产生一个瞬间的正尖峰脉冲，这个尖峰脉冲会对后面电路产生干扰。

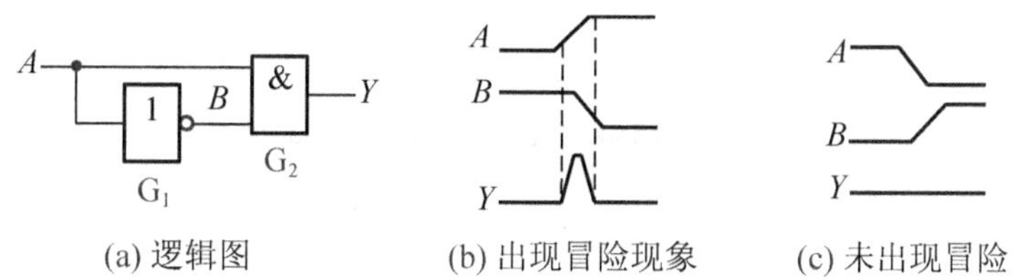

(a) 逻辑图　　(b) 出现冒险现象　　(c) 未出现冒险

图 6.49　组合电路中的竞争冒险现象

知识要点提醒

有竞争现象时不一定都会产生尖峰脉冲。例如在图 6.49(c)中，当 A 已由 1 变为 0，而 B 尚未由 0 变为 1 时，这样在输出端 Y 仍为 0，符合电路逻辑关系，不会产生尖峰脉冲。

在与门和或门组成的复杂数字系统中，由于输入信号经过不同途径到达输出门，在设计时往往难以准确知道到达的先后次序，以及门电路两个输入端在上升时间和下降时间产生的细微差别，因此都会存在竞争现象。这种由于竞争而在输出端可能出现违背稳态下逻辑关系的尖峰脉冲现象叫做竞争冒险。

6.5.2 竞争冒险的判断

判断组合电路是否存在竞争冒险有以下几种方法。

1. 代数法

经分析得知，若输出逻辑函数表达式在一定条件下最终能化简为$Y=A+\overline{A}$或$Y=A\cdot\overline{A}$的形式时，则可能有竞争冒险出现。例如，有两个逻辑函数$Y_1=AB+\overline{A}C$，$Y_2=(A+B)(\overline{B}+C)$。显然，函数$Y_1$在$B=C=1$时，$Y_1=A+\overline{A}$。因此，按此逻辑函数实现的组合电路会出现竞争冒险现象。同理，当$A=C=0$时，$Y_2=B\cdot\overline{B}$，所以此函数也存在竞争冒险。

2. 卡诺图法

在用卡诺图法化简逻辑函数时，为了使逻辑函数最简而画的包围圈中，若有两个包围圈之间相切而不交，则在相邻处也可能存在竞争冒险。

将上述逻辑函数Y_1和Y_2用卡诺图表示，如图 6.50 所示。Y_1是最简与或式，两个包围圈在A和$\overline{A}$处相切，Y_2是或与式(画 0 的包围圈再取反)，两包围圈在B和$\overline{B}$处相切。所以Y_1和Y_2都存在竞争冒险。

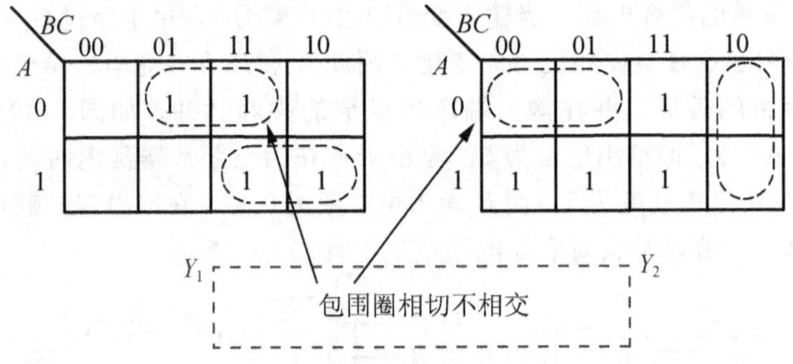

图 6.50 卡诺图包围圈相切不相交的情况

3. 计算机仿真方法

计算机仿真也是一种可行的方法。目前有多种计算机电路仿真软件，将设计好的逻辑电路通过仿真软件，可以观察到输出有无竞争冒险。

4. 实验法

利用实验手段检查冒险，即在逻辑电路中的输入端，加入信号所有可能的组合状态，用逻辑分析仪或示波器，捕捉输出端可能产生的冒险现象。实验法检查的结果是最终的结果。实验法是检验电路是否存在冒险现象的最有效、最可靠的方法。

6.5.3 竞争冒险的消除

当组合电路存在着竞争冒险时，会对电路的正常工作造成威胁。因此，必须设法予以消除。常采用的消除方法有以下几种。

1. 修改逻辑设计

(1) 在逻辑表达式中添加多余项来消除竞争冒险。

【例 6.13】 判断 $Y=AC+\overline{A}B+\overline{A}\,\overline{C}$ 是否存在竞争冒险，若有消除之。

解： 分析 Y 的表达式可知，当 $B=C=1$ 时，$Y=A+\overline{A}$，A 可能产生竞争冒险。而 C 虽然具有竞争能力，但始终不会产生冒险。

若在逻辑表达式中增加多余项 BC，则当 $B=C=1$ 时，Y 恒为 1，即消除了竞争冒险。

Y 的卡诺图如图 6.51 所示。添加多余项意味着在相切处多画一个包围圈 BC，使相切变为相交，从而消除了竞争冒险。为了简化电路，多余项通常会被舍去。在图 6.51 中，为了保证逻辑电路能够可靠工作，又需要添加多余项消除竞争冒险。这说明最简设计并不一定是最可靠设计。

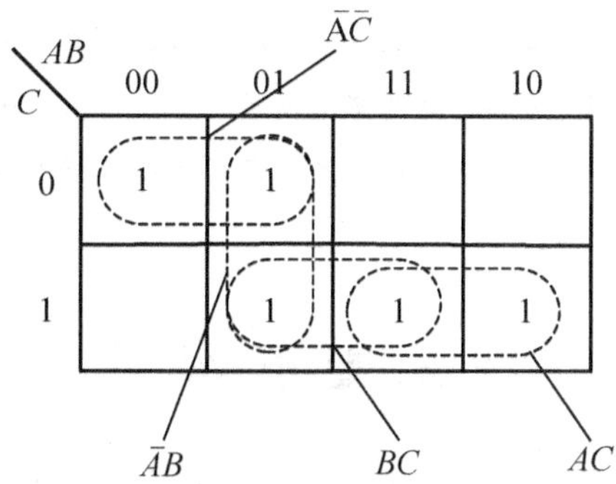

图 6.51　添加多余项消除竞争冒险

(2) 对逻辑表达式进行逻辑变换，以消掉互补变量。

【例 6.14】 消除 $Y=(\overline{A}+\overline{C})(A+B)(B+C)$ 中的竞争冒险。

解： 对逻辑表达式进行变换得

$$\begin{aligned}Y&=(\overline{A}+\overline{C})(A+B)(B+C)\\&=\overline{A}B+AB\overline{C}+B\overline{C}+\overline{A}BC\\&=\overline{A}B+B\overline{C}\end{aligned}$$

在上述逻辑变换过程中，消去了表达式中隐含的 $A\cdot\overline{A}$ 和 $C\cdot\overline{C}$ 项，所以由表达式 $\overline{A}B+B\overline{C}$ 组成的逻辑电路，就不会出现竞争冒险了。

2. 加滤波电容

由于冒险现象产生的尖峰脉冲一般都很窄，所以，只要在逻辑电路的输出端并联一个很小的滤波电容，就可以把尖峰脉冲的幅度削弱至门电路的阈值以下。

3. 引入选通脉冲

在组合电路中引入选通脉冲信号，使电路在输入信号变化时处于禁止状态，待输入信号稳定后，令选通脉冲信号有效使电路输出正常结果。这样可以有效地消除任何竞争冒险。图 6.52 所示电路就是利用选通脉冲信号消除竞争冒险的一个例子，但此电路输出信号的有效时间与选通脉冲信号的宽度相同。

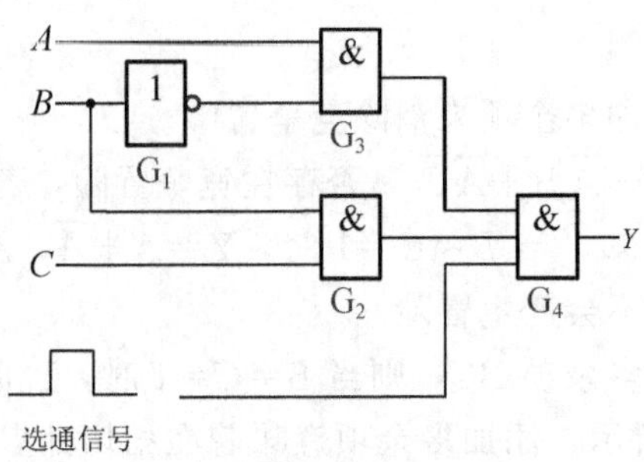

图 6.52　利用选通脉冲信号消除竞争冒险的电路

知识要点提醒

修改逻辑设计的方法简便，但局限性大，不适合于输入变量较多及较复杂的电路。加入小电容滤波的方法简单易行，但输出电压波形边沿会随之变形，仅适合于对输出波形前、后沿要求不高的电路。引入选通脉冲的方法简单且不需要增加电路元件，但要求选通脉冲与输入信号同步，而且对选通脉冲的宽度、极性、作用时间均有严格要求。

本章小结

本章介绍了组合逻辑电路的特点、分析和设计方法、数字系统中常用的组合逻辑电路的原理及应用以及组合逻辑电路的竞争冒险现象；主要讲述了以下几个内容。

(1) 组合电路任何时刻的输出仅仅取决于该时刻的各种输入变量的状态组合，而与电路过去的状态无关。在电路结构上只包含门电路，没有存储(记忆)单元。

(2) 分析组合电路的目的是确定已知电路的逻辑功能，可通过写逻辑表达式、列真值表等手段来完成。利用门电路设计组合逻辑电路，常以电路简单、所用器件个数以及种类最少为设计原则。设计过程包括逻辑抽象、逻辑化简、逻辑变换，最后画出逻辑图。

(3) 常用的组合逻辑电路有编码器、译码器、加法器、数值比较器、数据选择器和数据分配器等。为使用方便，它们常被做成中规模集成电路组件。使用中规模集成器件可以大大简化设计。

(4) 竞争冒险是组合电路工作状态转换过程中经常会出现的一种现象。如果负载是一些对尖峰脉冲不敏感(例如光电显示器)器件，就不必考虑冒险问题。

阅读材料

Multisim 应用——译码器 *74LS138* 电路的仿真分析

启动 *Multisim 10.0*，连接 *74LS138* 的电源和地，在虚拟仪器工具栏中调用字函数发生器(*Word Generator*)*XWG1* 和逻辑分析仪(*Logic Analyzer*)*XLA1*，组成译码器的仿真电路，如图 6.53 所示。

单击字函数发生器图标 *XWG1*，得到字函数发生器图标 *XWG1* 对话框，在 *Controls* 选项组中单击

Cycle 按钮，在 *Display* 选项组中选中 *Dec*(十进制)复选框，在字信号编辑区写 0、1、2、3、4、5、6、7。单击 *Set* 按钮，弹出 *Setting*(设置)对话框，将 *Buffer Size*(缓冲区大小)的值设置为 0008。

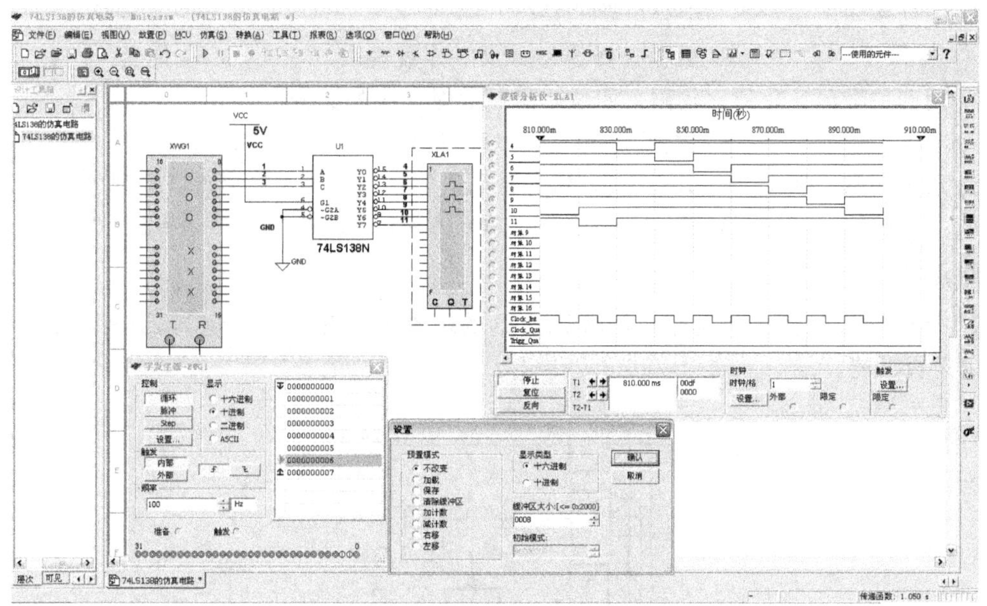

图 6.53　译码器 74LS138 电路

单击"运行"按钮，双击逻辑分析仪 *XLA2* 的图标，显示运行结果如图 6.53 所示。从仿真分析结果中看出，当 *74LS138* 的输入代码为 0、1、2、3、4、5、6、7 时，对应的输出端依次输出低电平。按此输出结果，可方便得到顺序脉冲发生器。该仿真结果符合译码器 *74LS138* 的逻辑功能。

习　　题

一、填空题

1. 组合电路逻辑功能上的特点是，任意时刻的__________状态仅取决于该时刻__________的状态，而与以前时刻的__________无关。

2. 组合电路的功能描述方法主要有__________、__________、__________、__________等。

3. 将文字描述的逻辑命题转换成逻辑表达式的过程称为__________。

4. 不考虑来自低位的进位而将两个一位二进制数相加，称为__________；不仅考虑两个一位二进制数相加，而且考虑来自低位进位的加法运算称为__________。

5. 由于竞争而在输出端可能出现违背稳态下逻辑关系的尖峰脉冲现象叫做__________。

二、选择题

1. 组合逻辑电路是由(　　)组成的。

A. 触发器　　B. 门电路　　C. 二极管　　D. 场效应管

2. 16 选 1 路数据选择器的地址输入端有(　　)个。

A. 16　　B. 4　　C. 32　　D. 2

3. 下列逻辑电路中不是组合电路的是(　　)。

A. 编码器　　B. 数据选择器　　C. 计数器　　D. 全加器

4. 用四位数值比较器比较两个四位二进制数时，应先比较(　　)位。

A. 最低　　B. 次低　　C. 最高　　D. 次高

5. 逻辑函数 $Y=\overline{A}C+AB+\overline{B}\,\overline{C}$，当变量取值为(　　)时，将出现冒险现象。

A. $B=C=1$　　B. $B=C=0$　　C. $A=1，C=0$　　D. $A=B=0$

三、综合题

1. 分析图 6.54 所示的电路，写出 Y_1、Y_2的逻辑函数表达式，列出真值表，指出电路完成的逻辑功能。

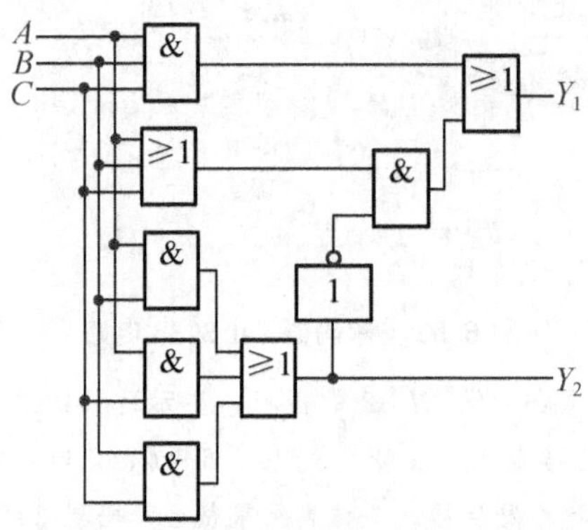

图 6.54　题 1 图

2. 已知图 6.55 所示电路的输入、输出都是 8421 码，写出逻辑函数表达式，列出真值表，指出电路完成的逻辑功能。

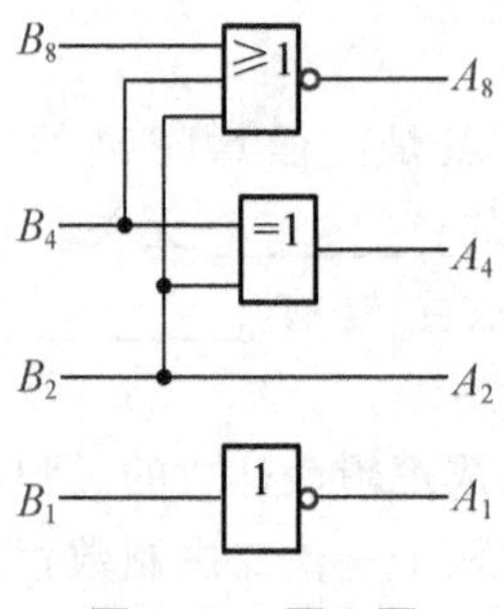

图 6.55　题 2 图

3. 用与非门设计四变量的多数表决器。当输入变量 A、B、C、D 有 3 个或 3 个以上为 1 时输出为 1，输入为其他状态时输出为 0。

4. 用与非门和异或门设计一个代码转换电路，以实现 8421 码到余 3 码的转换。

5. 用异或门设计一个代码转换电路，以将输入的 4 位二进制代码转换为 4 位循环码。

6. 试用 3 线—8 线译码器 74LS138 和门电路画出产生下列多输出逻辑函数的逻辑图。

$$\begin{cases} Y_1 = AC \\ Y_2 = \overline{A}\,\overline{B}C + A\overline{B}\,\overline{C} + BC \\ Y_3 = \overline{B}\,\overline{C} + AB\overline{C} \end{cases}$$

7. 试用 3 线—8 线译码器 74LS138 和门电路设计 3 人表决器。

8. 用超前进位加法器 74LS283 设计一个代码转换器，以将余 3 码转换为 8421 码。

9. 图 6.56 是由双 4 选 1 数据选择器 74LS153 和门电路组成的组合电路。试分析输出 Z 与输入 X_3、X_2、X_1、X_0 之间的逻辑关系。

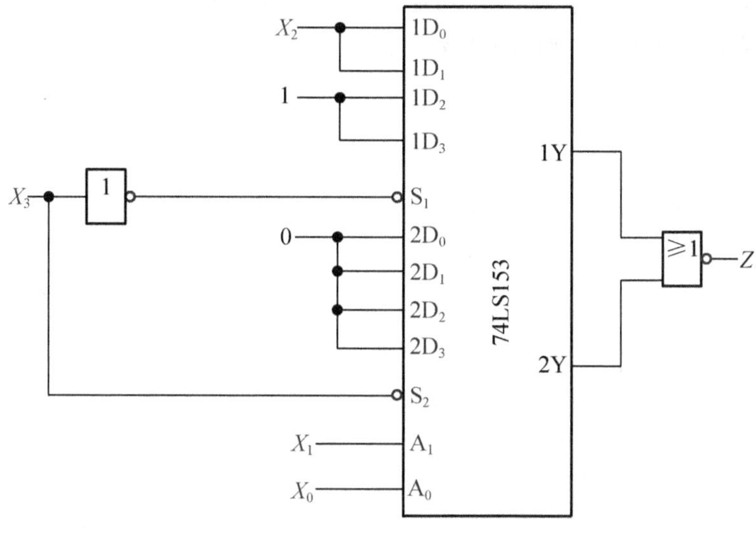

图 6.56 题 9 图

10. 图 6.57 所示电路是 3 线—8 线译码器 74LS138 和 8 选 1 数据选择器 74LS151 组成的电路，试分析电路的逻辑功能。

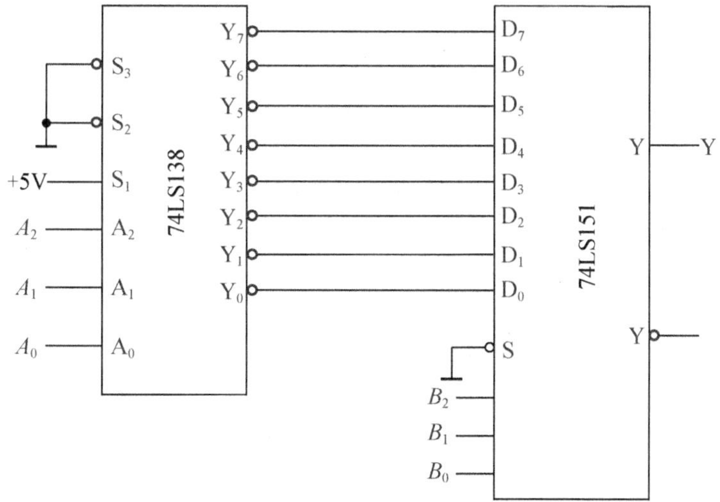

图 6.57 题 10 图

11. 试用双 4 选 1 数据选择器 74LS153 设计 1 位二进制全减器。输入为被减数、减数和来自低位的借位；输出为两数之差及向高位的借位。

12. 试用 8 选 1 数据选择器 74LS151 实现导入案例中的交通信号灯监视电路。

13. 试用 8 选 1 数据选择器 74LS151 产生下列逻辑函数。

$$Y=A\overline{C}D+\overline{A}\,\overline{B}CD+BC+B\overline{C}\,\overline{D}$$

14. 设计用 3 个开关控制一个电灯的逻辑电路，要求改变任何一个开关的状态都控制电灯由亮变灭或由灭变亮，要求用数据选择器来实现。

15. 已知逻辑函数 $Y=\sum(1,3,7,8,9,15)$，当用最少数目的与非门实现该逻辑函数时，分析是否存在竞争冒险？如何消除？

第 7 章

时序逻辑电路

学习目标

熟悉触发器的概念及工作原理；
掌握各种触发器的逻辑功能；
了解不同触发器之间相互转换的方法；
了解时序逻辑电路的特点和分类；
掌握时序逻辑电路逻辑功能的描述方法；
掌握时序逻辑电路的分析方法；
掌握时序逻辑电路的设计方法，能设计简单的时序逻辑电路；
掌握寄存器的结构和工作原理；
掌握集成计数器的结构、工作原理和使用方法。

导入案例

数字电子钟。

数字电子钟是一种用数字电路技术实现时、分、秒计时的钟表，如图 7.1(a)所示。它与机械钟相比具有更高的准确性和直观性，具有更长的使用寿命，因此得到广泛的使用。

(a) 数字钟

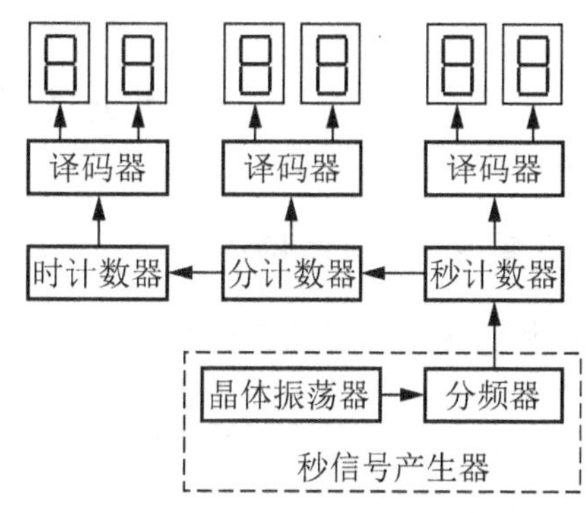

(b) 数字钟组成框图

图 7.1　数字电子钟

一个基本的数字电子钟电路主要由秒信号发生器、“时、分、秒”计数器、译码器及显示器等组成，如图7.1(b)所示。秒信号产生器是整个系统的时基信号，它直接决定计时系统的精度，一般用石英晶体振荡器加分频器来实现。将标准秒信号送入六十进制的“秒计数器”，每累计60秒发出一个“分脉冲”信号，该信号将作为六十进制“分计数器”的时钟脉冲。同样，每累计60分钟，发出一个“时脉冲”信号，送到二十四进制“时计数器”，可实现对一天24小时的累计。译码显示电路将“时”、“分”、“秒”计数器的输出状态译码，通过七段显示器显示出来。

图7.1(b)中的计数器、分频器是时序逻辑电路，它与组合逻辑电路有较大区别。

知识结构

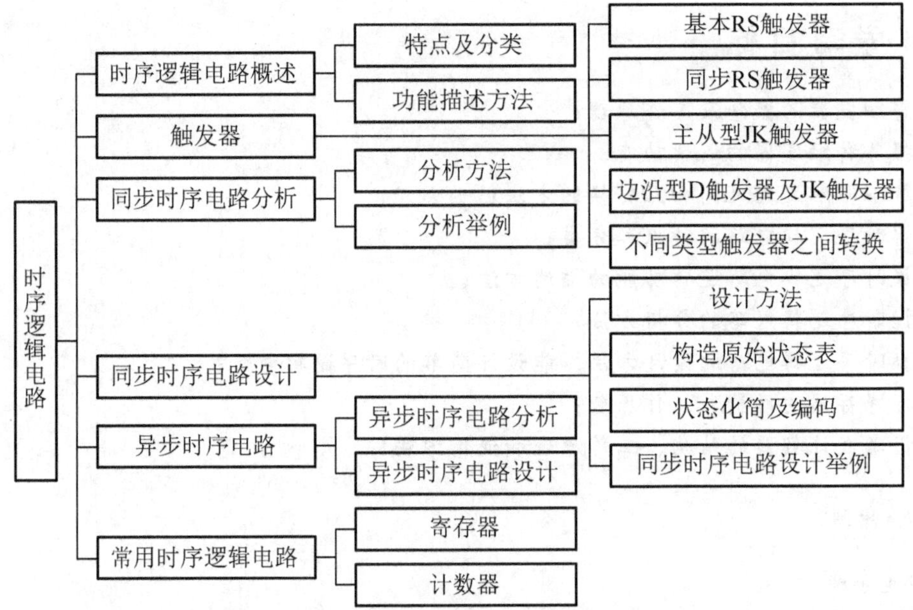

本章首先介绍触发器的电路结构、工作原理和功能特点，在此基础上介绍时序逻辑电路的结构、类型和特点，并着重介绍时序逻辑电路的分析和设计方法。

7.1 时序逻辑电路概述

7.1.1 时序逻辑电路的特点和分类

从对组合逻辑电路的讨论中可知，组合逻辑电路任一时刻的输出仅仅取决于当前时刻的输入，与之前各时刻的输入无关。除此之外，还有一类逻辑电路，它在任一时刻的输出不仅与当前时刻的输入有关，还与电路原来的状态有关，具备这种特点的逻辑电路称为时序逻辑电路，简称时序电路。

因为时序电路的输出与电路原来的状态有关，所以在时序电路中，除了有能反映现在各输入状态的组合电路之外，还有能够记住电路原来状态的存储电路，即时序电路是由组合电路和存储电路两部分组成的，其中的存储电路一般由各类触发器组成。时序电路的一般结构如图 7.2 所示。

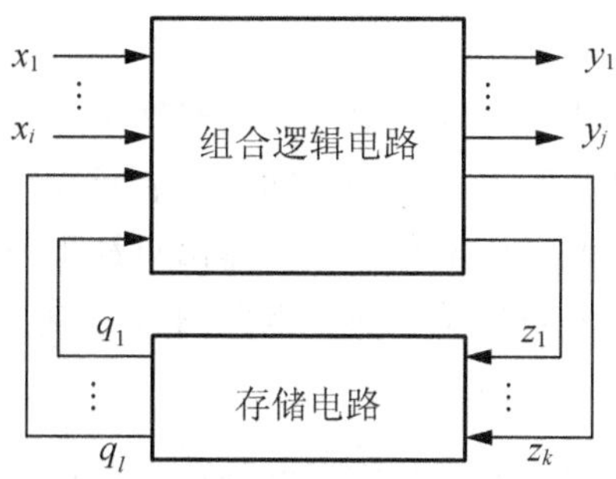

图 7.2 时序电路的结构框图

在图 7.2 中，$X(x_1, x_2, \cdots, x_i)$为时序电路的外部输入；$Y(y_1, y_2, \cdots, y_j)$为时序电路的外部输出；$Z(z_1, z_2, \cdots, z_k)$为时序电路的内部输出，也是存储电路的输入；$Q(q_1, q_2, \cdots, q_l)$为时序电路的内部输入，也是存储电路的输出。这些信号之间的逻辑关系可以用下面 3 组方程表示。

$$Y=F(X, Q^n) \tag{7-1}$$

$$Z=G(X, Q^n) \tag{7-2}$$

$$Q^{n+1}=H(X, Q^n) \tag{7-3}$$

式(7-1)称为输出方程；式(7-2)称为驱动方程或激励方程；式(7-3)称为状态方程。其中：Q^n 为存储电路当前时刻的输出信号，称为时序电路的现态；Q^{n+1}为现态 Q^n 和外部输入信号 X 共同作用下时序电路建立的新状态，称为时序电路的次态。

时序电路通常分为同步时序电路和异步时序电路两类。在同步时序电路中，所有触发器状态的变化是在同一时钟信号作用下同时发生的；而在异步时序电路中，触发器的状态变化不是同时发生的。

此外，根据输出信号特点将时序电路分为米里(Mealy)型和摩尔(Moore)型两类。米里型时序电路的输出不仅与该时刻的输入有关，还与时序电路的现态有关；而摩尔型时序电路的输出仅与时序电路的现态有关。

7.1.2 时序逻辑电路的功能描述方法

由于组合电路和时序电路的结构、性能不同，因此在逻辑功能的描述方法上也有所不同。时序电路逻辑功能的描述方法除逻辑表达式外，还有用来描述时序电路状态转换全过程的状态转换表、状态表、状态转换图和时序图等。

1. *逻辑表达式*

用于描述时序电路功能的逻辑表达式有输出方程、驱动方程和状态方程。

2. *状态转换表*

状态转换表，也称为状态转换真值表，是用列表的方式描述时序电路外部输出 Y，次态 Q^{n+1}与外部输入 X、现态 Q^n 之间的逻辑关系。具体做法是把时序电路的输入和现态的各种可能取值，带入状态方程和输出方程进行计算，求出相应的次态和输出，将全部的计算结果列成真值表的形式，就得到了状态转换表。

3. 状态表

状态表是由状态转换表转化而来的，对米里型时序电路，其表的第一行为外部输入 X 的各种可能取值，表的第一列为现态，表的中间部分表示在相应外部输入和现态下时序电路的次态和当前输出。对摩尔型时序电路，由于输出只和现态有关，与输入无关，所以输出单独一列列出。状态表能更清楚地反映时序电路的状态转换关系。

4. 状态转换图

为了能更形象地表示出时序电路的状态转换规律，还可以将状态表的内容用图形的方式表示，即状态转换图(简称状态图)。在状态图中以圆圈表示时序电路的各种状态，以箭头线表示状态转换方向。同时，在箭头线旁注明状态转换前的外部输入 X 的取值和外部输出 Y 的值。通常将 X 的取值标在斜线以上，将 Y 的值标在斜线以下。

5. 时序图

时序图又称为工作波形图，是描述时序电路在输入信号和时钟脉冲序列作用下，电路状态及输出随时间变化的波形图。

这几种方法和逻辑表达式一样，都可以用来描述同一个时序电路的逻辑功能，所以它们之间可以互相转换。

7.2 触 发 器

时序电路中的存储电路通常由触发器构成，因此在介绍时序电路的分析和设计方法前，先对触发器的电路结构、工作原理及外特性进行介绍。

能够存储 1 位二值数码的基本单元电路统称为触发器(Flip - Flop)。为了实现记忆 1 位二值数码的功能，触发器必须具有以下两个基本特征。

第一，具有两个能自行保持的稳定状态，用来表示逻辑状态 0 和 1，或二进制数 0 和 1。

第二，在不同输入信号的作用下，触发器可以被置成 1 状态或 0 状态。

触发器的种类很多，根据触发方式不同，可分为电位触发方式、主从触发方式及边沿触发方式；根据触发器的逻辑功能不同，可分为 RS 触发器、D 触发器、JK 触发器和 T 触发器等几种类型。

7.2.1 基本 RS 触发器

基本 RS 触发器是各种触发器中电路结构最简单的一种，也是构成各种功能触发器的基本单元。基本 RS 触发器由两个输入、输出交叉连接的与非门组成，如图 7.3(a)所示，图 7.3(b)是基本 RS 触发器的图形符号。图中，$\overline{R}_D$、$\overline{S}_D$ 为基本 RS 触发器的两个输入端，也称为触发端，低电平有效；Q、$\overline{Q}$ 为基本 RS 触发器的两个输出端，也称为状

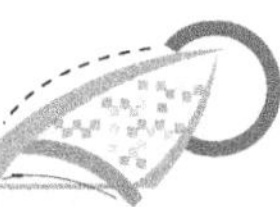

态端，在正常工作的情况下，Q 和 $\overline{Q}$ 总是处于互补的状态。通常定义 Q 端的状态为触发器的状态，当 $Q=1$，$\overline{Q}=0$ 时，称触发器处于 1 状态；当 $Q=0$，$\overline{Q}=1$ 时，称触发器处于 0 状态。

为了方便分析问题，定义触发器接收到输入信号之前的状态称为现态 Q^n；触发器接收到输入信号之后进入的状态称为次态 Q^{n+1}。

下面根据图 7.3 讨论基本 RS 触发器的工作原理。

(1) 当 $\overline{R}_D=0$，$\overline{S}_D=1$ 时，$Q=0$，$\overline{Q}=1$。即不论触发器原来处于何种状态，此时都将变成 0 状态，这种情况称将触发器置 0 或复位。$\overline{R}_D$ 端称为触发器的直接置 0 端或直接复位端。

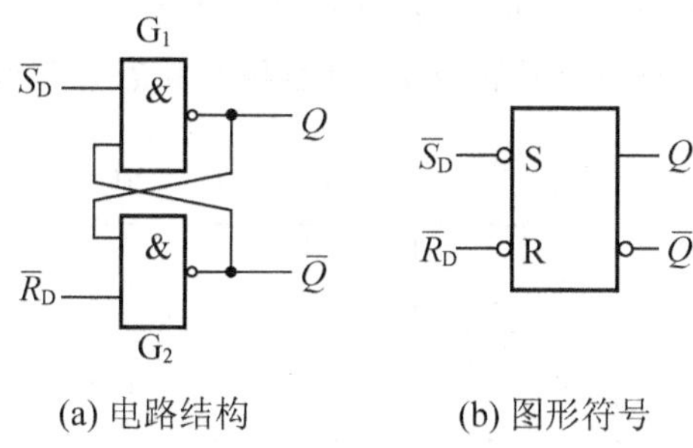

(a) 电路结构　　(b) 图形符号

图 7.3　与非门构成的基本 RS 触发器

(2) 当 $\overline{R}_D=1$，$\overline{S}_D=0$ 时，$Q=1$，$\overline{Q}=0$。即不论触发器原来处于什么状态，此时都将变成 1 状态，这种情况称将触发器置 1 或置位。$\overline{S}_D$ 端称为触发器的直接置 1 端或直接置位端。

(3) 当 $\overline{R}_D=1$，$\overline{S}_D=1$ 时，如触发器的初始状态为 0，即 $Q=0$，$\overline{Q}=1$，则由 $\overline{R}_D=1$，$Q=0$ 决定了 $\overline{Q}=1$；再由 $\overline{S}_D=1$，$\overline{Q}=1$ 决定了 $Q=0$，即触发器保持 0 状态不变。反之，若触发器的初始状态为 1，则触发器保持 1 状态不变。可见，当 $\overline{R}_D=1$，$\overline{S}_D=1$ 时，触发器保持原有状态不变，即原来的状态被触发器存储起来，这体现了触发器具有记忆能力。

(4) $\overline{R}_D=0$，$\overline{S}_D=0$ 时，$Q=\overline{Q}=1$，触发器既不是 0 状态，也不是 1 状态，破坏了触发器的互补输出关系。而且当 $\overline{R}_D$ 和 $\overline{S}_D$ 同时由 0 变为 1 时，由于两与非门的延迟时间不等，使触发器的次态不确定，这种情况是不允许的。

知识要点提醒

在正常工作的条件下，用 $\overline{R}_D+\overline{S}_D=1$ 来约束两个输入端，称为约束条件。

根据以上分析，可列出基本 RS 触发器的状态转换表，见表 7-1。

表 7-1　基本 RS 触发器的状态转换表

$\overline{R}_D$	$\overline{S}_D$	Q^n	Q^{n+1}	功能
0	0	0	×	不允许
0	0	1	×	

续表

$\overline{R}_D$	$\overline{S}_D$	Q^n	Q^{n+1}	功能
0 0	1 1	0 1	0 0	置 0
1 1	0 0	0 1	1 1	置 1
1 1	1 1	0 1	0 1	保持

由表 7－1 画出基本 RS 触发器的卡诺图如图 7.4 所示。通过对卡诺图化简，可得到式(7－4)，这就是基本 RS 触发器的特性方程(也称为状态方程或次态方程)。

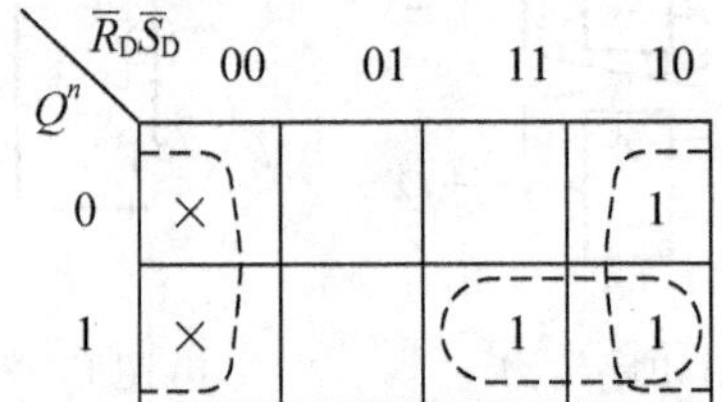

图 7.4　基本 RS 触发器 Q^{n+1} 的卡诺图

$$\left.\begin{aligned} &Q^{n+1}=S_D+\overline{R}_D Q^n \\ &\overline{R}_D+\overline{S}_D=1 \qquad \text{约束条件} \end{aligned}\right\} \tag{7-4}$$

式(7－4)中的约束条件表明 $\overline{R}_D$ 和 $\overline{S}_D$ 不能同时为 0。

触发器的逻辑功能还可以用状态图来进行描述，基本 RS 触发器的状态图如图 7.5 所示。图 7.5 中两个圆圈表示基本 RS 触发器的两种可能的状态，状态 0 和状态 1；箭头线表示触发器状态的转换方向，箭头线旁边标注的是状态转换的条件。

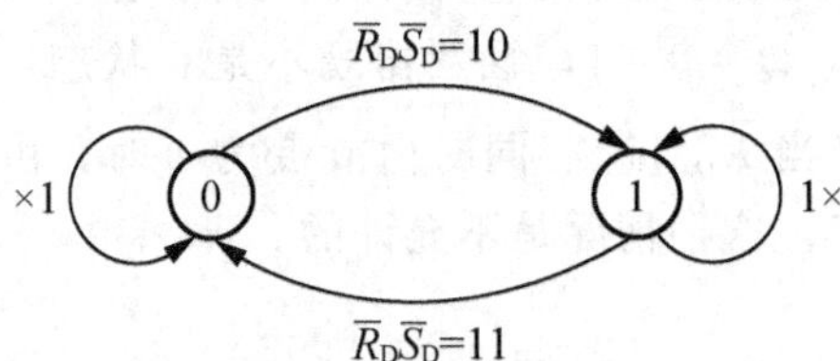

图 7.5　基本 RS 触发器的状态图

触发器的逻辑功能还可以用时序图进行描述，图 7.6 为图 7.3(a)所示的基本 RS 触发器的时序图。其中虚线表示不确定的状态。

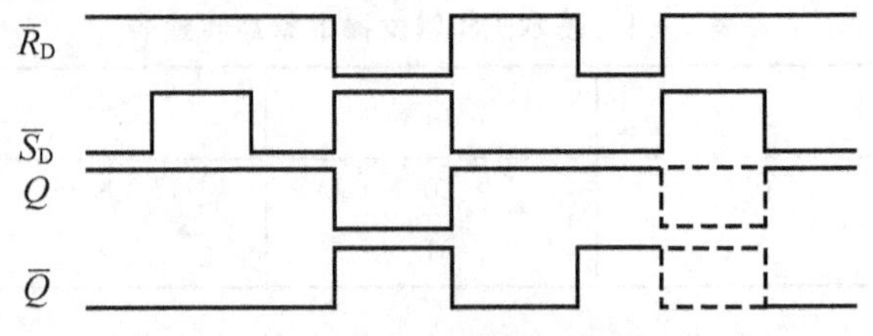

图 7.6　基本 RS 触发器的时序图

知识要点提醒

基本 RS 触发器也可以由两个输入、输出交叉连接的或非门组成，其逻辑功能和动作特点与与非门构成的基本 RS 触发器相同，正常工作时同样应当遵守 $S_D R_D=0$ 的约束条件。

7.2.2 同步 *RS* 触发器

由前面的分析可知，基本 *RS* 触发器的输出状态直接由输入信号控制，如果没有外加触发信号作用，基本 *RS* 触发器将保持原有状态不变，即具有记忆能力。在外加触发信号作用下，基本 *RS* 触发器输出状态才可能发生变化。因此基本 *RS* 触发器也被称为直接—置位触发器。直接一置位触发器不仅抗干扰能力差，而且不能实现多个触发器的同步工作。

在数字系统中，常常要求某些触发器同步工作，因此需要在触发器中引入同步信号，使触发器在同步信号到达时，才按触发信号改变状态；无同步信号时，触发器保持原状态不变。通常在触发器中增加一个时钟控制端 *CP*，用时钟脉冲作为同步信号，这种受时钟脉冲控制的触发器称为同步触发器或钟控触发器。

同步 *RS* 触发器是在基本 RS 触发器的基础上增加两个控制门 G_3、G_4 和一个时钟控制端 *CP* 构成的，如图 7.7(a)所示。图 7.7(b)所示为同步 *RS* 触发器的图形符号。下面分析其工作原理。

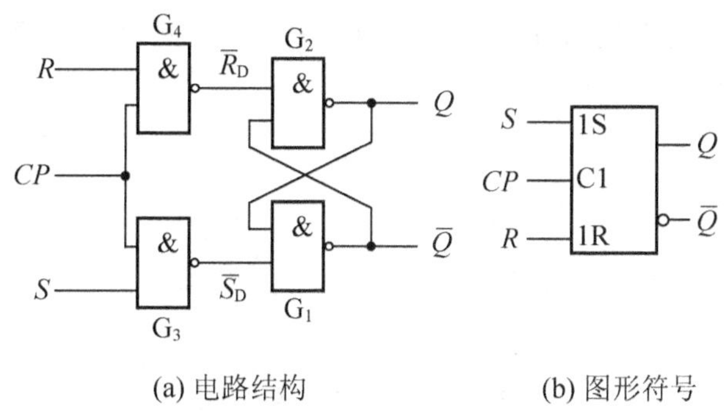

(a) 电路结构　　(b) 图形符号

图 7.7 同步 *RS* 触发器

当 $CP=0$ 时，G_3 和 G_4 门被封闭，则 $\overline{R}_D=1$，$\overline{S}_D=1$，触发器保持原来的状态不变。

当 $CP=1$ 时，G_3 和 G_4 门被打开，*S*、*R* 信号才能通过 G_3、G_4 门加到由 G_1、G_2 门组成的基本 *RS* 触发器上，“触发”同步 *RS* 触发器状态发生变化，其输出状态取决于 *R* 和 *S* 的值，此时 $\overline{R}_D=\overline{R}$，$\overline{S}_D=\overline{S}$。因此，当 $CP=1$ 时，同步 *RS* 触发器的状态变化与基本 *RS* 触发器相同。

根据以上分析结果，可列出同步 *RS* 触发器的状态转换表，见表 7-2。

由表 7-2 可画出图 7.7 所示同步 *RS* 触发器在 $CP=1$ 时的卡诺图，如图 7.8 所示。通过化简，可得到同步 RS 触发器的特性方程式(7-5)。

$$\left.\begin{aligned} &Q^{n+1}=S+\overline{R}Q^n \\ &RS=0 \qquad \text{约束条件} \end{aligned}\right\} \tag{7-5}$$

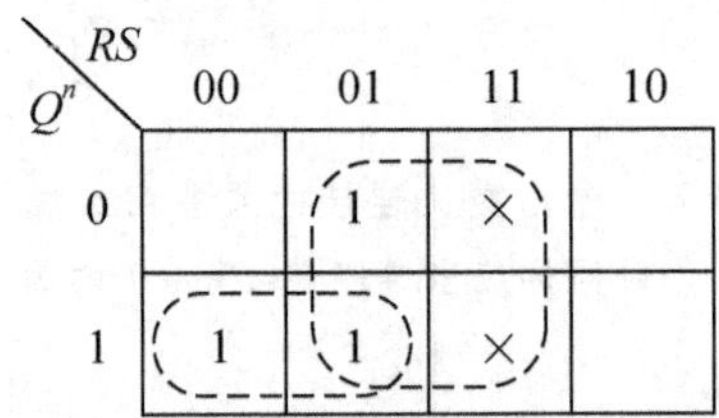

图 7.8　同步 RS 触发器 Q^{n+1} 的卡诺图

表 7-2　同步 RS 触发器的状态转换表

CP	R	S	Q^n	Q^{n+1}	功能
0	×	×	×	Q^n	保持
1	0	0	0	0	保持
1	0	0	1	1	
1	0	1	0	1	置 1
1	0	1	1	1	
1	1	0	0	0	置 0
1	1	0	1	0	
1	1	1	0	×	不允许
1	1	1	1	×	

由表 7-2 还可以画出同步 RS 触发器在 $CP=1$ 期间的状态图和时序图，分别如图 7.9、图 7.10 所示。

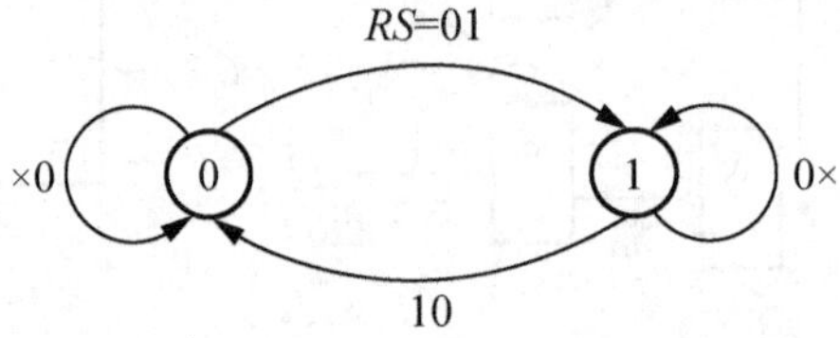

图 7.9　同步 RS 触发器的状态图

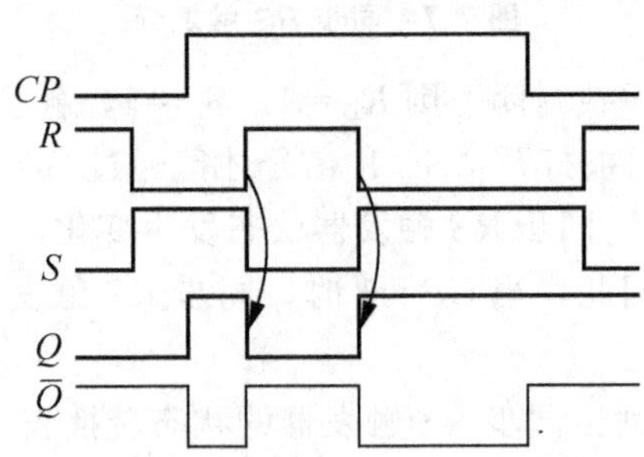

图 7.10　同步 RS 触发器的时序图

在 $CP=1$ 期间，同步 RS 触发器的状态可以发生改变，与 R、S 端的值有关。如 R、S 端的值发生多次变化，其状态也会发生多次变化，如图 7.10 所示。把在一个 CP 周期内触发器发生 2 次及 2 次以上翻转的现象称为空翻。这种现象在触发器的实际应用中是不允许的，为了避免空翻，必须对同步触发器的结构进行改进。

知识要点提醒

同步触发器还包括同步 D 触发器、同步 JK 触发器、同步 T 触发器等各种逻辑功能的触发其器。

7.2.3 主从型 JK 触发器

为了克服触发器的空翻现象，提高触发器工作的可靠性，使触发器在每个 CP 周期内状态只改变一次，在同步 RS 触发器的基础上设计了主从型的触发器。主从型触发器的功能类型较多，这里只针对主从型 JK 触发器进行介绍。

主从型 JK 触发器的电路结构如图 7.11(a)所示，由两个相同的同步 RS 触发器组成，它们的时钟信号存在互补关系。其中由与非门 G_1、G_2、G_3、G_4 组成的同步 RS 触发器称为从触发器，由与非门 G_5、G_6、G_7、G_8 组成的同步 RS 触发器称为主触发器。主从触发器的输出信号 Q、$\overline{Q}$ 作为一对附加控制信号接回到输入端。图 7.11(b)是主从 JK 触发器的图形符号，其中的"¬"符号表示"延迟输出"，即当时钟 CP 返回 0 状态以后，电路的输出状态才发生改变。

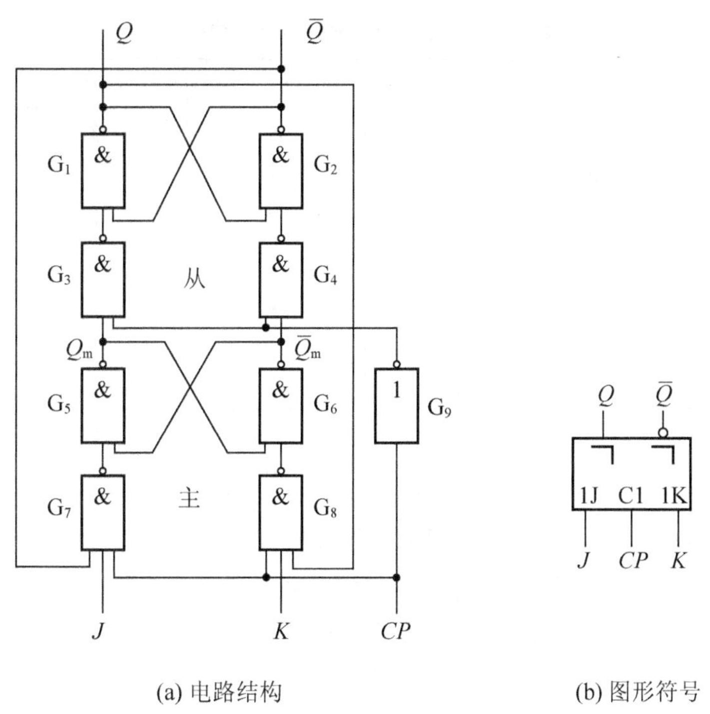

(a) 电路结构　　(b) 图形符号

图 7.11 主从型 JK 触发器

当 $J=K=0$ 时，由于门 G_7、G_8 被封锁，触发器保持原来的状态不变，即 $Q^{n+1}=Q^n$。

当 $J=0$，$K=1$ 时，则 $CP=1$ 时主触发器被置成 0，待 CP 回到 0 以后，从触发器也随之置成 0，即 $Q^{n+1}=0$。

当 $J=1$，$K=0$ 时，则 $CP=1$ 时主触发器被置成 1，待 CP 回到 0 以后，从触发器也随之置成 1，即 $Q^{n+1}=1$。

当 $J=K=1$ 时，需要考虑两种情况：第一种情况是 $Q^n=0$，这时 G_8 门被封锁，$CP=1$ 时，G_7 输出为低电平，主触发器被置成 1，待 CP 回到 0 以后，从触发器也随之置成 1，即 $Q^{n+1}=1$；第二种情况是 $Q^n=1$，这时 G_7 门被 $\overline{Q}$ 端输出的低电平封锁，$CP=1$ 时，G_8 输出低电平，主触发器被置成 0，待 CP 回到 0 以后，从触发器也随之置成 0，即 $Q^{n+1}=0$。

综合以上两种情况可知，当 $J=K=1$ 时，则有 $Q^{n+1}=\overline{Q^n}$。也就是说 $J=K=1$ 时，CP 下降沿到达后触发器将改变为与初态相反的状态。

通过以上分析可知，主从 JK 触发器工作过程分为以下两步。

(1) 当 $CP=1$ 时，主触发器接收输入信号，从触发器被封锁而状态保持不变；

(2) 当 CP 由“1”变“0”时，主触发器被封锁，从触发器接收主触发器的状态，触发器的状态发生相应变化，$CP=0$ 期间，触发器状态保持。

根据以上分析结果，可列出主从 JK 触发器的状态转换表，见表 7-3。表 7-3 中 CP 栏中“⎍↓”符号表示 CP 高电平有效的脉冲触发特性，输出状态的变化发生在 CP 的下降沿。

表 7-3 主从 JK 触发器的状态转换表

CP	J	K	Q^n	Q^{n+1}	功能
×	×	×	×	Q^n	保持
⎍↓	0	0	0	0	保持
⎍↓	0	0	1	1	
⎍↓	0	1	0	0	置 0
⎍↓	0	1	1	0	
⎍↓	1	0	0	1	置 1
⎍↓	1	0	1	1	
⎍↓	1	1	0	1	翻转
⎍↓	1	1	1	0	

根据表 7-3 可得到主从 JK 触发器的特性方程为

$$Q^{n+1}=J\overline{Q^n}+\overline{K}Q^n \tag{7-6}$$

根据表 7-3 还可以得到主从 JK 触发器的状态图，如图 7.12 所示。

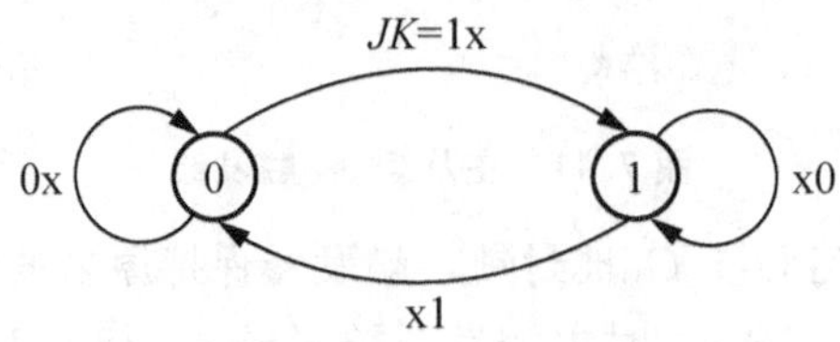

图 7.12 主从 JK 触发器的状态图

根据表 7－3 还可以得到主从 JK 触发器在初态 $Q^n=0$ 条件下的时序图如图 7.13 所示。

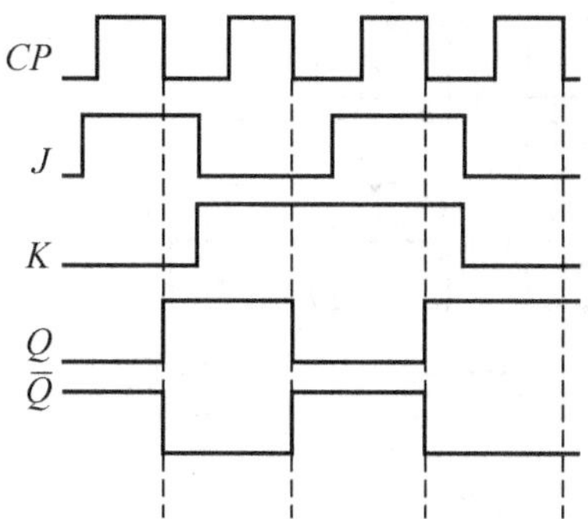

图 7.13　主从 JK 触发器的时序图

主从 JK 触发虽然解决了同步 RS 触发器的约束条件和空翻现象，但在个别输入状态下仍然存在着一次翻转现象。所谓一次翻转现象，是指在 $CP=1$ 期间，主触发器接收到输入触发信号，其状态翻转后，主触发器状态就一直保持不变，不再随着触发信号 J、K 的变化而变化。因此要求在 $CP=1$ 期间要保持 J、K 的输入状态不变，否则由于一次翻转现象仍会造成误动作，而边沿触发器可以解决这个问题。

7.2.4　边沿型 D 触发器及 JK 触发器

同时具备以下条件的触发器称为边沿触发器：一是触发器仅在 CP 脉冲的上升沿或下降沿到来时，才接收输入信号，状态才能发生改变；二是在 $CP=0$ 或 $CP=1$ 期间，输入信号的变化不会引起触发器输出状态变化。因此，边沿触发器不仅克服了空翻现象，还大大提高了抗干扰能力。

边沿触发方式的触发器有两种类型：一种是维持—阻塞式触发器，它是利用直流反馈来维持翻转后的新状态，阻塞触发器在同一时钟内再次产生翻转；另一种是边沿触发器，它是利用触发器内部逻辑门之间延迟时间的不同，使触发器只在约定时钟跳变时才接收输入信号。

1. 维持—阻塞式 D 触发器

维持—阻塞式 D 触发器的电路结构如图 7.14(a)所示，它是在同步 RS 触发器(由 G_1、G_2、G_3、G_4构成)的基础上，增加了两个与非门 G_5、G_6和 4 根直流反馈线组成的。图形符号如图 7.14(b)所示。

在图 7.14 中，$\overline{R}_D$、$\overline{S}_D$ 为直接置“0”、置“1”端，低电平有效。其操作不受 CP 控制，因此也称异步置“0”、置“1”端。当$\overline{R}_D=0$，$\overline{S}_D=1$ 时，G_2门、G_3门、G_6门锁定，使 $\overline{Q}=1$，G_3门输出为 1，故 $Q=0$，此时，无论 CP 和输入信号处于何种状态都能保证触发器可靠置 0。同理，当$\overline{R}_D=1$，$\overline{S}_D=0$ 时，无论 CP 和输入信号处于何种状态都能保证触发器可靠置 1。

当$\overline{R}_D=\overline{S}_D=1$ 时，触发器状态才可能随 CP 和输入信号的变化而改变。工作原理分析如下所示。

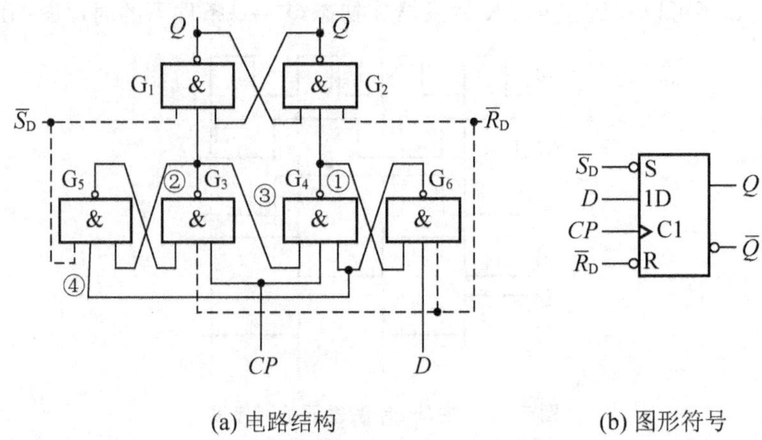

(a) 电路结构　　　　(b) 图形符号

图 7.14　维持—阻塞式 D 触发器

当 $CP=0$ 时，G_3 和 G_4 门被封锁，输出为 1，触发器状态维持不变，$Q^{n+1}=Q^n$。此时，G_5 和 G_6 门被打开，G_5 门输出等于 D，G_6 门输出等于 $\overline{D}$。

当 CP 由 0 变为 1 时，G_3 门输出等于 $\overline{D}$，G_4 门输出等于 D，代入式(7-4)基本 RS 触发器的特性方程组中，便可得到维持—阻塞式 D 触发器的特性方程为

$$Q^{n+1}=D+DQ^n=D \tag{7-7}$$

即触发器的输出状态由 CP 上升沿到达前瞬间的输入信号 D 来决定，且不存在约束条件。

当 $CP=1$ 时，若输入信号 D 发生了变化，由于 G_4 门输出 D 变化之前的值，故 G_6 门输出为 1，使得 G_3、G_5 形成正反馈回路，维持 G_3 门和 G_4 门的输出不变，所以触发器的状态不受输入端 D 的影响。

设 CP 上升沿到达前 $D=0$，由于 $CP=0$，则 G_3、G_4 门输出为 1，使 G_5 门输出为 0，G_6 门输出为 1，当 CP 上升沿到达后，G_3 门输出为 1，G_4 门输出为 0，使 $Q^{n+1}=0$。如果此时 D 由 0 变为 1，由于反馈线①将 G_4 门的输出 0 反馈到 G_6 门，使 G_6 门被封锁，D 信号变化不会引起触发器状态变化，即维持原来的 $Q^{n+1}=0$ 状态，因此反馈线①称为置 0 维持线。G_4 门输出为 0 和 $D=0$ 经 G_6 门后，再经连线④使 G_5 输出保持为 0，G_3 门被封锁，使 G_3 门输出为 1，这样触发器不会再翻向 1 状态，故④线称为置 1 阻塞线。

同理，若 CP 上升沿到达前 $D=1$，由于 $CP=0$，则 G_3、G_4 门输出为 1，使 G_5 门输出为 1，G_6 门输出为 0，当 CP 上升沿到达后，G_3 门输出为 0，G_4 门输出为 1，使 $Q^{n+1}=1$。如果此时 D 由 1 变为 0，反馈线②将 G_3 门输出门 0 信号反馈到 G_5 门，使 G_5 门输出为 1，G_3 门输出为 0，即维持原来 $Q^{n+1}=1$ 状态，反馈线②称为置 1 维持线。同时 G_3 门输出 0 经反馈线③送至 G_4 门，将 G_4 门封锁，使 G_4 门输出保持为 1，这样触发器不会再翻向 0 状态，故③线称为置 0 阻塞线。

综上所述，维持—阻塞式 D 触发器在 CP 上升沿到达前接受输入信号，上升沿到达时刻触发器翻转，上升沿以后输入被封锁。可见维持—阻塞式 D 触发器具有边沿触发的功能，不仅有效避免空翻现象，同时克服了一次空翻现象。图 7.14(b)所示符号中，“>”是动态输入符号，表示上升沿触发，若下降沿触发再加一个小圆圈。这种结构的 D 触发器简称为边沿 D 触发器。

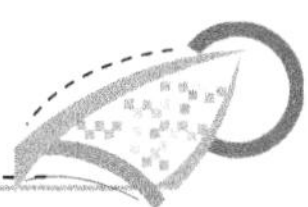

维持—阻塞式 D 触发器的状态转换表见表 7-4，状态图如图 7.15 所示。

表 7-4　维持—阻塞式 D 触发器的状态转换表

CP	$\overline{R}_D$	$\overline{S}_D$	D	Q^{n+1}	功能
×	0	1	×	0	异步置 0
×	1	0	×	1	异步置 1
0	1	1	×	Q^n	保持
↑	1	1	0	0	同步置 0
↑	1	1	1	1	同步置 1

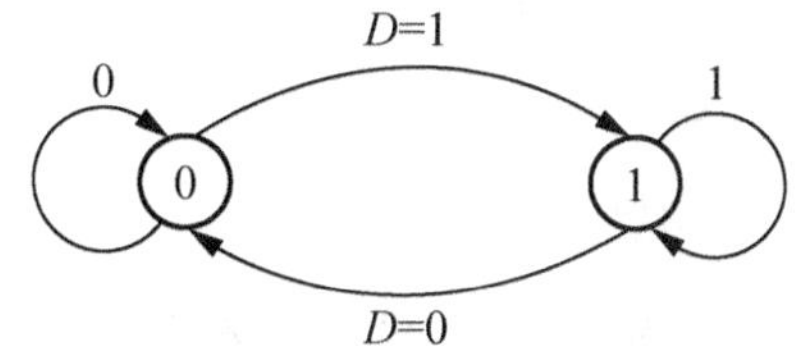

图 7.15　维持—阻塞式 D 触发器的状态图

根据表 7-3 还可以得到维持—阻塞式 D 触发器在初态 $Q^n=0$ 条件下的时序图，如图 7.16 所示。

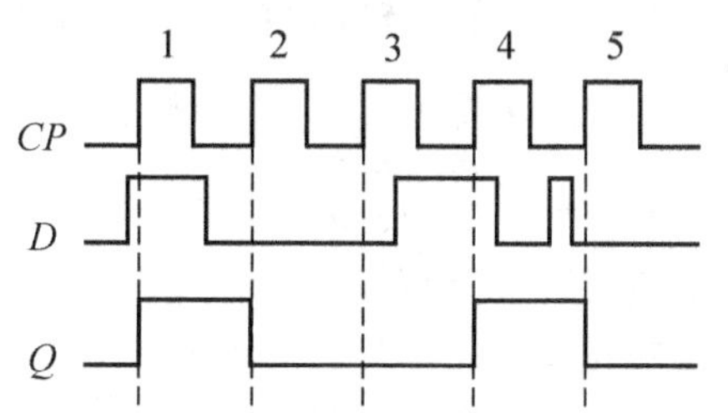

图 7.16　维持—阻塞式 D 触发器的时序图

2. 边沿 JK 触发器

利用门传输时间实现的边沿 JK 触发器的电路结构图和图形符号如图 7.17 所示，JK 触发器的逻辑功能是依靠与非门 G_7、G_8 的延时实现的。

在图 7.17 中，$\overline{R}_D$、$\overline{S}_D$ 为直接置“0”、置“1”端，低电平有效。

当 $\overline{R}_D=\overline{S}_D=1$ 时，触发器状态才可能随 CP 和输入信号 J、K 的变化而改变。工作原理分析如下所示。

当 $CP=0$ 时，G_7 和 G_8 门输出为 1，G_2 和 G_6 门输出为 0，若初态 $Q=1$，$\overline{Q}=0$，则 G_5 输出为 0，同时 G_3 输出为 0，G_1 输出为 1，触发器的状态没有改变。若初态 $Q=0$，$\overline{Q}=1$，触发器的状态仍不会改变。因此，在 $CP=0$ 时，触发器保持原状态不变，即 $Q^{n+1}=Q^n$。

在 CP 由 0 变化到 1 时刻，触发器的状态仍保持不变。

当 $CP=1$ 时，若初态 $Q=0$，$\overline{Q}=1$，则 G_5 和 G_6 门的输出为 0，G_4 输出为 1，反馈到

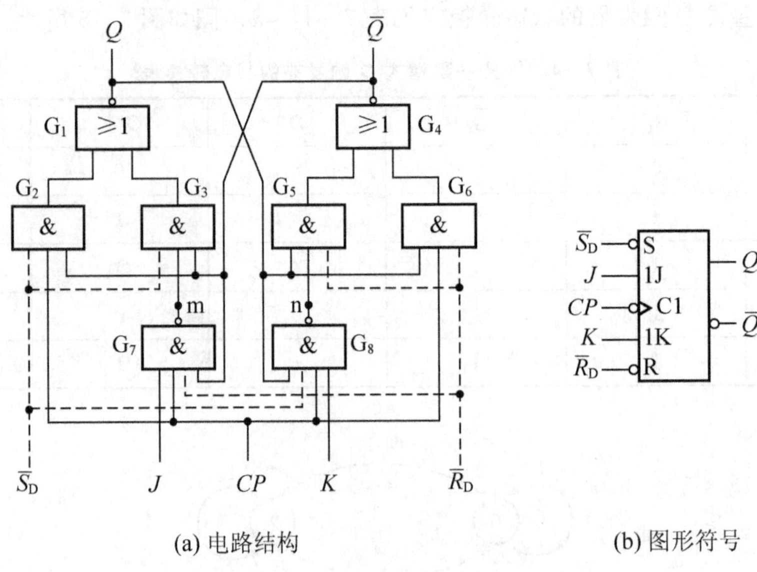

(a) 电路结构　　　　(b) 图形符号

图 7.17　边沿 JK 触发器

G_2门，则G_2门输出为 1，从而G_1门输出为 0，即触发器状态保持；若初态$Q=1$，$\overline{Q}=0$，同样处于保持状态。因此，在$CP=1$时，触发器保持原状态不变，即$Q^{n+1}=Q^n$。

在CP由 1 变化到 0 时刻，门G_7、G_8的传输延迟时间比基本触发器的延迟时间长。时钟信号的下降沿首先封锁G_2和G_6门，使其输出为 0，而由于G_7、G_8门瞬时的延时，G_7门的输出$m=\overline{J\overline{Q^n}}$、$G_8$门的输出$n=\overline{KQ^n}$将被$G_3$、$G_5$门接受，因此电路的输出为

$$Q^{n+1}=\overline{\overline{J\overline{Q^n}}\;\overline{\overline{KQ^n}Q^n}}=J\overline{Q^n}+\overline{K}Q^n \tag{7-8}$$

式(7-8)为边沿JK触发器的特性方程。可见，电路实现了JK触发器的功能。

通过以上分析，实现JK触发器的边沿触发是利用电路的传输延迟时间达到的，触发器的次态仅仅取决于CP下降沿到达时的输入状态，下降沿到达时刻触发器翻转，下降沿以后输入被封锁，可见边沿JK触发器具有边沿触发的功能。这一特点提高了抗干扰能力和工作可靠性。

边沿JK触发器的状态转换表见表 7-5，状态图与主从JK触发器的状态图完全相同。

表 7-5　边沿 JK 触发器的状态转换表

CP	R_D	$\overline{S}_D$	J	K	Q^{n+1}	功能
×	0	1	×	×	0	异步置 0
×	1	0	×	×	1	异步置 1
0	1	1	×	×	Q^n	保持
↓	1	1	0	0	Q^n	保持
↓	1	1	0	1	0	置 0
↓	1	1	1	0	1	置 1
↓	1	1	1	1	$\overline{Q^n}$	翻转

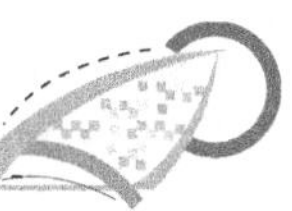

根据表 7-5 可以得到边沿 JK 触发器在初态 $Q^n=0$ 条件下的时序图，如图 7.18 所示。将 JK 触发器的 J、K 两端连在一起，定义为 T 端，则构成 T 触发器。

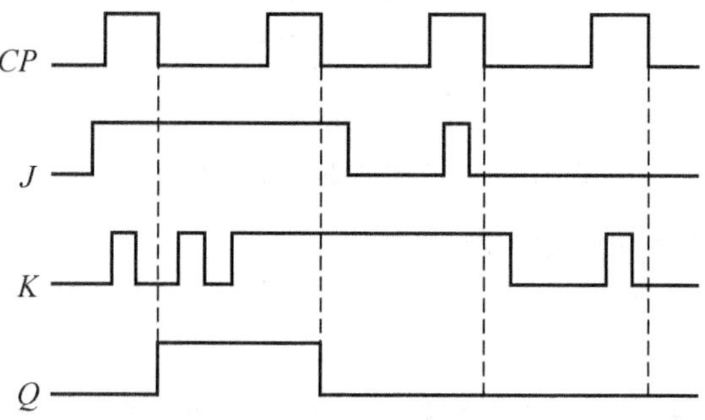

图 7.18 边沿 JK 触发器的时序图

知识要点提醒

对于存在直接置 0 端和直接置 1 端的触发器，由于 $\overline{R}_D=0$，$\overline{S}_D=0$ 时，触发器的 $Q=1$，$\overline{Q}=1$，破坏了输出的互补特性，将导致输出状态的不确定，因此，在实际工作中应避免 $\overline{R}_D$ 和 $\overline{S}_D$ 同时为低电平的情况。

7.2.5 不同类型触发器之间的转换

在实际应用中，经常需要用已有的触发器来构造其他具有特定功能的触发器，这就是不同类型触发器之间的转换问题。转换的一般方法是：先比较已有触发器和待求触发器的特性方程，求出转换电路的逻辑函数表达式，再根据转换逻辑画出逻辑电路图。

1. 将 JK 触发器转换成 RS、D 触发器

JK 触发器的特性方程为

$$Q^{n+1}=J\overline{Q^n}+\overline{K}Q^n$$

1）将 JK 触发器转换为 RS 触发器

RS 触发器的特性方程为

$$\begin{cases}Q^{n+1}=S+\overline{R}Q^n\\ RS=0\end{cases}$$

为了将 JK 触发器转换成 RS 触发器，需将 RS 触发器特性方程进行相应的变换，使之形式与 JK 触发器的特性方程相同。

$$Q^{n+1}=S+\overline{R}Q^n=S(Q^n+\overline{Q^n})+\overline{R}Q^n=S\overline{Q^n}+\overline{\overline{S}R}Q^n \tag{7-9}$$

将式(7-9)与 JK 触发器的特性方程进行比较，可得

$$J=S,\ K=R\overline{S} \tag{7-10}$$

将 RS 触发器的约束条件 $RS=0$ 代入式(7-10)得

$$\left.\begin{aligned}&J=S\\&K=R\overline{S}+RS=R(S+\overline{S})=R\end{aligned}\right\} \tag{7-11}$$

根据式(7－11)可以作出 JK 触发器转换为 RS 触发器的逻辑电路，如图 7.19 所示。

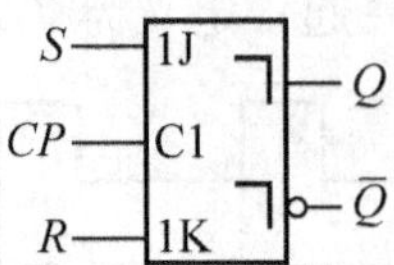

图 7.19　JK 触发器转换成 RS 触发

2）将 JK 触发器转换为 D 触发器

D 触发器的特征方程为

$$Q^{n+1}=D$$

将 D 触发器特性方程变换为 JK 触发器的特性方程形式

$$Q^{n+1}=D=D(Q^n+\overline{Q^n})=DQ^n+D\overline{Q^n} \tag{7-12}$$

式(7－12)与 JK 触发器的特性方程比较可得

$$J=D,\ K=\overline{D} \tag{7-13}$$

根据式(7－13)可以作出 JK 触发器转换为 D 触发器的逻辑电路，如图 7.20 所示。

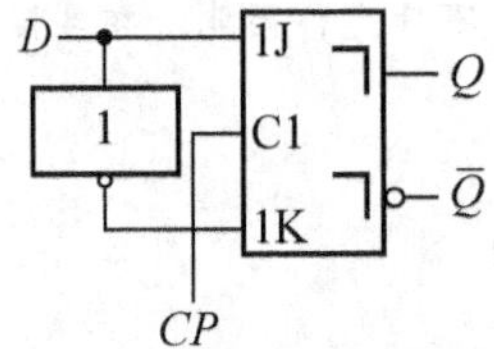

图 7.20　JK 触发器转换成 D 触发器

2. 将 D 触发器转换成 RS、JK 触发器

D 触发器的特性方程为

$$Q^{n+1}=D$$

1）将 D 触发器转换成 RS 触发器

RS 触发器的特性方程为

$$\begin{cases}Q^{n+1}=S+\overline{R}Q^n\\RS=0\end{cases}$$

将 RS 触发器特性方程变换，并与 D 触发器特性方程比较得

$$D=S+\overline{R}Q^n \tag{7-14}$$

根据式(7－14)可以作出 D 触发器转换为 RS 触发器的逻辑电路，如图 7.21 所示。

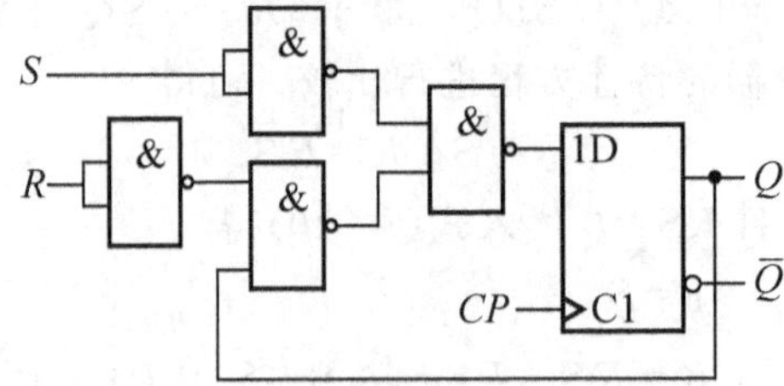

图 7.21　D 触发器转换成 RS 触发器

2）将 D 触发器转换成 JK 触发器

JK 触发器的特性方程为

$$Q^{n+1}=J\overline{Q^n}+\overline{K}Q^n$$

进行相应变换并与 D 触发器特性方程比较得

$$D=J\overline{Q^n}+\overline{K}Q^n \tag{7-15}$$

根据式(7-15)可以作出 D 触发器转换为 RS 触发器的逻辑电路，如图 7.22 所示。

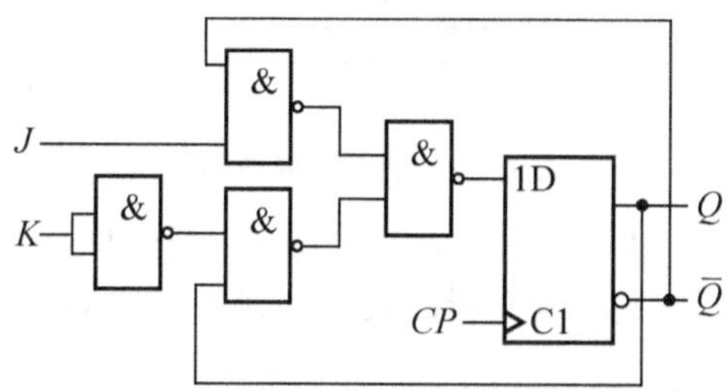

图 7.22　D 触发器转换成 JK 触发器

7.3　同步时序电路的分析

7.3.1　同步时序电路的分析方法

所谓同步时序电路的分析，就是指出给定同步时序电路的逻辑功能。其关键是找出同步时序电路在输入信号及时钟信号作用下，电路的状态及输出的变化规律。

同步时序电路的分析过程一般可归纳为如下几个步骤。

(1) 根据给定的时序电路，列出时序电路的输出方程和各触发器的驱动方程。

(2) 将驱动方程代入触发器的特性方程，求出时序电路的状态方程。

(3) 根据状态方程和输出方程列出时序电路的状态转换表。

(4) 根据状态转换表列出状态表，画出状态图或时序图。

(5) 说明时序电路的逻辑功能。

7.3.2　同步时序电路的分析举例

【例 7.1】 分析图 7.23 所示电路的逻辑功能。

解： 由图 7.23 可知，该电路由门电路和触发器组成，且两个触发器受同一时钟脉冲控制，故该电路是一个同步时序电路。电路的外部输入为 x；外部输出为 Y。

(1) 列出同步时序电路的输出方程和驱动方程。

$$Y=xQ_1$$

$$\begin{cases}J_1=xQ_2,\ K_1=\overline{x}\\J_2=x\overline{Q_1},\ K_2=1\end{cases}$$

(2) 将驱动方程式代入触发器的特性方程，求出时序电路的状态方程。

$$Q_1^{n+1}=J_1\overline{Q_1}+\overline{K_1}Q_1=xQ_2\overline{Q_1}+xQ_1$$

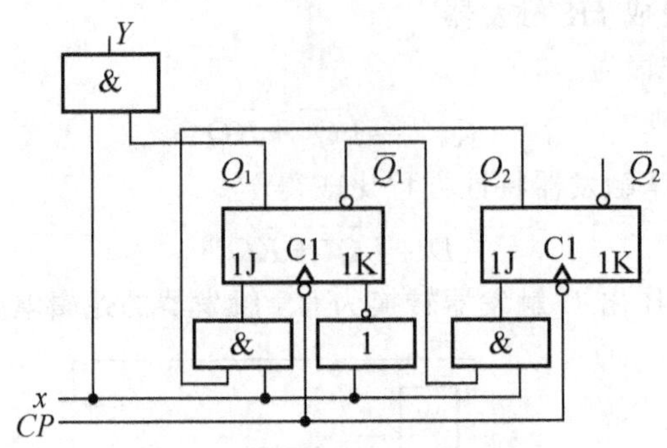

图 7.23 例 7.1 的电路图

$$Q_2^{n+1}=J_2\overline{Q_2}+\overline{K_2}Q_2=x\overline{Q_1}\,\overline{Q_2}$$

以上各式中的 Q_2、Q_1 均表示触发器的现态，即为 Q_2^n、Q_1^n，为简化书写，略去了右上角的 n。

(3) 根据状态方程和输出方程列出时序电路的状态转换表，见表 7-6。

表 7-6 例 7.1 的状态转换表

输入	现态		次态		输出
x	Q_2	Q_1	Q_2^{n+1}	Q_1^{n+1}	Y
0	0	0	0	0	0
0	0	1	0	0	0
0	1	0	0	0	0
0	1	1	0	0	0
1	0	0	1	0	0
1	0	1	0	1	1
1	1	0	0	1	0
1	1	1	0	1	1

(4) 根据状态转换表列出状态表，画出状态图。

电路的状态表见表 7-7，表中的第一行为该时序电路外部输入 x 的两种可能取值，表中第一列 S 为该时序电路 4 种现态，即设 $S_0=00$，$S_1=01$，$S_2=10$，$S_3=11$。表的中间部分表示在相应的外部输入 x 和现态 S 下，在 CP 脉冲的作用下建立的次态 S^{n+1} 和外部输出 Y。

表 7-7 例 7.1 的状态表

S \ x	0	1
S_0	S_0，0	S_2，0
S_1	S_0，0	S_1，1
S_2	S_0，0	S_1，0
S_3	S_0，0	S_1，1

S^{n+1}，Y

为了更清楚地表示出状态的变化规律，还可以根据状态表画出状态图，如图 7.24 所示。表中箭头线的旁注表示“外部输入 x/外部输出 Y”。

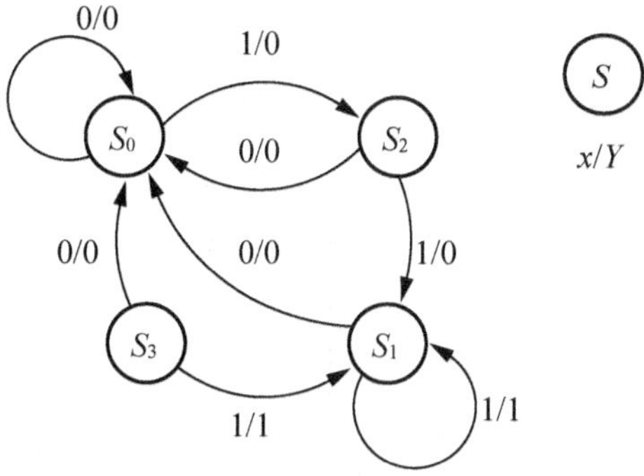

图 7.24 例 7.1 的状态图

(5) 说明同步时序电路的逻辑功能。

由图 7.24 的状态图可见，只要外部输入 0，电路就回到原始状态(S_0状态)，只要在连续输入 3 个 1 后，电路才输出一个 1。故该电路是 111 序列检测器，图中状态 11(S_3状态)是多余状态。

【例 7.2】 分析图 7.25 所示电路的逻辑功能。

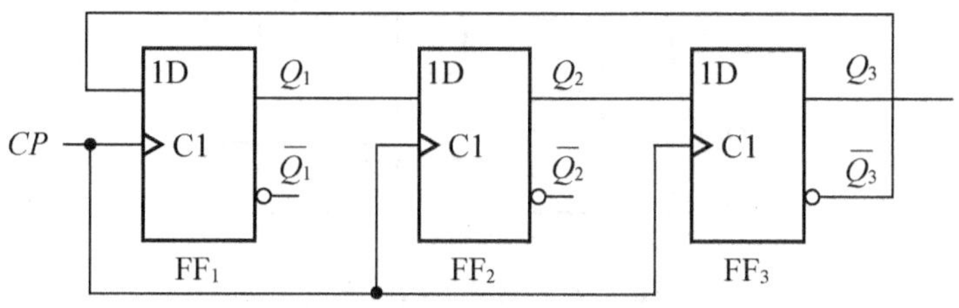

图 7.25 例 7.2 时序电路

解： 该电路中所有的触发器受同一时钟脉冲控制，故为同步时序电路。电路没有外部输入和外部输出。

(1) 电路的驱动方程为

$$D_3=Q_2$$

$$D_2=Q_1$$

$$D_1=\overline{Q}_3$$

(2) 将驱动方程代入触发器的特性方程，得到状态方程为

$$Q_3^{n+1}=D_3=Q_2$$

$$Q_2^{n+1}=D_2=Q_1$$

$$Q_1^{n+1}=D_1=\overline{Q}_3$$

(3) 根据状态方程列出状态转换表，见表 7 - 8。

(4) 根据状态转换表画出状态图，如图 7.26 所示；时序图如图 7.27 所示。

表 7-8 例 7.2 的状态转换表

Q_3	Q_2	Q_1	Q_3^{n+1}	Q_2^{n+1}	Q_1^{n+1}
0	0	0	0	0	1
0	0	1	0	1	1
0	1	0	1	0	1
0	1	1	1	1	1
1	0	0	0	0	0
1	0	1	0	1	0
1	1	0	1	0	0
1	1	1	1	1	0

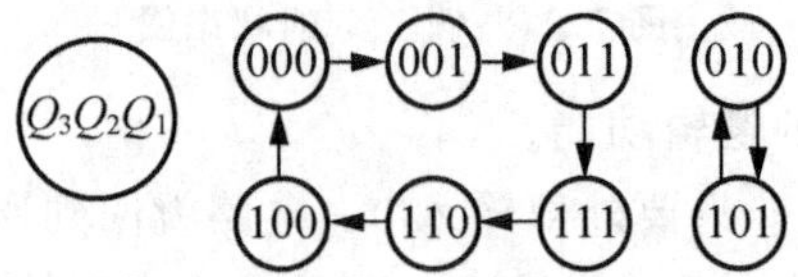

图 7.26 例 7.2 的状态图

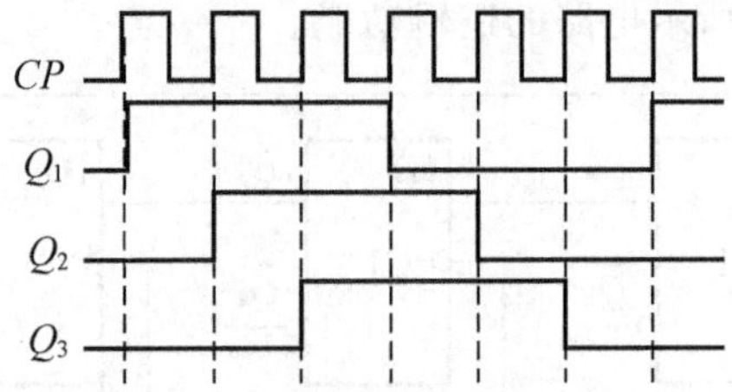

图 7.27 例 7.2 的时序图

(5) 由状态图可以看出，图中左侧的序列为格雷码计数序列，称为有效序列。若电路进入 $Q_3Q_2Q_1=010$ 或 $Q_3Q_2Q_1=101$ 状态时，电路进入一个无效的循环中，无法自动返回正常的计数序列，必须通过复位才能正常工作，这种情况称为电路无自启动能力。因此，该电路是一个不能自启动的六进制格雷码计数器。

【例 7.3】 分析图 7.28 所示电路的逻辑功能。

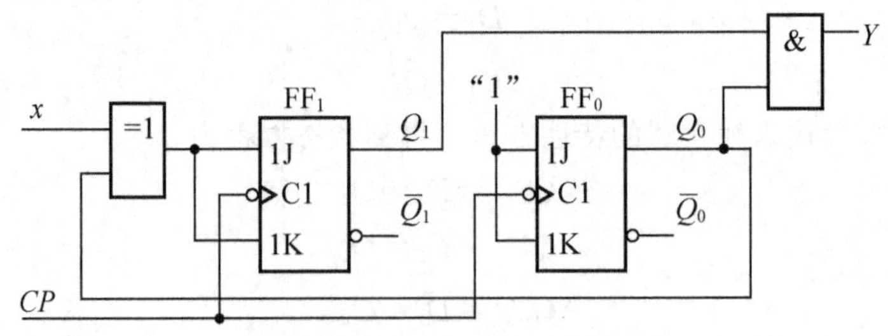

图 7.28 例 7.3 的电路图

解： 由图 7.28 可知，该电路由门电路和触发器组成，且两个触发器受同一时钟脉冲

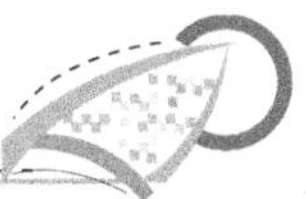

控制，故该电路是一个同步时序电路。电路的外部输入为 x；外部输出为 Y。

（1）列出电路的驱动方程和输出方程。

$$\begin{cases} J_1=K_1=x\oplus Q_0 \\ J_0=K_0=1 \end{cases}$$

$$Y=Q_1Q_0$$

（2）求出电路的状态方程。

$$\begin{cases} Q_1^{n+1}=J_1\overline{Q_1}+\overline{K_1}Q_1=(x\oplus Q_0)\overline{Q_1}+\overline{x\oplus Q_0}Q_1=x\oplus Q_0\oplus Q_1 \\ Q_0^{n+1}=J_0\overline{Q_0}+\overline{K_0}Q_0=\overline{Q_0} \end{cases}$$

（3）列出电路的状态转换表见表 7－9。设状态 $a=00$，$b=01$，$c=10$，$d=11$，得表 7－10 所示状态表。因输出只和现态有关，故单独一列列出，此表为摩尔型电路的状态表。

表 7－9 例 7.3 的状态转换表

输 入	现 态		次 态		输 出
x	Q_1	Q_0	Q_1^{n+1}	Q_0^{n+1}	Y
0	0	0	0	1	0
0	0	1	1	0	0
0	1	0	1	1	0
0	1	1	0	0	1
1	0	0	1	1	0
1	0	1	0	0	0
1	1	0	0	1	0
1	1	1	1	0	1

（4）画出状态图，如图 7.29 所示，时序图如图 7.30 所示。

（5）说明同步时序电路的逻辑功能

由状态图 7.29 可见，当外部输入 $x=0$ 时，状态按 00→01→10→11→00→…规律变化，实现模 4 加法计数器的功能；当 $x=1$ 时，状态按 00→11→10→01→00→…规律变化，实现模 4 减法计数器的功能。所以，该电路是一个同步模 4 可逆计数器。x 为加/减控制信号，Y 为进位、借位输出。

表 7－10 例 7.3 的状态表

S \ x	0	1	Y
a	b	d	0
b	c	a	0
c	d	b	0
d	a	c	1

（列 0、1 合称 S^{n+1}）

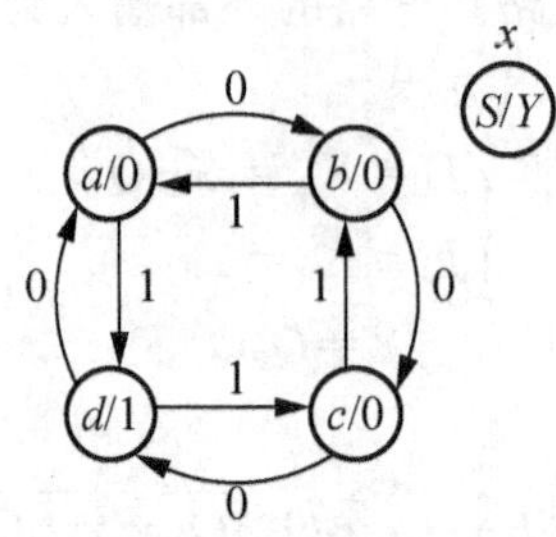

图 7.29　例 7.3 的状态图

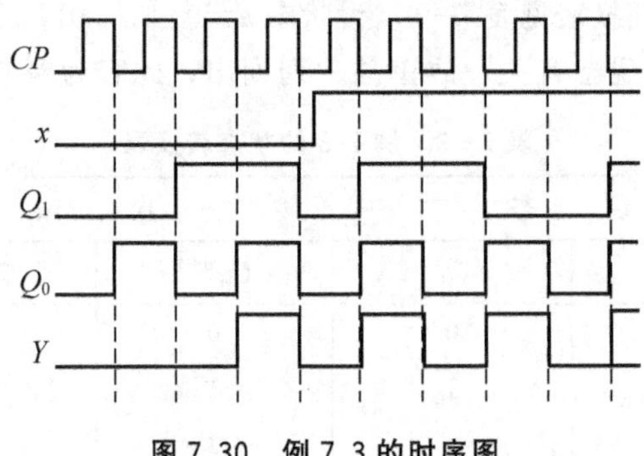

图 7.30　例 7.3 的时序图

知识要点提醒

在逻辑电路的分析过程中，首先应根据给定的逻辑电路，分析电路组成，从而判断属于哪种逻辑电路，进而采用正确的分析方法进行分析。在分析过程中也要根据电路的实际情况，合理选择各种逻辑功能的描述方法。

7.4　同步时序电路的设计

同步时序电路设计，就是根据给定的逻辑功能，设计出能够实现该逻辑功能的最简同步时序电路。

7.4.1　同步时序电路的设计方法

同步时序电路设计的一般步骤如下所示。

(1) 建立原始状态表或原始状态图。根据设计要求，确定输入变量、输出变量及电路应包含的状态数；并定义输入、输出逻辑状态和每个电路状态的含义，最后按照设计要求建立原始状态表或原始状态图。

(2) 原始状态化简。原始状态表(或图)中可能包含多余的状态，如果在原始状态表(或图)中出现这样两个状态：在相同的输入条件下转换到同一个次态并得到同样的输出，那么这两个状态就称作等价状态。显然等价状态是重复的，可以合并。合并等价状态，可以削去多余的状态，以便建立最简状态表。

(3) 状态编码。给最简状态表中的每一个状态指定1组二进制代码，也称为状态分配。

(4) 选择触发器类型，并根据编码后的状态转换表求出电路的状态方程、驱动方程和输出方程。

(5) 检查电路能否自启动。若所设计电路中存在无效状态，则必须检查设计电路能否自启动，如果不能自启动，则需修改设计。

(6) 画出逻辑电路图。

7.4.2　建立原始状态表

从文字描述的设计要求建立原始状态表是同步时序电路设计的第一步，是后面所有设计工作的基础。但迄今为止，还没有一个系统的方法可以遵循，主要依赖设计者的经验和对设计任务的理解。

建立原始状态表，实质上就是要确定电路应具备哪些状态及如何进行状态转换，进而得到设计者要求的输入输出时序关系。因此在建立原始状态表(或表)时，应关注的是正确性，尽可能不要遗漏任何一个状态，至于状态是否多余，此时不必注意。

直接构图法是常用的建立原始状态表的方法，它的基本做法是：根据文字描述的设计要求，先假定一个初态；从这个初态开始，每加入一个输入，就可以确定其次态(该次态可能是已有现态本身，也可能是已有的另一个状态，或者是一个新的状态)和输出。这个过程一直继续下去，直到每个现态向其次态的转换都被考虑到，且不再构成新的状态为止。

【例7.4】试列出一个逢5进1的可逆同步计数器的状态表。

解：逢5进1的计数器显然应具有5个状态，分别用A、B、C、D、E表示，用来记住所输入的计数脉冲个数。可逆计数器即可累加又可累减，故需要设定一个控制信号x，并假定$x=0$时进行累加计数，$x=1$时进行累减计数。

假定该计数器的初态为A，则在$x=0$时，输入一个计数脉冲，计数器的状态由$A\to B$，且输出为0；再输入一个计数脉冲，计数器的状态由$B\to C$，输出为0，……以此类推，当输入第5个计数脉冲后，计数器的状态由E态返回初态A，并使输出为1；当$x=1$时，计数器按上述相反方向改变状态，并在累减5个计数脉冲后，回到初态A。通过以上分析，可画出本例的状态图，如图7.31所示，并列出状态表，见表7-11。

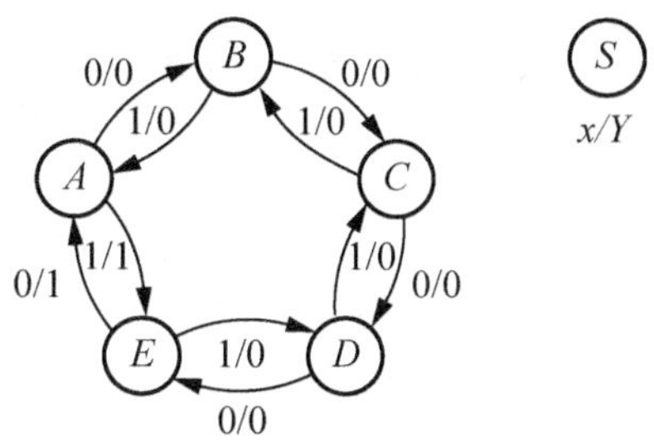

图7.31　例7.4的状态图

表 7-11　例 7.4 的状态表

S \ X	0	1
A	B，0	E，1
B	C，0	A，0
C	D，0	B，0
D	E，0	C，0
E	A，1	D，0

S^{n+1}，Y

【例 7.5】试列出 111 序列检测器的状态表。

解：根据设计要求，电路应有一个串行输入端 x，用来输入信号序列；一个串行输出端 Y，用来指示对 111 序列的检测结果。输入和输出之间的关系是连续输入 3 个 1 时，输出为 1，其余情况输出均为 0。则有

输入序列 x：0　1　1　1

输出序列 Y：0　0　0　1

对应状态 Q：A　B　C　D

设初态为 A，若第一个输入为 $x=0$，不属于要检测的序列，电路停留在状态 A 上；若 $x=1$，电路从状态 A 转入状态 B。在状态 B 下，若 $x=0$，电路返回状态 A；若 $x=1$，电路从状态 B 转入状态 C。在状态 C 下，若 $x=0$，电路返回状态 A；若 $x=1$，电路从状态 C 转入状态 D。在 D 状态下，若 $x=0$，电路返回状态 A；若 $x=1$，电路状态停留在状态 D。根据分析结果可画出状态图，如图 7.32 所示，由状态图可作出状态表，见表 7-12。

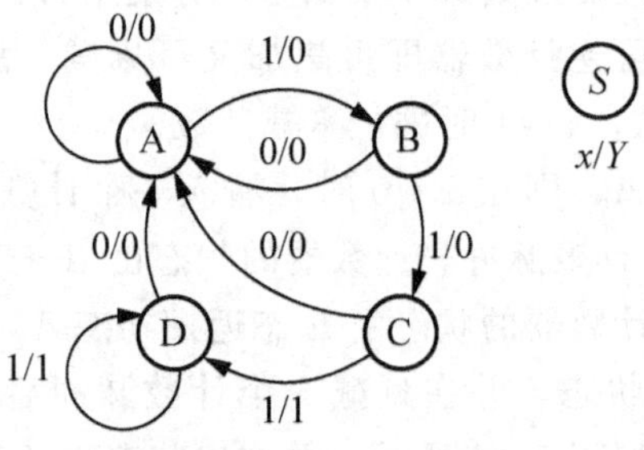

图 7.32　例 7.5 的状态图

表 7-12　例 7.5 状态表

S \ X	0	1
A	A，0	B，0
B	A，0	C，0
C	A，0	D，1
D	A，0	D，1

S^{n+1}，Y

知识要点提醒

在时序电路的设计过程中，原始状态表的建立方法并不是唯一的，只要能够正确建立原始状态表，即使比较复杂也没有关系，因为在后续的状态化简中，多余的状态就会被消掉。

7.4.3 状态化简及编码

1. 状态化简

建立原始状态表时，为避免状态遗漏，可能会引入多余的状态。因此，必须对它进行化简，尽可能地减少所需状态的个数，从而获得一个更简单的状态表，即最简状态表。

时序电路的状态表有完全定义和不完全定义两种类型。完全定义的状态表中状态和输出值都是完全确定的。不完全定义状态表中部分次态和输出值不能完全确定，需要在设计中逐步加以确定。下面以完全定义状态表的化简为例，介绍状态表的化简方法。

完全定义状态表的化简可通过合并等价状态实现。在介绍具体的化简方法之前，首先介绍几个概念。

(1) 等价状态：是指能满足以下条件的两个状态 S_i 和 S_j，记为$\{S_i, S_j\}$。

① 在各种输入取值下，输出完全相同。

② 在各种输入取值下，次态满足下列条件之一：

a. 两个次态完全相同；

b. 两个次态为其现态本身或交错；

c. 两个次态为状态对循环中的一个状态对；

d. 两个次态的某一后续状态对可以合并。

(2) 等价状态的传递性：若状态 S_i 和 S_j 等价，状态 S_j 和 S_m 等价，则状态 S_i 必和 S_m 等价，记为$\{S_i, S_j\}\{S_j, S_m\}\rightarrow\{S_i, S_m\}$。

(3) 等价类：是指彼此等价的状态构成的集合。如：若有$\{S_i, S_j\}$和$\{S_j, S_m\}$，则有等价类$\{S_i, S_j, S_m\}$。

(4) 最大等价类：不能被其他任何等价类包含的等价类，称为最大等价类。

状态表化简的根本任务就是从原始状态表中找出最大等价类，并用一个状态代替。确定最大等价类最常用的方法是隐含表法。

隐含表是一种斜边为阶梯形的直角三角形表格，该表格两直角边上的方格数目相等，等于原始状态数减 1。隐含表的纵向由上到下，横向从左到右按照原始状态表中的状态顺序标注，但纵向“缺头”，横向“少尾”。表中的每个小方格用来表示相应的状态对之间是否存在等价关系。图 7.33 所示就是根据具有 A、B、C、D、E 这 5 个状态的原始状态表作出的隐含表。

利用隐含表化简完全定义状态表的步骤如下所示。

第一步，构造隐含表，并在表中每个方格中标明相应状态对是否等价。

① 状态对肯定不等价的，在隐含表相应方格中标注“×”；

② 状态对肯定等价的，在隐含表相应方格中标注“√”；

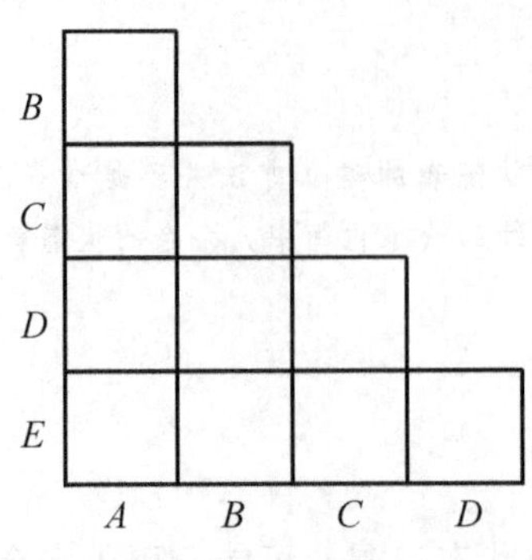

图 7.33　隐含表

③ 状态对条件等价的，在隐含表相应方格中标注等价条件。

第二步，顺序比较。先将隐含表中所有的状态按照一定顺序进行比较，根据比较结果并按上面的约定对隐含表中每一个小方格进行标注。

第三步，关联比较。继续检查填有等价条件的那些方格。若检查发现所填的等价条件肯定不能满足，就在该方格右上角加一个“×”。

第四步，确定原始状态表的最大等价类。从隐含表的最右边开始，逐列检查各个小方格，凡是未打“×”的方格，都代表一个等价状态对。彼此等价的几个状态可合并到一个等价类中，最终形成若干个最大等价类。如果有的状态没有包含在任何一个最大等价类中，则该状态自己就是一个最大等价类。

第五步，建立最简状态表。将每个最大等价类用一个状态来代替，将这种替代关系应用于原始状态表，并删除多余行，就得到了最简状态表。

【例 7.6】试化简表 7-13 所示的原始状态表。

表 7-13　例 7.6 的原始状态表

S \ X	0	1
A	C，0	B，1
B	F，0	A，1
C	D，0	G，0
D	D，1	E，0
E	C，0	E，1
F	D，0	G，0
G	C，1	D，0

S^{n+1}，Y

解：第一步，作如图 7.34 所示的隐含表。

第二步，顺序比较。从原始状态表中可看出状态 C 和状态 F，在 $x=0$ 和 $x=1$ 时，它们的输出及次态均相等，因此状态 C 和状态 F 是等价状态对，在图 7.34 中 C 和 F 交叉的方格中画“√”。此外，AB 等价的条件是 CF 等价，AE 等价的条件是 BE 等价，BE 等价

的条件是AE、CF分别等价，DG等价的条件时CD、DE分别等价。将这些等价条件分别填入图7.34中对应的小方格。剩余的状态对均为不等价的状态对，在图中对应的小方格中画“×”。

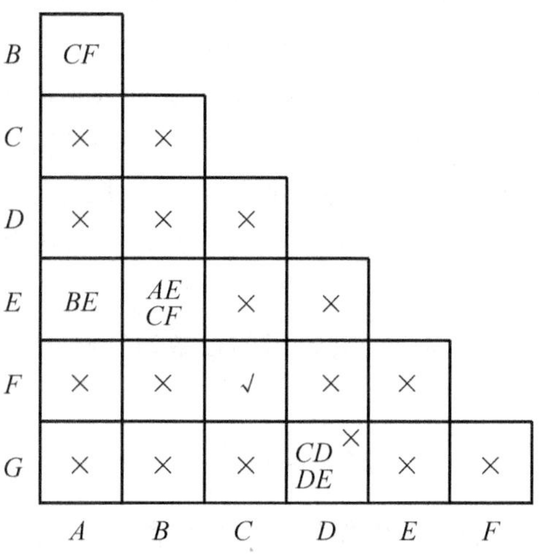

图7.34　例7.6的隐含表

第三步，关联比较。状态对AB等价的条件是CF等价，而CF的确是等价状态对，因此AB等价的条件满足。同理，状态对AE和状态对BE等价的条件也满足；状态对DG等价的条件是CD、DE分别等价，但是从图7.34可看出CD、DE均不等价，因此，DG等价条件不满足，DG不等价，在相应小方格的右上角加“×”，如图7.34所示。

第四步，确定原始状态表的最大等价类。未打“×”的方格，都代表一个等价状态对，根据图7.34可得到全部等价对：$\{A, B\}$、$\{A, E\}$、$\{B, E\}$、$\{C, F\}$。因此可得到最大等价类$\{A, B, E\}$、$\{C, F\}$、$\{D\}$、$\{G\}$。

第五步，建立最简状态表。令$a=\{G\}$，$b=\{C, F\}$，$c=\{A, B, E\}$，$d=\{D\}$，并将这种替代关系应用于表7-13所示的原始状态表，便可得到最简状态表，见表7-14。

表7-14　例7.6最简状态表

S \ X	0	1
a	b，1	d，0
b	d，0	a，0
c	b，0	c，1
d	d，1	c，0

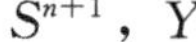

S^{n+1}，Y

知识要点提醒

在进行同步时序电路设计时，若所建立的原始状态表较简单时，可以直接采用观察法对状态表进行化简。

2. 状态编码

建立最简状态表后，要设计的同步时序电路所需的状态数 N 就被确定下来，进而电路所需要的触发器个数 K 也被确定下来，K 和 N 应满足下列关系。

$$2^{K-1} \leqslant N \leqslant 2^K \tag{7-16}$$

状态编码又称状态分配，是给最简状态表中用字母表示的 N 个状态分别指定一个二进制代码，该代码就是这 K 个触发器的状态组合。一般而言，采用的编码方案不同，设计出的时序电路的复杂程度也不同。状态编码的主要任务是：根据设计所要求的状态数，确定触发器的个数；找到一种合适的状态编码方案，使依据该方案所设计的时序电路最简。

当状态数 N 和触发器个数(即二进制代码的位数)K 确定以后，状态编码的方案数 M 也被确定下来，即

$$M=\frac{2^K!}{(2^K-N)!} \tag{7-17}$$

M 的数目将随着 K 的增加而急剧增大，在这种情况下，想要对全部编码方案进行一一对比，从中选取最佳方案是十分困难的。因此，在实际工作中，常采用经验法，按一定原则进行状态编码，来获得接近最佳的方案。其基本思想是：在选择状态编码时，尽可能使次态和输出函数在卡诺图上“1”单元的分布为相邻，以便形成更大的圈。

状态编码时依据的原则如下所示。

(1) 相同输入条件下，次态相同，现态应给予相邻编码。所谓相邻编码，就是指各二进制代码中只有一位码不同。

(2) 在不同输入条件下同一现态，次态编码应相邻。

(3) 输出相同，现态编码应相邻。

【例 7.7】 对表 7-15 所示的状态表进行状态编码。

表 7-15 例 7.7 的状态表

S \ X	0	1
A	C，0	D，0
B	C，0	A，0
C	B，0	D，0
D	A，1	B，1

S^{n+1}，Y

解： 状态 $A \sim D$ 的编码确定过程如下所示。

根据编码原则(1)，状态 A 和 B，A 和 C 应分别给予相邻编码。

根据编码原则(2)，状态 C 和 D，A 和 C，B 和 D，A 和 B 应分别给予相邻编码。

根据编码原则(3)，状态 A，B 和 C 应分别给予相邻编码。

综合上面的分析结果，状态 A 和 B，A 和 C，一定要取相邻编码，可利用卡诺图表示上述相邻要求的状态编码方案，如图 7.35 所示。这样便确定 A～D 的状态编码方案为

$$A=00,\ B=01,\ C=10,\ D=11$$

代入表 7-15，则可得到表 7-16 所示的编码状态表。需要指出的是，该编码方案不是唯一的。

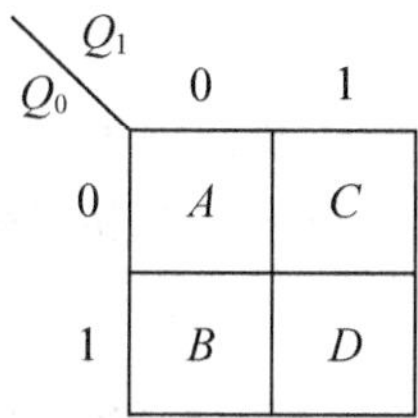

图 7.35 例 7.7 的状态分配方案

表 7-16 例 7.7 的状态编码表

Q_1Q_0 \ X	0	1
00	10，0	11，0
01	10，0	00，0
10	01，0	11，0
11	00，1	01，1

（表中后两列为 $Q_1^{n+1}Q_0^{n+1}$，Y）

7.4.4 同步时序电路的设计举例

【例 7.8】 用门电路和 D 触发器设计一个同步串行加法器，实现最低位在前的两个串行二进制整数相加，输出为最低位在前的两个数之和。

解： (1)建立原始状态表。设 x_1 和 x_2 为加数和被加数的串行输入，Y 为两数之和的串行输出。两数相加的结果有两种可能，一种是无进位，一种是有进位。故电路需要两个内部状态，即无进位状态和有进位状态，分别设为 a 和 b，建立的状态图如图 7.36 所示，原始状态表见表 7-17。

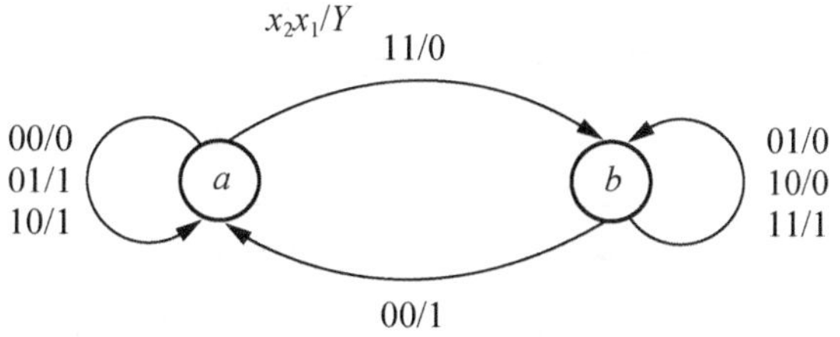

图 7.36 例 7.8 的状态图

表 7-17　例 7.8 的状态表

S \ x_2x_1	00	01	10	11
a	a，0	a，1	a，1	b，0
b	a，1	b，0	b，0	b，1

S^{n+1}，Y

（2）状态化简。由表 7-17 可知，该状态表不能再化简，为最简状态表。

（3）状态编码。电路有两个状态，故选 1 个触发器，设 $a=0$，$b=1$，代入表 7-17 得编码状态表，如表 7-18 所示。

表 7-18　例 7.8 的编码状态表

Q \ x_2x_1	00	01	11	10
0	0，0	0，1	1，0	0，1
1	0，1	1，0	1，1	1，0

Q^{n+1}，Y

（4）求出电路的驱动方程和输出方程。表 7-18 的 x_2x_1 和 Q 已接按格雷码排列，所以可将其看做卡诺图，进而化简得到状态方程和输出方程

$$Q^{n+1}=x_2x_1+x_2Q+x_1Q$$

$$Y=x_1\oplus x_2\oplus Q$$

由于 D 触发器的特性方程为 $Q^{n+1}=D$，所以驱动方程为

$$D=x_2x_1+x_2Q+x_1Q$$

（5）检查电路能否自启动。由电路的状态图可知，电路能够自启动。

（6）画出逻辑电路图如图 7.37 所示。

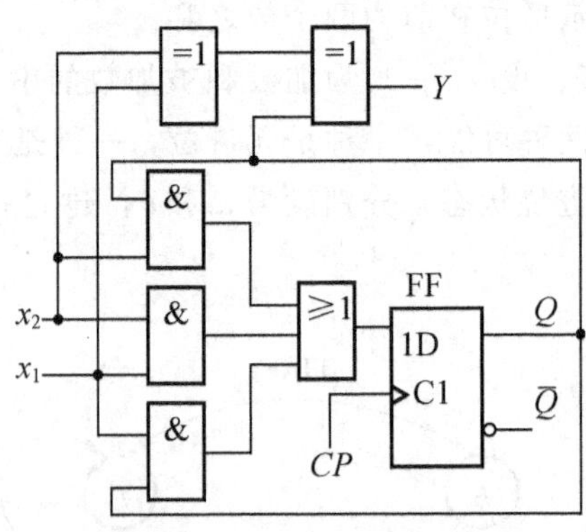

图 7.37　例 7.8 的逻辑图

【例 7.9】设计一个 111 序列检测器，以检测输入的信号序列是否为连续的“111”。

解：（1）建立原始状态表或原始状态图。根据例 7.5 的分析可知，该电路的输入变量为 x，输出变量为 Y。

原始状态表的建立可以按照例 7.5 中介绍的方法建立，也可按照下面的方法建立。

设该电路的初始状态为 A，根据题意列出电路在不同 x 序列输入的状态变化规律及输出 Y 的值，也就是电路的原始状态图，如图 7.38 所示。

例如，当电路的初始状态为 A，若输入 $x=0$ 下则电路进入状态 B，且输出 $Y=0$；若输入 $x=1$，则电路进入状态 C，且输出 $Y=0$。当电路进入 C 状态时，若 $x=0$，则电路进入 F 状态，且 $Y=0$；若 $x=1$，则电路进入状态 G，且输出 $Y=0$。当电路进入 G 状态时，若 $x=0$，则电路进入 F 状态，且 $Y=0$；若 $x=1$，则电路进入状态 G，且输出 $Y=1$，因为此时输入的 x 序列就是索要检测的序列"111"。值得注意的是，在电路的状态为 B、C 时，电路根据输入为 0 或 1，分别转向状态 D、E、F、G。由于检测序列"111"的长度为 3，因此电路只需要记忆前面的 2 个两个时刻的输入情况，当第 3 个输入到达时，就可判断其结果是否为所需要的检测序列。因此，不需要再设新的状态。

根据图 7.38 可建立该线路的原始状态表，见表 7-19。

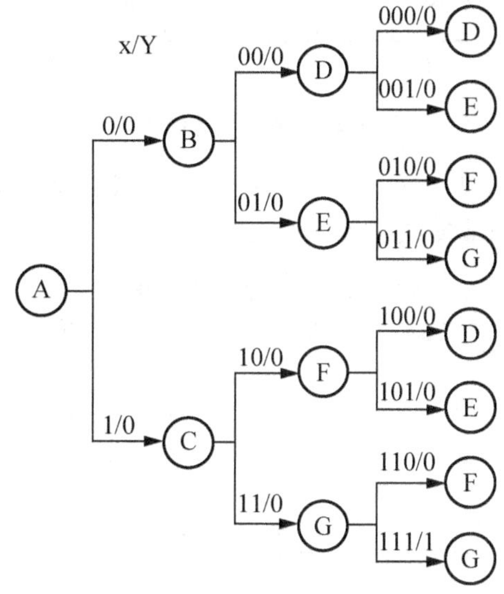

图 7.38 例 7.9 的原始状态图

表 7-19 例 7.9 的原始状态表

S \ X	0	1
A	B，0	C，0
B	D，0	E，0
C	F，0	G，0
D	D，0	E，0
E	F，0	G，0
F	D，0	E，0
G	F，0	G，1

S^{n+1}，Y

(2) 状态化简。根据表 7-19 作如图 7.39 所示的隐含表。可得到全部等价对：{A，D}、{A，F}、{B，D}、{B，F}、{C，E}、{D，F}。最大等价类为{A，B，D，F}、{C，E}、{G}。

B	BD× CE					
C	BF× CG	DF× EG				
D	BD CE	√	DF× EG			
E	BF× CG	DF× EG	√	DF× EG		
F	BD CE	√	DF× EG	√	DF× EG	
G	×	×	×	×	×	×
	A	B	C	D	E	F

图 7.39　例 7.9 的隐含表

令 a={A，B，D，F}，b={C，E}，c={G}，并将这种替代关系应用于表 7-19 所示的原始状态表，便可得到最简状态表，见表 7-20。

表 7-20　例 7.9 的最简状态表

S \ X	0	1
a	a，0	b，0
b	a，0	c，0
c	a，0	c，1

S^{n+1}，Y

(3) 状态编码。最简状态表中有 3 个状态，应选用 2 个触发器。根据编码规则，状态 a 和 b，a 和 c 一定要取相邻编码，这样确定的 a、b、c 状态编码方案为：a=00，b=01，c=10。

(4) 因为设计要求中没有对触发器的选择做具体规定，在本例中选用 JK 触发器完成该时序电路设计。根据表 7-20 和状态编码方案画出电路的次态方程和输出方程的卡诺图(相当于编码状态表)，如图 7.40 所示。

x \ Q_1Q_0	00	01	11	10
0	00, 0	00, 0	××, ×	00, 0
1	01, 0	10, 0	××, ×	10, 1

图 7.40　例 7.9 电路状态/输出卡诺图

将图 7.40 所示卡诺图分解成 Q_1^{n+1}、Q_0^{n+1} 和输出 Y 的 3 个卡诺图，如图 7.41(a)、图 7.41(b)、图 7.41(c)所示，利用卡诺图可求得各触发器的状态方程和输出方程。

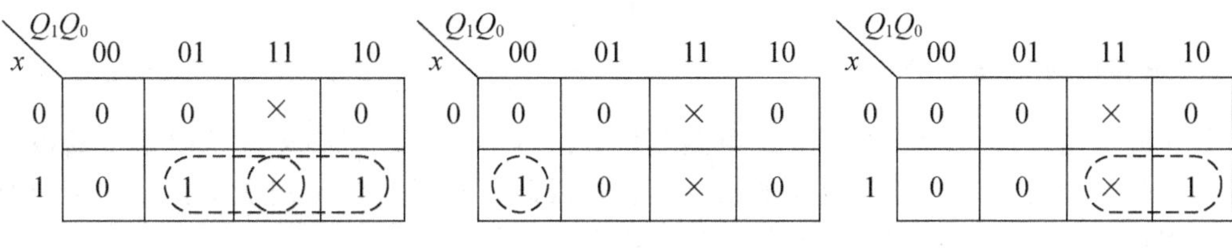

图 7.41　例 7.9 的卡诺图分解

由图 7.41(a)、图 7.41(b)可得电路的状态方程为

$$Q_1^{n+1}=xQ_1+xQ_0=xQ_1+xQ_0(Q_1+\overline{Q}_1)=xQ_0\overline{Q}_1+xQ_1$$

$$Q_0^{n+1}=x\overline{Q}_1\overline{Q}_0=x\overline{Q}_1\overline{Q}_0+\overline{1}\cdot Q_0$$

将上式与 JK 触发器的特性方程相比较，便可得到驱动方程为

$$\begin{cases}J_1=xQ_0, & K_1=\overline{x}\\ J_0=x\overline{Q}_1, & K_0=1\end{cases}$$

由图 7.41(c)可得电路的输出方程为

$$Y=xQ_1$$

(5) 检查电路能否自启动。电路的状态图如图 7.42 所示。由图 7.42 可见当电路进入无效状态“11”后，若 $x=0$ 则转入“00”状态；若 $x=1$ 则转入“10”状态。因此所设计的电路能够自启动。

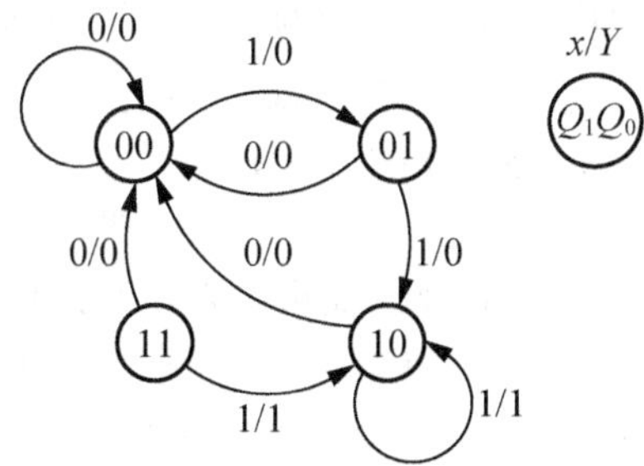

图 7.42　例 7.9 的状态图

(6) 画出逻辑电路图。根据驱动方程和输出方程可画出逻辑电路图，如图 7.43 所示。

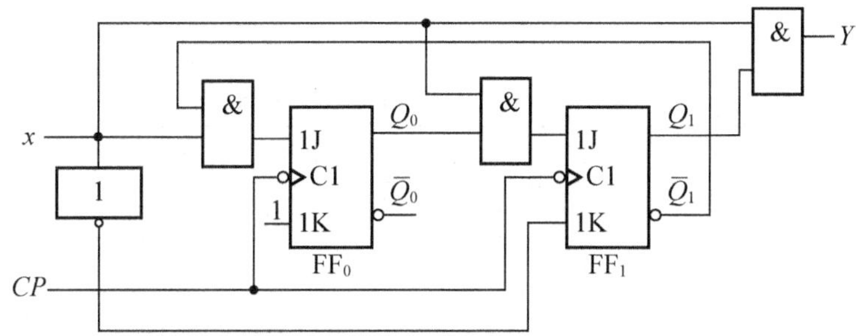

图 7.43　例 7.9 的逻辑电路图

*7.5 异步时序电路

7.5.1 异步时序电路的分析

异步时序电路的分析和同步时序电路分析方法基本相同，但因为异步时序电路没有统一的时钟信号来控制所有存储电路的状态变化，因此，分析时应特别注意状态变化与时钟的一一对应关系。下面举例来说明异步时序电路的分析方法。

【例 7.10】分析图 7.44 所示时序电路的逻辑功能。

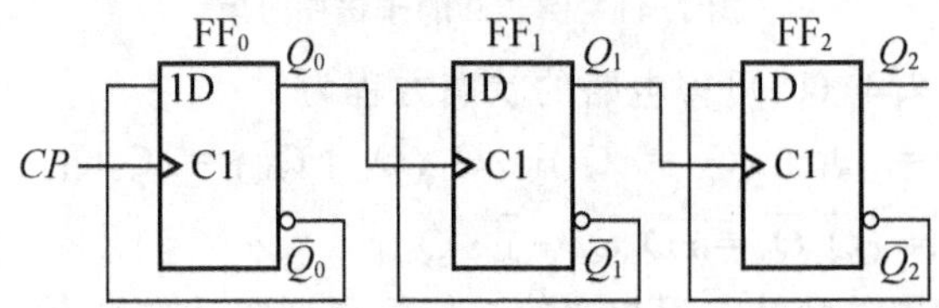

图 7.44 例 7.10 的电路图

解：(1)电路时钟方程为

$$CP_2=Q_1，CP_1=Q_0，CP_0=CP$$

驱动方程为

$$D_2=\overline{Q}_2，D_1=\overline{Q}_1，D_0=\overline{Q}_0$$

(2) 电路的状态方程为

$$Q_2^{n+1}=D_2=\overline{Q}_2 \quad CP_2(\text{即 } Q_1)\text{上升沿有效}$$

$$Q_1^{n+1}=D_1=\overline{Q}_1 \quad CP_1(\text{即 } Q_0)\text{上升沿有效}$$

$$Q_0^{n+1}=D_0=\overline{Q}_0 \quad CP_0(\text{即 } CP)\text{上升沿有效}$$

(3) 根据状态方程列出时序电路的状态转换表。

电路的状态转换表见表 7-21。在根据状态方程计算时，还要依据各触发器的时钟方程来确定触发器的时钟脉冲信号是否有效。如果有效，可按照状态方程计算出触发器的次态；如果无效，则触发器将保持原来的状态不变。例如，当电路的现态为 $Q_2Q_1Q_0=010$ 时，由状态方程计算出的电路次态为 $Q_2^{n+1}Q_1^{n+1}Q_0^{n+1}=101$。如果 CP 出现一个上升沿，由时钟方程可知，CP_0为上升沿，CP_0有效，触发器 FF_0的状态 Q_0由 0 变到 1；当 Q_0由 0 变到 1 时，CP_1为上升沿，CP_1有效，触发器 FF_1的状态 Q_1由 1 变到 0；当 Q_1由 1 变到 0 时，CP_2为下降沿，CP_2无效，触发器 FF_2保持原状态不变，即 Q_2仍为 0。因此，电路的实际次态为 $Q_2^{n+1}Q_1^{n+1}Q_0^{n+1}=001$。

表 7-21 例 7.10 的状态转换表

Q_2	Q_1	Q_0	Q_2^{n+1}	Q_1^{n+1}	Q_0^{n+1}	CP_2	CP_1	CP_0
0	0	0	1	1	1	↑	↑	↑
0	0	1	0	0	0	—	↓	↑
0	1	0	0	0	1	↓	↑	↑

续表

Q_2	Q_1	Q_0	Q_2^{n+1}	Q_1^{n+1}	Q_0^{n+1}	CP_2	CP_1	CP_0
0	1	1	0	1	0	—	↓	↑
1	0	0	0	1	1	↑	↑	↑
1	0	1	1	0	0	—	↓	↑
1	1	0	1	0	1	↓	↑	↑
1	1	1	1	1	0	—	↓	↑

(4) 根据表 7-21 画出状态图，如图 7.45 所示；时序图如图 7.46 所示。

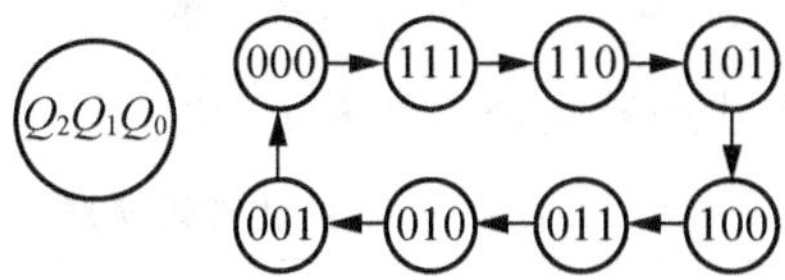

图 7.45　例 7.10 的状态图

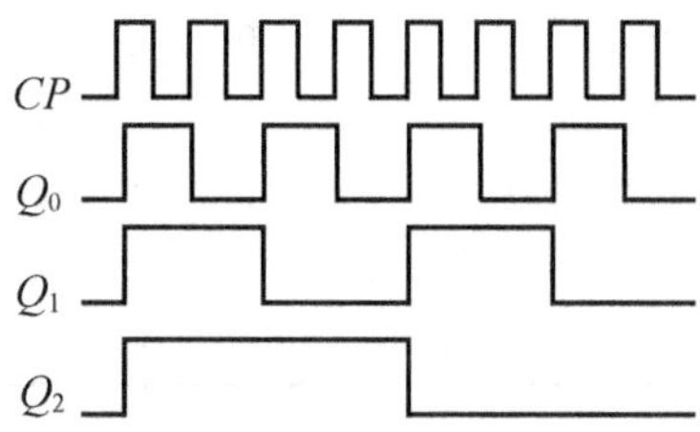

图 7.46　例 7.10 的时序图

(5) 由状态图可以看出，在时钟脉冲 CP 的作用下，电路的 8 个状态按递减规律循环变化，电路具有递减计数功能，是一个 3 位二进制异步减法计数器，且具有自启动功能。

7.5.2　异步时序电路的设计

异步时序电路的设计过程与同步时序电路的设计过程唯一的不同之处是在设计异步时序电路时，要为各个触发器选择合适的时钟脉冲信号。下面举例来说明异步时序电路的设计方法。

【例 7.11】 试设计一个异步六进制加法计数器。

解： 第一步，建立如图 7.47 所示的状态图。本设计中状态数目和编码方案是确定的，因此可略去状态化简和状态编码两步。

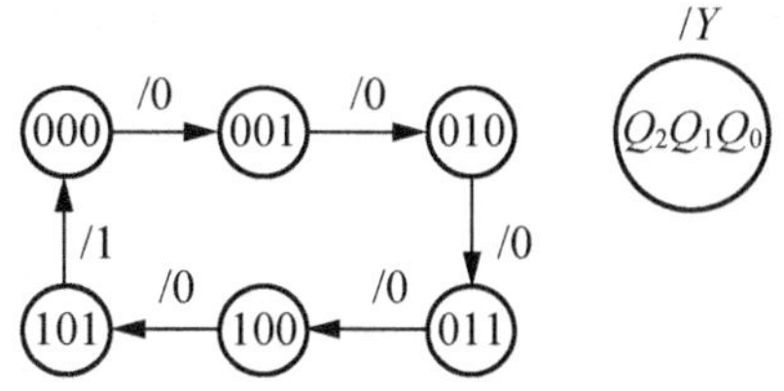

图 7.47　例 7.11 的状态图

电路具有 6 个状态，因此在设计中应选用 3 个触发器，这里选用 3 个 CP 上升沿触发的 D 触发器来实现设计。根据状态图图 7.47 可画出时序图，如图 7.48 所示。

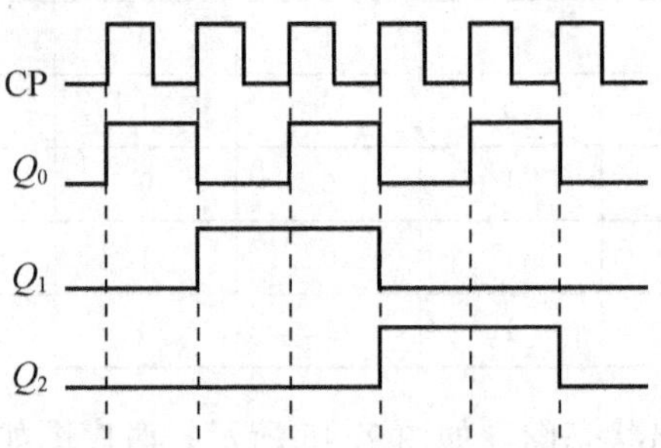

图 7.48　例 7.11 的时序图

第二步，根据状态图可得状态转换表，见表 7-22。

表 7-22　例 7.11 的状态转换表

Q_2	Q_1	Q_0	Q_2^{n+1}	Q_1^{n+1}	Q_0^{n+1}	Y	CP_2	CP_1	CP_0
0	0	0	0	0	1	0	0	0	1
0	0	1	0	1	0	0	0	1	1
0	1	0	0	1	1	0	0	0	1
0	1	1	1	0	0	0	1	1	1
1	0	0	1	0	1	0	0	0	1
1	0	1	0	0	0	1	1	1	1

第三步，要获得最简驱动方程，首先要为每个触发器选择适当的时钟脉冲。选择时钟脉冲的基本原则是：触发器需要翻转时，必须有时钟有效沿到达($CP=1$)，且触发沿越少越好。

由时序图 7.48 可知，每当电路状态变化，触发器 FF_0 都要翻转，因此，只有使用外部输入时钟，才能满足触发器 FF_0 的翻转要求，故触发器 FF_0 选用外部时钟信号 CP；CP_1 选用 CP、$\overline{Q}_0$ 都可以，但是从触发沿最少出发，选择 $\overline{Q}_0$；FF_2 从 0 翻转到 1 时，Q_1 和 $\overline{Q}_1$ 都无法满足触发条件，因此 CP_2 只能选 CP、$\overline{Q}_0$，同样考虑触发沿最少，应选择 $\overline{Q}_0$。根据以上分析，可得到电路的时钟方程为

$$CP_0=CP，CP_1=\overline{Q}_0，CP_2=\overline{Q}_0$$

根据状态转换表画出电路输出信号和各触发器的次态卡诺图，如图 7.49 所示。

做卡诺图时要注意的是，除了可将无效状态的最小项作为任意项外，在输入 CP 到来电路状态变化时，不具备时钟条件的触发器现态所对应的最小项，也可当做任意项处理。本例中，因为 CP_1 和 CP_2 选用的是 $\overline{Q}_0$，凡是 $\overline{Q}_0$ 不变或由 1 变到 0 的最小项 000、010、100 也作为任意项处理。由卡诺图 7.49 可求得电路的输出方程为

$$Y=Q_2Q_0$$

状态方程为

$$Q_2^{n+1}=Q_1$$

$$Q_1^{n+1}=\overline{Q}_2\,\overline{Q}_1$$

$$Q_0^{n+1}=\overline{Q}_0$$

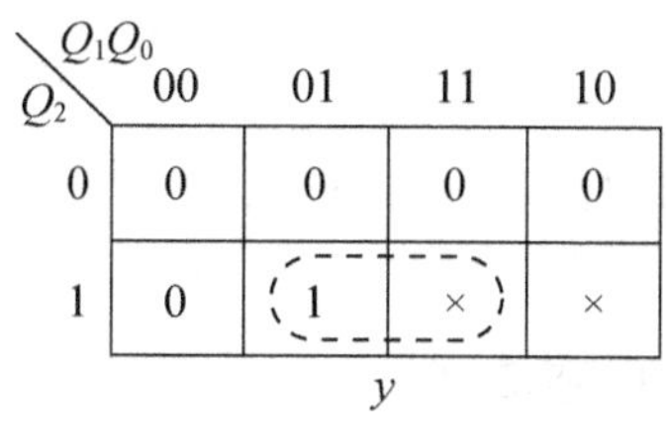

Q_2 \ Q_1Q_0	00	01	11	10
0	0	0	0	0
1	0	1	×	×

y

Q_2 \ Q_1Q_0	00	01	11	10
0	×	0	1	×
1	×	0	×	×

Q_2^{n+1}

Q_2 \ Q_1Q_0	00	01	11	10
0	×	1	0	×
1	×	0	×	×

Q_1^{n+1}

Q_2 \ Q_1Q_0	00	01	11	10
0	1	0	0	1
1	1	0	×	×

Q_0^{n+1}

图 7.49　例 7.11 的卡诺图

将状态方程与 D 触发器的特性方程 $Q^{n+1}=D$ 进行比较，可获得电路的驱动方程为

$$D_2=Q_1$$

$$D_1=\overline{Q_2}\,\overline{Q_1}$$

$$D_0=\overline{Q_0}$$

第四步，将无效状态 110 和 111 代入状态方程求其次态，其结果表明电路能够自启动。完整的状态图如图 7.50 所示。

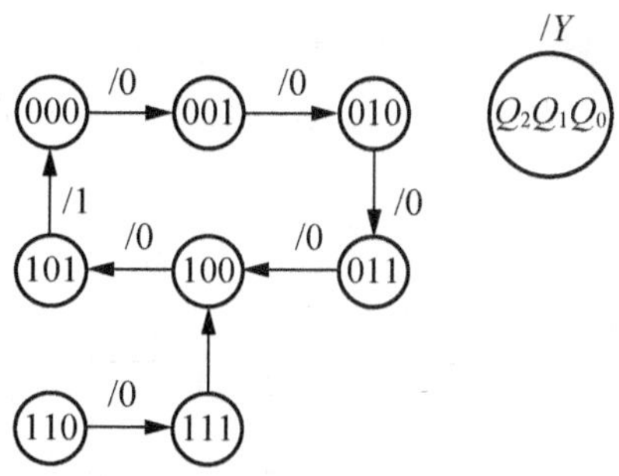

图 7.50　例 7.11 的完整状态图

第五步，根据时钟方程、输出方程及驱动方程和选用的 D 触发器，可画出如图 7.51 所示逻辑电路图。

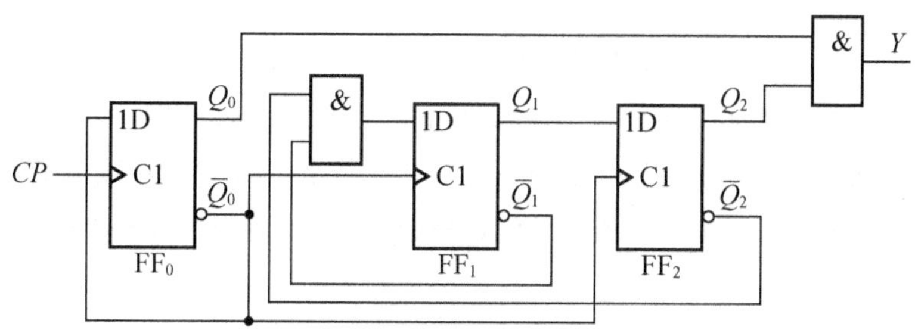

图 7.51　例 7.11 的逻辑电路图

知识要点提醒

在异步时序电路的设计中，CP脉冲也可以看做是触发器的另一个输入端。

7.6 常用时序逻辑电路

数字系统中最常用的时序逻辑电路有寄存器和计数器，下面分别介绍它们的典型电路和逻辑功能。

7.6.1 寄存器

寄存器是用来暂时存放一组二进制数码的逻辑电路，广泛应用于数字系统和数字计算机中。寄存器具有清除数码、接收数码、存放数码和传送数码等功能，由触发器和由门电路构成的控制电路组成。因为一个触发器只能存储1位二进制数码，所以存储N位二进制数码的寄存器需要用N个触发器组成。按寄存功能不同，可分为数码寄存器和移位寄存器。

1. 数码寄存器

数码寄存器又称为基本寄存器。对数码寄存器中的触发器只要求它具有置“1”、置“0”的功能即可，因此，不论是同步RS触发器，还是主从结构或边沿触发的触发器，都可以构成数码寄存器。

图7.52所示是由4个维持—阻塞D触发器组成的4位集成寄存器74LSl75的逻辑电路图。其中，$\overline{R}_D$是异步置“0”端，D_0～D_3是并行数据输入端，CP为时钟控制端，Q_0～Q_3是并行数据输出端。

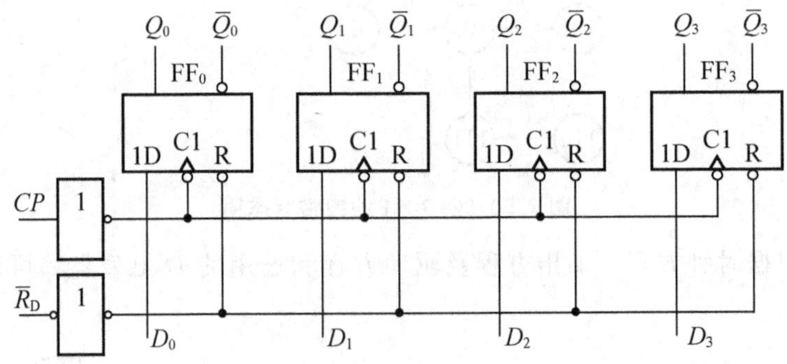

图7.52 74LS175的逻辑电路图

由图7.52可见，当$\overline{R}_D=0$时，寄存器异步置“0”；当$\overline{R}_D=1$时，在CP上升沿到来时刻，D_0～D_3被并行送入到4个触发器中，寄存器的输出$Q_3^{n+1}Q_2^{n+1}Q_1^{n+1}Q_0^{n+1}=D_3D_2D_1D_0$，实现并行输入、并行输出功能；当$\overline{R}_D=1$，$CP$为上升沿以外的时间，寄存器内容保持不变。

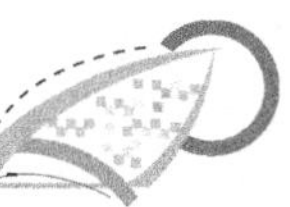

2. 移位寄存器

移位寄存器不仅具有存储数码的功能，而且存储的数码还能在移位脉冲(时钟脉冲)控制下逐位移动。因此，移位寄存器不但可以用来存储数码，还可以用来实现数据的串行—并行转换、数值的运算及数据处理等。根据移位方式不同，移位寄存器可分为单向移位寄存器和双向移位寄存器两类。

1）单向移位寄存器

单向移位寄存器又分为左移寄存器和右移寄存器，图 7.53 所示是用 4 个 D 触发器构成的 4 位右移寄存器。电路中 D_I 为外部串行输入端，在触发脉冲作用下将数据依次移入寄存器；$Q_0 \sim Q_3$ 为输出端。

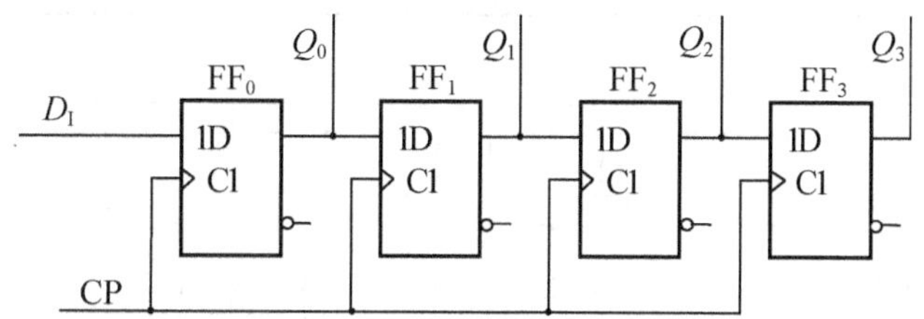

图 7.53　用 D 触发器构成的 4 位右移移位寄存器

电路中各触发器的驱动方程为

$$\left.\begin{aligned} D_3 &= Q_2 \\ D_2 &= Q_1 \\ D_1 &= Q_0 \\ D_0 &= D_I \end{aligned}\right\} \tag{7-18}$$

将驱动方程代入 D 触发器的特性方程可得到状态方程为

$$\left.\begin{aligned} Q_3^{n+1} &= Q_2 \\ Q_2^{n+1} &= Q_1 \\ Q_1^{n+1} &= Q_0 \\ Q_0^{n+1} &= D_I \end{aligned}\right\} \tag{7-19}$$

通过状态方程可以看出，在 CP 脉冲作用下，外部串行输入 D_I 移入 Q_0，Q_0 移入 Q_1，Q_1 移入 Q_2，Q_2 移入 Q_3，总的效果相当于移位寄存器原有数据一次右移一位。根据状态方程可列出表 7－23 所示的状态转换表。

从表 7－23 可看出，当寄存器经过 4 个 CP 脉冲后，依次输入的 4 位数据全部移入了移位寄存器中，这种依次输入数据的方式称为串行输入方式，每输入一个脉冲，数据向右移动一位。若数据由 $Q_0 \sim Q_3$ 同时输出为并行输出方式；若数据由 Q_3 端逐次输出为串行输出方式。

图 7.54 所示为 4 位左移移位寄存器，其工作原理与右移移位寄存器无本质区别，只是连接相反，所以移位方向变为由右向左。

表 7-23　4 位右移移位寄存器的状态转换表

D_I	CP	Q_0	Q_1	Q_2	Q_3	Q_0^{n+1}	Q_1^{n+1}	Q_2^{n+1}	Q_3^{n+1}
1	↑	0	0	0	0	1	0	0	0
1	↑	1	0	0	0	1	1	0	0
1	↑	1	1	0	0	1	1	1	0
1	↑	1	1	1	0	1	1	1	1
0	↑	1	1	1	1	0	1	1	1
0	↑	0	1	1	1	0	0	1	1
0	↑	0	0	1	1	0	0	0	1
0	↑	0	0	0	1	0	0	0	0

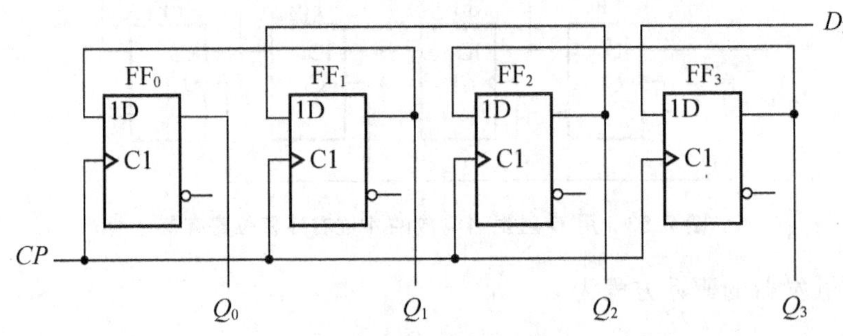

图 7.54　用 D 触发器构成的 4 位左移移位寄存器

2）双向移位寄存器

综合左移和右移寄存器电路，增加移位方向控制信号和控制电路，就可以构成双向移位寄存器。为了方便扩展逻辑功能和增加使用的灵活性，在定型生产的移位寄存器集成电路上还附加了异步清零、状态保持和数据并行输入等功能。图 7.55 所示的 4 位双向移位寄存器 74LS194A 就是一个典型的例子。

74LS194A 由 4 个触发器 FF_0、FF_1、FF_2、FF_3 和各自的输入控制电路组成。图中的 D_{IR} 为数据右移串行输入端，D_{IL} 为数据左移串行输入端，$D_0 \sim D_3$ 为数据并行输入端，$Q_0 \sim Q_3$ 为数据的并行输出端。移位寄存器的工作状态由控制端 S_0 和 S_1 的状态指定。图 7.56 为 74LS194A 的简易图形符号。

图 7.55 中，$\overline{R}_D$ 为异步置“0”端，当 $\overline{R}_D=0$ 时，所有触发器将同时置“0”，而且置“0”操作不受其他输入端状态的影响；只有当 $\overline{R}_D=1$ 时，74LS194A 才能正常工作。现以第二位触发器 FF_1 为例，分析一下当 $\overline{R}_D=1$，S_0、S_1 取不同值时移位寄存器的工作状态，由图 7.55 可见，FF_1 的输入控制电路是由与或非门 G_{11} 和反相器 G_{21} 组成的一个具有互补输出的 4 选 1 数据选择器。它的互补输出作为 FF_1 的输入信号。

当 $S_0= S_1=0$ 时，G_{11} 最右边的输入信号 Q_1 被选中，使触发器 FF_1 的输入为 $S=Q_1$，$R=\overline{Q_1}$，所以当 CP 上升沿到达时 FF_1 被置成 $Q_1^{n+1}=Q_1$。因此，寄存器工作在保持状态。

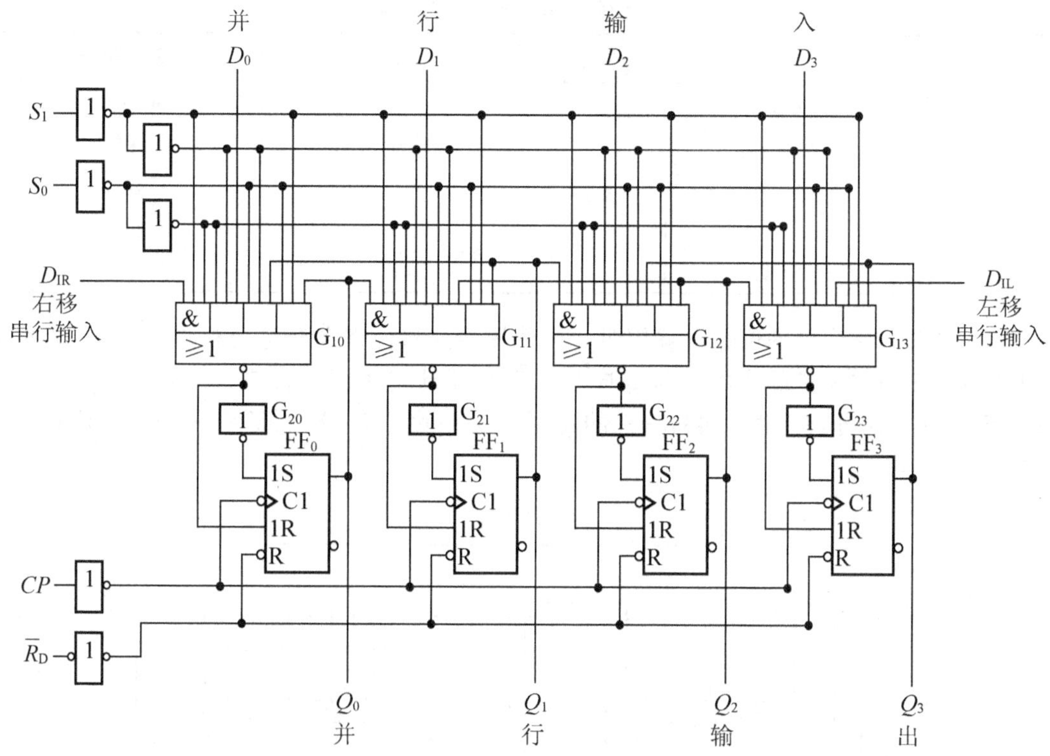

图 7.55 74LS194A 的逻辑电路图

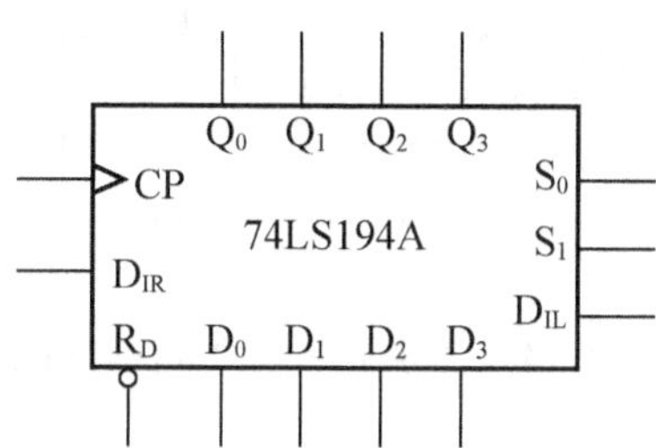

图 7.56 74LS194A 的简易图形符号

当 $S_0=0$，$S_1=1$ 时，G_{11} 右边第二个输入信号 Q_2 被选中，使触发器 FF_1 的输入为 $S=Q_2$，$R=\overline{Q_2}$，所以当 CP 上升沿到达时 FF_1 被置成 $Q_1^{n+1}=Q_2$。因此，寄存器工作在左移状态。

当 $S_0=1$，$S_1=0$ 时，G_{11} 最左边的输入信号 Q_0 被选中，使触发器 FF_1 的输入为 $S=Q_0$，$R=\overline{Q_0}$，所以当 CP 上升沿到达时 FF_1 被置成 $Q_1^{n+1}=Q_0$。因此，寄存器工作在右移状态。

当 $S_0=S_1=1$ 时，G_{11} 左边第二个输入信号 D_1 被选中，使触发器 FF_1 的输入为 $S=D_1$，$R=\overline{D_1}$，所以当 CP 上升沿到达时 FF_1 被置成 $Q_1^{n+1}=D_1$。因此，寄存器处于并行输入状态。

其他 3 个触发器的工作原理与 FF_1 基本相同，这里不再赘述。根据以上分析可以列出 4 位双向移位寄存器 74LS194A 的功能表，见表 7-24。

表 7-24 74LS194A 的功能表

$\overline{R}_D$	S_1	S_0	工作状态
0	×	×	异步置 0
1	0	0	保持
1	0	1	右移
1	1	0	左移
1	1	1	并行输入

当一片移位寄存器的位数不够用时，可使用多片移位寄存器进行扩展。图 7.57 所示是用 2 片 74LS194A 扩展成的 8 位双向移位寄存器的连接图。只需将 2 片 74LS194A 的 CP、$\overline{R}_D$、S_0、S_1分别并联，再将一片的 Q_3接至另一片的 D_{IR}端，而另一片的 Q_0接到这一片的 D_{IL}端即可。

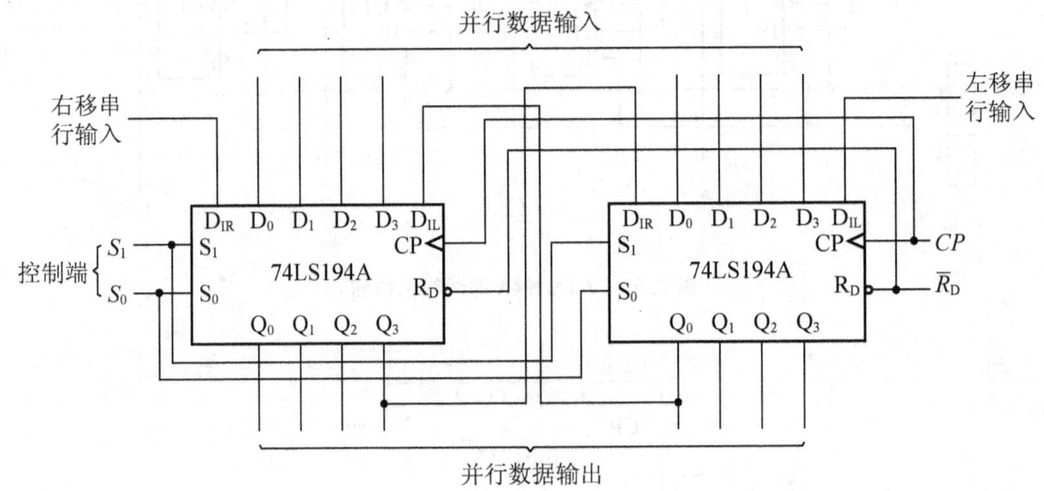

图 7.57 两片 74LS194A 扩展成的 8 位双向移位寄存器

7.6.2 计数器

计数器是一种能对输入脉冲进行累加或累减计数的逻辑电路。除了用于对脉冲的计数，计数器还可以用于分频、定时、进行数字运算、产生节拍脉冲和脉冲序列等。

计数器的种类很多，按时钟控制方式不同可分为异步计数器和同步计数器；按数制不同可分为二进制、十进制和任意进制计数器；按计数过程中数值的增减不同可分为加法计数器、减法计数器和可逆计数器。这里主要介绍几种常用的中规模集成计数器。中规模集成计数器是将组成计数器的触发器和为增加电路的功能和使用的灵活性而附加上的一些控制电路集成在一块半导体芯片上制成的。

1. 4 位同步二进制计数器 74161

图 7.58 所示为 4 位二进制同步计数器 74161 的逻辑电路图。电路除了具有二进制加法计数功能外，还具有预置数、保持和异步置“0”等功能。

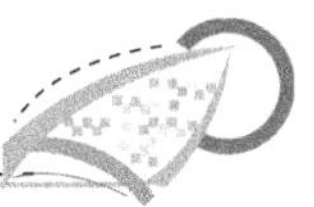

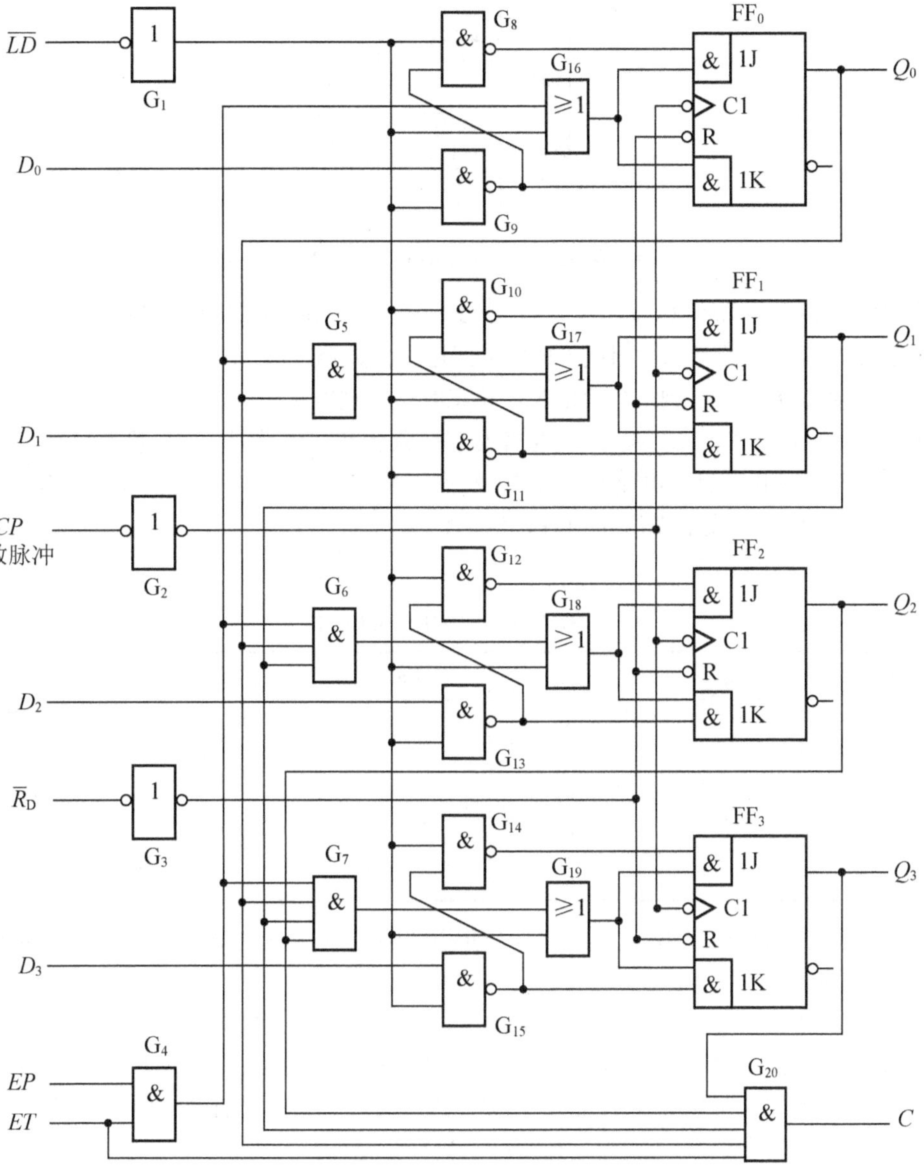

图 7.58　74161 的逻辑电路图

74161 由 4 个 JK 触发器和一些控制电路组成，图中 $\overline{LD}$ 为预置数控制端，$D_0 \sim D_3$ 为数据输入端，C 为进位输出端，$\overline{R}_D$ 为异步置“0”端，EP 和 ET 为工作状态控制端。74161 的简易图形符号如图 7.59 所示。

由图 7.58 可见，当 $\overline{R}_D = 0$ 时，所有触发器将同时置“0”，而且置“0”操作不受其他输入端状态的影响。

当 $\overline{R}_D = 1$，$\overline{LD} = 0$ 时，电路工作在预置数状态，这时 $G_{16} \sim G_{19}$ 门的输出始终是 1。所以触发器 $FF_0 \sim FF_3$ 输入端 J、K 的状态由 $D_0 \sim D_3$ 的状态决定。当 CP 上升沿到达时，预置数 $D_0 \sim D_3$ 被送到输出端 $Q_0 \sim Q_3$，使 $Q_3Q_2Q_1Q_0 = D_3D_2D_1D_0$。

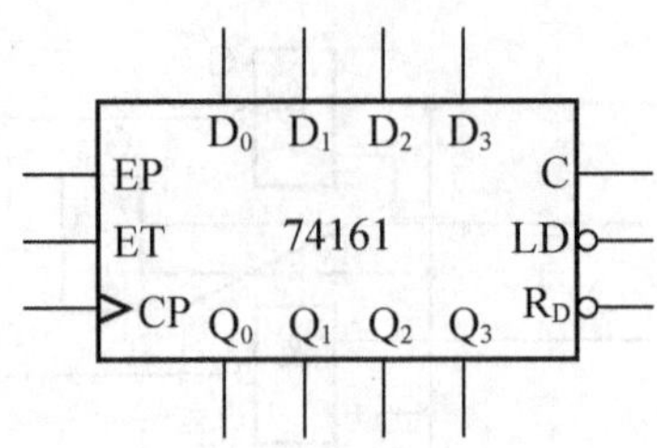

图 7.59　74161 的简易图形符号

当 $\overline{R}_D=\overline{LD}=1$，$EP=0$，$ET=1$ 时，由于这时 $G_{16}\sim G_{19}$ 门的输出均为 0，即触发器 $FF_0\sim FF_3$ 均处在 $J=K=0$ 的状态，因此 CP 信号到达时计数器的状态保持不变，同时 C 的状态也保持不变。如果 $ET=0$，则 EP 无论为何状态时，计数器状态保持不变，但 $C=0$。

当 $\overline{R}_D=\overline{LD}=ET=EP=1$ 时，电路处于计数状态，电路从 0000 状态开始计数，当连续输入 16 个计数脉冲后，电路将从 1111 状态返回 0000 状态，C 端从 1 跳变到 0。可以利用 C 端输出的高电平或下降沿作为进位输出信号。

74161 的功能表见表 7－25。

表 7－25　74161 的功能表

CP	$\overline{R}_D$	$\overline{LD}$	EP	ET	工作状态
×	0	×	×	×	异步置 0
↑	1	0	×	×	预置数
×	1	1	0	1	保持
×	1	1	×	0	保持(但 $C=0$)
↑	1	1	1	1	计数

74LS161 在内部电路结构上与 74161 有些区别，但外部引线配置、引脚排列及功能表与 74161 相同。

74LS163 也是 4 位同步二进制计数器，除了采用同步置“0”外，其余的功能与 74LS161 完全相同。与 74LS161 相似的还有 74LS160，它的芯片引脚排列及逻辑功能与 74LS161 基本相同，区别在于当 $\overline{R}_D=\overline{LD}=ET=EP=1$ 时，74LS160 进行模 10 计数，从 0000 计到 1001，当电路处于 1001 状态时，进位端 $C=1$。

2. 同步可逆计数器 74LS191

既能进行递增计数，又能进行递减计数的计数器，称为可逆计数器或加/减计数器。图 7.60 所示为 4 位同步二进制可逆计数器 74LS191 的简易图形符号，功能表见表 7－26。

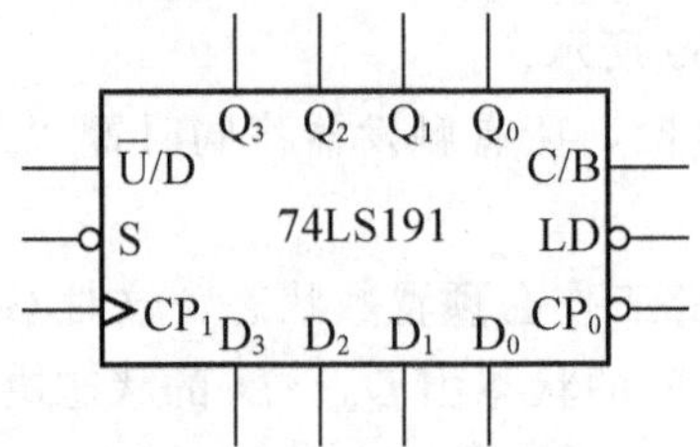

图 7.60　74LS191 的简易图形符号

表 7-26　74LS191 的功能表

CP_1	$\overline{S}$	$\overline{LD}$	$\overline{U}/D$	工作状态
×	1	1	×	保持
×	×	0	×	预置数
↑	0	1	0	加法计数
↑	0	1	1	减法计数

$\overline{U}/D$ 是加减控制端，当 $\overline{U}/D=0$ 时，74LS191 做加法计数；当 $\overline{U}/D=1$ 时，74LS191 做减法计数。

$\overline{LD}$为预置数控制端，当$\overline{LD}=0$ 时 74LS191 处于预置数状态，$D_0 \sim D_3$被送入计数器中，而不受时钟输入信号 CP_1的控制，因此，74LS191 是异步预置数。

$\overline{S}$ 是使能控制端，当 $\overline{S}=1$ 时 74LS191 处于保持状态。

C/B 是进位、借位输出端，也称为最大值/最小值输出端。当计数器做加法计数且 $Q_3Q_2Q_1Q_0=1111$ 时，$C/B=1$，有进位输出；当计数器做减法计数且 $Q_3Q_2Q_1Q_0=0000$ 时，$C/B=1$，有借位输出。

CP_0是串行时钟输出端，当 $C/B=1$ 时，在下一个 CP_1上升沿到达前 CP_0端有一个负脉冲输出。

74LS191 只有一个时钟信号的输入端，由 $\overline{U}/D$ 电平决定 74LS191 做加法/减法计数，所以这种同步可逆计数器称为单时钟同步可逆计数器。

如果加法计数脉冲和减法计数脉冲来自两个不同的脉冲源，则为双时钟可逆计数器，74LS193 是常见的双时钟同步二进制可逆计数器，它的简易图形符号如图 7.61 所示，功能表见表 7-27。其中 CP_U 是加法计数时钟脉冲输入端，CP_D 是减法计数时钟脉冲输入端。

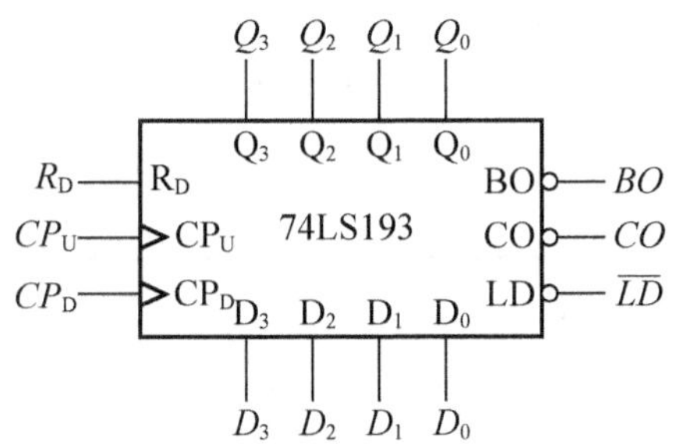

图 7.61　74LS193 的简易图形符号

表 7-27　74LS193 的功能表

CP_U	CP_D	R_D	$\overline{LD}$	工作状态
×	×	1	×	异步置 0
×	×	0	0	预置数
↑	1	0	1	加法计数
1	↑	0	1	减法计数

$R_D=1$ 时，74LS193 异步置“0”。

$\overline{LD}$为预置数控制端，当 $R_D=0$，$\overline{LD}=0$ 时 74LS193 处于预置数状态，$D_0 \sim D_3$ 被送入计数器中，与时钟信号 CP 无关，因此，74LS193 是异步预置数。

当 $R_D=0$，$CP_D=1$ 时，74LS193 做加法计数。当加法计数达到最大值，且下一个 CP_U 的上升沿到来时，该计数器返回 0000，同时进位信号输出端 $\overline{CO}$ 输出一个进位脉冲。

当 $R_D=0$，$CP_U=1$ 时，74LS193 做减法计数，当减法计数达到 0000，且下一个 CP_D 的上升沿到来时，该计数器返回 1111，同时借位信号输出端 $\overline{BO}$ 输出一个借位脉冲。

3. 异步加法计数器 74LS290

74LS290 是应用较广的一种集成计数器，它由二进制计数器和五进制计数器两部分构成。除了供电电源共用外，两部分是相互独立的。74LS290 的简易图形符号如图 7.62 所示，功能表见表 7－28。其中，R_{01}、R_{02} 为异步置“0”输入端，S_{91}、S_{92} 为异步置“9”输入端。

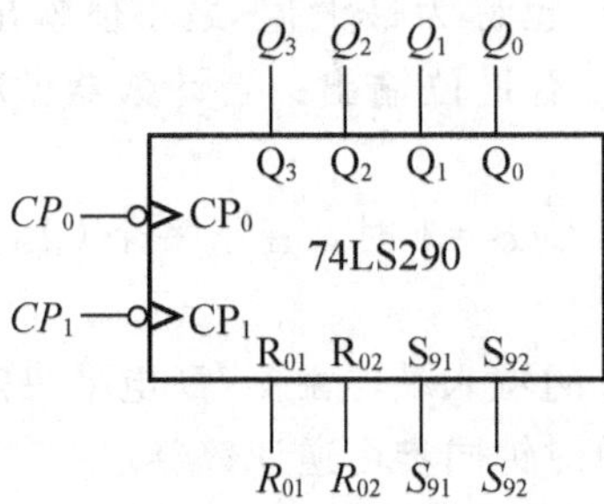

图 7.62　74LS290 的简易图形符号

表 7－28　74LS290 的功能表

CP	$R_{01}R_{02}$	$S_{91}S_{92}$	工作状态
×	1	0	置 0
×	×	1	置 9
↓	0	0	计数

74LS290 有以下几种工作模式。

（1）二进制计数器：以 CP_0 为计数脉冲输入端，Q_0 为计数输出端。

（2）五进制计数器：以 CP_1 为计数脉冲输入端，Q_3、Q_2、Q_1 为计数输出端。

（3）8421 码十进制计数器：以 CP_0 为计数脉冲输入端，CP_1 与 Q_0 相连，Q_3、Q_2、Q_1、Q_0 为计数输出端。

（4）5421 码十进制计数器：以 CP_1 为计数脉冲输入端，CP_0 与 Q_3 相连，Q_3、Q_2、Q_1、Q_0 为计数输出端。

因此，74LS290 又叫做二—五—十进制计数器。

由表 7－28 可见，74LS290 具有以下功能。

（1）异步置“0”。当 $R_{01}R_{02}=1$，$S_{91}S_{92}=0$ 时，74LS290 异步置“0”。

（2）异步置“9”。当 $S_{91}S_{92}=1$ 时，74LS290 异步置“9”，即输出为“1001”。

(3) 计数功能。当 $R_{01}R_{02}=0$，$S_{91}S_{92}=0$ 时，74LS290 在计数脉冲下降沿作用下进行计数。

4. 任意进制计数器

由于常见的集成计数器一般都是 4 位二进制、8 位二进制、12 位二进制、14 位二进制、十进制等几种，若要构成其他任意进制计数器，只能利用这些已有的计数器，并增加外电路构成。假定已有 N 进制计数器，要得到 M 进制计数器，有以下两种可能情况。

1) $M<N$ 的情况

当 $M<N$ 时，需要设法让 N 进制计数器自动跳过 $N-M$ 个状态，就可以得到所需的 M 进制计数器。实现这种自动跳跃的方法有置零法(或称复位法)和置数法(或称置位法)两种。

(1) 置零法。这种方法适用于具有置零输入端的计数器。如果已有的 N 进制计数器具有异步置零输入端，采用置零法得到 M 进制计数器的方法是：N 进制计数器从全 0 的状态 S_0 开始计数并接收了 M 个计数脉冲后，电路进入 S_M 状态。如果将 S_M 状态译码产生一个置零信号加到异步置零输入端，则计数器将立即返回 S_0 状态。由于电路进入 S_M 状态后立即被置成 S_0 状态，使 S_M 状态仅在极短的瞬间出现，在稳定的有效循环中不包括 S_M 状态。这样就实现了自动跳过 $N-M$ 个状态而得到所需的 M 进制计数器。

如果已有的 N 进制计数器具有同步置零输入端，由于置零信号到来后，必须要等到下一个时钟信号到达后才能将计数器置零，这时要得到 M 进制计数器就必须将 S_{M-1} 状态译码输出置零信号。且 S_{M-1} 状态包含在 M 计数器的稳定状态循环中。

【例 7.12】 试采用置零法将 74LS161 和 74LS163 分别接成七进制计数器。

解： 七进制计数器的有效循环状态为 0000→0001→0010→0011→0100→0101→0110→0000。74LS161 具有异步置零输入端，若采用置零法实现七进制计数器，需要选取输出状态 0111 经译码产生一置零信号加到 74LS161 的异步置零输入端即可，如图 7.63 所示。将 Q_2、Q_1、Q_0 接到与非门的输入端，与非门的输出端与 74LS161 的异步置零输入端 $\overline{R}_D$ 相连，当 74LS161 进入状态 $Q_3Q_2Q_1Q_0=0111$ 时，与非门输出低电平，74LS161 异步置零。0111 状态仅在极短的瞬间出现，在稳定的有效循环中不包括 0111 状态，故实现七进制计数。

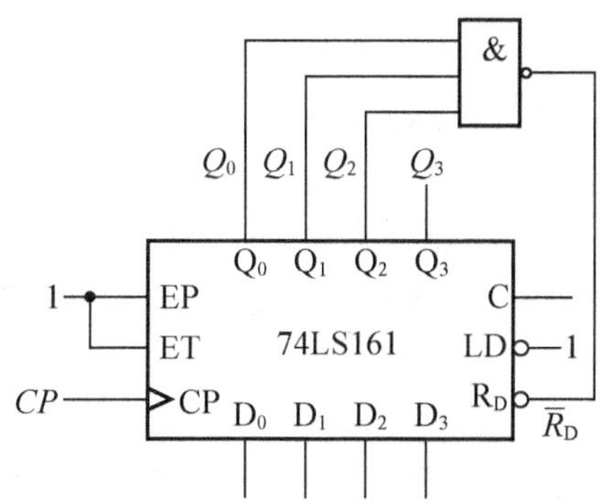

图 7.63　用置零法将 74LS161 接成 7 进制计数器

74LS163 具有同步置零输入端，若采用置零法实现七进制计数器，需要选取输出状态 0110 经译码产生一置零信号加到 74LS163 的同步置零输入端即可，如图 7.64 所示。将 Q_2、Q_1 接到与非门的输入端，与非门的输出端与 74LS163 的同步置零输入端 $\overline{R}_D$ 相连，当 74LS163 进入状态 $Q_3Q_2Q_1Q_0=0110$ 时，与非门输出低电平，74LS163 不会被立即置零，必须在下一个时钟脉冲到来才置零，故在稳定的有效循环中包括 0110 状态，因此电路实现七进制计数。

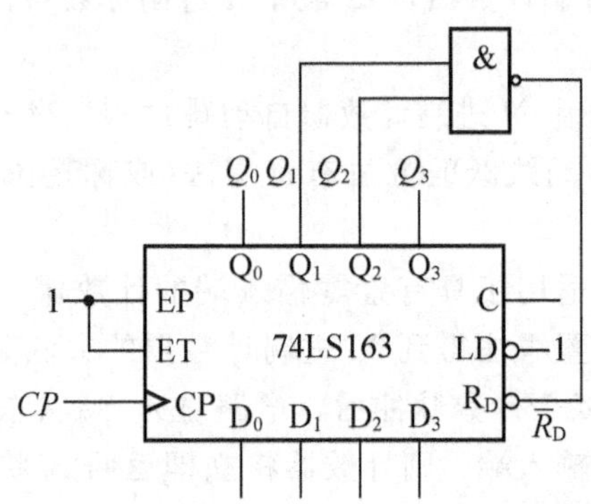

图 7.64　用置零法将 74LS163 接成 7 进制计数器

(2) 置数法

这种方法适用于具有预置数功能的计数器。置数法是通过给计数器重复置入某个数值的方法跳过($N-M$)个状态，从而获得 M 进制计数器。置数操作可以在电路的任一状态下进行。具体方法是：使 N 进制计数器从预置状态开始计数，在计满 M 个状态时，产生一个置数控制信号加到预置数端进行置数，使计数器跳过($N-M$)个状态获得 M 进制计数器。

对于同步预置数计数器，若预置信号从 S_i 状态译出，必须要等到下一个 CP 信号到来时，才能将置入的数据置入计数器中。因此稳定循环中包含 S_i 状态；对于异步预置数计数器，只要预置信号一出现，立即将数据置入计数器中，不受 CP 信号的影响。因此，预置信号应从 S_{i+1} 状态译出。S_{i+1} 状态只在极短的瞬间出现，稳定循环中不包含此状态。

【例 7.13】 试采用置数法将 74LS161 接成七进制计数器。

解： 由于同步预置数计数器 74LS161 具有 16 个有效状态，采用置数法时，置数状态可从这 16 个状态中任选，故实现七进制计数器的方法并不唯一，图 7.65 给出其中的一种方法。

选择从 0011 状态开始，有效循环状态为 0011→0100→0101→0110→0111→1000→1001，将 Q_3、Q_0 接到与非门的输入端，与非门的输出端与 74LS161 的同步置数输入端 $\overline{LD}$ 相连，当 74LS161 进入状态 $Q_3Q_2Q_1Q_0=1001$ 时，与非门输出低电平，74LS161 不会被立即置数，必须在下一个时钟脉冲到来才置入 0011 状态，从而跳过其他的状态，得到七进制计数器。

2) $M>N$ 的情况

当 $M>N$ 时，必须将多片 N 进制计数器组合起来，才能形成 M 进制计数器。

如果 M 可分解成两个小于 N 的因数相乘，即 $M=N_1N_2$，则可采用串行进位方式或并行进位方式将一个 N_1 进制计数器和一个 N_2 进制计数器连接起来，构成 M 进制计数器。

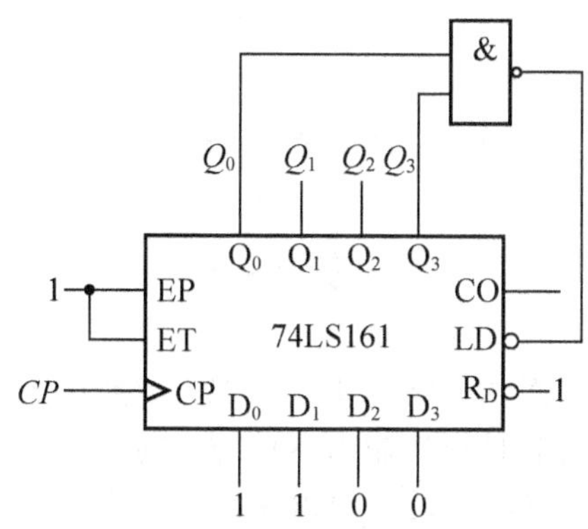

图 7.65　用置数法将 74LS161 接成 7 进制计数器

串行进位方式连接是指低位计数器的进位信号连接到高位计数器的时钟端。

并行进位方式连接是指两个计数器的时钟同时接入计数脉冲，低位进位控制高位的计数使能信号。

【例 7.14】试用两片 74LS161 实现 256 进制计数器。

解：因为 256＝16×16，因此用两片 74LS161 实现二百六十五进制计数器可采用串行进位方式和并行进位方式实现，如图 7.66(a)、图 7.66(b)所示。

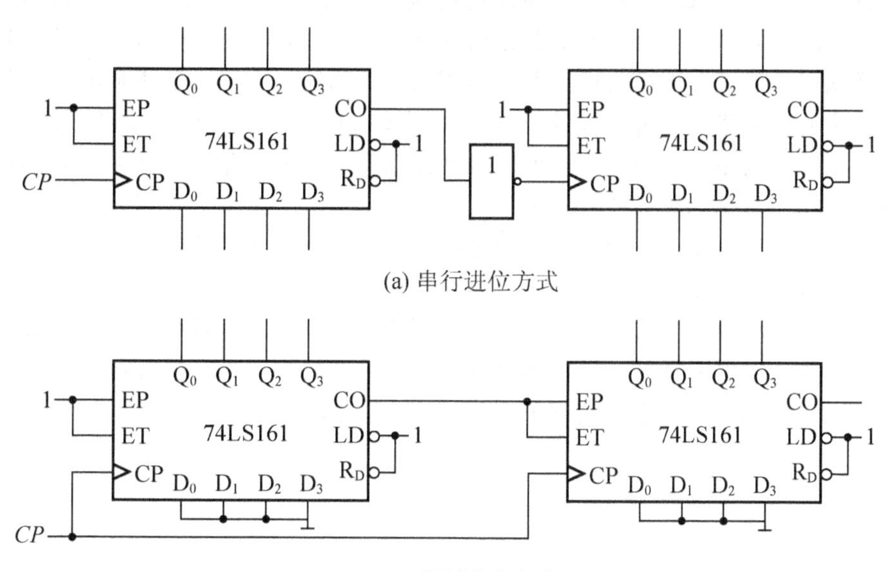

图 7.66　例 7.13 逻辑电路图

如果 M 不能分解成 N_1 和 N_2，构成 M 进制计数器则要采用整体置零方式或整体置数方式。

整体置零(或置数)方式的原理与 $M<N$ 时的置零(或置数)法类似，首先用已有的 N 进制计数器连接成一个大于 M 进制的计数器，然后再利用前面介绍的置零(或置数)法实现 M 进制计数器。

知识要点提醒

整体置零方式和整体置数方式对于所有 M>N 的情况都适用。

本章小结

本章介绍了触发器和时序逻辑电路的相关知识；主要讲述了以下内容。

(1) 时序电路的特点是当前时刻的输出不仅与当前时刻的输入有关，还与电路的原状态有关，因此时序电路是有记忆功能的逻辑电路，由组合线路和存储电路两部分组成，其中存储电路一般由若干个触发器构成。

(2) 触发器是数字系统中极为重要的基本逻辑单元，它有两个稳定状态。在触发信号作用下，可以从一种状态转换到另一种状态。触发信号消失后，触发器保持状态不变，即触发器具有记忆能力。每个触发器能存储一位二进制数码。本章中主要介绍了基本 RS 触发器，同步 RS 触发器、主从触发器和边沿触发器的电路结构、工作原理及动作特点。

(3) 同步时序电路逻辑功能有多种描述方法。同步时序电路分析的关键是要求出电路的输出方程、驱动方程和状态方程，进而做出状态转换表、状态图或时序图，依据这些描述方法来分析电路的逻辑功能；同步时序电路设计的关键是能正确建立原始状态表(图)，并能通过化简获得最简状态表，再依据最简状态表进行状态编码，然后合理选择触发器类型，并根据编码后的状态转换表求出电路的驱动方程和输出方程，最终画出逻辑电路图。

(4) 异步时序电路的分析与设计方法，与同步时序电路的分析与设计方法基本相同，但是因为异步时序电路没有统一的时钟信号来控制所有存储电路的状态变化，因此，分析时应特别注意状态变化与时钟的对应关系。

(5) 寄存器和计数器是两种常用的时序逻辑电路。寄存器分为数码寄存器和移位寄存器两种，移位寄存器又分为单向移位寄存器和双向移位寄存器。集成移位寄存器使用方便、功能全、输入和输出方式灵活。用移位寄存器不仅可以寄存数码，还可以实现数据的串行—并行转换、数据运算等。计数器是数字系统最常用的时序逻辑器件。计数器的基本功能是对输入时钟脉冲进行累加或累减计数，此外还可用于分频、定时、产生节拍脉冲、数字运算等。

阅读材料

Multisim 应用——用 *74LS160* 构成六十进制计数器

导入案例的数字电子钟中的秒计数和分计数均为六十进制计数器，可以采用具有清零和置数功能的同步十进制加法计数器 *74LS160* 来构成六十进制计数器。

启动 *Multisim 10.0*，出现用户界面后建立如图 *7.67* 所示的电路，是利用两片 *74LS160* 组成的六十进制计数器。其中个位计数器接成十进制形式，十进制计数器选择 Q_C 与 Q_B 做反馈端，经与非门输出来控制清零端，接成六进制形式。个位与十位计数器之间采用同步级联方式，将个位计数器的进位输出端接至十位计数器的使能端，完成个位对十位计数器的进位控制。由显示器件库中选择带译码器的七段数码管显示器分别与两片 *74LS160* 的输出端($Q_D Q_C Q_B Q_A$)连接；选择信号源库中 *1Hz* 方波信号作为时钟源。

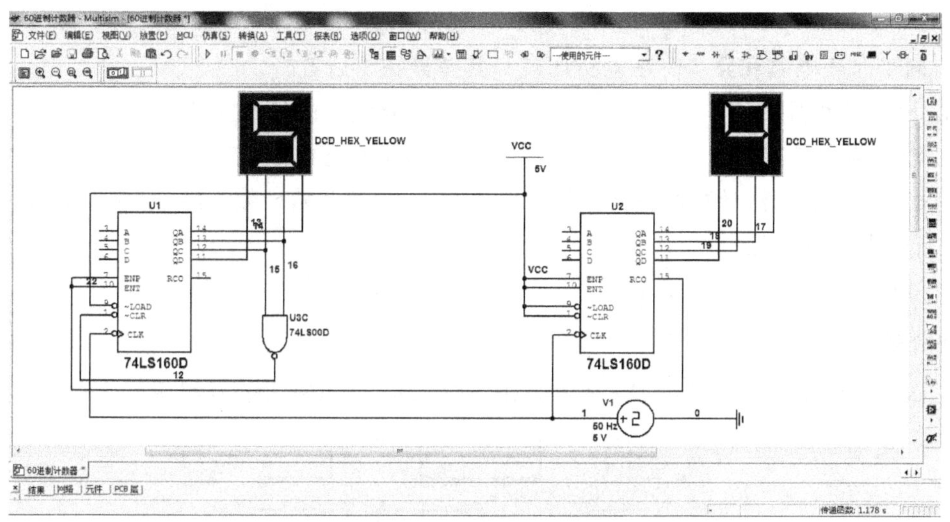

图 7.67　六十进制计数器仿真电路图

观察两个七段数码管显示器是否按照 0～59 计数，由于使用清零法构成六十进制计数器，因此在仿真时有可能出现七段显示器上显示出 60，但是时间非常短，一般人眼很难分辨。

读者也可以采用同步预置数的工作方式设计本计数器，这里不再赘述。

习　　题

一、填空题

1. 触发器具__________个稳定状态，它可储存__________位二进制信息。若要储存 8 位二进制信息需要__________个触发器。

2. 基本 RS 触发器有__________、__________、__________ 3 种可用功能。一个基本 RS 触发器正常工作时的约束条件是__________。

3. 时序电路由__________电路和__________电路两部分组成。

4. 时序电路按照其触发器是否有统一的时钟控制分为__________时序电路和__________时序电路。

5. 集成计数器的模值是一定的，可以采用__________法和__________法改变它们的模值。

二、选择题

1. 下列触发器中，不能克服空翻现象的触发器是(　　)。

A. 边沿型 D 触发器　　　　B. 边沿型 JK 触发器

C. 同步 RS 触发器　　　　D. 主从 JK 触发器

2. 假设 JK 触发器的现态 $Q=0$，要求 $Q^{n+1}=0$，则应使(　　)。

A. $J=\times$，$K=0$　　　　B. $J=0$，$K=\times$

C. $J=1$，$K=\times$　　　　D. $J=K=1$

3. N 个触发器可以构成最大计数长度(进制数)为(　　)的计数器。

A. N　　　　B. $2N$　　　　C. N^2　　　　D. 2^N

4. 同步时序电路和异步时序电路比较，其差异在于后者(　　)。

A. 没有触发器　　　　B. 没有统一的时钟脉冲控制

C. 没有稳定状态　　　　D. 输出只与内部状态有关

5. 4 位二进制加法计数器正常工作时，从 0000 状态开始计数，经过 43 个输入计数脉冲后，计数器的状态是(　　)。

A. 0011　　　　B. 1011　　　　C. 1010　　　　D. 1101

三、综合题

1. 试画出图 7.3 所示基本 RS 触发器在如图 7.68 所示输入信号作用下的输出波形。

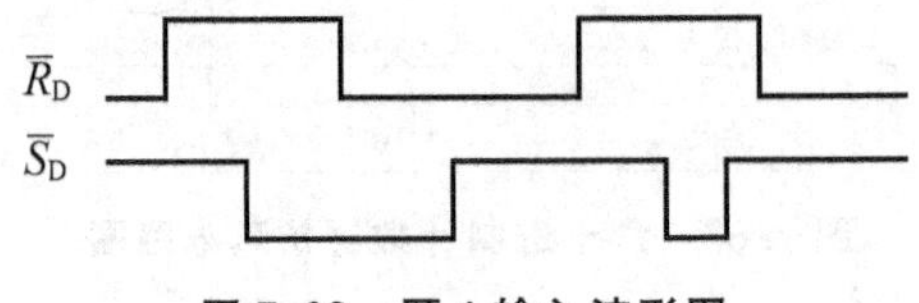

图 7.68　题 1 输入波形图

2. 图 7.69 所示是由两个与或非门组成的电路，分析电路功能，写出特性方程并列出状态转换表。

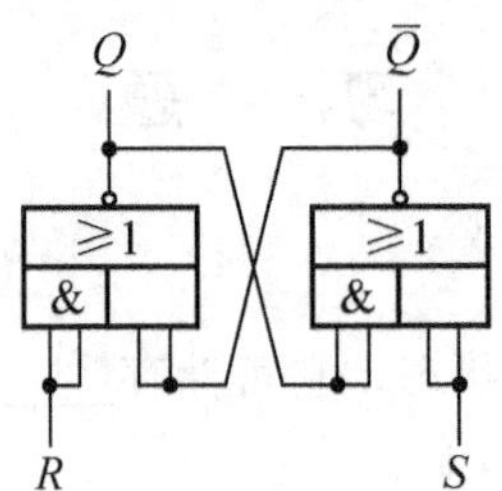

图 7.69　题 2 图

3. 设各触发器的初态均为 0，试画出如图 7.70 所示电路在 CP 脉冲作用下的 Q 端波形。

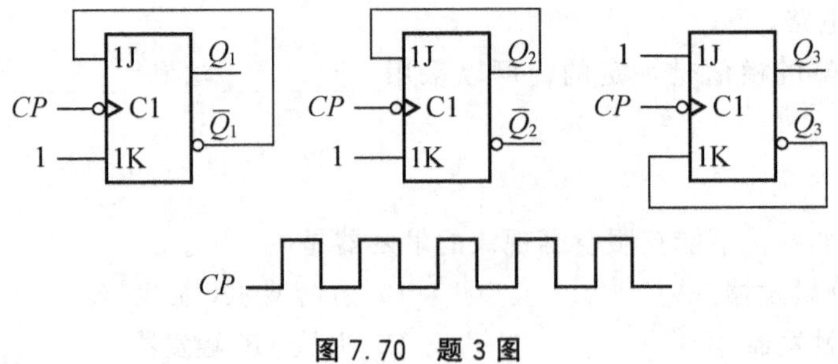

图 7.70　题 3 图

4. 分析图 7.71 所示电路，写出它的驱动方程、状态方程和输出方程，列出状态表并画出状态图。

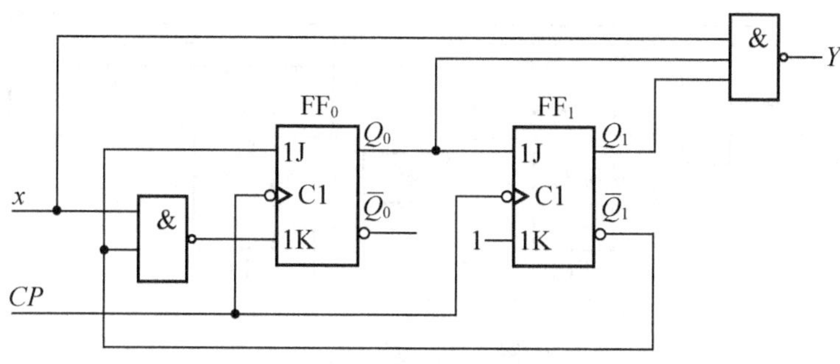

图 7.71　题 4 图

5. 试分析图 7.72 所示同步时序电路逻辑功能，要求列出电路的驱动方程、输出方程、状态方程，画出状态图。

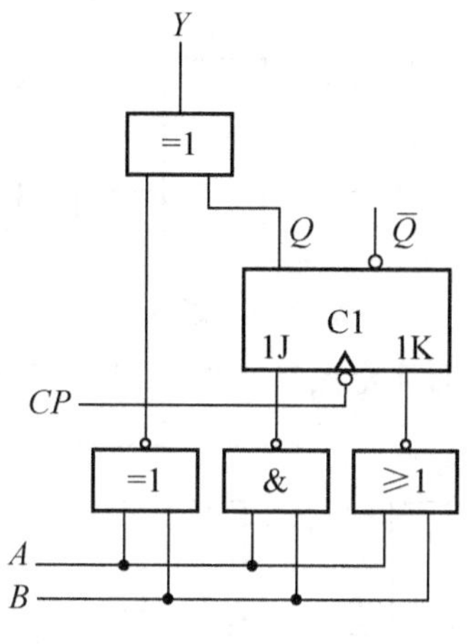

图 7.72　题 5 图

6. 试分析图 7.73 所示同步时序电路逻辑功能，要求列出电路的驱动方程、输出方程、状态方程，画出状态图和时序图，设电路的初始状态为 000。

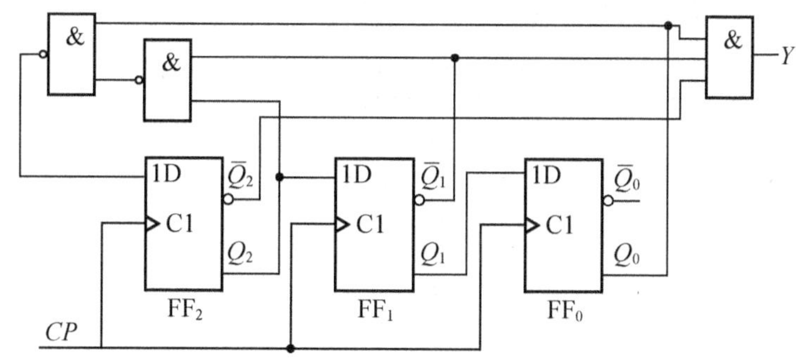

图 7.73　题 6 图

7. 试分析图 7.74 所示同步时序电路逻辑功能，要求列出电路的驱动方程、输出方程、状态方程，画出状态图。

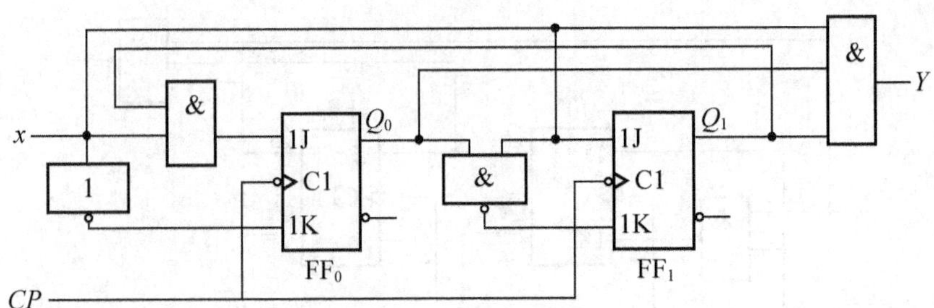

图 7.74　题 7 图

8. 试分析图 7.75 所示异步时序电路功能，要求列出电路的驱动方程、状态方程，画出状态图。

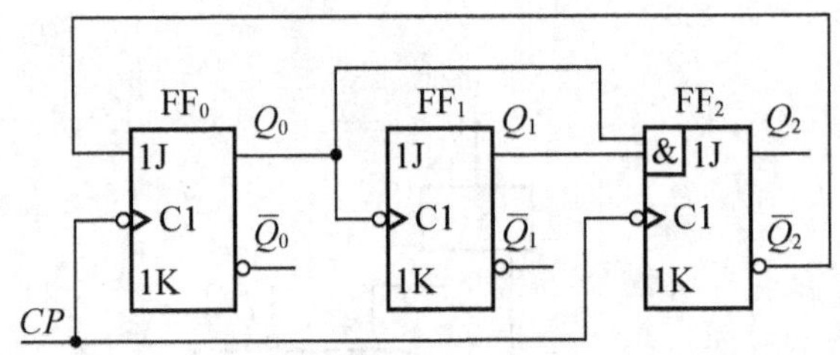

图 7.75　题 8 图

9. 试分析图 7.76 所示异步时序电路功能并画出状态图。

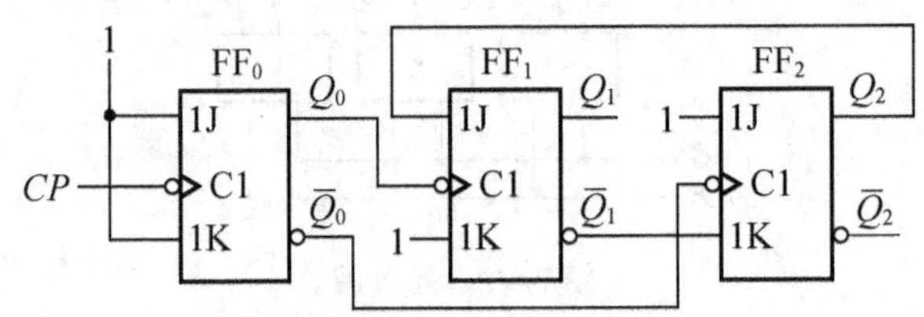

图 7.76　题 9 图

10. 试构建串行二进制减法器的原始状态表。

11. 化简表 7-29 所示的原始状态表。

表 7-29　原始状态表

S \ x	0	1
S_0	S_1，0	S_2，1
S_1	S_3，0	S_4，1
S_2	S_5，1	S_6，0
S_3	S_1，0	S_2，1
S_4	S_1，0	S_2，1
S_5	S_1，0	S_2，1
S_6	S_1，0	S_2，1

S^{n+1}，Y

12. 试用 JK 触发器设计一个同步六进制加法计数器。

13. 试用 D 触发器设计一个同步可控计数器，当 $M=0$ 时，其状态迁移为

100 → 101 → 001 → 011 → 010 → 110（110 返回 100）

当 M=1 时，其状态迁移为

100 → 110 → 010 → 011 → 001 → 101（101 返回 100）

14. 试分析图 7.77 所示时序电路的功能。

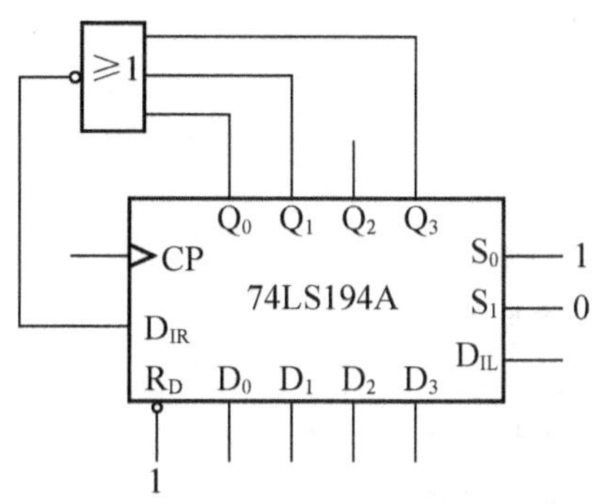

图 7.77　题 14 图

15. 试用 74LS161 构成十三进制计数器，要求分别采用置零法和置数法实现，并画出接线图。

16. 试用两片 74LS290 构成三十六进制计数器，画出电路图。

17. 用与非门和 JK 触发器设计一个同步时序线路，以检测输入的信号序列是否为连续的“110”。

第8章

信息存储与信号产生、变换电路

学习目标

熟悉只读存储器的结构、工作原理；

熟悉随机存取存储器的工作原理；

熟悉555定时器的基本电路结构、工作原理及特点；

掌握555定时器构成的施密特触发器、多谐振荡器和单稳触发器的方法；

掌握数/模与模/数转换的基本原理。

导入案例

555定时器简介。

555定时器是一种集成电路芯片，常被用于定时器、脉冲发生器和振荡电路。它由Hans R. Camenzind于1971年为西格尼蒂克公司设计。西格尼蒂克公司后来被飞利浦公司并购。由于其易用性、低廉的价格和良好的可靠性，直至今日仍被广泛应用于电子电路的设计中。许多厂家都生产555芯片，包括采用双极型晶体管的传统型号和采用CMOS设计的版本。555被认为是当前年产量最高的芯片之一，仅2003年，就有约10亿枚的产量。

NE555的工作温度范围为0～70℃，军用级的SE555的工作温度范围为－55～＋125℃。555的封装分为高可靠性的金属封装(用T表示)和低成本的环氧树脂封装(用V表示)，所以555的完整标号为NE555V、NE555T、SE555V和SE555T。一般认为555芯片名字的来源是其中的3枚5kΩ电阻，但Hans Camenzind否认这一说法并声称他是随意取的这3个数字。

555还有低功耗的版本，包括7555和使用CMOS电路的TLC555。7555的功耗比标准的555更低，而且其生产商宣称7555的控制引脚并不像其他555芯片那样需要接地电容，同时供电与地之间也不需要消除毛刺的去耦电容。图8.1所示为NE555的外形图。

图8.1　555定时器

知识结构

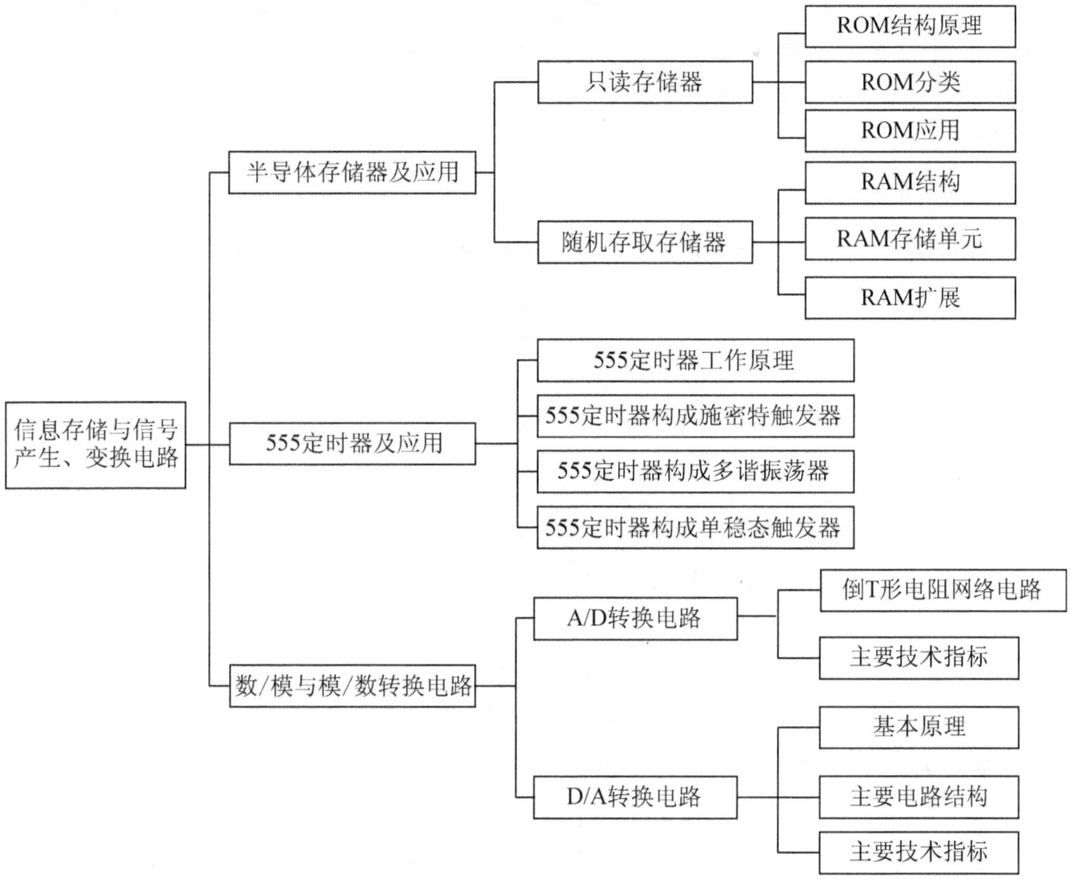

- 信息存储与信号产生、变换电路
  - 半导体存储器及应用
    - 只读存储器
      - ROM结构原理
      - ROM分类
      - ROM应用
    - 随机存取存储器
      - RAM结构
      - RAM存储单元
      - RAM扩展
  - 555定时器及应用
    - 555定时器工作原理
    - 555定时器构成施密特触发器
    - 555定时器构成多谐振荡器
    - 555定时器构成单稳态触发器
  - 数/模与模/数转换电路
    - A/D转换电路
      - 倒T形电阻网络电路
      - 主要技术指标
    - D/A转换电路
      - 基本原理
      - 主要电路结构
      - 主要技术指标

数字系统中使用的集成电路除组合电路和时序电路外，还有信息存储及信号产生与变换电路。它们常用于存储二进制信息，产生各种宽度、幅值的脉冲信号，对信号进行变换、整形以完成从模拟信号到数字信号之间的转换等。本章将介绍几种常用的信息存储、信号产生与变换电路及其应用。

8.1　半导体存储器及其应用

半导体存储器是一种能存储大量二进制信息的半导体器件，可以存放各种程序操作指令、数据和资料。半导体存储器具有集成度高、容量大、体积小、存储速度快、功耗低等优点，是现代数字系统特别是计算机中的重要组成部分。

半导体存储器的种类很多，按存取方式可分为只读存储器和随机存取存储器；按制造工艺可分为双极型存储器和 MOS 型存储器。双极型存储器速度快，但功耗大；MOS 型存储器速度较慢，但功耗小，集成度高。

8.1.1 只读存储器(ROM)

只读存储器(Read Only Memory，ROM)在正常工作状态下，数据只能从存储器中读出，不能写入。ROM 所存储的信息在断电以后也不会丢失，常用来存放固定的信息。ROM 的种类很多，根据数据写入的方式不同可分为掩膜 ROM、可编程 ROM(简称 PROM)、可擦除的可编程 ROM(简称 EPROM)、电可擦除可编程 ROM(简称 E^2PROM)、快闪存储器(Flash Memory)等类型。

1. ROM 的电路结构和工作原理

ROM 通常由地址译码器、存储矩阵和输出缓冲器三部分组成，其结构如图 8.2 所示。

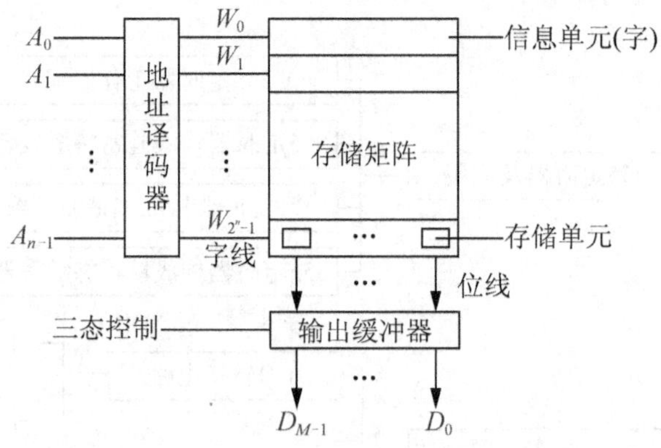

图 8.2 ROM 结构图

存储矩阵是存放信息的主体，由许多存储单元排列组成。一个存储单元只能存储 1 位二进制数码(0 或 1)，1 个或若干个存储单元组成 1 个“字”，为了存取信息方便，每个字都对应一个确定的地址代码。图 8.2 中，W_0，W_1，…，W_{N-1} 是存储矩阵的输入线，共 $N=2^n$ 条，称为字线。D_0，D_1，…，D_{M-1} 为存储矩阵的输出线，称为位线。字线与位线的交点，即是存储矩阵的存储单元。存储单元的个数代表了存储器的存储容量，所以存储器的存储容量为 $M\times N$。通常存储单元可以由二极管、双极型晶体管或者 MOS 管构成。

地址译码器有 n 条地址输入线 A_0，A_1，…，A_{n-1}，可以组合成 $N=2^n$ 个地址码，对应于 N 条字线。每当给定一组输入地址代码时，译码器只有一条字线 W_i 被选中，该字线可以在存储矩阵找到一个对应的“字”，并将字中的 M 位数码送至输出缓冲器。

输出缓冲器与存储矩阵的输出位线相连，有两方面的作用：一是能提高存储器的带负载能力；二是实现对输出状态的三态控制，以便与系统的总线相连。

图 8.3 所示是一个二极管构成的容量为 4×4 的 ROM 电路，它的地址译码器和存储单元都由二极管构成。由图 8.3 可见，地址译码器是由二极管构成的与门阵列，存储单元是由二极管构成的或门阵列，其存储容量为 4×4=16 位。图 8.3 所示 ROM 具有2 位地址输入 A_0、A_1，4 条字线 W_0、W_1、W_2、W_3，4 条数据线输出，即 4 条位线 D_0、D_1、D_2、

D_3。2 位地址代码可决定 4 个不同的地址，每输入一个地址，地址译码器的字线 $W_0 \sim W_3$ 中将有一根为高电平，其余为低电平。当字线 W_i 为高电平时，位线 $D_0 \sim D_3$ 上输出 4 位码，有二极管的存储单元为 1，二极管导通，D_i 输出为高电平；无二极管的存储单元为 0，位线输出亦为 0。当输出控制端 $\overline{EN}=0$ 时，数据经 4 条位线并通过三态门从 $D_0 \sim D_3$ 上输出。

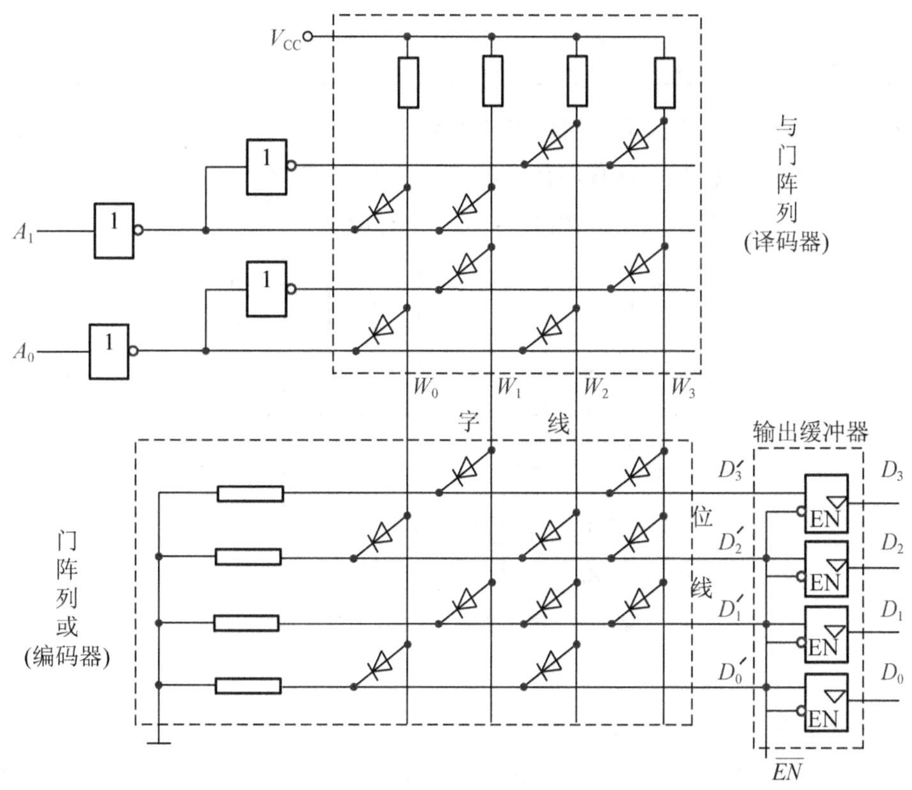

图 8.3　二极管 ROM 电路图

由图 8.3 可得地址译码器的输出表达式为

$$\left.\begin{aligned} W_0 &= \overline{A}_1\overline{A}_0 \\ W_1 &= \overline{A}_1 A_0 \\ W_2 &= A_1\overline{A}_0 \\ W_3 &= A_1 A_0 \end{aligned}\right\} \tag{8-1}$$

存储单元的输出表达式为

$$\left.\begin{aligned} D_0 &= W_0 + W_2 \\ D_1 &= W_1 + W_2 + W_3 \\ D_2 &= W_0 + W_2 + W_3 \\ D_3 &= W_1 + W_3 \end{aligned}\right\} \tag{8-2}$$

ROM 全部 4 个地址内的存储内容见表 8-1。

表 8-1 图 8.3 所示 ROM 中存储的数据

地址		字线				数据			
A_1	A_0	W_3	W_2	W_1	W_0	D_3	D_2	D_1	D_0
0	0	0	0	0	1	0	1	0	1
0	1	0	0	1	0	1	0	1	0
1	0	0	1	0	0	0	1	1	1
1	1	1	0	0	0	1	1	1	0

图 8.3 所示 ROM 电路也可以用如图 8.4 所示阵列图简化表示，在阵列图中，每个交叉点表示一个存储单元，有二极管的存储单元打“·”，否则不打。

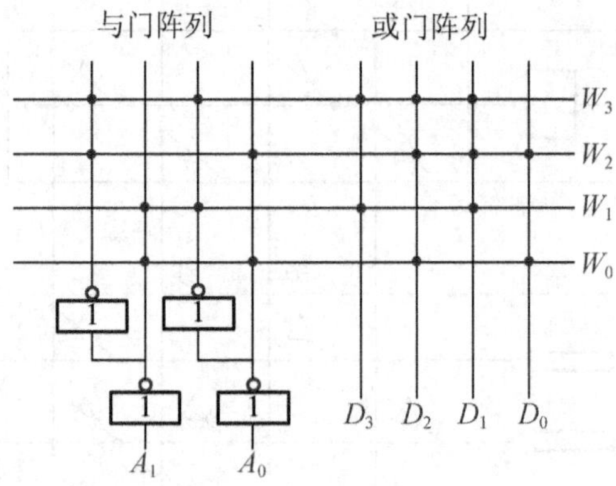

图 8.4 图 8.3 所示 ROM 的阵列图

知识要点提醒

不同类型的 *ROM*，存储矩阵中存储单元结构不同，控制电路也有所不同，但基本结构和工作原理不变。

2. ROM 的分类

ROM 一般需由专用装置写入数据。按照数据写入方式不同，ROM 可分为以下几种。

(1) 固定 ROM，也称掩膜 ROM。这种 ROM 在制造时，厂家利用掩膜技术直接把数据写入存储器中，ROM 制成后，其存储的数据也就固定不变了，用户无法修改，断电后信息也不会丢失。常用来存储固定的程序和数据。

(2) 可一次编程 ROM(PROM)。PROM 在出厂时无任何信息存储，存储单元可视为全 1(或全 0)，用户可根据自己的需要，利用编程器将某些单元改写为 0(或 1)。PROM 一旦进行了编程，就不能再修改了。

(3) 光可擦除可编程 ROM(EPROM)。EPROM 是采用浮栅技术生产的可编程存储器，它的存储单元多采用 N 沟道 MOS 管，信息的存储是通过 MOS 管浮栅上的电荷分布来决定的，编程过程就是一个电荷注入过程。编程结束后，尽管撤除了电源，但由于绝缘层的包围，注入到浮栅上的电荷无法泄漏，因此电荷分布维持不变，EPROM 也就成为非易失性存储器件了。

当外部能源(如紫外线光源)加到 EPROM 上时，EPROM 内部的电荷分布才会被破坏，此时聚集在 MOS 管浮栅上的电荷在紫外线照射下形成光电流被泄漏掉，使电路恢复到初始状态，从而擦除了所有写入的信息。这样 EPROM 又可以写入新的信息。

(4) 电可擦除可编程 ROM(E^2PROM)。E^2PROM 也是采用浮栅技术生产的可编程 ROM，但构成其存储单元的是浮栅隧道氧化层 MOS 管，浮栅隧道氧化层 MOS 管也是利用浮栅是否存有电荷来存储二值数据的，不同的是浮栅隧道氧化层 MOS 管是用电擦除的，并且擦除的速度要快的多(一般为毫秒数量级)。

E^2PROM 的电擦除过程就是改写过程，它具有 ROM 的非易失性，又具备类似 RAM 的功能，可以随时改写(可重复擦写 1 万次以上)。目前，大多数 E^2PROM 芯片内部都备有升压电路。因此，只需提供单电源供电，便可进行读、擦除/写操作，这为数字系统的设计和在线调试提供了极大方便。

(5) 快闪存储器(Flash Memory)。快闪只读存储器是在吸收 E^2PROM 擦写方便和 EPROM 结构简单、编程可靠的基础上研制出来的一种新型器件，它是采用一种类似于 EPROM 的单管叠栅结构的存储单元制成的新一代用电信号擦除的可编程 ROM。

3. ROM 的应用

从以上的分析可知，只读存储器 ROM 的与门阵列实现对输入变量的译码，产生变量的全部最小项，或门阵列完成有关最小项的或运算，因此从理论上讲，利用 ROM 可以实现任何组合逻辑函数。

【例 8.1】 试用 ROM 实现下列逻辑函数。

$$F_1 = A \oplus B$$

$$F_2 = AB + AC + BC$$

$$F_3 = AB + BC + \overline{B}\,\overline{C}$$

$$F_4 = \overline{A}\,\overline{C} + B\overline{C} + A\overline{B}C$$

解： 写出各逻辑函数的最小项表达式为

$$F_1 = \sum(2,3,4,5)$$

$$F_2 = \sum(3,5,6,7)$$

$$F_3 = \sum(0,3,4,6,7)$$

$$F_4 = \sum(0,2,5,6)$$

选取有 3 位地址输入，4 位输出的 8×4 位的 ROM，将 3 个输入变量 A、B、C 分别接至地址输入端 A_2、A_1、A_0，再按各逻辑函数的最小项表达式存入相应的数据，即可在数据输出端 D_3、D_2、D_1、D_0 得到逻辑函数 F_3、F_2、F_1、F_0。用 ROM 实现的 4 个逻辑函数的阵列图如图 8.5 所示。

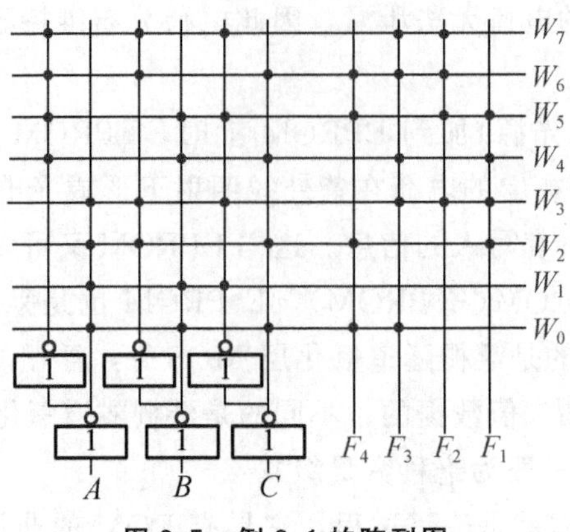

图 8.5　例 8.1 的阵列图

8.1.2　随机存取存储器(RAM)

随机存取存储器(Random Access Memory，RAM)也称为随机读/写存储器。在 RAM 工作时可以随时从任一指定的地址读出数据，也可以随时将数据写入任一指定的存储单元中去。读出操作时原信息保留，写入操作时，新的信息取代原信息。RAM 的优点是读/写方便、使用灵活，缺点是数据容易丢失，即一旦失电，存储器中所存的数据会全部丢失。

1. RAM 的电路结构

图 8.6 所示为 RAM 的电路结构图，主要由存储矩阵、地址译码器和读/写控制电路 3 部分组成。

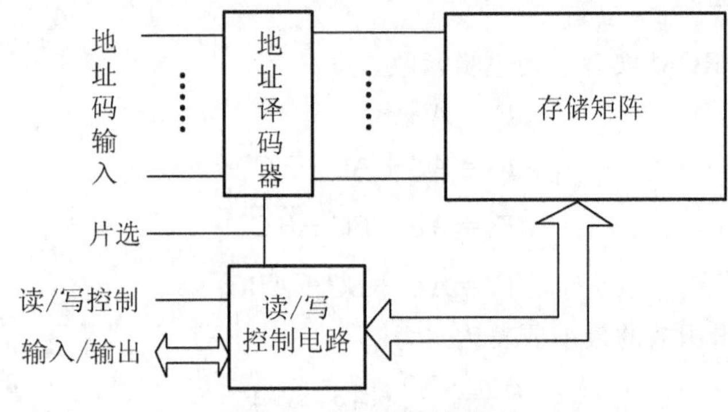

图 8.6　RAM 电路结构图

存储矩阵是存储器的主体，由若干个存储单元组成，每个存储单元可存放一位二进制数码(0 或 1)。在译码器和读/写控制电路的控制下完成读/写操作。通常 RAM 以字为单位进行数据的读/写，为区别不同的字，将存放同一个字的存储单元编成一组，并赋予一个号码，称为地址，不同的单元有不同的地址，在进行读/写操作时，可以按照地址选择要访问的单元。

地址译码器的作用是将输入的地址信号译成有效的行选通信号和列通选信号，从而选中相应的存储单元。RAM 中的地址译码器常用双译码结构。即将输入地址分成行地址和列地址两部分，分别由行地址译码器和列地址译码器译码。其优点是可以减少字线数量。

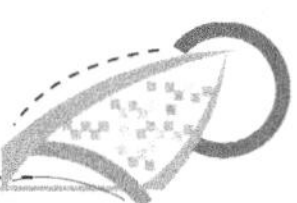

读/写控制电路用于对 RAM 进行读出和写入的控制。通常读/写控制电路设有片选线($\overline{CS}$)和读/写控制线($R/\overline{W}$)。其中片选信号$\overline{CS}$低电平有效，当$\overline{CS}=0$时，RAM 可以进行正常的数据读/写；当$\overline{CS}=1$时，RAM 输出呈高阻状态，此时 RAM 不能进行正常的数据读/写操作。读/写控制信号 $R/\overline{W}$ 用于对 RAM 进行读出和写入的操作，当 $R/\overline{W}=1$ 时，进行读出操作；当 $R/\overline{W}=0$ 时，进行写入操作。

根据存储单元的工作原理不同，RAM 可分为静态 RAM(SRAM)和动态的 RAM(DRAM)两种。SRAM 依靠触发器存储二进制信息，存储容量较小；DRAM 依靠存储电容存储二进制信息，存储容量较大。

2. SRAM 的存储单元

常用的 SRAM 存储单元有 MOS 型和双极型两种，图 8.7 所示是由 6 个 MOS 管(T_1～T_6)和读/写控制电路构成的 6 管 CMOS 静态存储单元。

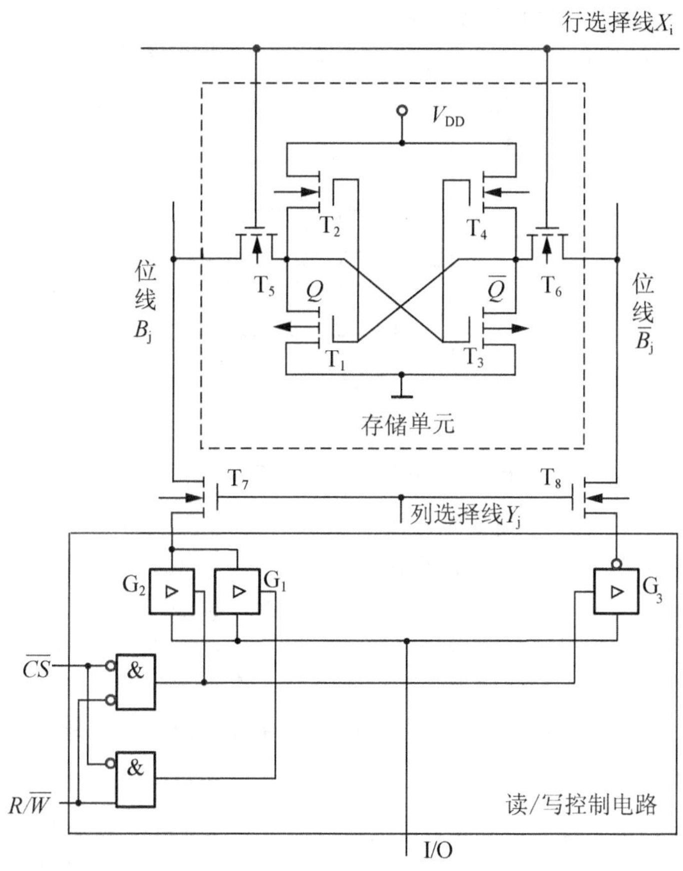

图 8.7　6 管 CMOS 静态存储单元

在图 8.7 电路中，T_1和T_2、T_3和T_4分别构成两个反相器，它们的输入与输出交叉连接，构成基本 RS 触发器，用以存储 1 位二值信息 0 或 1。T_5和T_6是存储单元的行门控管，起模拟开关作用，用来控制基本 RS 触发器的 Q、$\overline{Q}$ 输出端和位线 B_j、$\overline{B}_j$ 之间的联系；T_5、T_6由行控制信号 X_i 控制，当 $X_i=1$ 时，T_5、T_6导通，触发器 Q、$\overline{Q}$ 输出端和位

线 B_j、$\overline{B}_j$ 接通；当 $X_i=0$ 时，T_5、T_6 截止，触发器 Q、$\overline{Q}$ 输出端和位线 B_j、$\overline{B}_j$ 的联系切断，基本 RS 触发器的状态维持不变。T_7、T_8 是列门控管，由列控制信号 Y_j 控制，用来控制位线 B_j、$\overline{B}_j$ 与读/写控制电路之间的接通。$Y_j=1$，T_7、T_8 导通；$Y_j=0$，T_7、T_8 截止。

存储单元所在的行和列同时被选中后，$X_i=1$，$Y_j=1$，T_5～T_8 均导通，Q 和 $\overline{Q}$ 分别接通 B_j 和 $\overline{B}_j$。这时，如果 $\overline{CS}=0$、$R/\overline{W}=1$，则读/写控制电路的三态门 G_1 打开，G_2 和 G_3 关闭，基本 RS 触发器的状态 Q 经 G_1 送到 I/O 端，完成数据的读出。如果 $\overline{CS}=0$、$R/\overline{W}=0$，则读/写控制电路的三态门 G_2 和 G_3 打开，G_1 关闭，外电路输入 I/O 端的数据被写入存储单元。

3. DRAM 的存储单元

DRAM 存储单元是利用 MOS 管栅极电容可以在短时间内暂时存储电荷来记录信息的。由于漏电流的存在，栅极电容上存储的电荷不能长期保持不变。为防止信息丢失，需定时给栅极电容补充电荷，即所谓的刷新。

DRAM 存储单元有单管、3 管和 4 管等几种形式，现以单管 DRAM 为例分析 DRAM 存储信息的原理。其电路结构如图 8.8 所示，它由 MOS 管 T 和存储电容 C_S 组成。

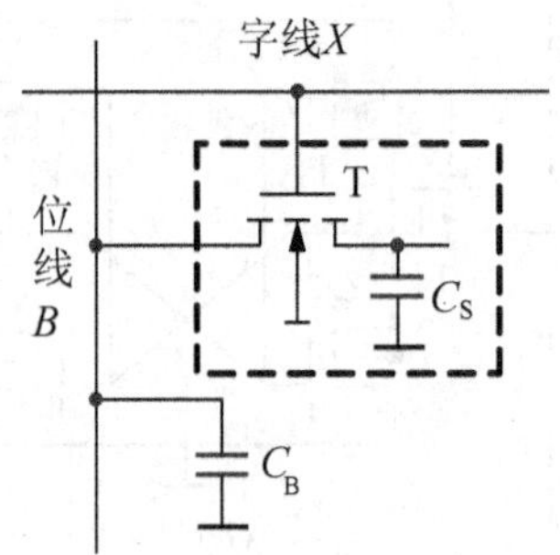

图 8.8　单管 MOS 动态存储单元

进行写操作时，字线 X 加高电平，使 T 导通，位线 B 上的信息经过 T 存储到 C_S 上。进行读操作时，X 同样加高电平，使 T 导通，C_S 经过 T 向位线上的 C_B 提供电荷，可在 B 上读出数据。由于 $C_B \geqslant C_S$，读操作时 C_S 上的部分电荷转移到 C_B 上，使 C_S 上所存的电荷要损失一次，所以每次读出后都需对电路进行一次刷新，以维持 C_S 上所存储的信息。

单管动态存储单元是所有存储单元中电路结构最简单的一种，虽然它的外围控制电路比较复杂，但是，由于它在提高集成度方面的优势明显，成为大容量 DRAM 的首选技术。

4. RAM 的扩展

在实际应用中，经常需要大容量的 RAM。在单片 RAM 芯片容量有限无法满足要求时，就需要进行扩展，将多片 RAM 组合起来，构成容量更大的存储器。RAM 的扩展分为位扩展和字扩展两种。

当存储器的字长不够用时，可进行位扩展。位扩展可以利用芯片并联的方式实现。图 8.9 所示是用 8 片 1024×1 bit RAM 扩展成的 1024×8 bit RAM 的存储系统图。图 8.9 中 8 片 RAM 的所有地址线、$R/\overline{W}$、$\overline{CS}$ 分别对应并联在一起，而每片的 I/O 端均作为扩展后总输出的一位。

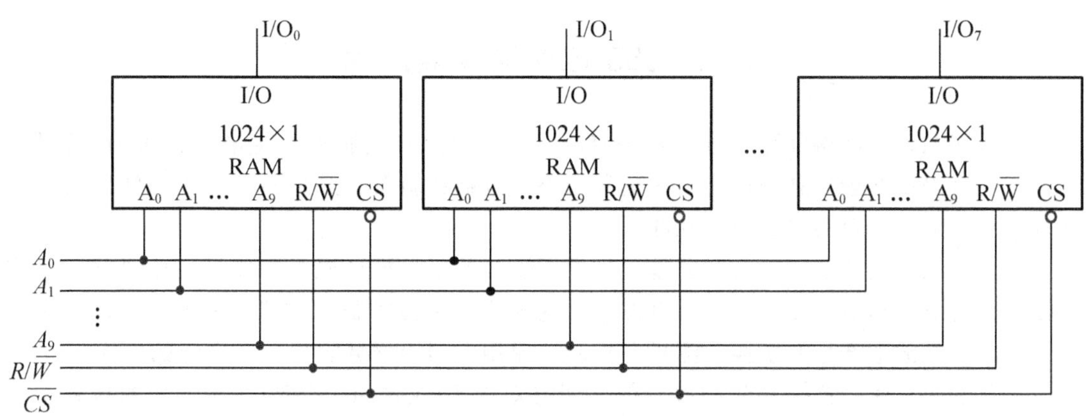

图 8.9 RAM的位扩展方法示意图

当存储器的字长满足要求，但字数不够用时，可进行字扩展。字扩展可以利用外加译码器控制芯片的片选 $\overline{CS}$ 输入端来实现，图 8.10 所示是用 8 片 1K×8 bit RAM 构成的 8K×8 bit RAM 的存储系统图。

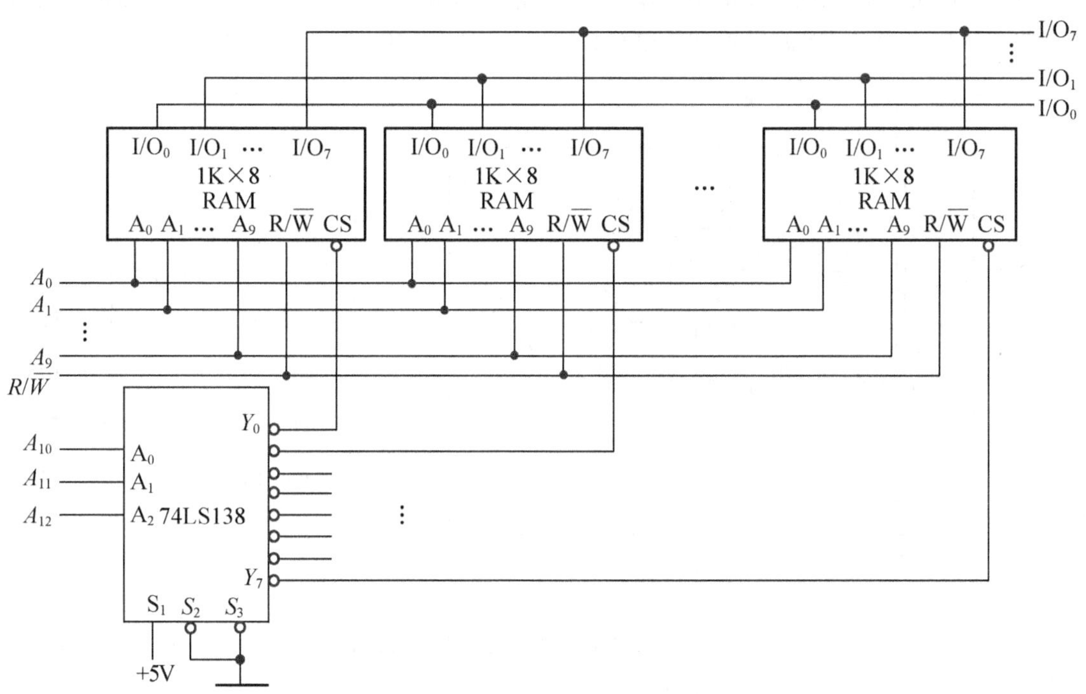

图 8.10 RAM字扩展方法示意图

图 8.10 中 I/O 线，$R/\overline{W}$ 线和地址线 $A_0 \sim A_9$ 是并联起来的，高位地址码 A_{10}、A_{11} 和 A_{12} 经 74LS138 译码器 8 个输出端分别控制 8 片 1K×8 bit RAM 的片选端，以实现字扩展。

知识要点提醒

如果需要，还可以同时采用位扩展和字扩展的方法扩大 *RAM* 的容量。

8.2 555 定时器及其应用

在数字系统中获得脉冲信号的方法有两种：一种是利用脉冲产生电路如多谐振荡器，直接产生所需要的矩形脉冲；另一种是利用整形电路如施密特触发器和单稳态触发器，将已有信号整形为符合要求的矩形脉冲。

导入案例中提到的 555 定时器是一种多用途的数字—模拟混合中规模集成电路，只需外接少量的电阻和电容元件，就可以方便地构成施密特触发器、多谐振荡器和单稳态触发器。因此，在波形产生和变换、测量和控制、家用电器等领域都得到了广泛的应用。

目前 555 定时器产品型号很多，但是所有双极型(又称 TTL 型)产品型号的最后 3 位都是 555；所有单极型(又称 CMOS 型)产品型号的最后 4 位都是 7555。而且两种类型产品的结构、工作原理及外部引脚排列都基本相同。

8.2.1 555 定时器工作原理

图 8.11 是国产双极型定时器 CB555 的电路结构和引脚排列图，555 定时器由电压比较器 C_1 和 C_2、基本 RS 触发器和放电三极管 T_D 3 部分组成。

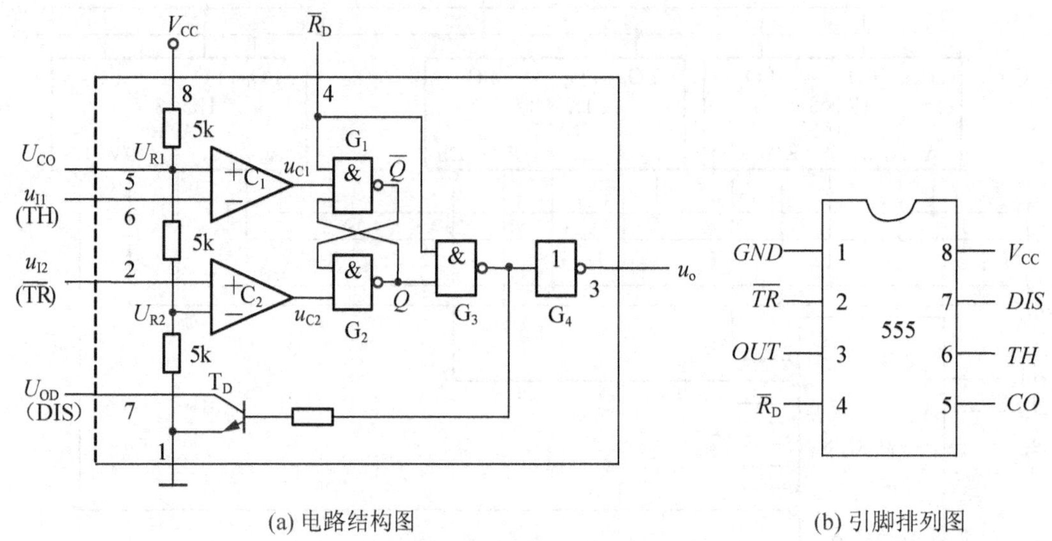

(a) 电路结构图　　(b) 引脚排列图

图 8.11　555 定时器电路结构和引脚排列图

555 定时器由 8 个引脚，各引脚的功能如下。

1 脚 GND：为接地端。

2 脚 $\overline{TR}$：为低触发端，也称为触发输入端，是比较器 C_2 的同相输入端。

3 脚 OUT：为输出端。

4 脚 $\overline{R}_D$：为复位端，当 $\overline{R}_D$ 为低电平时，无论其他输入端状态如何，电路的输出 u_O 立即被置为低电平。因此，在电路正常工作时应将其接高电平。

5 脚 CO：位电压控制端，该引脚外接一个参考电压，可以改变比较器 C_1、C_2 的参

考电压。电路中3个阻值为5kΩ的电阻组成分压器，以形成比较器 C_1 和 C_2 的参考电压 U_{R1} 和 U_{R2}。当该引脚悬空时，$U_{R1}=\frac{2}{3}V_{CC}$，$U_{R2}=\frac{1}{3}V_{CC}$；如果该引脚外接固定电压，则 $U_{R1}=U_{CO}$，$U_{R2}=\frac{1}{2}U_{CO}$。当该引脚不使用时，一般是在其和地之间接一个0.01μF的滤波电容，以提高参考电压的稳定性。

6脚 TH：为高电平，也称为阈值输入端，是比较器 C_1 的反相输入端。

7脚 DIS：为放电端，当基本 RS 触发器的 $\overline{Q}=1$ 时，放电三极管 T_D 导通，DIS脚与地相通，形成放电通路。

8脚 V_{CC}：为电源输入端，正常工作时，该脚接正电源。

由图8.11(a)可知，在正常工作状态下，$\overline{R}_D$ 输入高电平。

当 $u_{I1}>U_{R1}$，$u_{I2}>U_{R2}$ 时，比较器 C_1 的输出 $u_{C1}=0$，较器 C_2 的输出 $u_{C2}=1$，基本 RS 触发器被置0，放电三极管 T_D 导通，输出 u_o 为低电平。

当 $u_{I1}<U_{R1}$，$u_{I2}<U_{R2}$ 时，比较器 C_1 的输出 $u_{C1}=1$，比较器 C_2 的输出 $u_{C2}=0$，基本 RS 触发器被置1，放电三极管 T_D 截止，输出 u_o 为高电平。

当 $u_{I1}>U_{R1}$，$u_{I2}<U_{R2}$ 时，比较器 C_1 的输出 $u_{C1}=0$，比较器 C_2 的输出 $u_{C2}=0$，基本 RS 触发器的 $Q=\overline{Q}=1$，放电三极管 T_D 截止，输出 u_o 为高电平。

当 $u_{I1}<U_{R1}$，$u_{I2}>U_{R2}$ 时，比较器 C_1 的输出 $u_{C1}=1$，比较器 C_2 的输出 $u_{C2}=1$，基本 RS 触发器的状态保持不变，放电三极管 T_D 的状态和输出 u_o 的状态也保持不变。

根据以上的分析，可以得到555定时器的功能表，见表8-2。

表8-2 555定时器功能表

输入			输出	
$\overline{R}_D$	u_{I1}	u_{I2}	u_o	T_D
0	×	×	0	导通
1	$>\frac{2}{3}V_{CC}$	$>\frac{1}{3}V_{CC}$	0	导通
1	$<\frac{2}{3}V_{CC}$	$>\frac{1}{3}V_{CC}$	不变	不变
1	$<\frac{2}{3}V_{CC}$	$<\frac{1}{3}V_{CC}$	1	截止
1	$>\frac{2}{3}V_{CC}$	$<\frac{1}{3}V_{CC}$	1	截止

8.2.2 555定时器构成施密特触发器

施密特触发器是脉冲波形变换和整形中经常使用的一种电路，它的一个重要特点就是能把边沿变化非常缓慢的信号波形，整形成边沿陡峭的矩形脉冲。且具有滞回特性，抗干扰能力强。

将555定时器的 TH 端和 $\overline{TR}$ 端连接在一起作为信号输入端 u_I，便构成了施密特触发器，如图 8.12 所示。在这个电路中，为提高参考电压 U_{R1} 和 U_{R2} 的稳定性，通常在 U_{CO} 端接 0.01μF 的滤波电容。

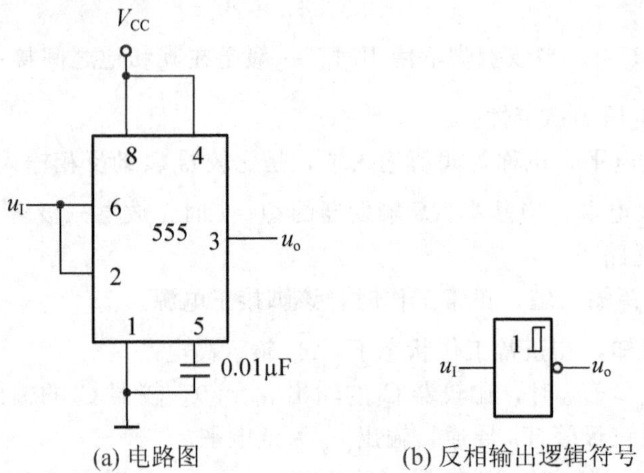

(a) 电路图　　(b) 反相输出逻辑符号

图 8.12　由 555 定时器构成的施密特触发器

施密特触发器的电压传输特性如图 8.13(a)所示。设输入波形为三角波，则施密特触发器的输出波形如图 8.13(b)所示。

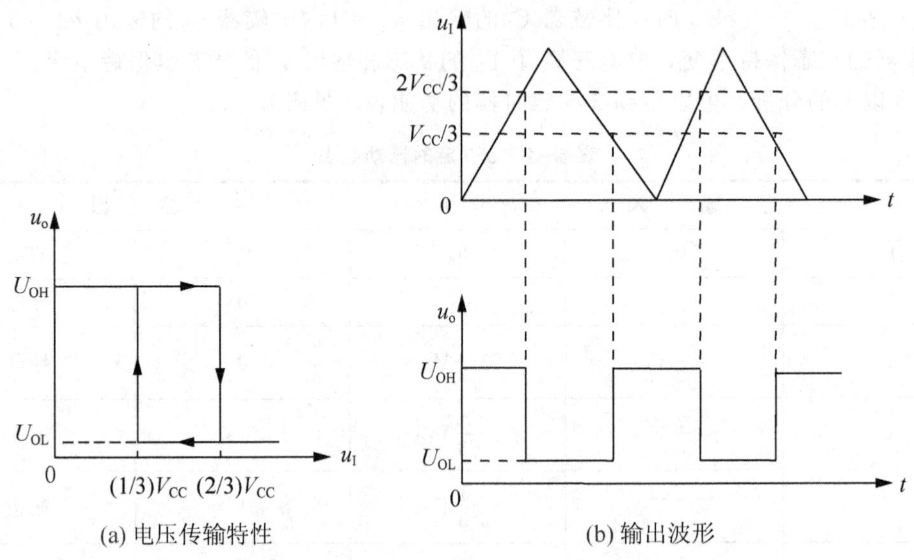

(a) 电压传输特性　　(b) 输出波形

图 8.13　由 555 定时器构成的施密特触发器工作特性

当输入电压 $u_I<\frac{1}{3}V_{CC}$ 时，比较器 C_1 输出 $u_{C1}=1$，C_2 的输出 $u_{C2}=0$，基本 RS 触发器置 1，输出 u_o 为高电平。

当输入电压 $\frac{1}{3}V_{CC}<u_I<\frac{2}{3}V_{CC}$ 时，比较器 C_1 和 C_2 的输出 $u_{C1}=1$，$u_{C2}=1$，基本 RS 触发器保持原状态不变，输出 u_o 仍为高电平。

当输入电压 $u_I \geqslant \frac{2}{3}V_{CC}$ 时，比较器 C_1 输出 $u_{C1}=0$，C_2 的输出 $u_{C2}=1$，基本 RS 触发器置 0，输出 u_o 为低电平。可见，u_I 上升到 $\frac{2}{3}V_{CC}$ 处，输出由高电平翻转为低电平，即 $U_{T+}=\frac{2}{3}V_{CC}$，U_{T+} 称为正向阈值电压。

当 u_I 下降到 $\frac{1}{3}V_{CC}<u_I<\frac{2}{3}V_{CC}$ 时，比较器 C_1 和 C_2 的输出 $u_{C1}=1$，$u_{C2}=1$，基本 RS 触发器保持原状态不变，输出 u_o 仍为低电平。

当 u_I 下降到 $u_I<\frac{1}{3}V_{CC}$ 时，比较器 C_1 输出 $u_{C1}=1$，C_2 的输出 $u_{C2}=0$，基本 RS 触发器置 1，输出 u_o 为高电平。可以看出，当 u_I 下降到 $\frac{1}{3}V_{CC}$ 处，输出由低电平翻转为高电平，即 $U_{T-}=\frac{1}{3}V_{CC}$，U_{T-} 称为负向阈值电压。

图 8.12(a)所示电路是一个典型的反相输出的施密特触发器，逻辑符号如图 8.12(b)所示。该电路的 $U_{T+}=\frac{2}{3}V_{CC}$，$U_{T-}=\frac{1}{3}V_{CC}$，则回差电压为

$$\Delta U_T=U_{T+}-U_{T-}=\frac{1}{3}V_{CC} \tag{8-3}$$

如果参考电压由外接电压 U_{CO} 提供，则 $U_{T+}=U_{CO}$，$U_{T-}=\frac{1}{2}U_{CO}$，$\Delta U_T=\frac{1}{2}U_{CO}$。可见，通过改变 U_{CO} 的值可以调节回差电压 ΔU_T 的大小。

施密特触发器的应用十分广泛，下面通过几个简单的例子说明。

1. 用于波形的整形

矩形波经过传输后波形往往会发生畸变，可通过施密特触发器整形获得比较理想的矩形脉冲波形，如图 8.14 所示。

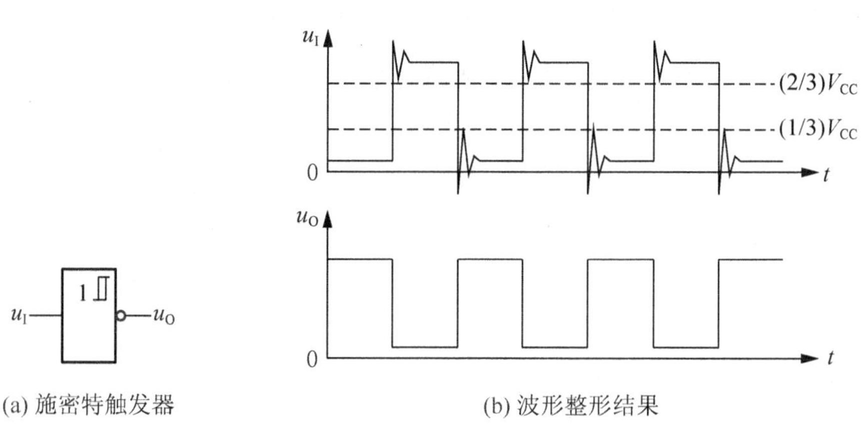

(a) 施密特触发器　　(b) 波形整形结果

图 8.14　施密特触发器应用于波形整形

2. 用于脉冲鉴幅

在施密特触发器的输入端输入一系列幅度不等的矩形脉冲，根据施密特触发器的特

点，对应于那些幅度大于$\frac{2}{3}V_{CC}$的脉冲，才会在输出端产生输出信号；而对于幅度小于$\frac{2}{3}V_{CC}$的脉冲，电路则没有输出，从而达到幅度鉴别的目的，如图 8.15 所示。

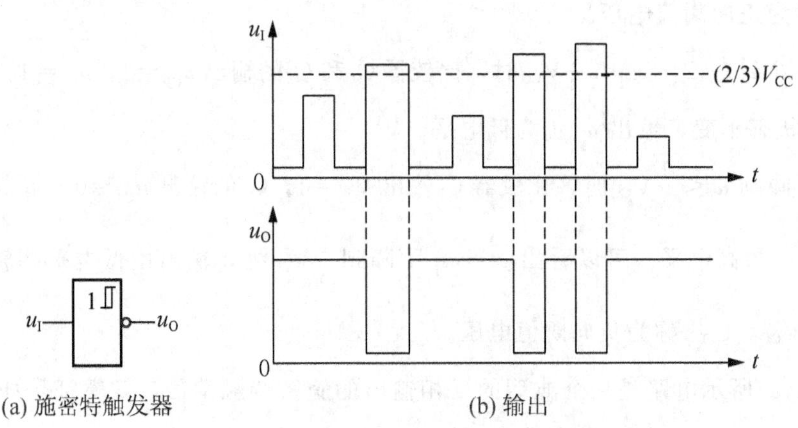

(a) 施密特触发器　　(b) 输出

图 8.15　施密特触发器应用于脉冲鉴幅

3. 构成多谐振荡器

多谐振荡器是常用的矩形脉冲产生电路。它是一种自激振荡器，在接通电源后，不需要外加触发信号，就能自动产生矩形脉冲。由于矩形脉冲中除基波外还含有丰富的高次谐波分量，因此习惯上称之为多谐振荡器。如图 8.16 所示，可以利用施密特触发器构成多谐振荡器。

在接通电源的瞬间，电容 C 上初始电压为 0，输出 u_O 为高电平，并经 R 向 C 充电，当充至 $u_I=\frac{2}{3}V_{CC}$时，施密特触发器翻转，输出 u_O 为变为低电平。电容 C 又经 R 进行放电，当放电至 $u_I=\frac{1}{3}V_{CC}$时，施密特触发器又发生翻转，输出 u_O 又变为高电平。这样周而复始，电路形成振荡，输出端可得到较理想的矩形脉冲。

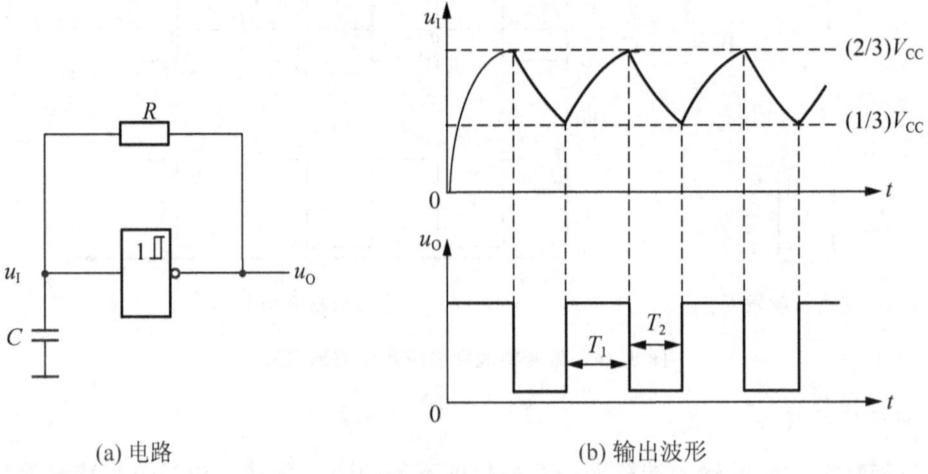

(a) 电路　　(b) 输出波形

图 8.16　施密特触发器构成多谐振荡器

8.2.3　555 定时器构成多谐振荡器

图 8.17(a)所示为由 555 定时器构成的多谐振荡器。其中 R_1、R_2、C 为外接定时元件，接通电源后，电源 V_{CC}经 R_1、R_2对电容 C 充电。555 定时器的复位端 $\overline{R}_D$ 与电源 V_{CC}相连，电压控制端 CO 接 0.01μF 电容起滤波作用，阈值输入端 TH 与触发输入端$\overline{TR}$相连并和电容C 相接，放电三极管 T_D 的集电极接在 R_1、R_2之间。

由于接通电源前，电容 C 上无电荷，即 $u_C=0$，所以在接通电源的瞬间电容 C 来不及充电，此时 $u_C=0$，555 内部的电压比较器 C_1输出为 1，C_2输出为 0，基本 RS 触发器被置 1，输出 u_O 为高电平，放电三极管 T_D 处于截止状态。

接通电源后，电源 V_{CC}经 R_1、R_2对电容 C 充电，当电容 C 的电压 u_C 上升到$\frac{2}{3}V_{CC}$时，比较器 C_1输出为 0，将基本 RS 触发器置 0，输出 u_O 为低电平，放电三极管 T_D 饱和导通。电容 C 通过 R_2和 T_D 放电。当 u_C 下降到$\frac{1}{3}V_{CC}$时，电压比较器 C_2输出为 0，将基本 RS 触发器置 1，输出 u_O 为高电平，放电三极管 T_D 截止，电源 V_{CC}又经 R_1、R_2对电容 C 充电。多谐波振荡器周而复始的重复上述过程，输出高、低电平交替变化的连续脉冲信号。多谐波振荡器的工作波形如图 8.17(b)所示。

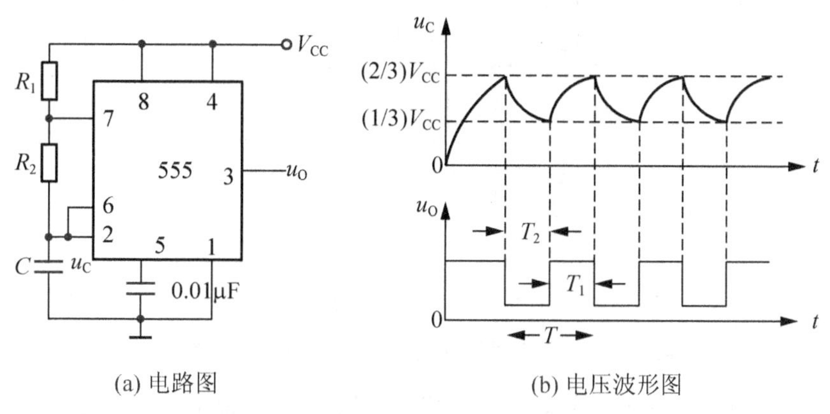

(a) 电路图　　(b) 电压波形图

图 8.17　由 555 定时器构成的多谐振荡器

由图 8.17(b)可见，电容 C 的充电时间为 T_1，即 u_C 从$\frac{1}{3}V_{CC}$上升到$\frac{2}{3}V_{CC}$所需要的时间；放电时间为 T_2，即 u_C 从$\frac{2}{3}V_{CC}$下降到$\frac{1}{3}V_{CC}$所需要的时间。即

$$
\begin{aligned}
T_1 &= (R_1+R_2)C\ln\frac{V_{CC}-U_{T-}}{V_{CC}-U_{T+}} \\
&= (R_1+R_2)C\ln\frac{V_{CC}-\frac{1}{3}V_{CC}}{V_{CC}-\frac{2}{3}V_{CC}} \qquad (8-4) \\
&= (R_1+R_2)C\ln 2
\end{aligned}
$$

$$T_2 = R_2 C\ln\frac{0-U_{T+}}{0-U_{T-}} = R_2 C\ln 2 \tag{8-5}$$

故电路的振荡周期为

$$T = T_1 + T_2 = (R_1 + 2R_2)C\ln 2 \tag{8-6}$$

振荡频率为

$$f = \frac{1}{T} = \frac{1}{(R_1 + 2R_2)C\ln 2} \tag{8-7}$$

通常，将脉冲宽度与重复周期之比称为占空比，图 8.17(a)所示多谐波振荡器输出脉冲的占空比为

$$q = \frac{T_1}{T} = \frac{R_1 + R_2}{R_1 + 2R_2} \tag{8-8}$$

由式(8-8)可知，图 8.17(a)所示多谐波振荡器输出脉冲的占空比 q 总是大于 50%，电路不能输出方波信号。为得到占空比 q 小于或等于 50%的矩形波，可采用如图 8.18 所示的改进电路。由于接入了二极管 D_1 和 D_2，利用其单向导电性，将电容 C 的充电和和放电回路分开，再增加一个调节电位器，就可调节多谐振荡器的占空比。所以图 8.18 所示电路称为占空比可调的多谐振荡器。

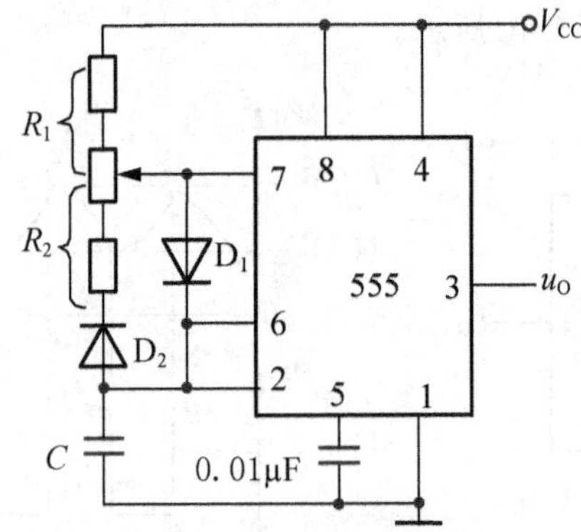

图 8.18　555 定时器构成占空比可调的多谐振荡器

由图 8.18 可知，电源 V_{CC} 通过 R_1 和 D_1 对电容 C 充电；而电容 C 通过 R_2、D_2 和 T_D 放电，因此电容 C 的充、放电时间分别为

$$T_1 = R_1 C\ln 2 \tag{8-9}$$

$$T_2 = R_2 C\ln 2 \tag{8-10}$$

故电路的振荡周期为

$$T = T_1 + T_2 = (R_1 + R_2)C\ln 2 \tag{8-11}$$

所以输出脉冲的占空比为

$$q = \frac{T_1}{T} = \frac{R_1}{R_1 + R_2} \tag{8-12}$$

知识要点提醒

当 $R_1 = R_2$ 时，$q = 50\%$，电路可输出方波信号。

8.2.4 555 定时器构成单稳态触发器

在数字系统中，单稳态触发器经常用来实现脉冲整形、延时(产生滞后于触发脉冲的输出脉冲信号)以及定时(产生固定时间宽度的脉冲信号)功能。

单稳态触发器具有如下特点。

(1) 电路具有稳态和暂态两种不同的工作状态。

(2) 在外来触发信号作用下，电路从稳态翻转到暂态，在暂态维持一段时间，再自动返回稳态。

(3) 暂态维持时间的长短取决于电路本身的参数，与触发脉冲的宽度和幅度无关。

图 8.19(a)所示为由 555 定时器构成的单稳态触发器。电路以 555 定时器的$\overline{TR}$端作为输入端，将 T_D 与阈值输入端 TH 相连，并通过 R 与电源 V_{CC} 相连，同时在 TH 端对地接入电容 C。

图 8.19(a)所示电路中，外加触发信号从触发输入端$\overline{TR}$输入，所以是输入脉冲的下降沿触发。如果没有触发信号时，输入 u_I 处于高电平，则电路处于稳定状态：基本 RS 触发器置 0，电路输出 u_O 为低电平，放电三极管 T_D 饱和导通。

假设接通电源瞬间基本 RS 触发器处于 0 状态，则输出 u_o 为低电平，放电三极管 T_D 导通，电容 C 通过放 T_D 放电至 $u_C \approx 0$。此时电压比较器 C_1 和 C_2 输出 $u_{C1}=u_{C2}=1$，电路输出 u_O 保持低电平不变。

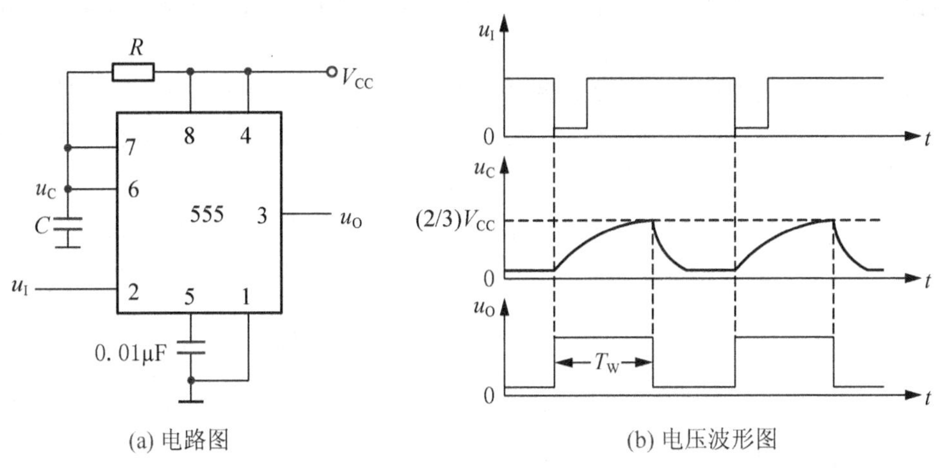

(a) 电路图　　(b) 电压波形图

图 8.19 由 555 定时器构成的单稳态触发器

假设在接通电源瞬间基本 RS 触发器处于 1 状态，则输出 u_O 为高电平，放电三极管 T_D 截止。此时，电源 V_{CC} 通过电阻 R 对电容 C 充电，u_C 的电位上升；当 $u_C=\frac{2}{3}V_{CC}$时，电压比较器 C_1 的输出 $u_{C1}=0$，基本 RS 触发器置 0，电路输出 u_O 为低电平，放电三极管 T_D 饱和导通。同时电容 C 经放电三极管 T_D 迅速放电至 $u_C \approx 0$，所以，电路的输出输出 u_O 保持低电平不变，电路进入稳定状态。

当输入信号 u_I 的下降沿到达，且 $u_I<\frac{1}{3}V_{CC}$时，电压比较器 C_2 的输出 $u_{C2}=0$，此时电

压比较器 C_1 的输出 $u_{C1}=1$，基本 RS 触发器被置 1，输出 u_O 为高电平，同时放电三极管 T_D 截止，电源 V_{CC} 经电阻 R 向电容 C 充电，电路进入暂稳态。

随着 C 的充电，u_C 的电位逐渐上升，当 $u_C>\frac{1}{3}V_{CC}$ 时，电压比较器 C_1 的输出 $u_{C1}=0$，基本 RS 触发器被置 0，输出 u_O 为低电平，电路的暂稳态结束。同时放电三极管 T_D 导通，电容 C 很快的再次通过 T_D 放电至 0，电路恢复到稳定状态。图 8.19(b)为由 555 定时器构成的单稳态触发器的电压波形图。

电路输出脉冲的宽度 T_W 等于暂稳态持续的时间，由图 8.19(b)可知，如果不考虑三极管的饱和压降，T_W 也就是在电容充电过程中电容电压 u_C 从 0 上升到 $\frac{2}{3}V_{CC}$ 所用的时间。因此

$$
\begin{aligned}
T_W &= RC\ln\frac{V_{CC}-0}{V_{CC}-\frac{2}{3}V_{CC}} \qquad (8-13)\\
&= RC\ln 3 \approx 1.1RC
\end{aligned}
$$

单稳态触发器的应用十分广泛，下面通过几个简单的例子说明。

1. 延时与定时

脉冲信号的延时与定时电路如图 8.20 所示。由图 8.20 可知，单稳态触发器的输出 u_O' 的下降沿比输入 u_I 的下降沿滞后了 T_W，即延迟了 T_W，这个 T_W 反映了单稳态触发器的延迟特性。

在图 8.20 所示电路图中，单稳态触发器的输出作 u_O' 为与门的定时控制信号，当 u_O' 为高电平时，与门打开，$u_O=u_A$；当 u_O' 为低电平时，与门关闭，$u_O=0$。显然，单稳态触发器输出高电平的时间 T_W 决定了与门的打开时间。即稳态触发器起定时作用。

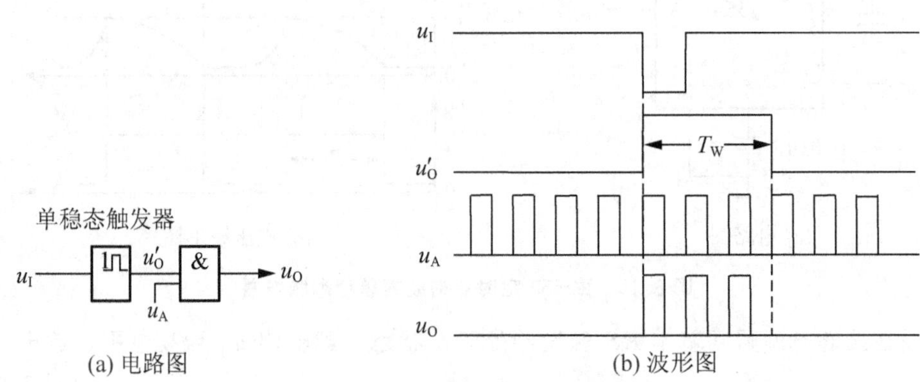

图 8.20 脉冲信号的延时与定时控制

2. 整形

单稳态触发器能够把输入的不规则脉冲信号整形为具有一定幅度和一定宽度的标准矩形脉冲。如图 8.21 所示，u_O 的幅度取决于单稳态电路输出的高、低电平，宽度 T_W 取决于定时元件 R 和 C。

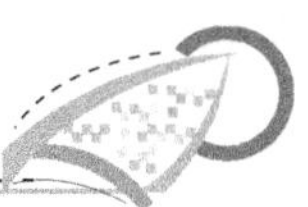

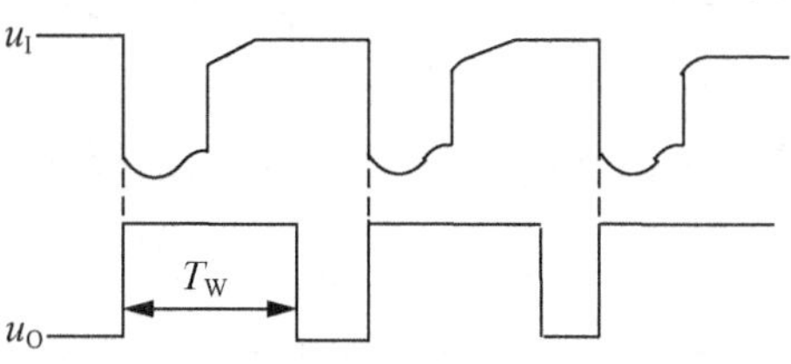

图 8.21　波形的整形

8.3　数/模与模/数转换电路

近年来，随着数字技术的发展，利用数字系统处理模拟信号的情况也越来越普遍。处理模拟信号，首先必须将模拟信号转换成数字信号，这样才能利用数字系统进行处理。而经数字系统分析、处理后输出的数字量往往还需要将其再转换为模拟信号去驱动负载。

人们把将模拟信号转换为数字信号的过程称为模/数转换或 A/D 转换。能够完成这种转换的电路称为模/数转换器，简称 ADC(Analog Digital Converter)。将数字信号转换为模拟信号的过程称为数/模转换或 D/A 转换。能够完成这种转换的电路称为数/模转换器，简称 DAC(Digital Analog Converter)。

8.3.1　D/A 转换器

1. $R-2R$ 倒 T 型电阻网络 D/A 转换器

D/A 转换器的类型很多，常见的有权电阻网络 D/A 转换器，倒 T 形电阻网络 D/A 转换器、权电流型 D/A 转换器、权电容网络 D/A 转换器等几种类型。这里以 $R-2R$ 倒 T 形电阻网络 D/A 转换器为例，介绍其基本原理。

图 8.22 所示为 4 位 $R-2R$ 倒 T 形电阻网络 D/A 转换器的基本电路原理图。电路由 4 部分组成，即基准电压 U_{REF}、模拟开关 $S_0 \sim S_3$、呈倒 T 形的 $R-2R$ 电阻解码网络、由运算放大器 A 构成的求和电路。S_i 由输入数码 d_i 控制，当 $d_i=1$ 时，S_i 接到求和运算放大器反相输入端(应注意，U_- 并没有接地，只是电位与“地”相等，称为“虚地”)，d_i 流入求和电路；当 $d_i=0$ 时，S_i 将电阻 $2R$ 接地，I_i 不流入求和电路。

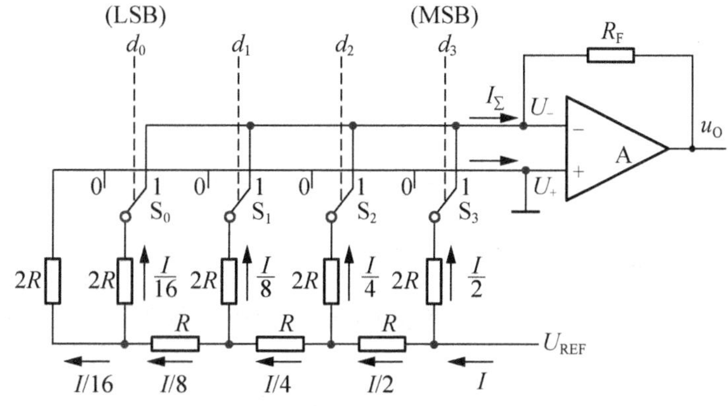

图 8.22　$R-2R$ 倒 T 型电阻网络 D/A 转换器原理图

所以，无论 S_i 处于何种位置，与 S_i 相连的 2R 电阻均接“地”（地或虚地），因此流经 2R 电阻的电流与开关位置无关，为确定值。

计算倒 T 形电阻网络中各支路电流时，其电阻网路的等效电路图如图 8.23 所示。

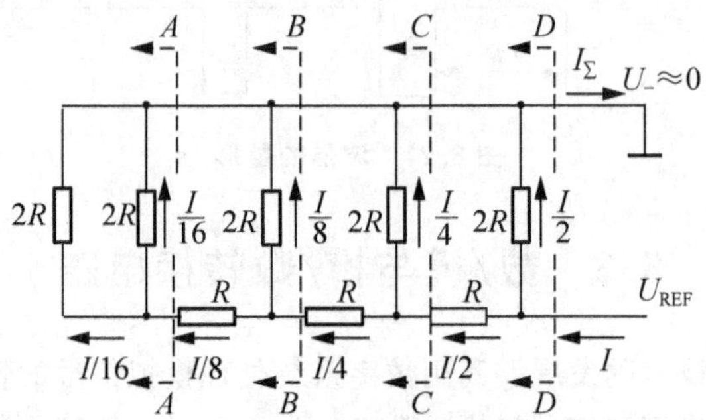

图 8.23　R－2R 倒 T 型电阻网络支路电流等效电路

在图 8.23 中不论从 AA、BB、CC、DD 哪个端口向左看，其等效电阻都是 R。所以，从基准电压 U_{REF} 流入倒 T 形电阻网络的总电流是 $I=U_{REF}/R$，且每经过一个节点，电流被分流一半。因此，流过每个支路的电流（从数字量最高位 MSB（Most Significant Bit）到最低位 LSB（Least Significant Bit））分别为 $I/2$、$I/4$、$I/8$、$I/16$。因此

$$
\begin{aligned}
I_\Sigma &= \frac{I}{2}d_3 + \frac{I}{4}d_2 + \frac{I}{8}d_1 + \frac{I}{16}d_0 \\
&= \frac{U_{REF}}{R}\left(\frac{d_0}{2^4} + \frac{d_1}{2^3} + \frac{d_2}{2^2} + \frac{d_3}{2^1}\right) = \frac{U_{REF}}{2^4 \times R}\sum_{i=0}^{3}(d_i \times 2^i)
\end{aligned} \tag{8-14}
$$

在求和放大器的反馈电阻值等于 R_F 的条件下，输出电压为

$$u_O = -I_\Sigma R_F = -\frac{U_{REF}R_F}{2^4 \times R}\sum_{i=0}^{3} 2^i d_i \tag{8-15}$$

对于 n 位输入的 R－2R 倒 T 形电阻网络 D/A 转换器，在求和放大器的反馈电阻为 R_F 时，其输出的模拟电压与输入数字量之间的一般关系式为

$$u_O = -\frac{U_{REF}R_F}{2^n \times R}\sum_{i=0}^{n-1}(d_i \times 2^i) \tag{8-16}$$

设 $K=\frac{U_{REF}R_F}{2^n \times R}$，$N_B$ 表示括号中的 n 位二进制数，则

$$u_O = -KN_B \tag{8-17}$$

知识要点提醒

对于在图 8.22 电路中输入的每一个二进制数 N_B，均能在其输出端得到与之成正比的模拟电压 u_O。

2. D/A 转换器的主要技术指标

描述 D/A 转换器性能的技术指标有很多，这里介绍几种主要的技术指标。

1）转换精度

转换精度是指 D/A 转换器的实际输出值与理论输出值之差。在 D/A 转换器中通常用

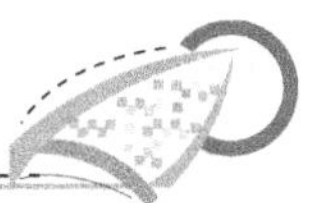

分辨率和转换误差来描述。

分辨率表示 D/A 转换器在理论上可以达到的精度。用于表征 D/A 转换器对输入微小量变化的敏感程度，定义为 D/A 转换器能够分辨出来的最小输出电压 U_{LSB} 与最大输出电压 U_{FSR} 之比。最小输出电压 U_{LSB} 是指输入的数字代码只有最低有效位为 1，其余各位都是 0 时的输出电压；最大输出电压 U_{FSR} 是指输入的数字代码各有效位全为 1 时的输出电压。n 位 D/A 转换器的分辨率可表示为

$$分辨率=\frac{U_{LSB}}{U_{FSR}}=\frac{1}{2^n-1} \tag{8-18}$$

上式说明，D/A 转换器的位数 n 越多，分辨率的数值越小，分辨能力越高。例如，10 位 D/A 转换器的分辨率为

$$\frac{U_{LSB}}{U_{FSR}}=\frac{1}{2^{10}-1}=\frac{1}{1023}\approx 0.001$$

如果输出模拟电压满量程为 10V，那么，10 位 D/A 转换器能够分辨的最小电压为

$$U_{LSB}=\frac{1}{2^n-1}U_{FSR}=\frac{1}{2^{10}-1}\times 10=10(\mathrm{mV})$$

转换误差表示实际的 D/A 转换特性和理想转换特性之间的最大偏差。转换误差常用满量程 FSR(Full Scale Range)的百分数表示，也可以用最低有效位 LSB 的倍数表示。例如，给出的转换误差为 LSB/2，就表示输出模拟电压的转换误差等于输入为 00…01 时的输出电压的 1/2。

转换误差是一个综合指标，包括比例系数误差、漂移误差、非线性误差等。

2）转换速度

D/A 转换器的转换速度通常用建立时间 t_{set} 来描述。所谓建立时间是指从输入数值量发生变化开始，到输出电压进入与稳态值相差 $\pm\frac{1}{2}$LSB 范围以内所需的时间。D/A 转换器中存在电阻网络、模拟开关等非理想器件，各种寄生参数及开关延迟等都会限制转换速度。实际上建立时间的长短不仅与 D/A 转换器本身的转换速度有关，还与数字量的变化范围有关。输入数字量从全 0 变到全 1(或从全 1 变到全 0)时，建立时间是最长的，称为满量程变化建立时间。而一般产品手册上给出的正是满量程变化建立时间。

目前，在内部只含有解码网络和模拟开关的单片集成 D/A 转换器中，$t_{set}\leqslant 0.1\ \mu s$；在内部包含运算放大器的集成 D/A 转换器中，最短的建立时间在 1.5 μs 左右。

8.3.2　A/D 转换器

1. A/D 转换基本原理

在 A/D 转换器中，因为输入的模拟信号在时间上是连续的，而输出的数字信号在时间上是离散的，所以要实现 A/D 转换，一般需要通过采样、保持、量化和编码这 4 个步骤才能完成。

1）采样和保持

采样(又称抽样或取样)是将时间上连续变化的模拟信号转换为时间上离散的模拟信

号，即将时间上连续变化的模拟信号转换为一系列等间隔的脉冲。脉冲的幅值取决于当时模拟量的大小。其过程如图 8.24 所示。

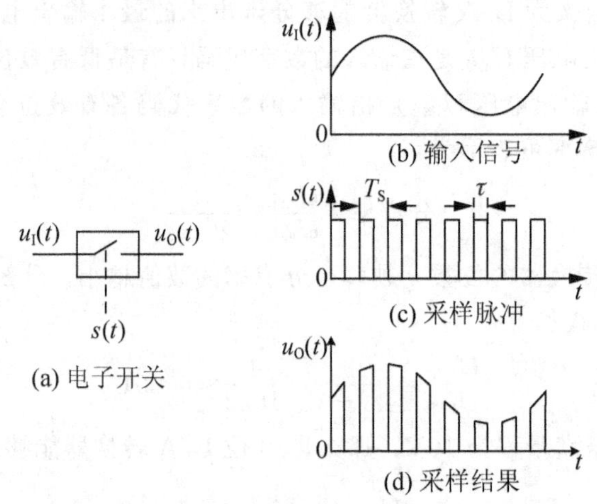

图 8.24　采样过程

在图 8.24 中，$u_I(t)$为模拟输入信号，$s(t)$为采样脉冲，$u_O(t)$为采样后的输出信号。

采样电路实质上是一个受采样脉冲控制的电子开关，如图 8.24(a)所示。采样开关受采样脉冲 $s(t)$控制。在采样脉冲 $s(t)$作用的周期 τ 内，采样开关闭合接通，使输出信号等于输入信号，即 $u_O(t)=u_I(t)$；而在 $T_s-\tau$ 期间，采样开关断开，使输出信号为 0，即 $u_O(t)=0$。因此，每经过一个采样周期，在输出端便得到输入信号的一个采样值。$s(t)$按照一定频率 f_s 变化时，输入的模拟信号就被采样为一系列的采样值脉冲。当然采样频率 f_s 越高，在时间一定的情况下采样到的采样值脉冲越多，因此输出脉冲的包络线就越接近于输入的模拟信号。

为了能正确无误地用采样信号 $u_O(t)$来表示输入模拟信号 $u_I(t)$，保证不失真地从采样信号中将原来的模拟信号恢复出来，采样信号必须有足够高的频率。

可以证明采样频率必须不小于输入模拟信号最高频率分量的两倍，即

$$f_s \geqslant 2f_{max} \tag{8-19}$$

式中：f_s 为采样频率；f_{max}为输入信号 $u_I(t)$的最高频率分量的频率。

式(8-19)就是所谓的采样定理。

采样频率提高后，留给每次转换的时间也相应地缩短了，这就要求转换电路必须具备更快的工作速度。因此，不能无限制地提高采样频率，通常 $f_s=(3\sim5)f_{max}$。

由于 ADC 把采样信号转换成相应的数字信号都需要一定的时间，因此在每次采样结束后，应保持采样电压值在一段时间内不变，直到下一次采样开始。所以在采样电路之后必须加保持电路。

图 8.25(a)所示是一种常见的采样—保持电路。其中，增强型 NMOS 管作为电子开关，受采样脉冲 $s(t)$的控制；C 为存储样值的电容；运算放大器构成电压跟随器。

电路的工作过程：当采样脉冲 $s(t)$为高电平时，NMOS 管导通，$u_I(t)$为存储电容 C 迅速充电，使电容 C 上的电压跟上输入电压 $u_I(t)$变化。在 τ 期间，电容 C 上的电压等于

$u_1(t)$；当 $s(t)$为低电平时，NMOS 管截止，电容 C 上的充电电压在此期间保持不变，一直保持到下一个采样脉冲的到来，保持时间为($T_S-\tau$)。电压跟随器的输出电压 $u_O(t)$始终跟随存储电容 C 上的电压变化，波形如图 8.25(b)所示。

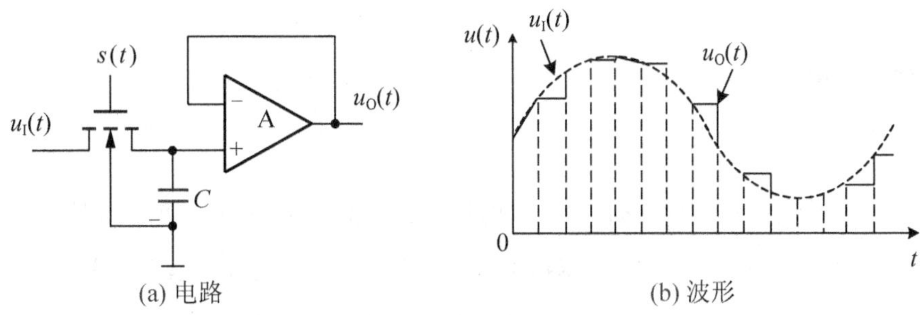

图 8.25　采样—保持电路的基本形式

2） 量化与编码

数字信号不仅在时间上是离散的，而且在幅值上也不是连续的。这就是说，任何一个数字量的大小都可用以某个规定的最小数量单位的整倍数来表示。但是模拟信号经采样—保持电路后，得到的输出信号是阶梯形模拟信号，但阶梯幅值仍然是连续变化的，这些值仍属模拟信号。

因此，在进行 A/D 转换时，还必须将采样—保持电路的输出电压按某种近似方法用一个最小单位的整数倍表示出来，这一转化过程称为量化。所规定的最小数量单位叫做量化单位，用 Δ 表示。显然，数字信号最低有效位(LSB)中的 1 表示的数量大小就等于 Δ。

把量化的结果用代码(可以是二进制，也可以是其他进制)表示出来，称为编码。这个代码就是 A/D 转换的输出结果。量化的方法有两种：一种是只舍不入；另一种是有舍有入。

只舍不入的方法是：取最小量化单位 $\Delta=U_m/2^n$，其中 U_m为输入模拟电压最大值，n 为输出数字代码的位数。将 0～Δ 之间的模拟电压归并到 0・Δ，把 Δ～2Δ 之间的模拟电压归并到 1・Δ，以此类推。

知识要点提醒

这种方法产生的最大量化误差为 Δ。

例如，要求将 0～1V 的模拟电压信号转换成 3 位二进制代码。若采用只舍不入的量化方式。则 $\Delta=\frac{1}{2^3}\text{V}=\frac{1}{8}\text{V}$，并规定凡数值在 0～$\frac{1}{8}$V 之间的模拟电压归并到 0・Δ，用 000 表示；$\frac{1}{8}$～$\frac{2}{8}$V 之间的模拟电压归并到 1・Δ，用 001 表示；……以此类推，如图 8.26(a)所示。从图 8.26(a)中不难看出，这种量化方法可能带来的最大量化误差为 Δ，即$\frac{1}{8}$V。

只舍不入法简单易行，但量化误差比较大，为了减小量化误差，通常采用另一种量化编码方法，即有舍有入法。

有舍有入的方法是：将不足半个量化单位的部分舍去，将等于或大于半个量化单位的

部分按一个量化单位处理。如取最小量化单位 $\Delta = 2U_m/(2^{n+1}-1)$，将 $0 \sim \frac{\Delta}{2}$ 之间的模拟电压归并到 $0 \cdot \Delta$，把 $\frac{\Delta}{2} \sim \frac{3\Delta}{2}$ 之间的模拟电压归并到 $1 \cdot \Delta$，以此类推。

知识要点提醒

这种方法产生的最大量化误差为 $\frac{\Delta}{2}$。

例如，要求用有舍有入法，将 0～1V 的模拟电压信号转换成 3 位二进制代码。取量化单位 $\Delta = \frac{2}{15}$V，并将 $0 \sim \frac{1}{15}$V 之间的模拟电压归并到 $0 \cdot \Delta$，用 000 表示；把 $\frac{1}{15} \sim \frac{3}{15}$V 以内的模拟电压归并到 $1 \cdot \Delta$，用 001 表示，以此类推，如图 8.26(b)所示。这时，最大量化误差为 $\frac{\Delta}{2} = \frac{1}{15}$V。因为此时是把每个输出二进制代码所表示的模拟电压值规定为它所对应的模拟电压范围的中间值，所以最大量化误差自然不会超过 $\frac{\Delta}{2}$。

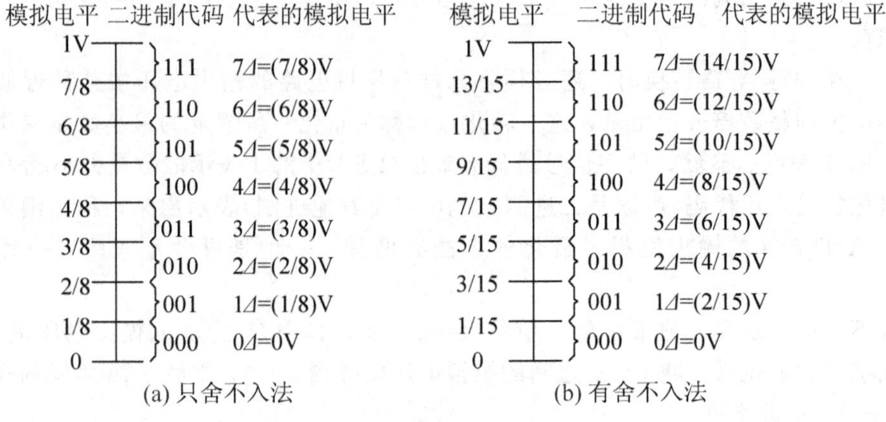

图 8.26 划分量化电平的两种方法

2. A/D 转换器的主要电路形式

1）V－T 型双积分式 A/D 转换器

V－T 型双积分式 A/D 转换器是一种间接 A/D 转换器，其转换原理是：将输入的模拟电压 u_i 转换成与其成正比的时间 T，然后在这个时间 T 里对固定频率的时钟脉冲计数，计数的结果就是正比于输入模拟电压的数字量。

图 8.27 是 V－T 型双积分式 A/D 转换器的原理框图。它由积分器、比较器、计数器、控制逻辑和时钟信号源组成。其中，控制逻辑电路由一个 n 位计数器、附加触发器 FF_A、模拟开关 S_1 和 S_2 的驱动电路 L_1 和 L_2、控制门 G 组成。图 8.28 是这个电路的电压波形图。其工作原理如下。

转换开始前，由于转换控制信号 $u_L = 0$，因而计数器和附加触发器均被置为 0，同时开关 S_2 闭合，使积分电容 C 充分放电。

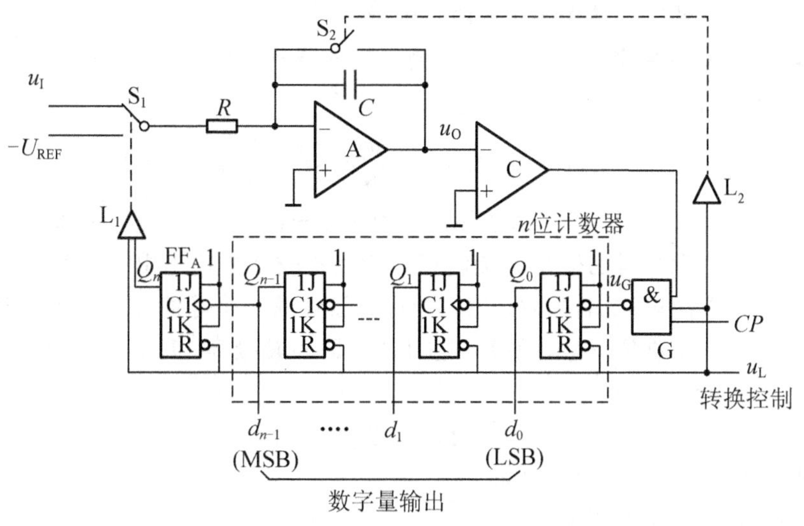

图 8.27　V-T 型双积分式 A/D 转换器原理框图

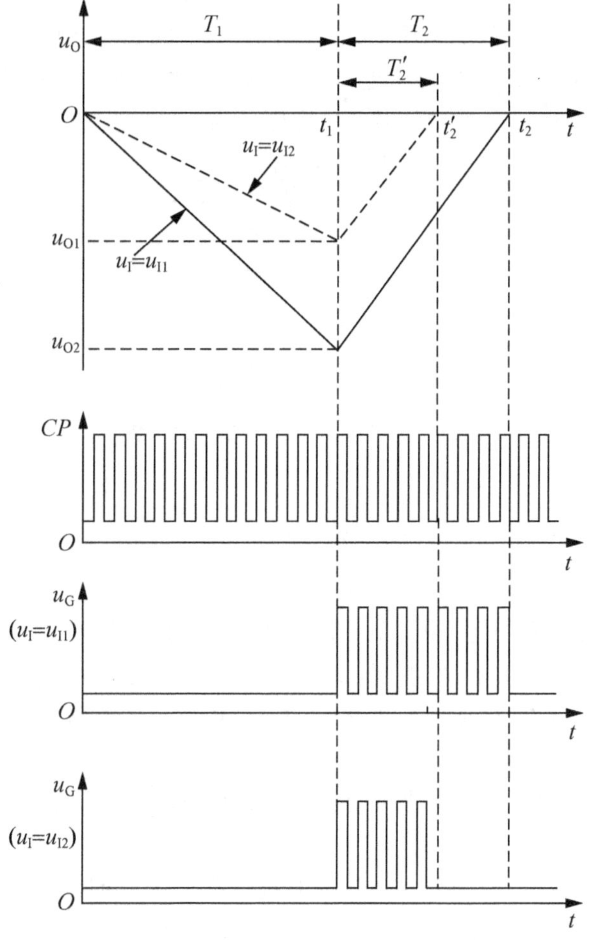

图 8.28　V-T 型双积分式 A/D 转换器的工作波形

当 $u_L=1$ 时开始转换，转换操作分两步进行：

第一步，将开关 S_1 接至输入信号 u_I 一侧，积分器开始对 u_I 进行固定时间 T_1 的积分，积分结束时积分器的输出电压为

$$u_O(t_1)=\frac{1}{C}\int_0^{T_1}-\frac{u_I}{R}\mathrm{d}t=-\frac{T_1}{RC}u_I \tag{8-20}$$

由式(8-20)可知，在 T_1 固定的条件下，积分输出电压 u_O 与输入电压 u_I 成正比。

因为积分过程中积分器的输出为负电压，所以比较器的输出电压为高电平，将“与”门 G 打开，n 位计数器对 u_G 端脉冲计数。当计数器计满 2^n 个脉冲后，计数器自动返回全 0 状态，同时给 FF_A 一个进位信号，使 FF_A 置 1。于是 S_1 转接到 $-U_{REF}$ 侧，第一次积分结束。第一次积分的时间为 T_1，则

$$T_1=2^nT_{cp} \tag{8-21}$$

式中：T_{CP} 是时钟信号 CP 脉冲的周期。

所以，积分器的输出电压为

$$u_O(t_2)=-\frac{T_1}{RC}u_I=-\frac{2^nT_{cp}}{RC}u_I \tag{8-22}$$

第二步，开关 S_1 转接到基准电压 $-U_{REF}$ 侧，积分器向相反方向积分，计数器又开始从 0 计数。经过时间 T_2 后，积分器输出电压上升到 0，比较器的输出为低电平，将门 G 封锁，停止计数，至此转换结束。积分器的输出电压为

$$u_O(t_2)=\frac{1}{C}\int_0^{T_2}\frac{U_{REF}}{R}\mathrm{d}t-\frac{T_1}{RC}u_I=0 \tag{8-23}$$

$$\frac{T_2}{RC}U_{REF}=\frac{T_1}{RC}u_I \tag{8-24}$$

所以

$$T_2=\frac{T_1}{U_{REF}}u_I=\frac{2^nT_{cp}}{V_{REF}}u_I \tag{8-25}$$

可见，反向积分到 $u_O=0$ 的这段时间，T_2 与输入信号 u_I 成正比。在 T_2 时间内，计数器所计的脉冲数为

$$D=\frac{T_2}{T_{CP}}=\frac{2^n}{U_{REF}}u_I \tag{8-26}$$

从图 8.28 所示的电压波形图可以直观地看到这个结论的正确性，当 u_I 取为两个不同的数值 u_{I1} 和 u_{I2} 时，反向积分 T_2 和 T_2' 也是不同的，而且时间的长短与 u_I 的大小成正比。由于 CP 是固定频率脉冲，所以在 T_2 和 T_2' 的时间里所记录的脉冲数也必然与 u_I 成正比。

V-T 型双积分式 A/D 转换器的工作性能比较稳定，因为转换过程中进行的两次积分使用的是同一积分器，因而积分时间常数相同，转换结果与 R、C 的参数无关。此外，转换结果与时钟信号的周期无关，只要每次转换过程中 T_{CP} 不变，那么时钟周期在长时间里发生缓慢变化也不会带来转换误差。

V-T 型双积分式 A/D 转换器具有较强的抗干扰能力。因为在 T_1 时间内采样的是输入电压的平均值，再加上积分器本身对交流噪声有较强的抑制能力，特别在积分时间等于电网工频的整数倍时，能有效地抑制工频干扰。

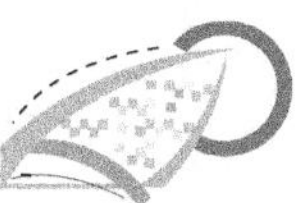

工作速度低是V-T型双积分式A/D转换器的主要缺点。每完成一次转换时间应取$2T_1$以上，如果再加上转换前的准备时间和输出转换结果的时间，则完成一次转换所需的时间还要更长一些，其转换速度一般都在每秒几十次以内。尽管如此，因其优点突出，在对转换速度要求不高的场合，该转换器仍得到了广泛的应用。

2）逐次逼近型A/D转换器

逐次逼近型A/D转换器也是一种常用的A/D转换器，其工作过程与用天平称一个物体的重量相似。在天平秤重的过程中，先放一个最重的砝码与被称物体重量进行比较，如砝码比物体轻，则保留该砝码；如砝码比物体重，则去掉，换上一个次重量的砝码，再与被称物体的重量进行比较，由物体的重量是否大于砝码的重量决定第二个砝码的保留或去掉，依此类推，一直加到最轻的一个砝码为止。将所有留下的砝码重量相加，就得到了物体的重量。仿照这个思路，逐次逼近型A/D转换器将输入的模拟信号与不同参考电压作多次比较，使转换所得的数字量在数值上逐次逼近输入的模拟量。

逐次逼近型A/D转换器的电路结构如图8.29所示。电路包括电压比较器、D/A转换器、逐次逼近寄存器、控制逻辑、时钟脉冲源和数字输出几个部分。

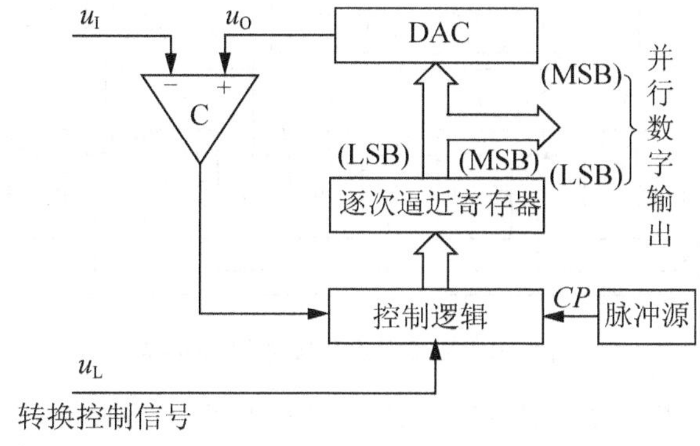

图8.29　逐次逼近型A/D转换器电路结构框图

转换开始前，先将寄存器清零，因此加给D/A转换器的数字量也是全0。

转换控制信号$u_L=1$时开始转换，第一个时钟信号CP将寄存器的最高位置成1，使寄存器的输出为1000…00。这个数字量被送入D/A转换器转换成相应的模拟电压u_O，并送到比较器与输入信号u_I进行比较。如果$u_O<u_I$，说明这个数不够大，这个1应予保留，则最高位为1；如果$u_O>u_I$，说明这个数过大，这个1应去掉，则最高位为0。按同样的方法，在第二个CP作用下，将寄存器的次高位置1，如果最高位的1保留，则此时将1100…00送入D/A转换器进行转换，并将转换结果与u_I进行比较，以确定这一位的1是否应保留。这样逐位比较下去，直到最低位比较完为止。这时寄存器里所存的数码就是所求的输出数字量。

下面再结合图8.30所示的3位逐次比较A/D转换器具体说明一下逐次比较的过程。该转换器由电压比较器C(当$u_O\leqslant u_I$时，比较器的输出$u=0$；当$u_O>u_I$时，$u=1$)，3位D/A转换器，FF_A、FF_B、FF_C 3个触发器组成的3位数码寄存器，触发器FF_1～FF_5和门电路G_1～G_9组成的控制逻辑电路等组成。

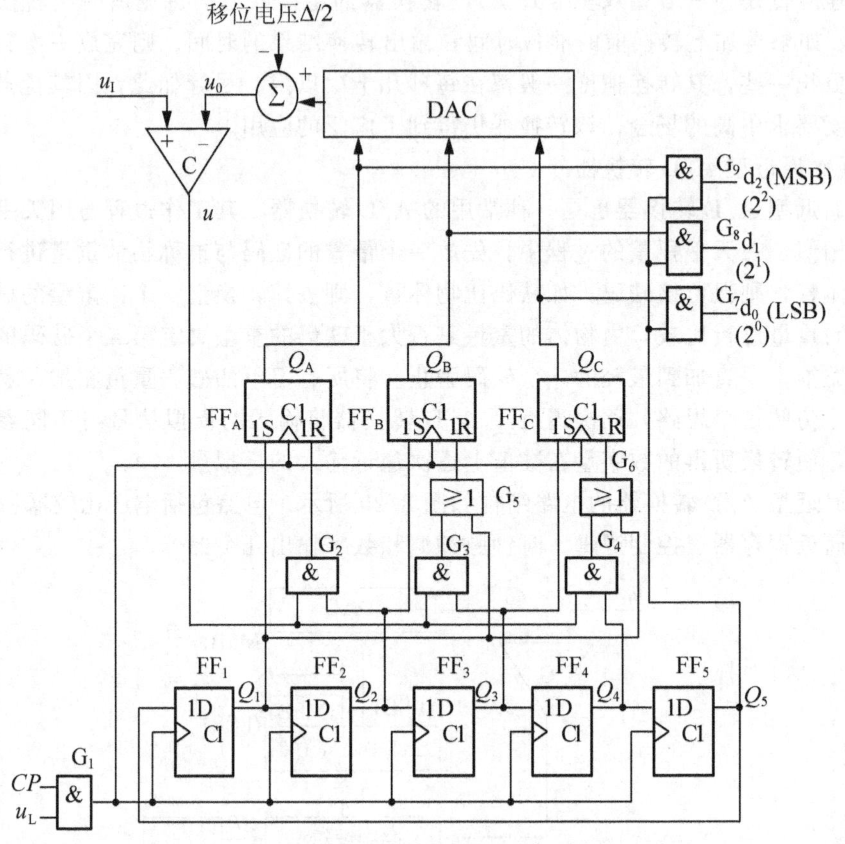

图 8.30　3 位逐次比较 A/D 转换器

转换开始前，先将数码寄存器 FF_A、FF_B、FF_C置零，同时将 FF_1～FF_5组成的环行移位寄存器置成 $Q_1Q_2Q_3Q_4Q_5$＝10000 状态。转换控制信号 u_L 变成高电平后，转换开始。

第一个 CP 到来时，由于初态 $Q_1Q_2Q_3Q_4Q_5$＝10000，使 FF_A置 1，而 FF_B、FF_C保持 0 状态不变，这时数码寄存器的状态 $Q_AQ_BQ_C$＝100 加到 D/A 转换器的输入端，并在 D/A 转换器的输出端得到相应的模拟电压 u_O。u_O 送到电压比较器与输入电压 u_I 进行比较。若 $u_O \leqslant u_I$ 时，则比较器的输出 $u=0$；若 $u_O > u_I$，则 $u=1$。环行移位寄存器中的数码向右移一位，使其状态为 $Q_1Q_2Q_3Q_4Q_5$＝01000。

第二个 CP 到来时，由于初态 $Q_1Q_2Q_3Q_4Q_5$＝01000，使 FF_B置 1，FF_C保持 0 状态不变。而 FF_A状态与 u 有关，若原来的 $u=0$，则 FF_A保留 1 状态；反之若原来的 $u=1$，则 FF_A被置 0。同时，环行移位寄存器中的数码向右移一位，$Q_1Q_2Q_3Q_4Q_5$＝00100。

第三个 CP 到来时，由于初态 $Q_1Q_2Q_3Q_4Q_5$＝00100，使 FF_C置 1。而 FF_B状态与 u 有关，若原来的 $u=0$，则 FF_B保留 1 状态；反之若原来的 $u=1$，则 FF_B被置 0。同时，环行移位寄存器中的数码向右移一位，$Q_1Q_2Q_3Q_4Q_5$＝00010。

第四个 CP 到来时，同样根据 u 的状态确定 FF_C的 1 状态是否保留。这时，FF_A、FF_B、FF_C的状态就是所要转换的结果。同时，环行移位寄存器中的数码向右移一位，$Q_1Q_2Q_3Q_4Q_5$＝00001。由于 $Q_5=1$，因此，FF_A、FF_B、FF_C的状态通过门 G_9、G_8、G_7输出。

第五个 CP 到达后，环行移位寄存器中的数码右移一位，使电路返回到初始状态 $Q_1Q_2Q_3Q_4Q_5=10000$。由于 $Q_5=0$，门 G_7、G_8、G_9 重新被封锁，转换输出的数码信号随之消失。

可见，3 位逐次逼近型 A/D 转换器完成一次转换需要 5 个 CP 信号周期的时间。如果是 n 位输出的 A/D 转换器，完成一次转换所需要的时间则为 $n+2$ 个 CP 信号周期的时间。因此位数越少，CP 脉冲频率越高，转换速度越快。

3）并行比较型 A/D 转换器

并行比较型 A/D 转换器是一种直接 A/D 转换器。图 8.31 为 3 位并行比较型 A/D 转换器的电路原理图，它由电压比较器、寄存器和编码器 3 部分组成。输入 u_1 为 0～U_{REF}之间的模拟电压，输出是 3 位二进制数码 d_2，d_1，d_0。

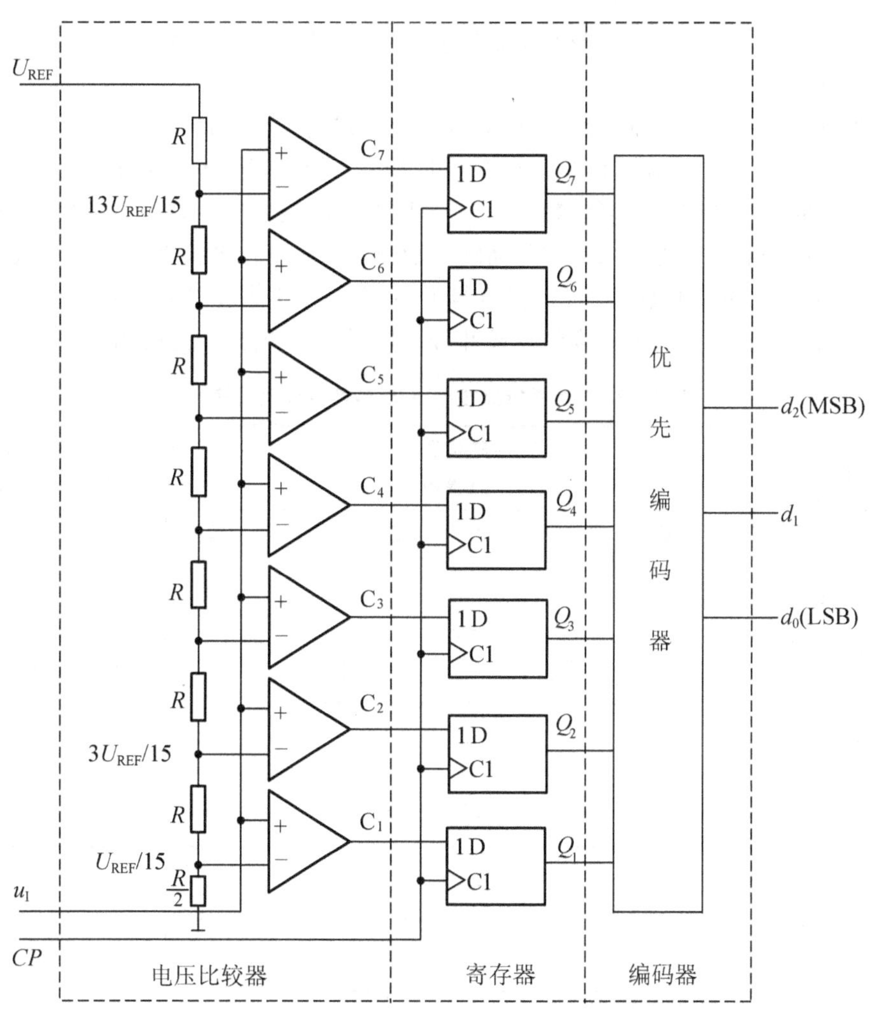

图 8.31　三位并行比较型 A/D 转换器电路原理图

在图 8.31 所示电路中，电压比较器前面的 8 个电阻组成串联分压电路，对参考电压 U_{REF}进行分压，电路的最小量化单位为 $\Delta=\frac{2}{15}U_{REF}$，得到从 $\frac{1}{15}U_{REF}\sim\frac{13}{15}U_{REF}$之间 7 个比较电平，分别作为 7 个电压比较器 $C_1 \sim C_7$ 的反相输入端参考电压，与同时输入到比较器同相输入端的模拟电压 u_I 相比较，输入电压 u_I 的大小决定比较器的输出状态。当输入电压 u_I 小于参考电压时，比较器输出为 0；当输入电压 u_I 大于参考电压时，比较器输出为 1。

若输入电压 $0 \leqslant u_I < \frac{1}{15}U_{REF}$，则所有比较器的输出全为低电平，$CP$ 上升沿到来后寄存器中所有的触发器都被置为 0 状态。优先编码的输出结果为 000。

若输入电压 $\frac{1}{15}U_{REF} \leqslant u_I < \frac{3}{15}U_{REF}$，则只有 C_1 输出为高电平，CP 上升沿到来后，寄存器中触发器 $Q_1 = 1$，其余触发器都被置为 0 状态。优先编码的输出结果为 001。

若输入电压 $\frac{3}{15}U_{REF} \leqslant u_I < \frac{5}{15}U_{REF}$，则只有 C_1、C_2 输出为高电平，CP 上升沿到来后，寄存器中触发器 $Q_1 = Q_2 = 1$，其余触发器都被置为 0 状态。优先编码器对 Q_2 进行编码，输出结果为 010。

以此类推，可得到 3 位并行比较型 A/D 转换器转换表，见表 8 - 3。

并行比较型 A/D 转换器的转换时间只受比较器、触发器和优先编码器的延时时间限制，而此延时时间通常很短，可忽略不计。因此并行比较型 A/D 转换器的转换速度很快。但随着分辨率的提高，元件的数目按几何级数增长。一个 n 位转换器所用的比较器的个数为 $2^n - 1$，所以 3 位并行比较型 A/D 转换器需要 $2^3 - 1 = 7$ 个比较器。由于位数越多，电路越复杂，因此要制成分辨率较高的集成并行比较型 A/D 转换器是较困难的。

表 8 - 3　3 位并行比较型 A/D 转换器代码转换表

输入模拟电压	寄存器状态（代码转换器输入）							数字量输出（代码转换器输出）		
u_I	Q_7	Q_6	Q_5	Q_4	Q_3	Q_2	Q_1	d_2	d_1	d_0
$\left(0 \sim \frac{1}{15}\right)U_{REF}$	0	0	0	0	0	0	0	0	0	0
$\left(\frac{1}{15} \sim \frac{3}{15}\right)U_{REF}$	0	0	0	0	0	0	1	0	0	1
$\left(\frac{3}{15} \sim \frac{5}{15}\right)U_{REF}$	0	0	0	0	0	1	1	0	1	0
$\left(\frac{5}{15} \sim \frac{7}{15}\right)U_{REF}$	0	0	0	0	1	1	1	0	1	1
$\left(\frac{7}{15} \sim \frac{9}{15}\right)U_{REF}$	0	0	0	1	1	1	1	1	0	0
$\left(\frac{9}{15} \sim \frac{11}{15}\right)U_{REF}$	0	0	1	1	1	1	1	1	0	1
$\left(\frac{11}{15} \sim \frac{13}{15}\right)U_{REF}$	0	1	1	1	1	1	1	1	1	0
$\left(\frac{13}{15} \sim 1\right)U_{REF}$	1	1	1	1	1	1	1	1	1	1

3. A/D 转换器的主要技术指标

与 D/A 转换器一样，A/D 转换器的主要技术指标是转换精度和转换速度。

1）转换精度

单片集成 A/D 转换器采用分辨率和转换误差来描述转换精度。

A/D 转换器的分辨率是以输出二进制(或十进制)的位数表示，它说明 A/D 转换器对输入信号的分辨能力。从理论上分析，若 A/D 转换器有 n 位数字量输出，那么它可以把满量程输入的模拟电压划分成 2^n 个等分，即能区别的最小输入模拟电压值为满量程的 $1/2^n$。在满量程电压值确定的情况下，输出的位数越多，量化单位越小，分辨率越高。

例如，当 8 位 A/D 转换器的输入信号最大值为 5V 时，则能区分的输入信号最小电压值为

$$\frac{1}{2^8}\times 5\text{mV}=19.53\text{mV}$$

对 12 位 A/D 转换器，能区分的输入信号最小电压值为 1.22mV。

A/D 转换器的转换误差通常给出的是输出的最大误差值，以相对误差的形式给出。表示 A/D 转换器实际输出的数字量与理论上应输出数字量之间的差值，常用最低有效位的倍数表示。例如，给出相对误差 $\leqslant\pm(1/2)$LSB，则说明实际输出的数字量和理论上应得到的输出数字量之间的误差不大于最低有效位的半个字。

2）转换速度

A/D 转换器的转换速度常用转换时间来表示。转换时间是指从转换控制信号到来开始，到输出端得到稳定的数字量输出为止所需的时间。转换时间短，则转换速度越高。转换速度(转换时间)与转换器类型有很大关系，不同类型转换器的转换速度差别很大。

从前面分析可看出，双积分型 A/D 转换器的转换速度最慢，需几百毫秒左右；逐次逼近式 A/D 转换器的转换速度较快，需几十微秒。在实际应用中，选用 A/D 转换器应从系统数据总的位数、精度要求、输入模拟信号的范围及输入信号的极性等方面综合考虑。

本章小结

本章介绍了信息存储电路、信号产生电路及信号转换电路的原理及应用，主要讲述了以下内容。

(1) 存储器是现代数字系统特别是计算机系统中的重要组成部件，可分为 RAM 和 ROM 两大类，绝大多数属于 MOS 工艺制成的数字集成电路。ROM 是一种非易失性的存储器，它存储的是固定数据，一般只能被读出。从逻辑电路构成的角度看，ROM 是由与门阵列和或门阵列构成的组合逻辑电路。ROM 的输出是输入最小项的组合，因此采用 ROM 可方便地实现各种逻辑函数。RAM 是一种时序逻辑电路，具有记忆功能。它存储的数据随电源断电而消失，因此是一种易失性的读写存储器。它包含有 SRAM 和 DRAM 两种类型，前者用触发器记忆数据，后者靠 MOS 管栅极电容存储数据。因此，在不停电的情况下，SRAM 的数据可以长久保持，而 DRAM 则必须定期刷新。

(2) 555定时器是一种多用途的集成电路，只要外接少量元件，就可以构成单稳态触发器、施密特触发器和多谐振荡器等电路，广泛应用脉冲信号的产生、整形及定时等领域。

(3) D/A 转换器和 A/D 转换器是现代数字系统中重要的组成部分，应用也日益广泛。由于 $R-2R$ 倒 T 形电阻网络 D/A 转换器转换速度快、性能好，且只要求两种阻值的电阻，适合于集成工艺制造，在集成 D/A 转换器中得到了广泛的应用。A/D 转换器按工作原理分为逐次逼近型 A/D 转换器及双积分型 A/D 转换器等。在对速度要求不高时，可以采用双积分 A/D 转换器，它的精度高且抗干扰能力强；逐次逼近型 A/D 转换器的转换速度、精度和价格都比较好，应用比较广泛。

阅读材料

Multisim 应用——555 定时器构成的多谐振荡电路分析

启动 *Multisim* 10.0，建立如图 8.32 所示的由555 定时器构成的多谐振荡器。

利用软件提供的向导也可以非常方便地生成多谐振荡器，方法是：选择工具→电路向导→555 定时器的菜单项，得出多谐振荡器对话框，该对话框分为 4 个区域。

(1) 类型选择区：*Astable Operation* 为多谐振荡器向导；*Monostable* 为单稳态触发器向导。

(2) 电路图示意区：显示将要产生的电路图。

(3) 具体参数设置区：设置各种相关参数，如电源电压、频率、占空比和特别元器件等。

(4) 产生电路按键：按照设置自动计算并产生需要的电路。

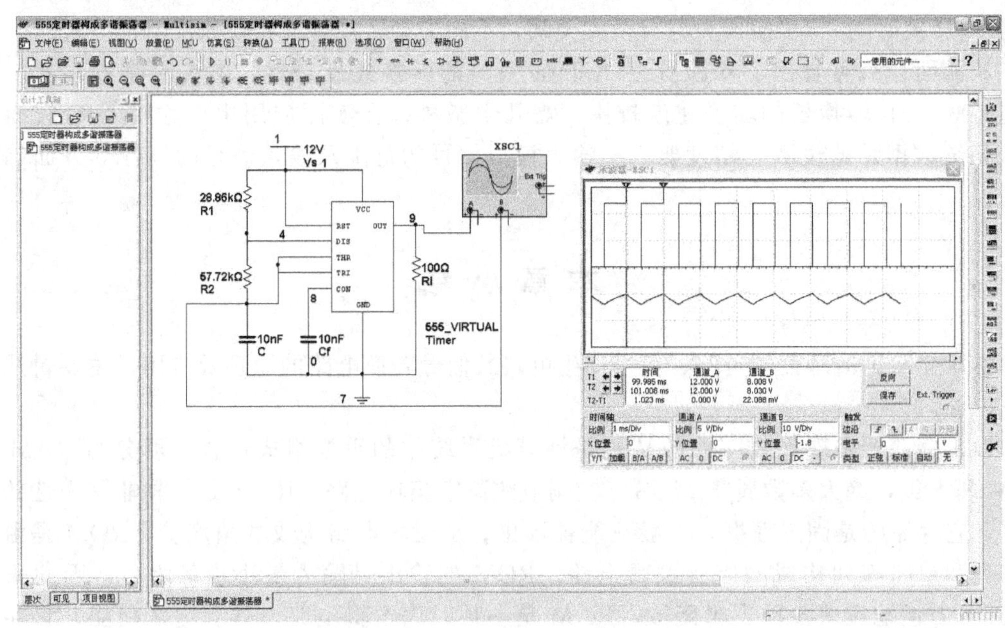

图 8.32　555 定时器构成多谐振荡器

用示波器观测输出波形如图 8.32 所示，其中方波为电路的输出波形，下面的波形为电容充放电波形。用时间线测量矩形波的周期约为 1.02*ms*。

由电路参数计算电路的振荡周期为

$$T=(R_1+2R_2)C_1 ln2 \approx 1.00ms$$

比较可见理论计算结果与仿真分析结果基本相同。

习　　题

一、填空题

1. 半导体存储器按功能可分为＿＿＿＿＿和＿＿＿＿＿两种。

2. 555 定时器的典型应用有 3 种，分别为＿＿＿＿＿、＿＿＿＿＿和＿＿＿＿＿。

3. 由 555 定时构成的施密特触发器的 $V_{CC}=9V$，则 $V_{T+}=$＿＿＿＿＿，$V_{T-}=$＿＿＿＿＿，$\Delta V=$＿＿＿＿＿。

4. 8 位 D/A 转换器的分辨率是＿＿＿＿＿。

5. A/D 转换通常要经过 4 个步骤来完成，分别是＿＿＿＿＿、＿＿＿＿＿、＿＿＿＿＿和＿＿＿＿＿。

二、选择题

1. 某 EPROM 有 13 位地址线和 8 位数据线，则其存储容量是(　　)bit。

A. 13×8　　B. $2^{13}\times8$　　C. 13×2^8　　D. 13^8

2. DRAM 存储单元在进行读出信息操作后，需对存储单元进行(　　)。

A. 立即重新写入信息　　B. 刷新

C. 定期写入信息

3. 用于将输入变化缓慢的信号变换成为矩形脉的电路是(　　)。

A. 单稳态触发器　　B. 多谐振荡器

C. 施密特触发器　　D. 基本 RS 触发器

4. 用 555 定时器构成的单稳态触发器输出脉冲宽度为(　　)。

A. $0.7RC$　　B. RC　　C. $1.1RC$

5. 为使采样输出信号不失真地代表输入模拟信号，采样频率 f_s 和输入模拟信号的最高频率 f_{Imax} 的关系是(　　)。

A. $f_s\geqslant f_{Imax}$　　B. $f_s\leqslant f_{Imax}$　　C. $f_s\geqslant 2f_{Imax}$　　D. $f_s\leqslant 2f_{Imax}$

三、综合题

1. 有一 ROM 的存储内容，见表 8-4。

表 8-4　ROM 存储的内容

地址代码		字　　线				位　　线			
*A*1	*A*2	*W*3	*W*2	*W*1	*W*0	*D*3	*D*2	*D*1	*D*0
0	0	0	0	0	1	1	0	1	0
0	1	0	0	1	0	0	1	0	1
1	0	0	1	0	0	1	1	1	0
1	1	1	0	0	0	1	1	0	1

(1) 该ROM的存储容量是多少？

(2) 画出该ROM的阵列图。

(3) 写出该ROM所实现的逻辑函数表达式，并化简。

2. 试用PROM实现下列逻辑函数，画出其列阵图。

$$\begin{cases} F_1 = \overline{ABC} + \overline{A}BC + AB\overline{C} + ABC \\ F_2 = \overline{AB}C + \overline{A}B\overline{C} \\ F_3 = AC + B \end{cases}$$

3. 试用ROM实现一位全加器。

4. 在图8.11所示的555定时器中，输出u_O为高电平、低电平及保持原来状态不变，输入信号的条件各是什么？假定5脚已通过0.01μF电容接地，7脚悬空。

5. 由555定时器构成的单稳态触发器如图8.33(a)所示，触发信号u_I和控制电压u_{IC}如图8.33(b)所示，画出u_O的波形。

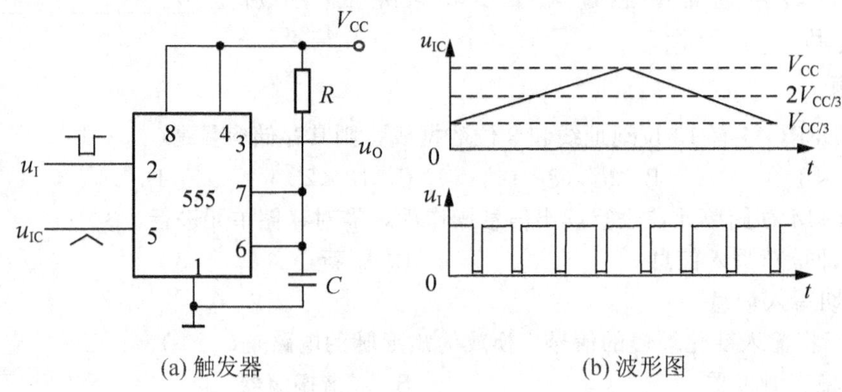

(a) 触发器 (b) 波形图

图8.33 题5图

6. 由555定时器构成的多谐振荡器如图8.17(a)所示，若中元件参数$R_1 = R_2 = 5.1\text{k}\Omega$，$C = 0.01\mu\text{F}$，$V_{CC} = 12\text{V}$，试计算电路的振荡频率。

7. 在10位倒T形电阻网络D/A转换器中，已知$R = 10\text{k}\Omega$，$R_F = 5\text{k}\Omega$，$U_{REF} = -10\text{V}$，试求当数字量$D = 0110111001$时的输出模拟电压。

8. 有一个A/D转换器，$u_{Imax} = 10\text{V}$，$n = 4$，试分别求出采用只舍不入和有舍有入量化方式时的量化单位Δ。如果$u_I = 6.82\text{V}$，则转换后的数字量分别为多少？

9. 在图8.27所示双积分A/D转换器中，若计数器为10位二进制计数器，其最大计数值$N = (2000)_{10}$，时钟频率为1MHz，$U_{REF} = 6\text{V}$。

(1) 试计算该双积分A/D转换器的最大转换时间T；

(2) 若已知计数器计数值$D = (396)_{10}$时，求对应的输入模拟电压u_I的值。

10. 在3位逐次逼近型A/D转换器，若$U_{REF} = 10\text{V}$，$u_I = 8.26\text{V}$，求输出的数字量。

部分习题参考答案

第 2 章

三、

3.（1）14mA；（2）24mA；（3）17mA

4.（a）NPN 硅管，①e，②b，③c；（b）PNP 锗管，①c，②b，③e；（c）PNP 锗管，①c，②e，③b

5.（a）1.01 mA；（b）5mA

8. 夹断区、恒流区、可变电阻区

第 3 章

三、

2.（1）$V_{CC}=12V$，$\beta=50$，Q 点为（$I_{BQ}=30\mu A$，$I_{CQ}=15mA$，$U_{CEQ}=6V$）

（2）$R_b=400k\Omega$，$R_c=4k\Omega$

（3）$\dot{A}_u\approx-185$，$R_i\approx1.08k\Omega$，$R_o=4k\Omega$

3. Q 点为（$I_{BQ}=22\mu A$，$I_{CQ}=1.76mA$，$U_{CEQ}=2.3V$），$\dot{A}_u\approx-115$，$\dot{A}_{us}\approx-34.7$，$R_i\approx1.3k\Omega$，$R_o=5k\Omega$

4. Q 点为（$I_{CQ}=I_{EQ}=1mA$，$U_{CEQ}=4.7V$），$\dot{A}_u\approx-12.7$，$R_i\approx5.8k\Omega$，$R_o=6k\Omega$

5. Q 点为（$I_{EQ}=1mA$，$U_{CEQ}=4.6V$，$I_{BQ}=20\mu A$）；有 C_e 时 $\dot{A}_u=-85$，$R_i\approx1.07k\Omega$；无 C_e 时 $\dot{A}_u\approx-1.7$，$R_i\approx3.75k\Omega$

6.（a）饱和失真，增大 R_b，减小 R_c

（b）截止失真，减小 R_b

（c）同时出现饱和失真和截止失真，应增大 V_{CC}

7. Q 点为（$I_{BQ}\approx32.3\mu A$，$I_{EQ}\approx2.61mA$，$U_{CEQ}\approx7.17V$），$\dot{A}_u\approx0.992$，$R_i\approx76k\Omega$，$R_o\approx37\Omega$

8. $\dot{A}_u\approx-6.7$，$R_i\approx5.004M\Omega$，$R_o=20k\Omega$

9.（a）$\dot{A}_u=-\dfrac{\beta_1\{R_2\parallel[r_{be2}+(1+\beta_2)R_3]\}}{R_1+r_{be1}}\cdot\dfrac{(1+\beta_2)R_3}{r_{be2}+(1+\beta_2)R_3}$，$R_i=R_1+r_{be1}$，$R_o=R_3\parallel\dfrac{r_{be2}+R_2}{1+\beta_2}$

（b）$\dot{A}_u=\dfrac{(1+\beta_1)(R_2\parallel R_3\parallel r_{be2})}{r_{be1}+(1+\beta_1)(R_2\parallel R_3\parallel r_{be2})}\cdot\left(-\dfrac{\beta_2R_4}{r_{be2}}\right)$，$R_i=R_1\parallel[r_{be1}+(1+\beta_1)(R_2\parallel R_3\parallel r_{be2})]$，$R_o=R_4$

10. Q 点为（$I_{BQ}=8.3\mu A$，$I_{CQ}=0.5mA$，$U_{CEQ}=6.7V$），$A_d=-40.8$，$R_i=21.2k\Omega$，$R_o=24k\Omega$

11. $A_d=-197.37$，$R_i=7.6\text{k}\Omega$，$R_o=30\text{k}\Omega$

12. $u_{od}=1.27\text{V}$，$u'_{od}=0.64\text{V}$

13. $\dot{A}_u=\dfrac{-100\cdot \text{j}\dfrac{f}{10}}{(1+\text{j}\dfrac{f}{10})(1+\text{j}\dfrac{f}{10^5})}$

14. $\dot{A}_{um}=-100$，$f_L=10\text{Hz}$，$f_H=10^5\text{Hz}$

15. (a) 交、直流电压并联负反馈

(b) 交、直流电压并联负反馈

(c) 交、直流电压串联负反馈

(d) 通过 R_3 和 R_7 引入直流电压并联负反馈，通过 R_4 引入交、直流电流串联负反馈

16. $P_{om}=9\text{W}$，$\eta=62.8\%$

17. $P_{om}\approx 9.35\text{W}$，$\eta\approx 64\%$

第 4 章

三、

3. (a) $u_O=-2u_{I1}-2u_{I2}+5u_{13}$；(b) $u_O=-10u_{I1}+10u_{I2}+u_{13}$

(c) $u_O=8\ (u_{I2}-u_{I1})$；(d) $u_O=-20u_{I1}-20u_{I2}+40u_{13}+u_{14}$

4. 1.8V

5. (a) $u_O=-u_I-100\int u_I\text{d}t$；(b) $u_O=-100\int(u_{I1}+0.5u_{I2})\text{d}t$

8. $u_O=-\dfrac{1}{RC}\int(u_{I2}-u_{I1})\text{d}t$

第 5 章

三、

1. (1) 11011.1010；(2) 100010.110101；(3) 5151，0A69；(4) 43.3125

2. (1) $26.8=(00100110.1000)_{8421码}$；(2) $98.3=(11001011.0110)_{余3码}$；

(3) 010100010，010100011

4. (1) $Y'=[(A+\bar{B})C+D]E+F$，$\bar{Y}=[(\bar{A}+B)\bar{C}+\bar{D}]\bar{E}+\bar{F}$

(2) $Y'=(A+B)(\bar{A}C+B(D+\bar{E}))$，$\bar{Y}=(\bar{A}+\bar{B})(A\bar{C}+\bar{B}(\bar{D}+E))$

(3) $Y'=A(B+C)+\bar{C}+D$，$\bar{Y}=\bar{A}+C+\bar{D}$

(4) $Y'=(A+\bar{D})(\bar{A}+\bar{C})(\bar{B}+\bar{C}+D)C$，$\bar{Y}=AB\bar{C}D$

5. $Y_1=\bar{A}+\bar{B}$；$Y_2=A\bar{B}C+B\bar{C}$

6. (1) $Y_1=Y_2$；(2) $Y_1=Y_2$

7. $Y=\sum(0,1,2,7)$

8. (a) $Y=\sum(0,2,5)$；(b) $Y=\sum(7,10,12)$

9. (1) $Y=\overline{\overline{AB}\cdot\overline{BC}\cdot\overline{AC}}$；(2) $Y=\overline{\overline{\overline{\overline{A\bar{B}}\cdot\overline{\bar{A}B}}\cdot C}\cdot BC}$

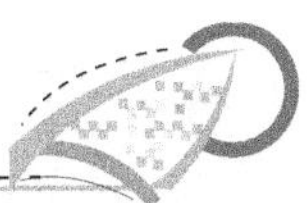

10. (1) $Y=\overline{\overline{A}+B+\overline{C}}+\overline{\overline{B}+C}$；(2) $Y=\overline{\overline{\overline{A}+C}+\overline{\overline{A}+B+\overline{C}}+\overline{\overline{A}+\overline{B}+C}}$

11. (1) $Y=\sum(0,1,2,3,4,5,6,7,9,13,14,15)$；(2) $Y=\sum(3,4,5,6,7)$

(3) $Y=\sum(3,6,7,12,13,14,15)$；(4) $Y=\sum(2,3,4,5,6)$

12. (1) $Y=\prod(0,1,7)$；(2) $Y=\prod(0,2,6)$

(3) $Y=\prod(0,3,4,6,7)$；(4) $Y=\prod(0,4,8,9,12,13)$

13. (1) $A+CD+E$；(2) $B\overline{C}+\overline{B}\,\overline{D}$；(3) $Y=1$；(4) $Y=B+AC$；(5) $Y=\overline{B}C+AC$

14. (1) $Y=B+D$；(2) $Y=\overline{B}+C+D$；(3) $Y=\overline{A}\,\overline{B}+AB+\overline{C}\,\overline{D}$

(4) $Y=\overline{A}\,\overline{B}\,\overline{C}+\overline{A}CD+ABD+B\overline{C}\,\overline{D}$；(5) $Y=\overline{B}\,\overline{C}+C\overline{D}$

15. (1) $Y=B\overline{C}+AB+B\overline{D}$；(2) $Y=\overline{A}+BD$；(3) $Y=\overline{B}+AC+AD$

(4) $Y=B+C$；(5) $Y=A\overline{C}+\overline{B}\,\overline{D}$

第6章

三、

1. 电路实现全加器的功能

$Y_1=ABC+(A+B+C)\overline{AB+AC+BC}$

$Y_2=AB+AC+BC$

2. $A_8=\overline{B_8+B_4+B_2}$，$A_4=B_4\oplus B_2$，$A_2=B_2$，$A_1=\overline{B}_1$。电路构成对9补电路，输入输出之和总为9

3. $Y=\overline{\overline{ABC}\cdot\overline{ABD}\cdot\overline{ACD}\cdot\overline{BCD}}$

4. $Y_4=\overline{\overline{A}\,\overline{BC}\,\overline{BD}}$，$Y_3=\overline{B}C+\overline{B}D+B\overline{C}\,\overline{D}=\overline{B}\oplus\overline{C}\,\overline{D}$，$Y_2=\overline{C}\,\overline{D}+CD=C\oplus\overline{D}$，$Y_1=\overline{D}$

5. $Y_3=A_3$，$Y_2=A_3\oplus A_2$，$Y_1=A_2\oplus A_1$，$Y_0=A_1\oplus A_0$

6. $Y_1=\sum(5,7)=\overline{\overline{m_5}\,\overline{m_7}}$，$Y_2=\sum(1,3,4,7)=\overline{\overline{m_1}\,\overline{m_3}\,\overline{m_4}\,\overline{m_7}}$，$Y_3=\sum(0,4,6)=\overline{\overline{m_0}\,\overline{m_4}\,\overline{m_6}}$

7. $Y=\sum(3,5,6,7)=\overline{\overline{m_3}\,\overline{m_5}\,\overline{m_6}\,\overline{m_7}}$

8. 将余3码ABCD和1101作为加数和被加数接入74LS283的输入端$A_0\sim A_3$、$B_0\sim B_3$，即可从$S_3\sim S_0$端得到8421码

9. 电路可实现检测8421BCD码的逻辑功能

10. 电路实现两个3位二进制数相等的比较功能

11. $A_1=A$，$A_0=B$，$1D_0=C$，$1D_1=\overline{C}$，$1D_2=\overline{C}$，$1D_3=C$，$2D_0=C$，$2D_1=1$，$2D_2=0$，$2D_3=C$

12. $A_2=A$，$A_1=B$，$A_0=C$，$D_0=D_3=D_5=D_6=D_7=1$，$D_1=D_2=D_4=0$

13. $A=A_2$，$B=A_1$，$C=A_0$，$D_2=\overline{D}$，$D_3=D_6=D_7=1$

14. $A_1=A$，$A_0=B$，$D_0=D_3=C$，$D_1=D_2=\overline{C}$

15. 可能存在竞争冒险现象

第7章

三、

2. 特性方程

$$\begin{cases} Q^{n+1}=S+\overline{R}Q \\ RS=0 \end{cases}$$

4. 驱动方程为

$$\begin{cases} J_0=\overline{Q}_1 \quad K_0=\overline{x\overline{Q}_1} \\ J_1=Q_0 \quad K_1=1 \end{cases}$$

状态方程为

$$\begin{cases} Q_0^{n+1}=\overline{Q}_1(\overline{Q}_0+x) \\ Q_1^{n+1}=Q_0\overline{Q}_1 \end{cases}$$

输出方程为$Y=xQ_1Q_0$

5. 串行输入串行输出的时序全加器
6. 可以自启动的六进制计数器
7. 1111 序列检测器
8. 具有自启动功能的异步五进制加法计数器
9. 具有自启动功能的异步七进制加法计数器
11. 用A代替S_0、S_3、S_4、S_5、S_6，B代替S_1，C代替S_2
14. 四输出顺序脉冲发生器。

第8章

三、

1. (1) 16

(3) ROM 实现的逻辑函数表达式为

$$\begin{cases} D_0=\overline{A}_1A_2+A_1A_2 \\ D_1=\overline{A}_1\overline{A}_2+A_1\overline{A}_2 \\ D_2=\overline{A}_1A_2+A_1\overline{A}_2+A_1A_2 \\ D_3=\overline{A}_1\overline{A}_2+A_1\overline{A}_2+A_1A_2 \end{cases}$$

化简结果为

$$\begin{cases} D_0=A_2 \\ D_1=\overline{A}_2 \\ D_2=A_1+A_2 \\ D_3=A_1+\overline{A}_2 \end{cases}$$

4. 输出 u_O 为高电平，输入电压应为 $v_I < \frac{1}{3}V_{CC}$；输出 u_O 为低电平，输入电压应为 $v_I \geqslant \frac{2}{3}V_{CC}$；输出 u_O 保持原状态不变，输入电压应为 $\frac{1}{3}V_{CC} < v_I < \frac{2}{3}V_{CC}$

6. 4716Hz

7. $u_O = 2.15\text{V}$

8. 只舍不入法：$\Delta = 0.625\text{V}$，$u_O = 1010$

有舍有入法：$\Delta = 0.645\text{V}$，$u_O = 1010$

9. (1) $T = 2.047\text{ms}$

(2) $u_I = 1.07\text{V}$

10. 110

参考文献

[1] 鲜继清，刘焕淋，蒋青，等．通信技术基础[M]. 北京：机械工业出版社，2009.

[2] 寇戈，蒋立平．模拟电路与数字电路[M]. 北京：电子工业出版社，2008.

[3] 臧春华．综合电子系统设计与实践[M]. 北京：北京航空航天大学出版社，2009.

[4] 李霞．模拟电子技术基础[M]. 武汉：华中科技大学出版社，2009.

[5] 王玉龙．数字逻辑实用教程[M]. 北京：清华大学出版社，2002.

[6] 马明涛，邬春明．数字电子技术[M]. 西安：西安电子科技大学出版社，2011.

[7] 阎石．数字电子技术基础[M]. 5 版．北京：高等教育出版社，2006.

[8] 童诗白，华成英．模拟电子技术基础[M]. 4 版．北京：高等教育出版社，2006.

[9] 郭永贞．数字逻辑[M]. 南京：东南大学出版社，2003.

[10] 廖惜春．模拟电子技术基础[M]. 武汉：华中科技大学出版社，2008.

[11] 陈光梦．模拟电子技术基础[M]. 2 版．上海：复旦大学出版社，2009.

[12] 郭业才．模拟电子技术[M]. 北京：清华大学出版社，2011.

[13] 康华光．电子技术基础——模拟部分[M]. 5 版．北京：高等教育出版社，2006.

[14] 韩学军．模拟电子技术基础[M]. 北京：中国电力出版社，2008.

[15] 杨素行．模拟电子技术基础简明教程[M]. 2 版．北京：高等教育出版社，2003.

[16] Alan Hastings. The Art of Analog Layout(影印版)[M]. 北京：清华大学出版社，2004.

[17] 刘祖刚．模拟电路分析与设计基础[M]. 北京：机械工业出版社，2008.

[18] 高吉祥，丁文霞．数字电子技术[M]. 2 版．北京：电子工业出版社，2008.

[19] 谢芳森．数字与逻辑电路[M]. 北京：电子工业出版社，2005.

[20] 白静．数字电路与逻辑设计[M]. 西安：西安电子科技大学出版社，2009.

[21] 王兢，王洪玉．数字电路与系统[M]. 北京：电子工业出版社，2007.

[22] 姚娅川．数字电子技术[M]. 重庆：重庆大学出版社，2006.

[23] 胡晓光．数字电子技术基础[M]. 北京：高等教育出版社，2010.

[24] 唐竞新．数字电子电路解题指南[M]. 北京：清华大学出版社，2007.

北京大学出版社本科电气信息系列实用规划教材

序号	书名	书号	编著者	定价	出版年份	教辅及获奖情况
			物联网工程			
1	物联网概论	7-301-23473-0	王　平	38	2014	电子课件/答案，有“多媒体移动交互式教材”
2	物联网概论	7-301-21439-8	王金甫	42	2012	电子课件/答案
3	现代通信网络(第 2 版)	7-301-27831-4	赵瑞玉　胡珺珺	45	2017	电子课件/答案
4	物联网安全	7-301-24153-0	王金甫	43	2014	电子课件/答案
5	通信网络基础	7-301-23983-4	王昊	32	2014	
6	无线通信原理	7-301-23705-2	许晓丽	42	2014	电子课件/答案
7	家居物联网技术开发与实践	7-301-22385-7	付　蔚	39	2013	电子课件/答案
8	物联网技术案例教程	7-301-22436-6	崔逊学	40	2013	电子课件
9	传感器技术及应用电路项目化教程	7-301-22110-5	钱裕禄	30	2013	电子课件/视频素材，宁波市教学成果奖
10	网络工程与管理	7-301-20763-5	谢　慧	39	2012	电子课件/答案
11	电磁场与电磁波(第 2 版)	7-301-20508-2	邬春明	32	2012	电子课件/答案
12	现代交换技术(第 2 版)	7-301-18889-7	姚　军	36	2013	电子课件/习题答案
13	传感器基础(第 2 版)	7-301-19174-3	赵玉刚	32	2013	视频
14	物联网基础与应用	7-301-16598-0	李蔚田	44	2012	电子课件
15	通信技术实用教程	7-301-25386-1	谢　慧	36	2015	电子课件/习题答案
16	物联网工程应用与实践	7-301-19853-7	于继明	39	2015	电子课件
17	传感与检测技术及应用	7-301-27543-6	沈亚强　蒋敏兰	43	2016	电子课件/数字资源
			单片机与嵌入式			
1	嵌入式系统开发基础——基于八位单片机的 C 语言程序设计	7-301-17468-5	侯殿有	49	2012	电子课件/答案/素材
2	嵌入式系统基础实践教程	7-301-22447-2	韩　磊	35	2013	电子课件
3	单片机原理与接口技术	7-301-19175-0	李　升	46	2011	电子课件/习题答案
4	单片机系统设计与实例开发(MSP430)	7-301-21672-9	顾　涛	44	2013	电子课件/答案
5	单片机原理与应用技术(第 2 版)	7-301-27392-0	魏立峰　王宝兴	42	2016	电子课件/数字资源
6	单片机原理及应用教程(第 2 版)	7-301-22437-3	范立南	43	2013	电子课件/习题答案，辽宁“十二五”教材
7	单片机原理与应用及 C51 程序设计	7-301-13676-8	唐　颖	30	2011	电子课件
8	单片机原理与应用及其实验指导书	7-301-21058-1	邵发森	44	2012	电子课件/答案/素材
9	MCS-51 单片机原理及应用	7-301-22882-1	黄翠翠	34	2013	电子课件/程序代码
			物理、能源、微电子			
1	物理光学理论与应用(第 3 版)	7-301-29712-4	宋贵才	56	2019	电子课件/习题答案，“十二五”普通高等教育本科国家级规划教材
2	现代光学	7-301-23639-0	宋贵才	36	2014	电子课件/答案
3	平板显示技术基础	7-301-22111-2	王丽娟	52	2013	电子课件/答案
4	集成电路版图设计(第 2 版)	7-301-29691-2	陆学斌	42	2019	电子课件/习题答案
5	新能源与分布式发电技术(第 2 版)	7-301-27495-8	朱永强	45	2016	电子课件/习题答案，北京市精品教材，北京市“十二五”教材
6	太阳能电池原理与应用	7-301-18672-5	靳瑞敏	25	2011	电子课件
7	新能源照明技术	7-301-23123-4	李姿景	33	2013	电子课件/答案
8	集成电路EDA 设计——仿真与版图实例	7-301-28721-7	陆学斌	36	2017	数字资源

序号	书名	书号	编著者	定价	出版年份	教辅及获奖情况
			基 础 课			
1	电工与电子技术(上册) (第2版)	7-301-19183-5	吴舒辞	30	2011	电子课件/习题答案，湖南省“十二五”教材
2	电工与电子技术(下册) (第2版)	7-301-19229-0	徐卓农 李士军	32	2011	电子课件/习题答案，湖南省“十二五”教材
3	电路分析	7-301-12179-5	王艳红 蒋学华	38	2010	电子课件，山东省第二届优秀教材奖
4	运筹学(第2版)	7-301-18860-6	吴亚丽 张俊敏	28	2011	电子课件/习题答案
5	电路与模拟电子技术（第2版）	7-301-29654-7	张绪光	53	2009	电子课件/习题答案
6	微机原理及接口技术	7-301-16931-5	肖洪兵	32	2010	电子课件/习题答案
7	数字电子技术	7-301-16932-2	刘金华	30	2010	电子课件/习题答案
8	微机原理及接口技术实验指导书	7-301-17614-6	李干林 李 升	22	2010	课件(实验报告)
9	模拟电子技术	7-301-17700-6	张绪光 刘在娥	36	2010	电子课件/习题答案
10	电工技术	7-301-18493-6	张 莉 张绪光	26	2011	电子课件/习题答案，山东省“十二五”教材
11	电路分析基础	7-301-20505-1	吴舒辞	38	2012	电子课件/习题答案
12	数字电子技术	7-301-21304-9	秦长海 张天鹏	49	2013	电子课件/答案，河南省“十二五”教材
13	模拟电子与数字逻辑	7-301-21450-3	邬春明	48	2012	电子课件
14	电路与模拟电子技术实验指导书	7-301-20351-4	唐 颖	26	2012	部分课件
15	电子电路基础实验与课程设计	7-301-22474-8	武 林	36	2013	部分课件
16	电文化——电气信息学科概论	7-301-22484-7	高 心	30	2013	
17	实用数字电子技术	7-301-22598-1	钱裕禄	30	2013	电子课件/答案/其他素材
18	模拟电子技术学习指导及习题精选	7-301-23124-1	姚娅川	30	2013	电子课件
19	电工电子基础实验及综合设计指导	7-301-23221-7	盛桂珍	32	2013	
20	电子技术实验教程	7-301-23736-6	司朝良	33	2014	
21	电工技术	7-301-24181-3	赵莹	46	2014	电子课件/习题答案
22	电子技术实验教程	7-301-24449-4	马秋明	26	2014	
23	微控制器原理及应用	7-301-24812-6	丁筱玲	42	2014	
24	模拟电子技术基础学习指导与习题分析	7-301-25507-0	李大军 唐 颖	32	2015	电子课件/习题答案
25	电工学实验教程(第2版)	7-301-25343-4	王士军 张绪光	27	2015	
26	微机原理及接口技术	7-301-26063-0	李干林	42	2015	电子课件/习题答案
27	简明电路分析	7-301-26062-3	姜 涛	48	2015	电子课件/习题答案
28	微机原理及接口技术(第2版)	7-301-26512-3	越志诚 段中兴	49	2016	二维码数字资源
29	电子技术综合应用	7-301-27900-7	沈亚强 林祝亮	37	2017	二维码数字资源
30	电子技术专业教学法	7-301-28329-5	沈亚强 朱伟玲	36	2017	二维码数字资源
31	电子科学与技术专业课程开发与教学项目设计	7-301-28544-2	沈亚强 万 旭	38	2017	二维码数字资源
			电子、通信			
1	DSP 技术及应用	7-301-10759-1	吴冬梅 张玉杰	26	2011	电子课件，中国大学出版社图书奖首届优秀教材奖一等奖
2	电子工艺实习（第2版）	7-301-30080-0	周春阳	35	2019	电子课件
3	电子工艺学教程	7-301-10744-7	张立毅 王华奎	45	2010	电子课件，中国大学出版社图书奖首届优秀教材奖一等奖
4	信号与系统	7-301-10761-4	华 容 隋晓红	33	2011	电子课件
5	信息与通信工程专业英语(第2版)	7-301-19318-1	韩定定 李明明	32	2012	电子课件/参考译文，中国电子教育学会2012年全国电子信息类优秀教材
6	高频电子线路(第2版)	7-301-16520-1	宋树祥 周冬梅	35	2009	电子课件/习题答案

序号	书名	书号	编著者	定价	出版年份	教辅及获奖情况
7	MATLAB 基础及其应用教程	7-301-11442-1	周开利　邓春晖	39	2011	电子课件
8	通信原理	7-301-12178-8	隋晓红　钟晓玲	32	2007	电子课件
9	数字图像处理	7-301-12176-4	曹茂永	23	2007	电子课件，“十二五”普通高等教育本科国家级规划教材
10	移动通信	7-301-11502-2	郭俊强　李　成	22	2010	电子课件
11	生物医学数据分析及其 MATLAB 实现	7-301-14472-5	尚志刚　张建华	25	2009	电子课件/习题答案/素材
12	信号处理 MATLAB 实验教程	7-301-15168-6	李　杰　张　猛	20	2009	实验素材
13	通信网的信令系统	7-301-15786-2	张云麟	24	2009	电子课件
14	数字信号处理	7-301-16076-3	王震宇　张培珍	32	2010	电子课件/答案/素材
15	光纤通信	7-301-12379-9	卢志茂　冯进玫	28	2010	电子课件/习题答案
16	离散信息论基础	7-301-17382-4	范九伦　谢　勰	25	2010	电子课件/习题答案
17	光纤通信	7-301-17683-2	李丽君　徐文云	26	2010	电子课件/习题答案
18	数字信号处理	7-301-17986-4	王玉德	32	2010	电子课件/答案/素材
19	电子线路 CAD	7-301-18285-7	周荣富　曾　技	41	2011	电子课件
20	MATLAB 基础及应用	7-301-16739-7	李国朝	39	2011	电子课件/答案/素材
21	信息论与编码	7-301-18352-6	隋晓红　王艳营	24	2011	电子课件/习题答案
22	现代电子系统设计教程（第 2 版）	7-301-29405-5	宋晓梅	45	2018	电子课件/习题答案
23	移动通信	7-301-19320-4	刘维超　时　颖	39	2011	电子课件/习题答案
24	电子信息类专业 MATLAB 实验教程	7-301-19452-2	李明明	42	2011	电子课件/习题答案
25	信号与系统（第 2 版）	7-301-29590-8	李云红	42	2018	电子课件
26	数字图像处理	7-301-20339-2	李云红	36	2012	电子课件
27	编码调制技术	7-301-20506-8	黄　平	26	2012	电子课件
28	Mathcad 在信号与系统中的应用	7-301-20918-9	郭仁春	30	2012	
29	MATLAB 基础与应用教程	7-301-21247-9	王月明	32	2013	电子课件/答案
30	电子信息与通信工程专业英语	7-301-21688-0	孙桂芝	36	2012	电子课件
31	微波技术基础及其应用	7-301-21849-5	李泽民	49	2013	电子课件/习题答案/补充材料等
32	图像处理算法及应用	7-301-21607-1	李文书	48	2012	电子课件
33	网络系统分析与设计	7-301-20644-7	严承华	39	2012	电子课件
34	DSP 技术及应用	7-301-22109-9	董　胜	39	2013	电子课件/答案
35	通信原理实验与课程设计	7-301-22528-8	邬春明	34	2015	电子课件
36	信号与系统	7-301-22582-0	许丽佳	38	2013	电子课件/答案
37	信号与线性系统	7-301-22776-3	朱明旱	33	2013	电子课件/答案
38	信号分析与处理	7-301-22919-4	李会容	39	2013	电子课件/答案
39	MATLAB 基础及实验教程	7-301-23022-0	杨成慧	36	2013	电子课件/答案
40	DSP 技术与应用基础(第 2 版)	7-301-24777-8	俞一彪	45	2015	实验素材/答案
41	EDA 技术及数字系统的应用	7-301-23877-6	包　明	55	2015	
42	算法设计、分析与应用教程	7-301-24352-7	李文书	49	2014	
43	Android 开发工程师案例教程	7-301-24469-2	倪红军	48	2014	
44	ERP 原理及应用（第 2 版）	7-301-29186-3	朱宝慧	49	2018	电子课件/答案
45	综合电子系统设计与实践	7-301-25509-4	武　林　陈　希	32	2015	
46	高频电子技术	7-301-25508-7	赵玉刚	29	2015	电子课件
47	信息与通信专业英语	7-301-25506-3	刘小佳	29	2015	电子课件
48	信号与系统	7-301-25984-9	张建奇	45	2015	电子课件
49	数字图像处理及应用	7-301-26112-5	张培珍	36	2015	电子课件/习题答案
50	Photoshop CC 案例教程(第 3 版)	7-301-27421-7	李建芳	49	2016	电子课件/素材

序号	书名	书号	编著者	定价	出版年份	教辅及获奖情况
51	激光技术与光纤通信实验	7-301-26609-0	周建华　兰　岚	28	2015	数字资源
52	Java 高级开发技术大学教程	7-301-27353-1	陈沛强	48	2016	电子课件/数字资源
53	VHDL 数字系统设计与应用	7-301-27267-1	黄　卉　李　冰	42	2016	数字资源
54	光电技术应用	7-301-28597-8	沈亚强　沈建国	30	2017	数字资源
			自动化、电气			
1	自动控制原理	7-301-22386-4	佟　威	30	2013	电子课件/答案
2	自动控制原理	7-301-22936-1	邢春芳	39	2013	
3	自动控制原理	7-301-22448-9	谭功全	44	2013	
4	自动控制原理	7-301-22112-9	许丽佳	30	2015	
5	自动控制原理(第 2 版)	7-301-28728-6	丁　红	45	2017	电子课件/数字资源
6	现代控制理论基础	7-301-10512-2	侯媛彬等	20	2010	电子课件/素材，国家级“十一五”规划教材
7	计算机控制系统(第 2 版)	7-301-23271-2	徐文尚	48	2013	电子课件/答案
8	电力系统继电保护(第 2 版)	7-301-21366-7	马永翔	46	2013	电子课件/习题答案
9	电气控制技术(第 2 版)	7-301-24933-8	韩顺杰　吕树清	28	2014	电子课件
10	自动化专业英语(第 2 版)	7-301-25091-4	李国厚　王春阳	46	2014	电子课件/参考译文
11	电力电子技术及应用	7-301-13577-8	张润和	38	2008	电子课件
12	高电压技术(第 2 版)	7-301-27206-0	马永翔	43	2016	电子课件/习题答案
13	电力系统分析	7-301-14460-2	曹　娜	35	2009	
14	综合布线系统基础教程	7-301-14994-2	吴达金	24	2009	电子课件
15	PLC 原理及应用	7-301-17797-6	缪志农　郭新年	26	2010	电子课件
16	集散控制系统	7-301-18131-7	周荣富　陶文英	36	2011	电子课件/习题答案
17	控制电机与特种电机及其控制系统	7-301-18260-4	孙冠群　于少娟	42	2011	电子课件/习题答案
18	电气信息类专业英语	7-301-19447-8	缪志农	40	2011	电子课件/习题答案
19	综合布线系统管理教程	7-301-16598-0	吴达金	39	2012	电子课件
20	供配电技术	7-301-16367-2	王玉华	49	2012	电子课件/习题答案
21	PLC 技术与应用(西门子版)	7-301-22529-5	丁金婷	32	2013	电子课件
22	电机、拖动与控制	7-301-22872-2	万芳瑛	34	2013	电子课件/答案
23	电气信息工程专业英语	7-301-22920-0	余兴波	26	2013	电子课件/译文
24	集散控制系统(第 2 版)	7-301-23081-7	刘翠玲	36	2013	电子课件，2014 年中国电子教育学会“全国电子信息类优秀教材”一等奖
25	工控组态软件及应用	7-301-23754-0	何坚强	56	2014	电子课件/答案
26	发电厂变电所电气部分(第 2 版)	7-301-23674-1	马永翔	54	2014	电子课件/答案
27	自动控制原理实验教程	7-301-25471-4	丁　红　贾玉瑛	29	2015	
28	自动控制原理(第 2 版)	7-301-25510-0	袁德成	35	2015	电子课件/辽宁省“十二五”教材
29	电机与电力电子技术	7-301-25736-4	孙冠群	45	2015	电子课件/答案
30	虚拟仪器技术及其应用	7-301-27133-9	廖远江	45	2016	
31	智能仪表技术	7-301-28790-3	杨成慧	45	2017	二维码资源